Fourieroptik

Wolfgang Stößel

Fourieroptik

Eine Einführung

Mit 83 Abbildungen,
47 Übungsaufgaben und Lösungen

Springer-Verlag
Berlin Heidelberg GmbH

Professor Dr. Wolfgang Stößel
Institut für Angewandte Physik
Universität Karlsruhe (T. H.)
Kaiserstraße 12
W-7500 Karlsruhe 1

ISBN 978-3-662-01619-0

Die Deutsche Bibliothek – CIP-Einheitsaufnahme
Stössel, Wolfgang:
Fourieroptik: eine Einführung / Wolfgang Stössel.

ISBN 978-3-662-01619-0   ISBN 978-3-662-01618-3 (eBook)
DOI 10.1007/978-3-662-01618-3

Herstellerin: P. Treiber

56/3140-5 4 3 2 1 0 - Gedruckt auf säurefreiem Papier

Vorwort

> *Fourier's theorem is not only one of the most beautiful results of modern analysis, but it may be said to furnish an indispensable instrument in the treatment of nearly every recondite question in modern physics.*
>
> Lord Kelvin, 1867

Dieses Buch ist ein Lehrbuch, das den Leser mit den Grundbegriffen der Fourieroptik vertraut machen und ihn so weit in dieses Gebiet einführen will, daß er Originalarbeiten verstehen und mit den Begriffen der Fourieroptik selbständig umgehen kann. In der Optik spielt die Fouriertransformation eine dreifache Rolle. Zum einen beschreibt sie das Fraunhofersche Beugungsbild eines beliebigen (zweidimensionalen) Objekts. Man kann deshalb in der Optik die Fouriertransformierte eines Objekts experimentell sichtbar machen (genauer: ihr Betragsquadrat) und auf diese Weise einen anschaulichen Zugang zu ihrer physikalischen Bedeutung, nämlich der harmonischen Analyse des Objekts, eröffnen. Zum zweiten dient die Fouriertransformation zur Beschreibung der räumlichen Filterung, d. h. des Einflusses von Eingriffen in das Fraunhofersche Beugungsbild auf die Abbildung des Objekts, dessen Bild die mit dem gefilterten Beugungsbild durchgeführte harmonische Synthese ist. Schließlich ermöglicht die Fouriertransformation, den auch in anderen Gebieten der Physik wichtigen Begriff der Kohärenz von Strahlung quantitativ zu fassen.

Die Fouriertransformation spielt heute in fast allen Gebieten der Physik als mathematisches Hilfsmittel zur rationellen Beschreibung und zum tieferen Verständnis physikalischer Vorgänge eine gewichtige Rolle. Auch Nachbargebiete wie Geophysik, Kristallographie und Meteorologie bedienen sich ihrer. Die Optik bietet einen besonders anschaulichen Zugang zum Verständnis der Fouriertransformation; deshalb ist das Studium der Fourieroptik sicher auch eine gute Vorübung für abstraktere Anwendungen dieser mathematischen Operation.

Dieses Buch wendet sich in erster Linie an Studierende der Physik nach der Diplomvorprüfung, die Optik als Schwerpunkt gewählt haben oder auf diesem Gebiet wissenschaftlich arbeiten. Aber auch Studierende anderer Naturwissenschaften, der Ingenieurwissenschaften und der Informatik, die im

Rahmen ihrer Diplom- oder Doktorarbeit mit Fragen aus der Fourieroptik konfrontiert werden, können sich mit seiner Hilfe die grundlegenden Begriffe dieses Gebiets erarbeiten. Darüber hinaus wendet sich dieses Buch an Physiker und Ingenieure in Forschungsinstituten und in der Industrie, die mit der Fourieroptik in Berührung kommen und deren theoretische Grundlagen genauer kennenlernen wollen. Die zum Studium dieses Buches notwendigen Vorkenntnisse beschränken sich auf die grundlegenden Gesetze der geometrischen Optik und der Wellenoptik, die Grundregeln der Differential- und Integralrechnung und die Kenntnis einiger einfacher komplexwertiger Funktionen.

Die Auswahl der Themen und die Reihenfolge ihrer Behandlung erfolgte im wesentlichen nach didaktischen Gesichtspunkten. Wenn irgend möglich, sollte sich die Fragestellung eines Kapitels in natürlicher Weise aus dem im vorangehenden Kapitel erörterten Thema ergeben. Die grundlegenden Begriffe werden eingehend erklärt, und ihre Anwendung wird an Beispielen erläutert. Diese Ausführlichkeit geht auf Kosten der Vollständigkeit: Wer dieses Gebiet genauer kennt, wird manches vermissen, was ihm ebenso wichtig erscheinen mag wie die hier behandelten Themen.

Ausgangspunkt jeder Überlegung ist das physikalische Problem; die mathematischen Hilfsmittel ergeben sich meist in natürlicher Weise daraus und werden möglichst anschaulich ohne mathematische Strenge eingeführt. Viele Leser werden sich damit begnügen. Derjenige aber, der genauer wissen will, wie man die δ-„Funktion" auf mathematisch einwandfreie Weise definieren oder die Fouriertransformierte einer nicht absolut integrierbaren Funktion einführen kann, findet im Anhang eine kurze Einführung in einen etwas strengeren Umgang mit temperierten Distributionen und deren Fouriertransformation.

Um die Einbettung der Fourieroptik in die Physik als Ganzes zu verdeutlichen, wird auf Verbindungen zu Nachbargebieten hingewiesen, und es werden stets diejenigen Größen und Symbole verwendet, die auch sonst in der Physik üblich sind, z. B. die elektrische Feldstärke E statt einer „Lichtamplitude" oder die Energiestromdichte j an Stelle der vagen Größe „Intensität". Die Gleichungen sind Größengleichungen, so daß man z. B. das Ergebnis einer Übungsaufgabe einer Dimensionsprüfung unterziehen kann, die ja auch in anderen Gebieten der Physik als hilfreich empfohlen wird.

Jedes Kapitel beginnt mit einer Zusammenfassung seines Inhalts, um eine schnelle Orientierung zu ermöglichen. Stichwörter und wichtige Regeln werden im Text durch Fettdruck hervorgehoben. Übungsaufgaben am Schluß jedes Kapitels sollen dazu anregen, das Erlernte auf ein konkretes Problem anzuwenden und die erworbenen Kenntnisse zu vertiefen. Ausführliche Lösungen finden sich am Schluß des Buches.

Mein Interesse an der Fourieroptik wurde vor mehr als 30 Jahren durch die ersten Vorlesungen von Erich Menzel über dieses damals gerade entstehende und eine neue Betrachtungsweise der Optik eröffnende Gebiet geweckt.

Erst 20 Jahre später wurde dieses Interesse in Diskussionen mit Fritz Stöckmann wiederbelebt. Aus Vorlesungen über Fourieroptik, die ich seit mehreren Jahren halte, ist dann dieses Buch entstanden. Seine Konzeption wurde durch viele, für mich lehrreiche Diskussionen mit meinen Karlsruher Kollegen, vor allem mit Herrn G. Falk und Herrn W. Ruppel, beeinflußt. Einzelfragen konnte ich mit Herrn R. v. Baltz, Herrn F. Herrmann und Herrn P. Würfel diskutieren, denen ich auch für die kritische Durchsicht des Manuskripts danke. Nicht zuletzt haben Fragen und Bemerkungen von Hörern meiner Vorlesung an mancher Stelle zu klareren Formulierungen beigetragen.

Herrn Dipl.-Phys. J. Roß danke ich dafür, daß er das Manuskript mit physikalischem Verständnis auf Disketten aufgenommen hat, und Frau U. Bolz für die sorgfältige Erstellung der Vorlagen für die Abbildungen. Dem Springer–Verlag bin ich für Rat und Hilfe bei der Gestaltung des Textes und der Abbildungen sowie für die schöne Ausstattung zu Dank verpflichtet.

Karlsruhe, im Dezember 1992   Wolfgang Stößel

Inhaltsverzeichnis

1. Lineare physikalische Systeme

Im Gegensatz zur geometrischen Optik, die die optische Abbildung durch Linsen und Spiegel beschreibt, indem sie den geometrischen Verlauf der Lichtstrahlen mit Hilfe des Brechungs- und Reflexionsgesetzes ermittelt, verwendet die Fourieroptik für denselben Zweck die physikalischen Begriffe und die mathematischen Hilfsmittel der Theorie linearer Systeme. Da ein lineares physikalisches System sinus- oder cosinusförmige, d. h. harmonische Signale unverzerrt überträgt, spielt in dieser Theorie die Zerlegung eines beliebigen Eingangssignals in seine harmonischen Komponenten, d. h. die *Fourieranalyse* des Signals (Jean Baptiste Joseph Fourier, 1768–1830), eine zentrale Rolle. Am Ausgang des Systems werden die harmonischen Eingangssignale verschiedener Frequenz mit veränderter Amplitude und Phase wiedergegeben; ihre Überlagerung bildet das Ausgangssignal.

Bei den meisten Anwendungen dieser Theorie, z. B. in der Nachrichtentechnik, hängen Eingangs- und Ausgangssignal von der Zeit ab; bei der optischen Abbildung hingegen hängen das Eingangssignal, nämlich der abzubildende Gegenstand, und das Ausgangssignal, d. h. das von dem abbildenden System erzeugte Bild, von den Ortskoordinaten in der Gegenstands– bzw. der Bildebene ab. Die Fourieranalyse des Gegenstands führt deshalb auf den Begriff der *räumlichen Frequenz*.

Bekannter und vertrauter ist die *zeitliche* Frequenz. Deshalb werden in diesem Kapitel einige zentrale Begriffe der Systemtheorie, die auch grundlegende Begriffe der Fourieroptik sind, nämlich die *Stoßantwort* und die damit mögliche Darstellung der allgemeinen Antwort des Systems als Faltungsprodukt aus Stoßantwort und Frage, sowie die *Übertragungsfunktion*, die die Wirkung eines linearen Systems als Frequenzfilter beschreibt, an Systemen erläutert, die zeitabhängige Signale verarbeiten. Als konkrete Beispiele dienen ein RC-Glied und der harmonische Oszillator, also wohlbekannte Systeme, weil die Bedeutung der neuen Begriffe dem Leser an vertrauten Erscheinungen am besten klar werden wird. Das Verständnis der analogen Begriffe in der Optik bereitet dann erfahrungsgemäß keine Schwierigkeiten mehr.

Die quantitative physikalische Beschreibung linearer Systeme führt fast zwangsläufig auf die dafür geeigneten mathematischen Hilfsmittel. Diese werden nur in dem Maße, wie sie benötigt werden, d. h. auf eine aus mathematischer Sicht sehr unsystematische Weise und ohne jede logische Strenge, eingeführt. Mathematisch interessierte Leser finden im Anhang eine kurze Zusammenfassung der wichtigsten Eigenschaften temperierter Distributionen, des Faltungsprodukts und der Fouriertransformation. Wer mit den physikalischen Begriffen zur Beschreibung linearer Systeme, die zeitabhängige Signale verarbeiten, bereits vertraut ist, kann Kap. 1 überschlagen.

1.1 Ziel und Zweck der Systemtheorie

Ziel der Systemtheorie ist es, das Verhalten physikalischer Systeme zu beschreiben, ohne den „inneren Mechanismus" im einzelnen kennen oder erläutern zu müssen. Ehe diese Betrachtungsweise bewußt benutzt worden ist, haben die Physiker bereits intuitiv so gearbeitet; z. B. fragt man bei einer Zeitmessung mit Hilfe einer Stoppuhr nicht danach, nach welchen physikalischen Prinzipien die Uhr konstruiert ist, sondern begnügt sich damit zu erfahren, daß der vom Zeiger zurückgelegte Weg proportional zur Zeit ist, d. h. der Zeiger mit konstanter Winkelgeschwindigkeit umläuft, welcher Winkel in welcher Zeit durchlaufen wird (Eichung) und mit welcher Genauigkeit diese beiden Aussagen gelten. Dasselbe gilt für andere Meßinstrumente wie z. B. Volt- und Amperemeter, Thermometer, Meßverstärker, Mikroskope usw. Der Benutzer solcher Geräte ist nicht daran interessiert, *wie* die Geräte funktionieren, sondern *was* sie leisten.

Die erste bewußte Anwendung dieser Beschreibungsweise erfolgte in der Elektrotechnik in Form der Blockschaltbilder. Hier kommt ein anderer Gesichtspunkt hinzu: Man kann auf diese Weise ein sehr komplexes physikalisches System auf seine wesentlichen Funktionen und Aufgaben reduzieren und damit enorm an Übersichtlichkeit gewinnen. Besonders in der Nachrichtentechnik brachte diese Reduzierung auf die wesentlichen Eigenschaften z. B. eines Verstärkers eine große Vereinfachung mit sich, und deshalb hat diese Theorie dort ihren Anfang genommen. Das Entstehen der Informationstheorie nach dem 2. Weltkrieg hat weitere Anstöße zur Entwicklung der Theorie geliefert und ihre Anwendung auf andere Gebiete, besonders die Optik, initiiert. Die Anwendung auf die Optik begann etwa 1950 und ist heute im wesentlichen abgeschlossen und unter dem Namen *Fourieroptik* bekannt. Ein wesentlicher Punkt der linearen Systemtheorie ist, daß sie nicht nur den zeitlichen oder räumlichen Verlauf einer physikalischen Größe beschreibt, sondern diese Beschreibung ergänzt durch das Frequenzspektrum dieser Größe. Das physikalische System wird als *Frequenzfilter* aufgefaßt.

Ein wichtiges lineares System in der Nachrichtentechnik ist der Verstärker. Von einem „guten" Verstärker verlangt man, daß er einen an seinem Eingang angelegten Spannungsstoß beliebiger Form $U_e(t)$, z. B. den Rechteckimpuls in Abb. 1.1a, am Ausgang verstärkt, aber möglichst „unverzerrt" wiedergibt (gestrichelte Kurve in Abb. 1.1b). Dieses Ideal wird von einem wirklichen Verstärker nur in mehr oder weniger guter Näherung erreicht. Das wirkliche Ausgangssignal könnte z. B. wie die durchgezogene Kurve in Abb. 1.1b aussehen.

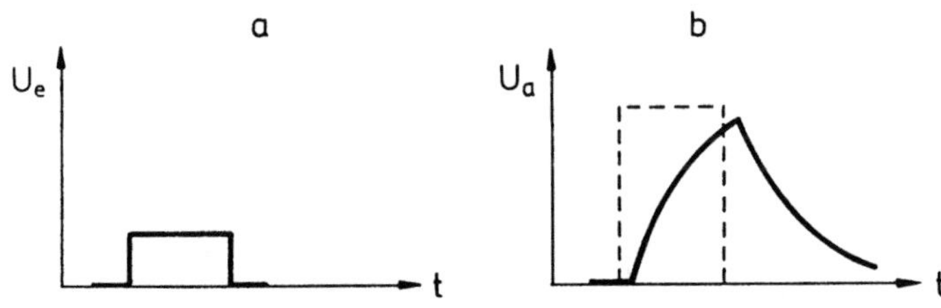

Abb. 1.1. (a) Eingangssignal U_e und (b) Ausgangssignal U_a eines idealen *(gestrichelte Kurve)* und eines realen *(durchgezogene Kurve)* Verstärkers

Ganz analoge Verhältnisse liegen bei optischen Instrumenten, z. B. beim Mikroskop, vor. Ein kleiner, mit dem unbewaffneten Auge nicht sichtbarer Gegenstand soll mit Hilfe dieses Instruments sichtbar gemacht werden. Der Gegenstand, z. B. ein Bakterium, ist das Eingangssignal des Mikroskops, das Bild sein Ausgangssignal. Wie beim Verstärker verlangt man von einem „guten" Mikroskop, daß das Bild dem Gegenstand möglichst ähnlich sein soll. Wegen des endlichen Auflösungsvermögens jedes Mikroskops ist diese Forderung allerdings umso schlechter erfüllbar, je höhere Vergrößerung man von dem Gerät verlangt.

Allgemein formuliert, stellt die Systemtheorie stets die Frage, welches Ausgangssignal ein physikalisches System liefert, wenn ein bestimmtes Signal an seinen Eingang gelegt wird. Als Signale können beliebige physikalische Größen dienen, die Funktionen anderer Größen, meist von Ort und Zeit, sind. Die physikalische Größe $x(\xi_1, \xi_2, \dots, \xi_i)$, die als Eingangssignal dient, heißt auch „Frage" an das System, die Größe $y(\xi_1, \xi_2, \dots, \xi_i)$ an seinem Ausgang „Antwort" des Systems (daher der Name *response theory* für die Systemtheorie in der englischsprachigen Literatur). Aufgabe der Theorie ist es, eine Rechenvorschrift, oder in der Sprache der Mathematik: einen Operator S, anzugeben, womit man die Antwort des Systems auf eine beliebige Frage berechnen kann:

<table>
<tr><td>Frage</td><td></td><td></td><td>Antwort</td></tr>
<tr><td>$x(\xi_1, \xi_2, \dots, \xi_i)$</td><td>$\longrightarrow$</td><td>Physikalisches System</td><td>$\longrightarrow$</td><td>$y(\xi_1, \xi_2, \dots, \xi_i)$</td></tr>
</table>

$$y(\xi_1, \xi_2, \dots, \xi_i) = S \circ x(\xi_1, \xi_2, \dots, \xi_i)$$

Wenn ein solcher Operator S existiert, beschreibt er das System vollständig, da er die Reaktion des Systems auf eine beliebige, d. h. jede nur denkbare Frage vorauszuberechnen gestattet. Die Theorie linearer Systeme bezieht nur solche physikalischen Systeme in ihre Betrachtungen ein, deren Operator S ein *linearer* Operator ist, d. h. für den gilt:

$$\begin{aligned} S \circ (x_1 + x_2) &= S \circ x_1 + S \circ x_2 \\ S \circ (kx) &= k\, S \circ x \quad . \end{aligned} \tag{1.1}$$

1.2 Eigenschaften linearer Systeme

In diesem und dem folgenden Abschnitt werden lineare Systeme betrachtet,
deren Fragen und Antworten nur von einer einzigen unabhängigen Variablen,
nämlich von der Zeit, abhängen. Einige sehr einfache Beispiele sollen zunächst
zeigen, inwiefern sich die Betrachtungsweise der Systemtheorie von der sonst
in der Physik üblichen unterscheidet, und den Begriff System näher erläutern.

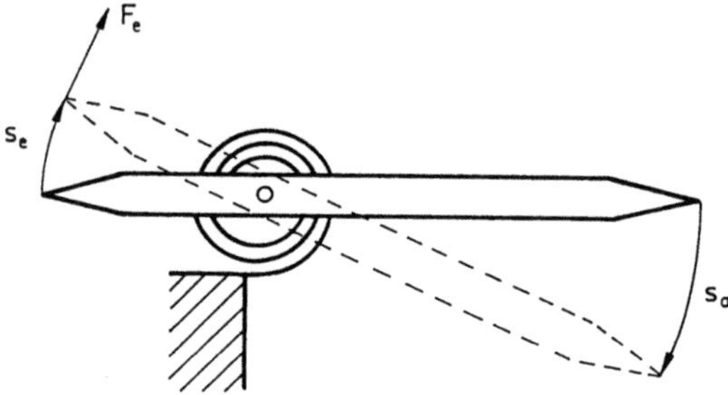

Abb. 1.2. Hebel mit
Rückstellfeder

Abbildung 1.2 zeigt einen Hebel mit einer Schneckenfeder, die eine Rück-
stellkraft liefert. Es sei der beim Drehen des Hebels von seinem linken End-
punkt durchlaufene Bogen s_e die Eingangsgröße und der vom rechten End-
punkt des Hebels dabei zurückgelegte Weg s_a die Ausgangsgröße. Man könnte
dieses System einen „Wegverstärker" nennen. Es ist trivialerweise ein lineares
System, weil Ein- und Ausgangsgröße einander proportional sind.

Man kann dieselbe experimentelle Anordnung aber auch in anderer Weise
benützen, nämlich mit einer auf den linken Hebelarm wirkenden Kraft F_e als
Eingangsgröße und dem Bogen s_a als Ausgangsgröße wie im ersten Fall. In
dieser Weise wird diese Anordnung in allen elektrischen Zeigerinstrumenten
verwendet. Obwohl es sich in beiden Fällen um *denselben* Gegenstand handelt,
liegen im Sinne der Systemtheorie zwei *verschiedene* lineare Systeme vor, da
die Eingangsgrößen für die beiden Anwendungszwecke verschieden sind.

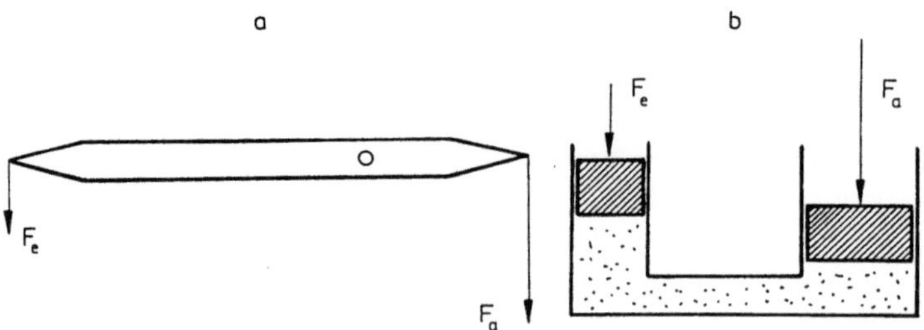

Abb. 1.3. (a) Hebel und (b) hydraulische Presse

Abbildung 1.3 zeigt zwei verschiedene Anordnungen, nämlich einen Hebel und eine hydraulische Presse, wobei die Längen der beiden Hebelarme im selben Verhältnis zueinander stehen sollen wie die Querschnittsflächen der beiden Kolben der Presse. Wir wollen beide Geräte als lineare Systeme mit der Kraft F_e als Eingangsgröße und der Kraft F_a als Ausgangsgröße verwenden. In beiden Fällen ist F_a proportional zu F_e, und die Proportionalitätskonstanten haben denselben Wert. Für die Systemtheorie handelt es sich deshalb um *ein und dasselbe* System, nämlich einen Kraftverstärker. Hebel und hydraulische Presse sind nur zwei verschiedene experimentelle Realisierungen desselben linearen Systems.

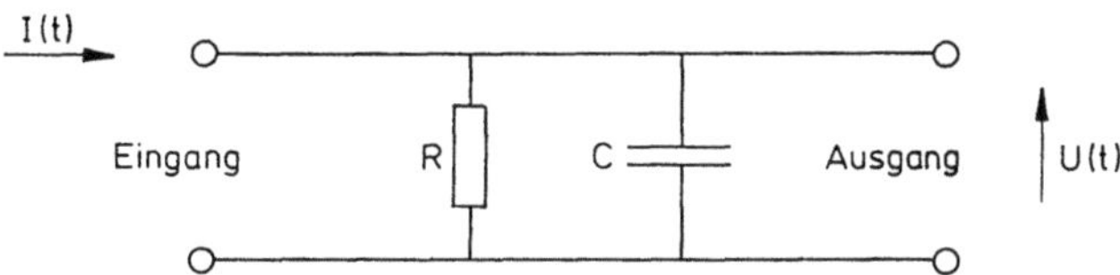

Abb. 1.4. RC-Glied. Eingangssignal sei der an den linken Klemmen eingeprägte Strom $I(t)$, Ausgangssignal die Spannung $U(t)$ an den rechten Klemmen

In den bisherigen Beispielen war die Antwort des Systems stets der Frage proportional. Im allgemeinen ist aber der zeitliche Verlauf der Antwort von dem der Frage völlig verschieden. Das soll an einem weiteren Beispiel demonstriert werden, nämlich einem RC-Glied (Abb. 1.4). Frage sei der in den Eingang fließende Strom, Antwort die am Ausgang auftretende Spannung. Das RC-Glied ist ein lineares System, weil es durch eine lineare Differentialgleichung beschrieben wird und deshalb Strom und Spannung die Beziehung (1.1) erfüllen. Wir wollen die Antwort des Systems auf eine einfache Frage, nämlich das Einschalten eines konstanten Stroms zur Zeit t_0, explizit berechnen.

Die Ladung q auf dem Kondensator ändert sich durch Zufluß von Ladung, nämlich durch den am Eingang eingeprägten Strom $I(t)$, und durch deren Abfluß über den Widerstand, also den Strom $I_R(t)$ durch den Widerstand R:

$$\frac{dq}{dt} = I(t) - I_R(t) \ .$$

Für die Ausgangsspannung $U(t)$ gilt

$$U(t) = R I_R(t) \quad \text{und} \quad U(t) = \frac{1}{C} q(t) \ .$$

Eliminieren von $q(t)$ und $I_R(t)$ aus diesen drei Gleichungen liefert eine Differentialgleichung (DG) für die Antwort $U(t)$:

$$C \frac{dU}{dt} + \frac{1}{R} U(t) = I(t) \ . \tag{1.2}$$

Für die Frage

$$I(t) = \left\{ \begin{array}{ll} 0 & \text{für } t < t_0 \\ I_0 & \text{für } t \geq t_0 \end{array} \right.$$

und die Anfangsbedingung $U(t) = 0$ für $t < t_0$ erhält man als Lösung die Antwort für $t \geq t_0$:

$$U(t) = RI_0 \left(1 - \exp\left[-\frac{t - t_0}{\tau} \right] \right) \quad \text{mit} \quad \tau = RC.$$

Hier ist der zeitliche Verlauf von Frage und Antwort völlig verschieden. Während der Strom am Eingang abrupt von 0 auf seinen Endwert I_0 springt, strebt die Ausgangsspannung exponentiell mit der Zeitkonstante $\tau = RC$, der Relaxationszeit, gegen ihren Endwert $U(\infty)$: das System relaxiert vom Zeitpunkt t_0 ab in einen neuen stationären Zustand. Solche Relaxationsvorgänge kommen in der Natur sehr häufig vor; sie erfordern die Möglichkeit, Energie zu speichern (beim RC-Glied im Kondensator) und zu dissipieren (im Widerstand). Wegen dieser allgemeinen Bedeutung werden wir in den folgenden Abschnitten die Begriffe und die Methoden, die in der Theorie linearer Systeme verwendet werden, immer auch am RC-Glied als Beispiel erläutern.

Eine zweite Klasse von Vorgängen spielt eine ebenso wichtige Rolle in der gesamten Physik: die Schwingungen. Wir werden deshalb als zweites Beispiel nach dem RC-Glied immer auch den harmonischen Oszillator zur Veranschaulichung allgemeiner Ergebnisse unserer Überlegungen verwenden.

Wir schließen diesen Abschnitt mit einer Zusammenstellung derjenigen Eigenschaften ab, die wir im Rahmen unserer Betrachtungen von einem linearen physikalischen System fordern.

1. *Kausalität.* Jedes physikalische System gehorcht dem Kausalitätsprinzip, d. h. wir sind aufgrund vielfältiger Erfahrungen überzeugt, daß die Antwort zeitlich nicht vor der Frage liegen kann. Ein physikalisches System kann zwar ein Gedächtnis haben, d. h. der Wert der physikalischen Größe am Ausgang kann davon abhängen, welche Werte die Größe am Eingang zu irgendwelchen Zeiten davor gehabt hat, aber es kann nicht die Zukunft voraussagen. Es sei noch bemerkt, daß es eine zur Kausalität analoge Bedingung für Systeme mit ortsabhängigen Fragen und Antworten nicht gibt.

2. *Stabilität.* Unter Stabilität eines physikalischen Systems versteht man folgende Eigenschaft: Für alle beschränkten Fragen, d. h. für alle $|x(t)| \leq M_x$, muß auch die Antwort beschränkt sein, d. h. es muß eine Zahl M_y existieren, so daß $|y(t)| \leq M_y$ gilt. Wenn letzteres nicht der Fall wäre, würde die Antwort $y(t)$ u.U. diejenigen Werte überschreiten, für die das System noch linear reagiert.

3. *Konstanz der Systemeigenschaften (Zeitinvarianz des Systems).* Im Rahmen der hier behandelten Theorie wird außerdem gefordert, daß die charakteristischen Eigenschaften des Systems zeitlich konstant bleiben. Es

soll ausgeschlossen werden, daß z. B. Kondensator und/oder Widerstand des RC-Gliedes die Werte von Kapazität und Widerstand ändern. Ebensowenig dürfen sich beim Federpendel die Federkonstante der Spiralfeder oder die Masse des Pendelkörpers ändern. Anders ausgedrückt heißt das, daß auf die gleiche Frage stets die gleiche Antwort erfolgen muß, unabhängig von dem Zeitpunkt, an dem die Frage gestellt wird.

4. *Nullpunkt.* Zur Vereinfachung der quantitativen Beschreibung ist es zweckmäßig, den Nullpunkt folgendermaßen festzulegen:
Für die Frage $x(t) \equiv 0$, d. h. $x = 0$ für alle t, muß auch die Antwort identisch verschwinden: $y(t) \equiv 0$. Diese Festlegung ist für stabile Systeme immer eindeutig möglich.

5. *Linearität.* Die linearen physikalischen Systeme werden von den nichtlinearen durch die Forderung abgegrenzt, daß der das System beschreibende Operator S, dessen Anwendung auf die Frage $x(t)$ die Antwort $y(t) = S \circ x(t)$ erzeugt, ein linearer sein soll, d. h. es müssen die Beziehungen (1.1) gelten.

Die Eigenschaften 2–5, die wir von einem linearen System fordern, erfüllt ein reales physikalisches System, wenn überhaupt, natürlich nur näherungsweise und nur in einem gewissen Wertebereich der physikalischen Größen, die als Frage und Antwort dienen. Alle unsere Erfahrungen weisen darauf hin, daß jedes physikalische System auf hinreichend große Werte der Frage an seinem Eingang nichtlinear reagiert.

1.3 Aufbau der Antwort

Die Tatsache, daß ein System linear ist, vereinfacht seine Beschreibung ganz außerordentlich. Wenn man nämlich die die Frage beschreibende Funktion aus Funktionen zusammensetzen kann, deren Antworten man kennt, so kann man auch die Antwort auf die zusammengesetzte Frage aus den bekannten Antworten zusammensetzen. Ein Beispiel soll das verdeutlichen. Die Antwort $y(t)$ eines linearen Systems auf die „Sägezahnfrage" $x(t)$ sei bekannt. Gesucht ist die Antwort auf einen doppelten Sägezahn. Wegen der Linearität des Systems darf man die Antworten auf die beiden Sägezähne einfach addieren, denn es ist ja

$$S \circ [x_1(t) + x_2(t)] = S \circ x_1(t) + S \circ x_2(t) = y_1(t) + y_2(t) \quad .$$

Abbildung 1.5 demonstriert diesen Sachverhalt. Allgemein gilt:

Wenn man die Antwort eines linearen Systems auf einen bestimmten Typ von Fragen (Normfragen) kennt und wenn es gelingt, jede beliebige Frage aus diesem Typ von Fragen zusammenzusetzen, dann kennt man wegen der Linearität des Systems auch die Antwort auf jede beliebige Frage.

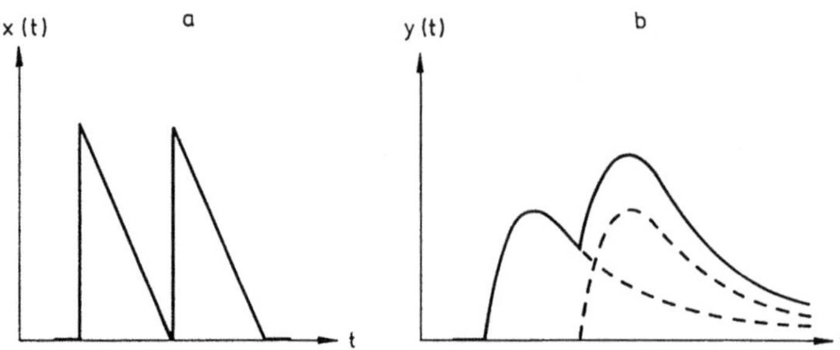

Abb. 1.5. (a) Doppelter Sägezahn als Frage, (b) Antwort auf je einen der beiden Sägezähne *(gestrichelte Kurve)* und Antwort auf den doppelten Sägezahn *(durchgezogene Kurve)*

Der folgende Abschn. 1.3.1 beschäftigt sich mit der quantitativen Formulierung dieser Idee, und es wird sich herausstellen, daß man dabei auch den allgemeinsten Ausdruck für den Operator S eines linearen Systems findet.

1.3.1 Die Stoßantwort

Unter der ***Stoßantwort*** oder ***Impulsantwort*** eines physikalischen Systems versteht man seine Antwort auf eine Rechteckfrage hinreichend kurzer Dauer. „Hinreichend kurz" heißt dabei, daß die Dauer der Rechteckfrage klein sein muß gegen die kürzeste Zeitkonstante des betrachteten Systems. Die allgemeine Frage wollen wir aus Rechteckfragen geeigneter Höhe treppenförmig zusammensetzen und die allgemeine Antwort als Summe der Stoßantworten darstellen. Zur Durchführung dieses Vorhabens benötigen wir einige mathematische Hilfsmittel, die im folgenden bereitgestellt werden.

Zunächst definieren wir eine ***normierte Rechteckfunktion*** in folgender Weise:

$$r_{\Delta\tau}(t) = \begin{cases} 1/\Delta\tau & \text{für } |t| \le \Delta\tau/2 \\ 0 & \text{für } |t| > \Delta\tau/2 \end{cases} \cdot \tag{1.3}$$

Aus der Definition ist unmittelbar ersichtlich, daß die Dimension dieser Funktion 1/Zeit ist und daß

$$\int\limits_{-\infty}^{\infty} r_{\Delta\tau}(t)\mathrm{d}t = 1$$

gilt, d. h. daß $r_{\Delta\tau}(t)$ auf 1 normiert ist. Wie jede Funktion kann man $r_{\Delta\tau}(t)$ leicht durch Ersetzen des Arguments durch $t-\tau$ von der Stelle 0 an die Stelle τ verschieben. Dabei bleibt die Normierung natürlich erhalten.

Diese Rechteckfunktion hat für die praktische Anwendung einen unangenehmen Nachteil: Man muß für jeden Anwendungsfall wissen, wie groß die kleinste Zeitkonstante des betrachteten Systems ist, um einen vernünftigen numerischen Wert für die Breite $\Delta\tau$ des Rechtecks festlegen zu können. Von diesem Nachteil kann man sich befreien, wenn man statt $r_{\Delta\tau}(t)$ die „Grenzfunktion" einer Folge solcher Rechteckfunktionen benutzt, die dadurch definiert wird, daß die Parameter $\Delta\tau_n$ eine Nullfolge bilden. Dabei schrumpft die Breite der Rechteckfunktionen auf null, während ihre Höhe wie $1/\Delta\tau_n$ divergiert. Ob die „Grenzfunktion" dieser Folge, die mit $\delta(t)$ bezeichnet wird, ein mathematisch sinnvolles Gebilde ist, müßte genauer untersucht werden. Hier soll nur angemerkt werden, daß es in der Tat möglich ist, den Funktionsbegriff der klassischen Analysis so zu verallgemeinern, daß man mit der δ-*Funktion* ähnlich operieren kann wie mit klassischen Funktionen. Diese Verallgemeinerung des Funktionsbegriffs wird im Anhang A.1 erläutert.

Für die Berechnung der Systemantwort benötigen wir noch eine mathematische Operation, die eine Funktion durch die Verknüpfung zweier gegebener Funktionen konstruiert. Diese Operation heißt *Faltung* und ist folgendermaßen definiert:

$$z(t) = \int\limits_{-\infty}^{\infty} x(\tau)y(t-\tau)\mathrm{d}\tau \ . \tag{1.4}$$

Symbolisch schreibt man auch $x(t) \star y(t) = z(t)$ und liest: $x(t)$ gefaltet mit $y(t)$ ergibt $z(t)$; $x(t) \star y(t)$ heißt *Faltungsprodukt*. Es ist assoziativ, kommutativ und distributiv (s. Anhang A.1: (A.15), (A.16) und (A.17)). Das Integral (1.4) heißt Faltungsprodukt, weil es sich durch ein Faltspiel mit Transparenzpapier leicht veranschaulichen läßt. Zunächst zeichnet man die Graphen der beiden Faktoren $x(\tau)$ und $y(\tau)$ auf durchsichtigem Papier in umgekehrter Reihenfolge nebeneinander wie in Abb. 1.6a. Dann faltet man das Papier längs der gestrichelten Linie und klappt die linke Seite auf die rechte (Abb. 1.6b). Dadurch wird $y(\tau)$ an der Faltungslinie gespiegelt, und es entsteht der Graph der Funktion $y(t-\tau)$. In Abb. 1.6b ist $t < 0$, die Graphen von $x(\tau)$ und $y(t-\tau)$ überlappen sich nicht, d. h. der Integrand des Faltungsintegrals (1.4) ist null. Legt man die Faltung weiter nach rechts, z. B. längs der punktierten Linie in Abb. 1.6a, so vergrößert sich t. In Abb. 1.6c ist dieser Fall dargestellt: Jetzt überlappen sich die beiden Graphen, und die schraffierte Fläche ist der Wert des Faltungsintegrals. Auf diese Weise kann man durch fleißiges Falten und Ausmessen der schraffierten Flächen $x(t)\star y(t)$ für alle Werte von t bestimmen.

Als erstes Faltungsprodukt soll das einer stetigen, reellwertigen Funktion $x(t)$ mit der Rechteckfunktion $r_{\Delta\tau}(t)$ berechnet werden. Da $x(t)$ stetig ist und $r_{\Delta\tau}(t-\tau) \geq 0$, läßt sich der Mittelwertsatz der Integralrechnung anwenden:

$$\int\limits_{-\infty}^{\infty} x(\tau)r_{\Delta\tau}(t-\tau)\mathrm{d}\tau = x(t') \int\limits_{-\infty}^{\infty} r_{\Delta\tau}(t-\tau)\mathrm{d}\tau = x(t') \ , \tag{1.5}$$

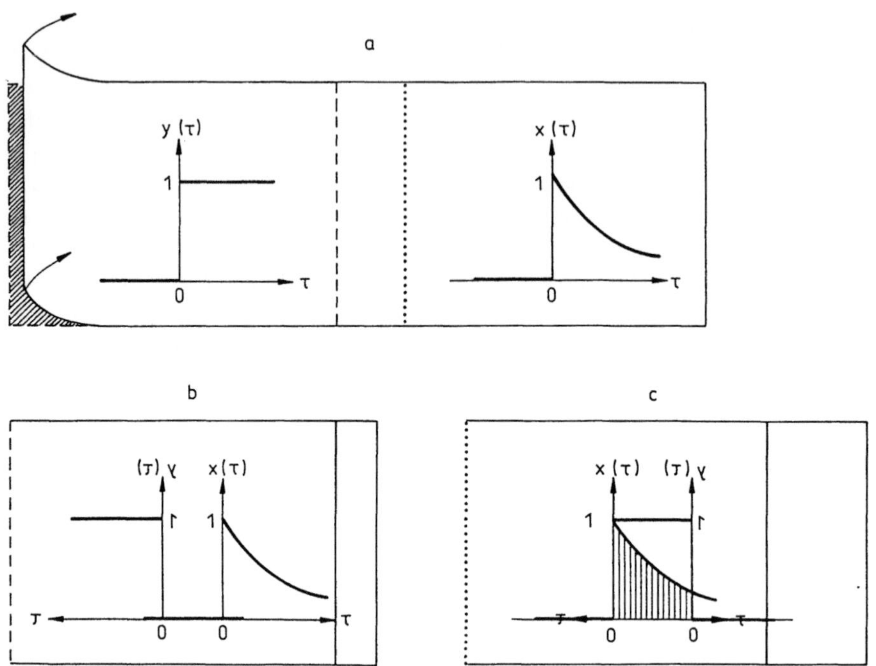

Abb. 1.6. Veranschaulichung des Faltungsprodukts der Funktionen $x(t)$ und $y(t)$

wobei $t'\in[t-\Delta\tau/2,\, t+\Delta\tau/2]$. Der letzte Schritt in (1.5) folgt unmittelbar aus der Tatsache, daß $r_{\Delta\tau}(t)$ normiert ist. Die Faltung einer beliebigen stetigen Funktion $x(t)$ mit der normierten Rechteckfunktion liefert also einen Wert („Mittelwert") der Funktion $x(t)$ aus dem Bereich, in dem die Rechteckfunktion von null verschieden ist. Für $\Delta\tau \to 0$ strebt die Rechteckfunktion gegen $\delta(t-\tau)$, und das Faltungsprodukt hat den Wert von $x(t)$ an der Stelle $\tau = t$, d. h. (1.5) geht über in

$$\int\limits_{-\infty}^{\infty} x(\tau)\delta(t-\tau)\mathrm{d}\tau = x(t) \int\limits_{-\infty}^{\infty} \delta(t-\tau)\mathrm{d}\tau = x(t) \ . \tag{1.6}$$

Aus (1.6) liest man ab, daß

$$\int\limits_{-\infty}^{\infty} \delta(t-\tau)\mathrm{d}\tau = 1 \tag{1.7}$$

ist und daß jede stetige Funktion sich durch Faltung mit der δ-Funktion reproduziert:

$$x(t) \star \delta(t) = x(t) \ . \tag{1.8}$$

In analoger Weise erhält man aus

$$\int\limits_{-\infty}^{\infty} x(\tau) r_{\Delta\tau}(\tau)\mathrm{d}\tau = x(t') \quad \text{mit} \quad t' \in [-\Delta\tau/2, \Delta\tau/2]$$

durch den Grenzübergang $\Delta\tau \to 0$

$$\int\limits_{-\infty}^{\infty} x(\tau)\delta(\tau) = x(0) \ , \tag{1.9}$$

oder in symbolischer Schreibweise

$$x(t)\delta(t) = x(0)\delta(t) \quad . \tag{1.10}$$

Setzt man in (1.9) als Spezialfall $x(t) \equiv 1$, so folgt

$$\int\limits_{-\infty}^{\infty} \delta(\tau)\mathrm{d}\tau = 1 \quad . \tag{1.11}$$

Wählt man in (1.7) $t = 0$ und vergleicht mit (1.11), so findet man die **Symmetrie der δ-Funktion**:

$$\delta(-t) = \delta(t) \quad . \tag{1.12}$$

Wem bei dieser „Physiker-Mathematik" unwohl zumute ist, der sollte an dieser Stelle die Lektüre unterbrechen und zunächst den Anhang A.1 lesen. Dort wird versucht, in einer kurzen Skizze die mathematischen Ideen zu schildern, mit denen es gelingt, den Begriff der Funktion zu verallgemeinern und damit solche pathologischen Gebilde wie die δ-„Funktion" auf eine solide mathematische Grundlage zu stellen.

Die Beziehung (1.6) nennt man **Sampling-** oder **Ausblendeigenschaft** der δ-Funktion, weil die δ-Funktion wie ein Sampling-Oszillograph den Wert der Funktion $x(\tau)$ an der Stelle $\tau = t$ abtastet bzw. wie ein unendlich schmaler Spalt an der Stelle $\tau = t$ wirkt, durch den hindurch nur der Wert der Funktion $x(\tau)$ an der Stelle $\tau = t$ sichtbar ist. In graphischen Darstellungen wollen wir deshalb für die δ-Funktion das in Abb. 1.7 dargestellte Symbol benutzen. Die physikalische Dimension von $\delta(t)$ ist 1/Zeit wie die der Rechteckfunktion $r_{\Delta\tau}(t)$, oder allgemeiner formuliert: Die physikalische Dimension der δ-Funktion ist immer (Dimension des Arguments)$^{-1}$ (Für δ-Funktionen mit zwei Variablen s. Abschn. 2.6).

Physikalisch ist die δ-Funktion nicht sinnvoll interpretierbar, weil ihr Wert an der Stelle τ über alle Grenzen wächst, nach unseren Erfahrungen aber alle physikalischen Größen endliche Werte haben. Selbst wenn es gelänge, eine physikalische Größe über alle Grenzen wachsen zu lassen, wäre das für die Theorie linearer physikalischer Systeme nutzlos, da jedes physikalische

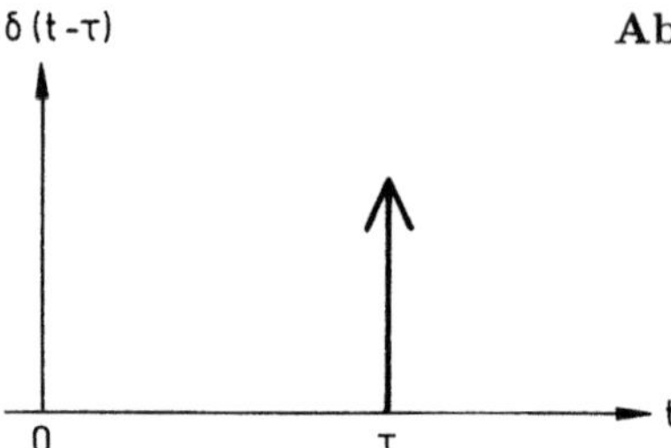

Abb. 1.7. Graphisches Symbol für die δ-Funktion

System, wenn überhaupt, dann nur in einem bestimmten Wertebereich linear reagiert. Anders ausgedrückt: Jedes lineare physikalische System wird nicht-linear, wenn der Wert der physikalischen Größe an seinem Eingang einen bestimmten, für das System charakteristischen Grenzwert überschreitet.

Der Nutzen der δ-Funktion für die Physik liegt vielmehr darin, daß mit ihrer Hilfe formulierte physikalische Gesetze eine einfachere Gestalt annehmen, als wenn man sie mit physikalisch sinnvolleren Funktionen formulierte. Zudem zeigen solche mathematischen Idealisierungen oft die wesentlichen Eigenschaften eines physikalischen Vorgangs deutlicher als eine realistischere Beschreibung. Wie in einer Karikatur z. B. die charakteristischen Züge eines Gesichts durch Überbetonung hervorgehoben und alles Unwesentliche weggelassen wird, so karikiert die δ-Funktion die stoßförmige Anregung eines linearen Systems.

Eine weitere, für die Beschreibung des Verhaltens linearer Systeme sehr nützliche Funktion ist die Stammfunktion der δ-Funktion:

$$\theta(t) = \int\limits_{-\infty}^{t} \delta(\tau)\mathrm{d}\tau = \left\{ \begin{array}{ll} 0 & \text{für } t < 0 \\ 1 & \text{für } t \geq 0 \end{array} \right. . \tag{1.13}$$

Mit einem verallgemeinerten Begriff der Ableitung kann man (1.13) auch folgendermaßen schreiben: $(d/dt)\,\theta = \delta(t)$ (s. Anhang A.1, (A.33)). $\theta(t)$ heißt **_Stufenfunktion_**, **_Sprungfunktion_** oder Heaviside-Funktion (Oliver Heaviside, 1850–1925). Ihre physikalische Dimension ist eins.

Wir kehren nun zu dem Problem zurück, von dem wir am Anfang dieses Abschnitts ausgegangen waren, nämlich zur Approximation einer beliebigen Frage $x(t)$ durch eine Treppenfunktion. Sie soll so erfolgen, daß die Treppenfunktion aus Rechteckfunktionen geeigneter Höhe zusammengesetzt wird. Wir definieren

$$\varrho_{\Delta\tau}(t - \tau) = x(\tau) \cdot r_{\Delta\tau}(t - \tau)\Delta\tau \quad . \tag{1.14}$$

Diese Rechteckfrage ist so konstruiert, daß sie unabhängig von der Breite $\Delta\tau$ der Rechteckfunktion die Höhe $x(\tau)$ hat und daß ihre Dimension gleich der von $x(t)$ ist. Die Antwort muß wegen der Linearität des Systems proportional zur Höhe der Frage, d. h. zu $x(\tau)$ sein. Die _Form_ der Antwort wird durch eine

Funktion $g_{\Delta\tau}(t-\tau)\Delta\tau$ beschrieben und hängt nicht nur von den Eigenschaften des betrachteten Systems, sondern auch von der Dauer $\Delta\tau$ der Frage ab; $\rho_{\Delta\tau}(t-\tau)$ heißt **normierte Rechteckfrage** zur Zeit τ, $g_{\Delta\tau}(t-\tau)$ **normierte Rechteckantwort**.

Die Abhängigkeit der normierten Rechteckantwort $g_{\Delta\tau}(t-\tau)$ von der Dauer der Frage ist eine Komplikation, die möglichst beseitigt werden sollte. Den Weg dazu weist ein physikalisches Argument, das bereits am Anfang dieses Abschnitts kurz angesprochen wurde: Wenn die Dauer der Frage kurz ist gegen die kürzeste Zeitkonstante des betrachteten Systems, dann kann sie auf die Form der Antwort keinen Einfluß mehr haben. Man wird also wieder zu dem Grenzübergang $\Delta\tau \to 0$ veranlaßt und erhält die **normierte Stoßfrage** δ zur Zeit $t = \tau$

$$\lim_{\Delta\tau \to 0} r_{\Delta\tau}(t - \tau) = \delta(t - \tau) \ ,$$

sowie die Antwort des Systems darauf:

$$\lim_{\Delta\tau \to 0} g_{\Delta\tau}(t - \tau) = g(t - \tau) \quad . \tag{1.15}$$

Die **normierte Stoßantwort** $g(t-\tau)$ hängt nicht mehr von $\Delta\tau$ ab, sondern allein von den Eigenschaften des Systems. Sie kann mit Hilfe eines hinreichend kurzen „Stoßes" am Eingang des Systems gemessen werden.

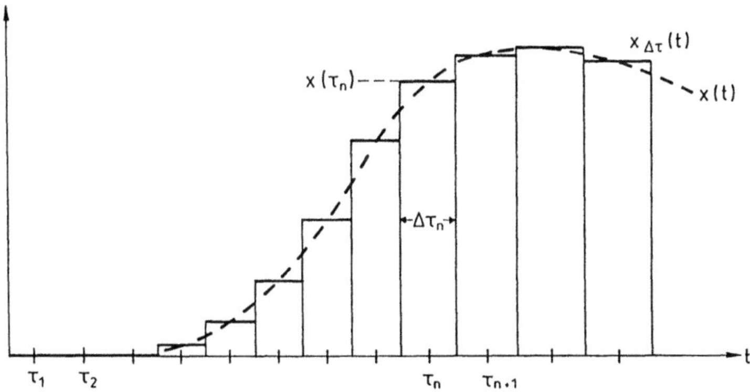

Abb. 1.8. Approximation einer Frage $x(t)$ *(gestrichelte Kurve)* durch eine Treppenfunktion $x_{\Delta\tau}(t)$ *(durchgezogene Kurve)*

Nach diesen Vorbereitungen ist es einfach, gemäß Abb. 1.8 eine Treppenfunktion $x_{\Delta\tau}(t)$ aus Rechteckfunktionen $\rho_{\Delta\tau}(t - \tau_n)$ zusammenzusetzen und damit eine beliebige Frage $x(t)$ zu approximieren. Die Antwort auf diese Frage ist dann wegen der Linearität des Systems die Summe der entsprechenden Rechteckantworten.

$$\text{Frage}: \quad x_{\Delta\tau}(t) = \sum_{n=-\infty}^{\infty} x(\tau_n) r_{\Delta\tau}(t - \tau_n)\Delta\tau_n \quad,$$

$$\text{Antwort}: \quad y_{\Delta\tau}(t) = \sum_{n=-\infty}^{\infty} x(\tau_n) g_{\Delta\tau}(t - \tau_n)\Delta\tau_n \quad.$$

Um unabhängig von der Dauer der Rechteckpulse zu werden und von der Approximation $x_{\Delta\tau}(t)$ zur exakten Darstellung der Frage $x(t)$ überzugehen, führt man den Grenzübergang $\Delta\tau_n \to 0$ durch, wobei die Summen in Riemannsche Integrale übergehen (Bernhard Riemann, 1826–1866). Gleichzeitig erhält man dadurch auch eine exakte Darstellung der Antwort $y(t)$ des Systems:

$$x(t) = \int_{-\infty}^{\infty} x(\tau)\delta(t - \tau)\mathrm{d}\tau \quad, \tag{1.16a}$$

$$y(t) = \int_{-\infty}^{\infty} x(\tau)g(t - \tau)\mathrm{d}\tau = x(t) \star g(t) \quad. \tag{1.16b}$$

Die Gleichung (1.16b) zeigt, daß die Kenntnis der Antwort des Systems auf eine einzige Frage, nämlich seine normierte Stoßantwort, genügt, um mit Hilfe des Faltungsprodukts die Antworten auf *beliebige* Fragen zu konstruieren. Die normierte Stoßantwort $g(t)$ beschreibt also ein lineares System vollständig; sie wird auch Greensche Funktion (George Green, 1793–1841) des Systems genannt. Mit (1.16b) ist auch die am Ende von Abschn. 1.1 gestellte Frage nach dem Operator S beantwortet. Wegen der Kommutativität des Faltungsprodukts kann man nämlich schreiben:

$$y(t) = S \circ x(t) = g(t) \star x(t) \quad. \tag{1.17}$$

Der Operator S angewandt auf $x(t)$ bedeutet also, die normierte Stoßantwort $g(t)$ mit der Frage $x(t)$ zu falten.

Da das Faltungsprodukt ein uneigentliches Integral ist, erhebt sich die Frage, unter welchen Bedingungen es überhaupt existiert. Zunächst stellen wir fest, daß die Frage $x(t)$ aus physikalischen Gründen beschränkt sein muß, sonst würde der Wertebereich von x, für den das System noch linear reagiert, überschritten. Wir können also für $x(t)$ eine Schranke M angeben: $|x(t)| \leq M$. Damit erhält man folgende Abschätzung für das Faltungsprodukt:

$$\int_{-\infty}^{\infty} g(\tau)x(t - \tau)\mathrm{d}\tau \leq \int_{-\infty}^{\infty} |g(\tau)| \cdot |x(t - \tau)|\mathrm{d}\tau \leq M \int_{-\infty}^{\infty} |g(\tau)|\mathrm{d}\tau \quad.$$

Die Existenz des letzten Integrals ist gewährleistet, wenn die Antwort beschränkt ist. Das hatten wir aber bereits in Abschn. 1.2 unter Punkt 2 gefordert und als Stabilität des Systems bezeichnet. Wir können diese Eigenschaft jetzt konkreter formulieren: Ein lineares System heißt stabil, wenn seine normierte Stoßantwort absolut integrabel ist.

Wir wollen nun für zwei konkrete Fälle die normierte Stoßantwort ermitteln und für eine spezielle Frage die Antwort mit dem Faltungsprodukt berechnen. Das erste Beispiel ist das bereits im Abschn. 1.2 eingeführte RC-Glied, das zweite der harmonische Oszillator.

RC-Glied. Im Abschn. 1.2 ist die Reaktion des RC-Glieds auf das Einschalten eines Stroms I_0, nämlich der exponentielle Anstieg der Ausgangsspannung U bereits berechnet worden. Jetzt soll der Strom bereits nach der Zeit $\Delta\tau$ wieder ausgeschaltet werden, also eine Rechteckfunktion als Frage verwendet werden. Die Spannung U klingt dann wieder exponentiell ab. In den Abb. 1.9a und c ist das graphisch dargestellt. Der während der Zeit $\Delta\tau$ fließende Strom I_0 transportiert die Ladung $q_0 = I_0\Delta\tau$ in das System. Sie erscheint als Faktor vor der normierten Rechteckfunktion in der Darstellung der Rechteckfrage.

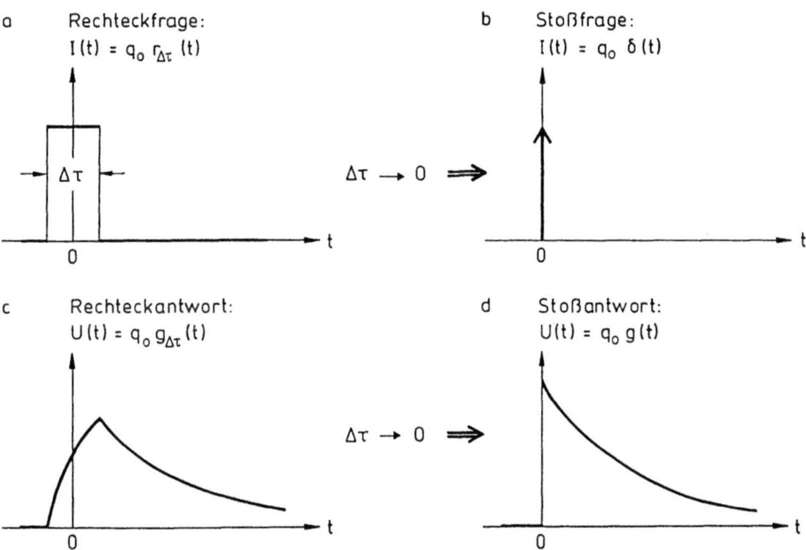

Abb. 1.9. Der obere Bildteil zeigt den Übergang von einer Rechteckfrage (**a**) zur Stoßfrage (**b**), der untere den von der Rechteckantwort (**c**) zur Stoßantwort (**d**)

Ein Blick auf (1.16a) und (1.16b) lehrt, daß der Proportionalitätsfaktor in der Antwort die Dimension einer elektrischen Ladung haben muß. Daraus folgt, daß die normierten Antworten $g_{\Delta\tau}$ bzw. g die Dimension einer reziproken Kapazität haben müssen. Die Abb. 1.9d zeigt, wie beim Übergang von der Rechteck- zur Stoßfrage, d.h. für $\Delta\tau \to 0$, der Anstieg der Spannung zu einem Sprung wird, während der exponentielle Abfall erhalten bleibt. Es ist deshalb nicht schwer zu erraten, daß die Stoßantwort die Form

$$U(t) = q_0 g(t) = U_0 \theta(t) e^{-t/RC} \qquad (1.18)$$

haben muß. Sie muß die DG (1.2) des RC-Glieds erfüllen mit der Impulsfrage als inhomogenem Term auf der rechten Seite:

$$C\frac{dU}{dt} + \frac{1}{R}U(t) = q_0 \delta(t) \quad . \qquad (1.19)$$

Wenn man (1.18) unter Verwendung von (1.13) differenziert, $(d/dt)U(t)$ und $U(t)$ in (1.19) einsetzt und (1.10) beachtet, erhält man die normierte Stoßantwort

$$g(t) = \frac{1}{C}\theta(t) e^{-t/RC} \qquad (1.20)$$

und die Bestätigung, daß der Ansatz (1.18) richtig war.

Mit Hilfe von $g(t)$ kann man nun die Antwort des RC-Glieds auf beliebige Eingangssignale $I(t)$ durch Bildung des Faltungsprodukts $g(t) \star I(t)$ berechnen. Als Beispiel soll die Antwort des RC-Gliedes auf das Einschalten einer an den Eingang angeschlossenen Stromquelle dienen, d. h. auf das Eingangssignal $I(t) = I_0 \theta(t - t_0)$. Für die Ausgangsspannung erhält man die schon in Abschn. 1.2 durch Lösen der DG (1.2) berechnete Funktion

$$\begin{aligned}
U(t) &= I(t) \star g(t) = \int_{-\infty}^{\infty} I_0 \theta(\tau - t_0)\frac{1}{C}\theta(t - \tau) e^{-(t-\tau)/RC} d\tau \\
&= \frac{I_0}{C}\int_{t_0}^{t} e^{-(t-\tau)/RC} d\tau = I_0 R[1 - e^{-(t-t_0)/RC}] \quad \text{für } t \geq t_0 \\
U(t) &= 0 \quad \text{für } t < t_0 \quad .
\end{aligned}$$

Die beiden Stufenfunktionen lassen nur im Intervall $[t_0, t]$ von null verschiedene Werte des Integranden zu und können deshalb durch die entsprechenden Integrationsgrenzen ersetzt werden.

Harmonischer Oszillator. Um ein konkretes physikalisches Experiment im Auge zu haben, stellen wir uns als eine Realisierung des harmonischen Oszillators ein Federpendel vor. Eingangssignal sei eine äußere Kraft $F(t)$ auf den Pendelkörper, Ausgangssignal seine Lagekoordinate $y(t)$, s. Abb. 1.10.

Zunächst ist wieder die normierte Stoßantwort $g(t)$ zu berechnen. Dazu muß man, z. B. durch Anschlagen mit einem Hammer wie in Abb. 1.10, auf das System eine kurze Zeit $\Delta\tau$ lang eine Kraft $F(t)$ wirken lassen, oder anders ausgedrückt: man läßt eine Zeit $\Delta\tau$ lang Impuls mit der Stromstärke $F(t)$ in den Pendelkörper fließen. Im Grenzübergang $\Delta\tau \to 0$ kann man das Fließen des Impulses p_0 in den Pendelkörper – analog zum Fließen der Ladung q_0

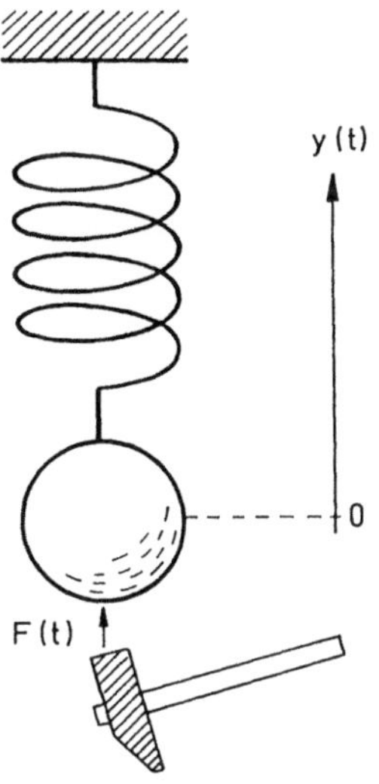

Abb. 1.10. Federpendel mit der Kraft $F(t)$ als Eingangs- und der Auslenkung $y(t)$ als Ausgangssignal

in den Kondensator im vorangegangenen Beispiel – mit Hilfe der δ-Funktion folgendermaßen beschreiben: $F(t) = p_0\delta(t)$. Die DG des Federpendels hat dann folgende Gestalt:

$$my'' + \gamma y' + Dy = p_0\delta(t) \quad . \tag{1.21}$$

Mit Blick auf das Experiment wird man vermuten, daß die Lösung von (1.21) die bekannte Lösung der entsprechenden homogenen DG mit der Anfangsbedingung $y(0) = 0$ ist und mit der zusätzlichen Bedingung, daß die Lösung für negative t verschwinden muß. Diese Bedingung erfüllt man durch Multiplikation der üblichen Lösung mit der Stufenfunktion $\theta(t)$. Man wird also folgenden Ansatz machen:

$$y(t) = p_0 g(t) = \theta(t)y_0 e^{-\alpha t} \sin\omega_r t \tag{1.22}$$

und prüfen, ob er die DG (1.21) erfüllt. Beim Bilden von $y'(t)$ erhält man als ersten Term $\delta(t)y_0 e^{-\alpha t}\sin\omega_r t$, der wegen $f(t)\delta(t) = f(0)\delta(t)$ (s. (1.10)) verschwindet. Damit ist man des Problems enthoben, beim Bilden von $y''(t)$ die δ-Funktion differenzieren zu müssen. Die beiden Ableitungen lauten:

$$y'(t) = \theta(t)y_0 e^{-\alpha t}[\omega_r \cos\omega_r t - \alpha\sin\omega_r t]$$

$$y''(t) = \delta(t)y_0\omega_r - \theta(t)y_0 e^{-\alpha t}[(\omega_r^2 - \alpha^2)\sin\omega_r t + 2\alpha\omega_r \cos\omega_r t] \quad .$$

In Abb. 1.11 sind die drei Funktionen $y(t)$, $y'(t)$ und $y''(t)$ graphisch dargestellt. Man sieht, wie sich der Knick von $y(t)$ bei $t = 0$ als Sprung in $y'(t)$ bemerkbar macht und dieser wiederum zum Auftreten der δ-Funktion in der zweiten Ableitung führt.

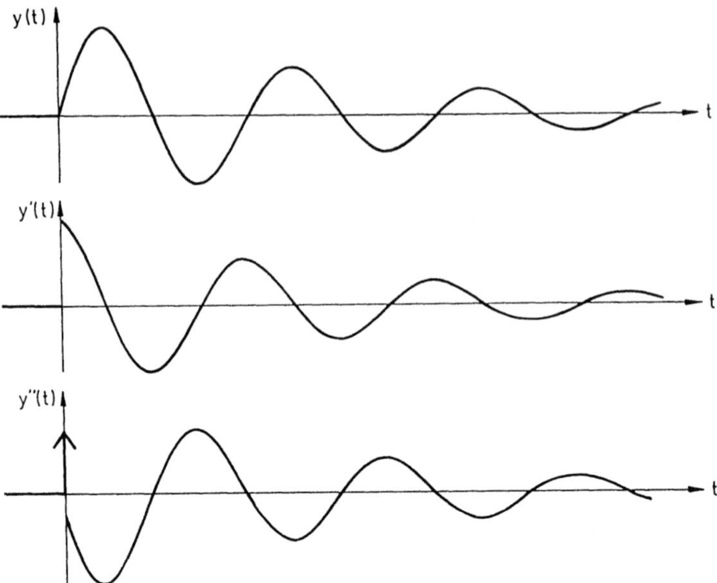

Abb. 1.11. Verlauf der Auslenkung $y(t)$, der Geschwindigkeit $y'(t)$ und der Beschleunigung $y''(t)$ des Pendelkörpers bei stoßförmiger Anregung eines Federpendels ($\alpha = 0,1\,\omega_0$)

Einsetzen von $y(t)$, $y'(t)$ und $y''(t)$ in (1.21) und Koeffizientenvergleich ergibt für die Konstanten α und ω_r des Ansatzes (1.22) $\alpha = \gamma/2m$ und $\omega_r = (\omega_0^2 - \alpha^2)^{1/2}$, wobei $\omega_0 = (D/m)^{1/2}$ die Eigenfrequenz des ungedämpften Pendels ist und $\alpha^2 < \omega_0^2$ gelten soll. Die Amplitude y_0 der Schwingung wird durch den bei der Anregung auf den Pendelkörper übertragenen Impuls p_0 bestimmt: $y_0 = p_0/m\omega_r$.

Damit ist gezeigt, daß der Ansatz (1.22) richtig war, und die normierte Stoßantwort des Pendels

$$g(t) = \frac{\theta(t)}{m\sqrt{\omega_0^2 - \gamma^2/4m^2}}\,\mathrm{e}^{-\gamma t/2m}\,\sin\sqrt{\omega_0^2 - \frac{\gamma^2}{4m^2}}\,t \quad \text{mit } \omega_0 = \sqrt{D/m} \quad (1.23)$$

ist. Sie hängt nur von Eigenschaften des Pendels ab und charakterisiert es vollständig.

1.3.2 Die Übertragungsfunktion

Wenn man einen harmonischen Oszillator mit einer zeitlich sinusförmig variierenden Kraft erregt, reagiert er mit einer ebenfalls sinusförmig veränderlichen Auslenkung (die natürlich gegen die anregende Kraft phasenverschoben sein kann). Für das RC-Glied gilt das Gleiche: Ein am Eingang eingeprägter Wechselstrom erzeugt eine Wechselspannung am Ausgang. Das legt die Frage

nahe, ob sich vielleicht *jedes* lineare System so verhält? Um diese Frage zu beantworten, wollen wir die Antwort eines beliebigen linearen Systems auf eine
harmonische Frage berechnen. Um bequemer rechnen zu können, schreiben
wir das Eingangssignal als Exponentialfunktion mit imaginärem Argument
und nehmen davon den Realteil:

$$x(t) = \text{Re}\{x_0 e^{i\omega t}\} = x_0 \cos\omega t \quad . \tag{1.24}$$

Die Antwort des Systems kann man leicht aufschreiben:

$$y(t) = g(t) \star x(t) = g(t) \star \text{Re}\{x_0 e^{i\omega t}\} = \text{Re}\{g(t) \star x_0 e^{i\omega t}\} \quad .$$

Dabei wurde im letzten Schritt die Tatsache benutzt, daß die normierte
Stoßantwort $g(t)$ eine reelle Funktion ist. Die Ausführung des Faltungsprodukts ergibt

$$y(t) = \text{Re}\left\{\int_{-\infty}^{\infty} g(\tau)x_0 e^{i\omega(t-\tau)}\mathrm{d}\tau\right\} = \text{Re}\left\{x_0 e^{i\omega t}\int_{-\infty}^{\infty} g(\tau)e^{-i\omega\tau}\mathrm{d}\tau\right\} \quad . \tag{1.25}$$

Das letzte Integral hängt nur noch von ω ab; es stellt eine Integraltransformation dar, die einer vorgegebenen Funktion $g(t)$ eindeutig eine andere
Funktion $G(\omega)$ zuordnet. Diese Integraltransformation heißt ***Fouriertransformation***.

Man sieht unmittelbar, daß die Fouriertransformierte $G(\omega)$ im allgemeinen eine komplexe Funktion ist:

$$G(\omega) = G_1(\omega) + iG_2(\omega) = \int_{-\infty}^{\infty} g(t)e^{-i\omega t}\mathrm{d}t \quad . \tag{1.26}$$

Diese Zuordnung drückt man symbolisch auch so aus[1]: $g(t) \circ\!\!-\!\!\bullet\, G(\omega)$. Obwohl
bei der Fouriertransformation der Imaginärteil $G_2(\omega)$ nur deshalb entstanden
ist, weil das Eingangssignal komplex geschrieben worden ist, kann man ihn
physikalisch sinnvoll interpretieren; die komplexe Fouriertransformierte liefert sogar eine sehr anschauliche Beschreibung des Verhaltens eines linearen
Systems. Das sieht man sofort, wenn man den Realteil (1.25) wirklich aus-
rechnet:

---

[1]Man hätte den Ansatz (1.24) mit dem gleichen Recht auch mit einem Minuszeichen im Argument der Exponentialfunktion schreiben können und hätte dann
für die Fouriertransformierte die Definition

$$G(\omega) = \int_{-\infty}^{\infty} g(t)e^{+i\omega t}\mathrm{d}t$$

erhalten. Beide Definitionen sind möglich; man muß nur bei der Rücktransformation darauf achten, stets das entgegengesetzte Vorzeichen wie bei der Hintransfor-
mation zu verwenden.

$$y(t) = \mathrm{Re}\{x_0 G(\omega)e^{i\omega t}\} = x_0[G_1(\omega)\cos\omega t - G_2(\omega)\sin\omega t] \quad . \qquad (1.27a)$$

Wegen $G_1(\omega) = |G(\omega)|\cos\varphi(\omega)$ und $G_2(\omega) = |G(\omega)|\sin\varphi(\omega)$ kann man auch schreiben

$$y(t) = \mathrm{Re}\{x_0|G(\omega)|e^{i\varphi(\omega)}e^{i\omega t}\} = x_0|G(\omega)|\cos(\omega t + \varphi(\omega)) \; . \qquad (1.27b)$$

Aus (1.27a) liest man ab, daß der Realteil von $G(\omega)$ den Teil des Ausgangssignals angibt, der mit dem Eingangssignal in Phase ist, der Imaginärteil dagegen den Teil, der um $90°$ phasenverschoben ist. Gleichung (1.27b) zeigt, daß der Betrag von $x_0 G(\omega)$ die Amplitude des harmonischen, gegen das Eingangssignal um $\varphi(\omega) = \arctan(G_2(\omega)/G_1(\omega))$ phasenverzögerten Ausgangssignals angibt. Man verzichtet deshalb meist auf die Bildung des Realteils von

$$y(t) = x_0 G(\omega)e^{i\omega t}$$

und nennt $x_0 G(\omega)$ die komplexe Amplitude, aus der man gemäß

$$x_0 G(\omega) = x_0|G(\omega)|e^{i\varphi(\omega)}$$

Betrag und Phase ablesen kann. $G(\omega)$ ist die mit der Eingangsamplitude x_0 normierte (komplexe) Amplitude des Ausgangssignals; in der Nachrichtentechnik wird $G(\omega)$ **Übertragungsfunktion**, in der Elektronik **Frequenzgang** genannt. Zusammenfassend kann man den folgenden Satz formulieren:

> *Die Antwort eines linearen Systems auf eine harmonische Frage ist eine harmonische Funktion derselben Frequenz, deren Amplitude und Phasenverschiebung durch die Übertragungsfunktion des Systems bestimmt sind. Die Übertragungsfunktion ist die Fouriertransformierte der normierten Stoßantwort.*

Um die physikalische Bedeutung der Fouriertransformierten einer Funktion zu erhellen, sollen in einem ersten Schritt die Fouriertransformierten harmonischer Funktionen berechnet werden. Ein Blick auf das Integral in (1.26) läßt Zweifel aufkommen, ob das überhaupt möglich ist; denn wenn man für $g(t)$ z. B. $\cos\omega t$ einsetzt, so konvergiert das Integral sicher nicht im Sinne der klassischen Analysis. Eine hinreichende Bedingung für die Existenz von (1.26) als Riemannsches Integral ist, daß $g(t)$ absolut integrierbar ist, d. h. daß

$$\int\limits_{-\infty}^{\infty} |g(t)|\mathrm{d}t \qquad (1.28)$$

existiert.

Die harmonischen Funktionen Sinus und Cosinus im Intervall $(-\infty, \infty)$ erfüllen (1.28) offensichtlich nicht. Sinus und Cosinus sind aber lokal integrierbar, d. h. man muß sich auf ein endliches Intervall beschränken. Wir wollen deshalb zunächst einmal die Fouriertransformierte der folgenden Funktion berechnen (s. Abb. 1.12a):

$$f(t) = \begin{cases} \cos \omega_0 t & \text{für } |t| \leq t_0 \\ 0 & \text{für } |t| > t_0 \end{cases} .$$

In der englischsprachigen Literatur nennt man solche Funktionen *truncated functions*. Die Fouriertransformierte von $f(t)$ läßt sich leicht berechnen:

$$F(\omega) = \int_{-t_0}^{t_0} \cos \omega_0 t\, e^{-i\omega t} dt = \int_{-t_0}^{t_0} \cos \omega_0 t \cos \omega t\, dt - i \int_{-t_0}^{t_0} \cos \omega_0 t \sin \omega t\, dt$$

$$= \frac{1}{2} \int_{-t_0}^{t_0} [\cos(\omega - \omega_0)t + \cos(\omega + \omega_0)t] dt .$$

Das den Imaginärteil von $F(\omega)$ darstellende Integral verschwindet, weil der Integrand eine ungerade Funktion ist, und das Integrationsintervall symmetrisch zum Nullpunkt liegt. Der Realteil läßt sich sofort integrieren und man erhält die Fouriertransformierte

$$F(\omega) = \frac{\sin(\omega + \omega_0)t_0}{\omega + \omega_0} + \frac{\sin(\omega - \omega_0)t_0}{\omega - \omega_0} , \tag{1.29}$$

die in Abb. 1.12b graphisch dargestellt ist.

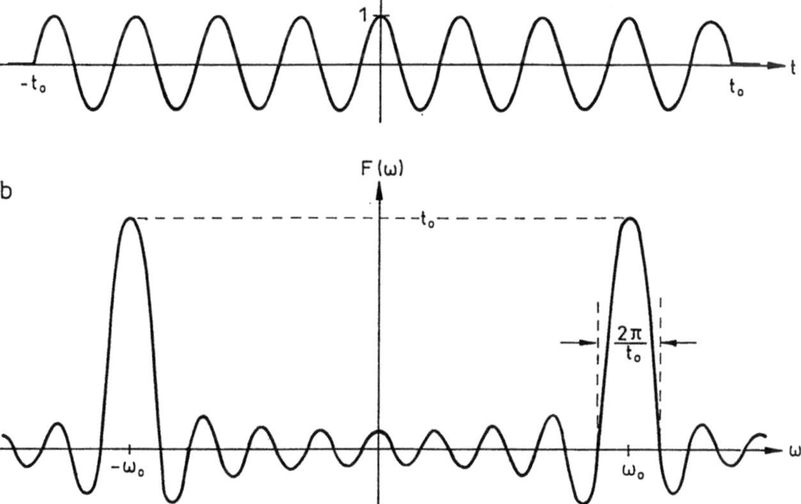

Abb. 1.12. (a) Ein Cosinus-Wellenzug $f(t)$ endlicher Länge und (b) die Fouriertransformierte von $f(t)$

Breite und Höhe der beiden Hauptmaxima bei $-\omega_0$ und ω_0 hängen von dem Parameter t_0 ab: Mit wachsendem t_0 werden diese beiden Maxima höher und schmaler, die Nebenmaxima rücken von beiden Seiten her näher an die Hauptmaxima heran. Das Hauptmaximum von $(1/\omega)\sin\omega t_0$ verhält sich also ganz ähnlich wie die normierte Rechteckfunktion $r_{\Delta\tau}(t)$. Außerdem ist $(1/\omega)\sin\omega t_0$ wie $r_{\Delta\tau}(t)$ auf eins normierbar, denn für alle $t_0 > 0$ gilt unabhängig von t_0

$$\int\limits_{-\infty}^{\infty} \frac{\sin\omega t_0}{\omega}\,\mathrm{d}\omega = \pi \quad .$$

Man kann zeigen, daß $[1/\pi][(1/\omega)\sin\omega t_0]$ für $t_0 \to \infty$, salopp ausgedrückt, gegen $\delta(\omega)$ konvergiert. Mit diesem Resultat erhält man die Fouriertransformierte von $\cos\omega_0 t$, nämlich[2]

$$\mathrm{COS}(\omega) = \int\limits_{-\infty}^{\infty} \cos\omega_0 t\, \mathrm{e}^{-\mathrm{i}\omega t}\mathrm{d}t = \pi\delta(\omega + \omega_0) + \pi\delta(\omega - \omega_0) \quad . \qquad (1.30)$$

In analoger Weise findet man

$$\mathrm{SIN}(\omega) = \int\limits_{-\infty}^{\infty} \sin\omega_0 t\, \mathrm{e}^{-\mathrm{i}\omega t}\mathrm{d}t = \mathrm{i}\pi\delta(\omega + \omega_0) - \mathrm{i}\pi\delta(\omega - \omega_0) \quad . \qquad (1.31)$$

Mit Hilfe der Eulerschen Formel $\cos\omega_0 t + \mathrm{i}\sin\omega_0 t = \mathrm{e}^{\mathrm{i}\omega_0 t}$ (Leonhard Euler, 1707–1783) konstruiert man aus (1.30) und (1.31) die Fouriertransformierte der Exponentialfunktion:

$$\mathrm{EXP}(\omega) = \int\limits_{-\infty}^{\infty} \mathrm{e}^{\mathrm{i}\omega_0 t}\mathrm{e}^{-\mathrm{i}\omega t}\mathrm{d}t = 2\pi\delta(\omega - \omega_0) \quad . \qquad (1.32)$$

Die Fouriertransformierte der δ-Funktion ergibt sich unmittelbar aus (1.9):

$$\Delta(\omega) = \int\limits_{-\infty}^{\infty} \delta(t)\mathrm{e}^{-\mathrm{i}\omega t}\mathrm{d}t = 1 \quad . \qquad (1.33)$$

Die Umkehrung von (1.33), d. h. die Frage nach der Fouriertransformierten einer Funktion, die überall gleich 1 ist, ist als Spezialfall, nämlich $\omega_0 = 0$, in (1.32) enthalten:

---

[2]Im überwiegenden Teil der physikalischen Literatur ist es üblich, Funktionen im Zeitbereich mit kleinen und ihre Fouriertransformierten mit großen Buchstaben zu bezeichnen. Wir wenden – entgegen dem allgemeinen Gebrauch – dieses Verfahren wegen seiner Anschaulichkeit auch auf die Funktionen sin, cos, exp, circ und dgl. an.

$$\int\limits_{-\infty}^{\infty} 1 \cdot \mathrm{e}^{-\mathrm{i}\omega t}\mathrm{d}t = 2\pi\delta(\omega) \quad . \tag{1.34}$$

Im Anhang A.2 werden die Gleichungen (1.30) bis (1.34) in mathematisch soliderer Weise als Gleichungen zwischen Distributionen hergeleitet.

Die Fouriertransformierten von Sinus und Cosinus verschwinden überall außer an den beiden Stellen $\omega = \pm\omega_0$, d. h. man kann aus ihnen die Frequenz der zugehörigen harmonischen Funktion ablesen. Allgemeiner ausgedrückt stellt die Fouriertransformation das Spektrum der zugehörigen Zeitfunktion dar, genauer: sie ist die spektrale Amplitudendichte der harmonischen Funktionen $\mathrm{e}^{\mathrm{i}\omega t}$, aus denen man sich die zugehörige Zeitfunktion aufgebaut denken kann. Deshalb hat die Fouriertransformierte von $\mathrm{e}^{\mathrm{i}\omega_0 t}$ die einfachste Gestalt. Die physikalische Dimension einer Fouriertransformierten ist die der zugehörigen Zeitfunktion pro Frequenz. Besonders interessant ist das Spektrum der $\delta-$Funktion. In ihm sind die harmonischen Funktionen aller Frequenzen mit der gleichen Amplitude vertreten. Die Dimension von $\Delta(\omega)$ ist 1, weil $\delta(t)$ die Dimension 1/Zeit hat.

Oft werden $\cos\omega t$ und $\sin\omega t$ anstelle von $\mathrm{e}^{\mathrm{i}\omega t}$ für die Definition der Fouriertransformierten benutzt. Wir hatten am Anfang dieses Abschnitts festgestellt, daß die Antwort eines linearen Systems auf eine harmonische Frage wieder eine harmonische Funktion ist, anders ausgedrückt: nur dieser Typ von Signalen passiert das lineare System „unverzerrt". Alle anderen Typen von Signalen werden am Ausgang „verzerrt" wiedergegeben. Die Forderung, daß ein Eingangssignal $x(t)$ unverzerrt am Ausgang erscheint, lautet $S \circ x(t) = E \cdot x(t)$, wobei E eine komplexe Zahl sei. Mathematisch bedeutet diese Forderung, daß $x(t)$ eine Eigenfunktion des Operators S zu dem Eigenwert E ist. Man überzeugt sich leicht, daß $x(t) = \mathrm{e}^{\mathrm{i}\omega t}$ mit ω als Parameter die Eigenfunktionen des Operators $S\circ = g(t)\star$ zu den Eigenwerten $G(\omega)$ sind:

$$S \circ x(t) = \int\limits_{-\infty}^{\infty} g(\tau)\mathrm{e}^{\mathrm{i}\omega(t-\tau)}\mathrm{d}t = G(\omega)x(t) \quad .$$

Diese Eigenfunktionen sind orthogonal zueinander und normierbar:

$$\int\limits_{-\infty}^{\infty} \mathrm{e}^{-\mathrm{i}\omega_m t}\mathrm{e}^{\mathrm{i}\omega_n t}\mathrm{d}t = 2\pi\delta(\omega_m - \omega_n) \quad .$$

Die Funktionen $\cos\omega t$ oder $\sin\omega t$ *allein* sind keine Eigenfunktionen von S, sondern nur Linearkombinationen aus beiden. Deshalb ist es nicht nur zweckmäßig, sondern auch sinnvoll, im Rahmen der Theorie linearer Systeme für die Definition der Fouriertransformierten $\mathrm{e}^{\mathrm{i}\omega t}$ statt $\cos\omega t$ und $\sin\omega t$ zu verwenden.

Wir wollen nun für die bereits in Abschn. 1.3.1 benutzten beiden konkreten Systeme, nämlich das RC-Glied und den harmonischen Oszillator, die Übertragungsfunktion $G(\omega)$ berechnen.

RC-Glied. Die Impulsantwort des RC-Glieds ist durch (1.20) gegeben; damit läßt sich seine Übertragungsfunktion, die Fouriertransformierte der Impulsantwort, leicht ausrechnen:

$$G(\omega) = \int\limits_{-\infty}^{\infty} \frac{\theta(t)}{C} e^{-t/RC} e^{-i\omega t} dt = \frac{1}{C} \int\limits_{0}^{\infty} e^{-(1/RC + i\omega)t} dt = \frac{1}{1/R + i\omega C} \quad .(1.35)$$

Diese Gleichung stellt den Wechselstromwiderstand einer Parallelschaltung von Widerstand und Kondensator dar. Sein Betrag fällt zu hohen Frequenzen hin ab, weil der Kondensator für hochfrequenten Wechselstrom einen Kurzschluß darstellt. Anders ausgedrückt: das RC–Glied stellt einen Tiefpaß dar, d. h. ein Filter, das Eingangssignale mit tiefer Frequenz besonders gut durchläßt. Um zu erfahren, in welchem Frequenzbereich ein lineares System ein besonders hohes Ausgangssignal liefert, braucht man nur seine Übertragungsfunktion anzusehen.

Harmonischer Oszillator. Zur Berechnung der Übertragungsfunktion des harmonischen Oszillators stellt man den Sinus in seiner normierten Impulsantwort (1.22) bzw. (1.23) zweckmäßigerweise durch Exponentialfunktionen dar, also

$$G(\omega) = \int\limits_{-\infty}^{\infty} \frac{\theta(t)}{m\omega_r} e^{-\alpha t} \frac{1}{2i} (e^{i\omega_r t} - e^{-i\omega_r t}) e^{-i\omega t} dt$$

$$= \frac{1}{2im\omega_r} \left[\int\limits_{0}^{\infty} e^{-[\alpha + i(\omega - \omega_r)]t} dt - \int\limits_{0}^{\infty} e^{-[\alpha + i(\omega + \omega_r)]t} dt \right] \quad .$$

Wegen $\alpha > 0$ konvergieren die beiden uneigentlichen Integrale, und man erhält:

$$G(\omega) = \frac{1}{2im\omega_r} \left\{ \frac{1}{[\alpha + i(\omega - \omega_r)]} - \frac{1}{[\alpha + i(\omega + \omega_r)]} \right\}$$

$$= \frac{1}{m} \frac{1}{\omega_0^2 - \omega^2 + 2i\alpha\omega} \quad . \tag{1.36}$$

Im letzten Schritt wurde die bei der Berechnung der Stoßantwort (1.23) gefundene Beziehung $\omega_r^2 = \omega_0^2 - \alpha^2$ benutzt.

Die Gleichung (1.36) gibt in komplexer Schreibweise die Amplitude $y_0 = F_0 G(\omega)$ der erzwungenen Schwingung an, mit der das Pendel auf eine Anregung mit der Kraft $F(t) = \mathrm{Re}\{F_0 e^{i\omega t}\}$ reagiert, und zwar nach Ablauf des Einschwingungsvorgangs, also im „stationären Zustand". Um sich die Bedeutung der Aussage von (1.36) im einzelnen klarzumachen, kann man die beiden in $G(\omega)$ enthaltenen Informationen auf zwei verschiedene Art und Weisen „herauspräparieren":

- Man bildet Betrag und Phase von $G(\omega)$, d. h.

$$|G(\omega)| = \sqrt{G(\omega)G^*(\omega)} = \frac{1}{m}\,\frac{1}{\sqrt{(\omega_0^2 - \omega^2)^2 + 4\alpha^2\omega^2}} \quad \text{und} \quad (1.37\text{a})$$

$$\varphi(\omega) = \arctan\frac{G_2(\omega)}{G_1(\omega)} = \arctan\frac{-2\alpha\omega}{\omega_0^2 - \omega^2} \quad . \tag{1.37b}$$

Diese Darstellung ist in Mechanik und Elektrizitätslehre üblich, weil dort diese beiden Größen am leichtesten der Messung zugänglich sind. Dabei ist (1.37a) die Resonanzkurve, (1.37b) die Phasenverschiebung zwischen anregender Kraft und Pendelausschlag. Beide Kurven sind in Abb. 1.13 dargestellt.

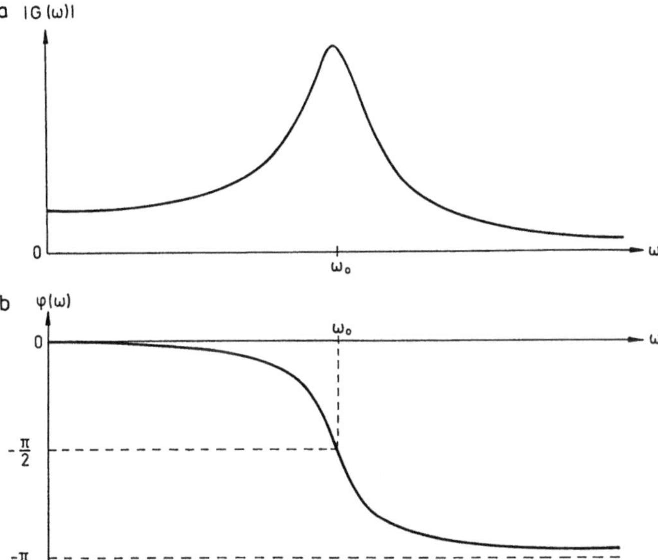

Abb. 1.13. (a) Resonanzkurve und (b) Phase eines zu erzwungenen Schwingungen angeregten harmonischen Oszillators ($\alpha = 0,1\,\omega_0$)

Die Resonanzkurve (Abb. 1.13a) zeigt, daß der harmonische Oszillator wie ein Bandpaß wirkt: Auf harmonische Anregungen mit tiefen Frequenzen reagiert er zwar, aber mit kleiner Amplitude; mit sehr großen Amplituden antwortet er dagegen auf harmonische Anregungen in der Nähe seiner Eigenfrequenz. Oberhalb der Eigenfrequenz fällt seine Amplitude proportional zu ω^{-2} ab.

- Wenn man Real- und Imaginärteil von $G(\omega)$ bildet, also

$$G_1(\omega) = \frac{1}{m} \frac{\omega_0^2 - \omega^2}{(\omega_0^2 - \omega^2)^2 + 4\alpha^2\omega^2} \quad \text{und} \tag{1.38a}$$

$$G_2(\omega) = -\frac{1}{m} \frac{2\alpha\omega}{(\omega_0^2 - \omega^2)^2 + 4\alpha^2\omega^2} \; , \tag{1.38b}$$

so zerlegt man gemäß (1.27a) die erzwungene Schwingung additiv in zwei Anteile: einen, der in Phase mit der anregenden Kraft schwingt und deshalb keine Energie dissipiert, und einen zweiten, zur anregenden Kraft um $\pi/2$ phasenverzögerten Anteil, dessen Amplitude proportional zum Strom der dissipierten Energie $F(t) \cdot y'(t)$ ist. Ersterer wird Dispersionsanteil, letzterer Absorptionsanteil genannt (Abb. 1.14). Diese Darstellung ist besonders gut für die Beschreibung der optischen Eigenschaften der Materie geeignet, die durch Anregung gebundener Elektronen oder Ionen zu erzwungenen Schwingungen durch eine monochromatische elektromagnetische Welle hervorgerufen werden.

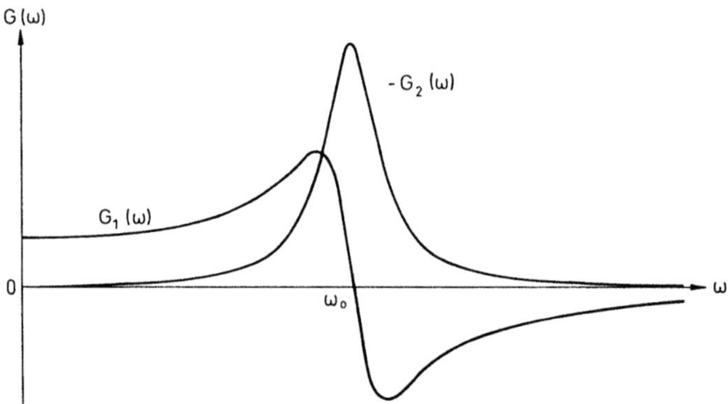

Abb. 1.14. Übertragungsfunktion $G(\omega)$ eines harmonischen Oszillators ($\alpha = 0,1 \, \omega_0$); $G_1(\omega)$: Dispersion, $G_2(\omega)$: Absorption (Lorentzkurve)

1.3.3 Die Spektraldarstellung der Antwort

Die Berechnung der Fouriertransformierten von Cosinus, Sinus und Exponentialfunktion in Abschn. 1.3.2 legten die Deutung nahe, daß $G(\omega)$ das Spektrum, genauer: die Dichtefunktion der Amplituden derjenigen harmonischen Funktionen ist, aus denen sich die zugeordnete Zeitfunktion $g(t)$ aufbaut. Da diese Funktion reell sein soll, benötigt man zu ihrer Darstellung Summen der Form $e^{i\omega t} + e^{-i\omega t} = 2\cos\omega t$ und $-i(e^{i\omega t} - e^{-i\omega t}) = 2\sin\omega t$, oder anders ausgedrückt: man muß die Frequenz von $-\infty$ bis $+\infty$ laufen lassen,

d. h. physikalisch sinnlose negative Frequenzen verwenden. Das ist der Preis für die Bequemlichkeit, die man sich durch die Verwendung von $e^{i\omega t}$ in der Fouriertransformation anstelle von $\sin\omega t$ und $\cos\omega t$ erkauft hat.

Um die Zeitfunktion aus dem Spektrum auf anschauliche Weise zu rekonstruieren, geht man ähnlich vor wie bei der Approximation einer Funktion durch Rechteckfunktionen in Abschn. 1.3.1. Man unterteilt zunächst die ω-Achse in geeignete Intervalle $[\omega_n, \omega_n + \Delta\omega_n]$. Da $G(\omega)$ eine Dichtefunktion ist, ist die Amplitude von $e^{i\omega_n t}$ durch $G(\omega'_n)\Delta\omega_n$ gegeben, wobei ω'_n eine geeignete Frequenz aus dem Intervall $[\omega_n, \omega_n + \Delta\omega_n]$ ist. Als Approximation für $g(t)$ erhält man dann

$$g(t) = \text{const} \sum_{n=-\infty}^{\infty} G(\omega'_n)\Delta\omega_n e^{i\omega'_n t} \; ,$$

wobei man den Wert der Konstanten mit anschaulichen Argumenten nicht finden kann. Im Grenzübergang $\Delta\omega_n \to 0$ geht die Summe in ein Integral über, das man leicht ausrechnen kann:

$$
\begin{aligned}
\int_{-\infty}^{\infty} G(\omega)e^{i\omega t}d\omega &= \int_{-\infty}^{\infty}\int_{-\infty}^{\infty} g(\tau)e^{-i\omega\tau}d\tau\, e^{i\omega t}d\omega \\[2mm]
&= \int_{-\infty}^{\infty} g(\tau) \int_{-\infty}^{\infty} e^{i\omega(t-\tau)}d\omega\, d\tau \\[2mm]
&= \int_{-\infty}^{\infty} g(\tau)2\pi\delta(t-\tau)d\tau \quad .
\end{aligned}
$$

Im letzten Schritt wurde (1.32) nach Umbenennung der Variablen benutzt. Das letzte Integral stellt bis auf den Faktor 2π die Funktion $g(t)$ dar. Damit ergibt sich für die Rücktransformation der Fouriertransformierten in den Zeitbereich:

$$g(t) = \int_{-\infty}^{\infty} G(\omega)e^{i\omega t}\frac{d\omega}{2\pi} \quad . \tag{1.39}$$

Bemerkenswert an dieser Formel ist, daß sie die *reelle* Funktion $g(t)$ durch Überlagerung *komplexer* Exponentialfunktionen mit *komplexen* Amplituden darstellt. Wie schon oben erwähnt, wird das durch Einführen negativer Frequenzen erreicht: Man fasse in Gedanken die Exponentialfunktionen an den Stellen ω und $-\omega$ zu $\cos\omega t$ zusammen; die Imaginärteile heben sich weg, wenn ihre Vorfaktoren gleich sind, d. h. es muß offenbar gelten: $G_1(\omega) = G_1(-\omega)$. Entsprechend kann man schließen, daß der Imaginärteil der Übertragungsfunktion eine ungerade Funktion sein muß: $G_2(-\omega) = -G_2(\omega)$.

Die Formel (1.39) gilt natürlich nicht nur für die normierte Stoßantwort, sondern für jede Funktion, für die die Fouriertransformierte und das

Integral (1.39) existieren (s. Anhang A.2 (A.37)). Insbesondere kann man sich jede Fragefunktion, die eine Fouriertransformierte besitzt, gemäß (1.39) aus harmonischen Funktionen aufgebaut denken:

$$x(t) = \int\limits_{-\infty}^{\infty} X(\omega) \mathrm{e}^{\mathrm{i}\omega t}\frac{\mathrm{d}\omega}{2\pi} \quad . \tag{1.40}$$

Wenn man die Antwort $y(t)$ gemäß (1.17) berechnet und (1.40) in das Faltungsintegral einsetzt, so erhält man:

$$y(t) = \int\limits_{-\infty}^{\infty} g(\tau) x(t-\tau)\mathrm{d}\tau = \int\limits_{-\infty}^{\infty} g(\tau) \int\limits_{-\infty}^{\infty} X(\omega)\mathrm{e}^{\mathrm{i}\omega(t-\tau)}\frac{\mathrm{d}\omega}{2\pi}\mathrm{d}\tau \quad . \tag{1.41a}$$

Durch Vertauschen der Reihenfolge der beiden Integrationen ergibt sich

$$y(t) = \int\limits_{-\infty}^{\infty}\int\limits_{-\infty}^{\infty} g(\tau)\mathrm{e}^{-\mathrm{i}\omega\tau}\mathrm{d}\tau X(\omega)\mathrm{e}^{\mathrm{i}\omega t}\frac{\mathrm{d}\omega}{2\pi} = \int\limits_{-\infty}^{\infty} G(\omega)X(\omega)\mathrm{e}^{\mathrm{i}\omega t}\frac{\mathrm{d}\omega}{2\pi} \quad . \tag{1.41b}$$

Wegen der Eindeutigkeit der Fouriertransformation muß $G(\omega)X(\omega)$ die Fouriertransformierte von $y(t)$ sein, d. h. es muß gelten

$$Y(\omega) = G(\omega)X(\omega) \quad . \tag{1.42}$$

Da die Fouriertransformierte die spektrale Dichte der Amplituden der harmonischen Funktionen angibt, aus denen man sich die zugehörige Zeitfunktion aufgebaut denken kann, nennt man sie auch kurz das ***Spektrum*** der Zeitfunktion und liest (1.42) folgendermaßen:

> ***Man erhält das Spektrum der Antwort eines linearen Systems, indem man das Spektrum der Frage mit der Übertragungsfunktion multipliziert.***

Die Rechenschritte (1.41a) bis (1.42) zeigen, daß die Fouriertransformation ein Faltungsprodukt im Zeitbereich in ein normales Produkt im Frequenzbereich überführt ***(Faltungssatz)***. Mit dem Symbol für die Fouriertransformation kann man das kurz so schreiben:

$$y(t) = g(t) \star x(t) \;\circ\!\!-\!\!\bullet\; Y(\omega) = G(\omega)X(\omega) \quad . \tag{1.43}$$

Ohne Beweis sei hier angeführt, daß auch die Umkehrung gilt:

$$z(t) = y(t)\,x(t) \;\circ\!\!-\!\!\bullet\; Z(\omega) = \frac{1}{2\pi}\, Y(\omega) \star X(\omega) \quad . \tag{1.44}$$

Die bisherigen Betrachtungen haben zwei Wege aufgezeigt, die Antwort eines linearen Systems zu berechnen:

- den „direkten Weg", mit Hilfe der normierten Impulsantwort $g(t)$ das Faltungsintegral zu bilden, also $g(t) \star x(t) = y(t)$ und

- den „Umweg" über das Spektrum $X(\omega)$ der Frage und die Übertragungsfunktion $G(\omega)$; hier muß man am Schluß die Rücktransformation in den Zeitbereich ausführen:

$$x(t) \circ\!\!-\!\!\bullet X(\omega), \quad G(\omega)X(\omega) = Y(\omega) \bullet\!\!-\!\!\circ y(t).$$

Welcher der beiden Wege der günstigere ist, hängt sehr von der Art des Problems ab. Hier sei nur darauf hingewiesen, daß bei der optischen Abbildung zweckmäßigerweise der direkte Weg gewählt wird, wenn die Beleuchtung des Objekts total inkohärent ist, hingegen der Umweg über die Spektren, wenn die Beleuchtung ideal kohärent ist (s. Abschn. 4.1.1 und 4.2).

Wir haben weiter vorn schon darauf hingewiesen, daß sowohl die normierte Stoßantwort $g(t)$ als auch die Übertragungsfunktion $G(\omega)$ ein lineares System vollständig beschreiben. Da $g(t)$ reell ist, genügt im ersten Fall offenbar eine einzige Funktion, um das lineare System zu charakterisieren, während man im zweiten Fall zwei Funktionen benötigt, nämlich Real- *und* Imaginärteil von $G(\omega)$. Es könnte sein, daß das durch die Eigenart der beiden Beschreibungsweisen bedingt ist; es ist aber auch denkbar, daß man bei der Beschreibung mit Hilfe der Übertragungsfunktion $G(\omega)$ nur scheinbar zwei Funktionen benötigt, d. h. daß Real- und Imaginärteil nicht unabhängig voneinander sind. Es wird sich herausstellen, daß die zweite Vermutung richtig ist, daß also der Real- *oder* der Imaginärteil von $G(\omega)$ schon ausreicht, um ein lineares System mit zeitabhängiger Frage und Antwort vollständig zu beschreiben und daß die Kausalität dabei eine entscheidende Rolle spielt.

Um die Beziehung zwischen Real- und Imaginärteil der Übertragungsfunktion auszurechnen, benötigen wir die Fouriertransformierte der Stufenfunktion $\theta(t)$, die im Anhang A.2, (A.43) bis (A.46) hergeleitet wird:

$$\theta(t) \circ\!\!-\!\!\bullet \Theta(\omega) = \pi\delta(\omega) - \frac{\mathrm{i}}{\omega} \ . \tag{1.45}$$

Die Kausalität drückt sich in der Stoßantwort $g(t)$ dadurch aus, daß $g(t)$ für $t < 0$ verschwindet. Um das zu betonen, schreiben wir $g(t) = g(t) \cdot \theta(t)$ und unterwerfen dieses Produkt einer Fouriertransformation gemäß (1.44):

$$\begin{aligned}
G(\omega) &= \frac{1}{2\pi} G(\omega) \star \Theta(\omega) \\
&= \frac{1}{2\pi} \, P\!\!\int_{-\infty}^{\infty} G(\omega') \left[\pi\delta(\omega - \omega') - \frac{\mathrm{i}}{\omega - \omega'} \right] \mathrm{d}\omega' \\
&= \frac{1}{2} G(\omega) - \frac{\mathrm{i}}{2\pi} \, P\!\!\int_{-\infty}^{\infty} \frac{G(\omega')}{\omega - \omega'} \mathrm{d}\omega' \ ,
\end{aligned} \tag{1.46}$$

wobei die Ausblendeigenschaft (1.6) der δ-Funktion verwendet wurde und P vor den Integralen bedeutet, daß sie als Cauchysche Hauptwerte (Augustin Lois Cauchy, 1789–1857) aufzufassen sind. Als Real- und Imaginärteil getrennt aufgeschrieben ergibt (1.46)

$$G_1(\omega) = \frac{1}{\pi}\, P\!\!\int\limits_{-\infty}^{\infty} \frac{G_2(\omega')}{\omega - \omega'}\,\mathrm{d}\omega' \quad \text{und} \tag{1.47a}$$

$$G_2(\omega) = -\frac{1}{\pi}\, P\!\!\int\limits_{-\infty}^{\infty} \frac{G_1(\omega')}{\omega - \omega'}\,\mathrm{d}\omega' \quad . \tag{1.47b}$$

Diese beiden Gleichungen heißen in der Physik **Kramers-Kronig-Beziehungen** (Hendrik Anthony Kramers, 1894–1952; Ralph de Laer Kronig, geb. 1900). Mathematisch handelt es sich wie bei der Fouriertransformation um eine Integraltransformation, die Hilbert-Transformation heißt (David Hilbert, 1862–1943). Real- und Imaginärteil der Übertragungsfunktion eines kausalen linearen Systems sind also wechselseitig Hilbert-Transformierte voneinander. Daraus sieht man, daß auch im Frequenzbereich die Angabe einer einzigen Funktion ausreicht, um ein kausales lineares System vollständig zu beschreiben. Wenn Ein- und Ausgangssignal nicht von der Zeit, sondern z. B. von Ortskoordinaten abhängen, wie das bei der optischen Abbildung der Fall ist, gelingt es nicht, ähnliche Beziehungen wie (1.47a) und (1.47b) herzuleiten, weil keine zur Kausalität analoge Bedingung für die Stoßantwort existiert.

Für kausale lineare Systeme würde es ausreichen, in (1.26) von 0 bis ∞ zu integrieren, weil $g(t)$ für negative t verschwindet. Das hat mathematisch den Vorteil, daß das Argument der e-Funktion auch einen Realteil enthalten darf, d. h. man verwendet die Laplace-Transformation (Pierre Simon Laplace, 1749–1827)

$$G(s) = \int\limits_{0}^{\infty} g(t)\mathrm{e}^{-st}\mathrm{d}t \quad \text{mit} \quad s \in \mathbb{C}$$

und kann mit den Hilfsmitteln der Funktionentheorie arbeiten. In der Optik erstreckt sich dagegen die Stoßantwort $g(x,y)$ über die gesamte Bildebene. Deshalb muß man mit der Fouriertransformation arbeiten und die mathematischen Hilfsmittel der Funktionalanalysis verwenden.

Es bleibt die Frage, unter welchen Bedingungen die in (1.47a) und (1.47b) auftretenden uneigentlichen Integrale existieren. Offensichtlich müssen $G_1(\omega)$ und $G_2(\omega)$ für $\omega \rightarrow \pm\infty$ hinreichend stark gegen null gehen. Wir wollen zeigen, daß das der Fall ist, wenn die Stoßantwort $g(t)$ hinreichend „glatt" ist, genauer gesagt: wenn die Ableitung $g'(t)$ absolut integrierbar ist. Dazu benötigen wir die Fouriertransformierte der Ableitung von $g(t)$, deren Fouriertransformierte $G(\omega)$

existieren und stetig sein möge. Wir differenzieren zu diesem Zweck die Rücktransformierte nach der Zeit:

$$\frac{\mathrm{d}g}{\mathrm{d}t} = \frac{\mathrm{d}}{\mathrm{d}t} \int\limits_{-\infty}^{\infty} G(\omega)\mathrm{e}^{\mathrm{i}\omega t}\frac{\mathrm{d}\omega}{2\pi} \quad . \tag{1.48}$$

Da der Integrand von (1.48) stetig in ω und stetig differenzierbar nach t ist, darf man Differentiation und Integration vertauschen und erhält

$$\frac{\mathrm{d}g}{\mathrm{d}t} = \int\limits_{-\infty}^{\infty} \mathrm{i}\omega G(\omega)\mathrm{e}^{\mathrm{i}\omega t}\frac{\mathrm{d}\omega}{2\pi} \quad . \tag{1.49}$$

Wegen der Eindeutigkeit der Fouriertransformation ist $\mathrm{i}\omega G(\omega)$ die Fouriertransformierte von $g'(t)$. Durch wiederholte Anwendung dieses Verfahrens erhält man die Fouriertransformierte der n-ten Ableitung von $g(t)$:

$$g^{(n)}(t) \; \circ\!\!-\!\!\bullet \; (\mathrm{i}\omega)^n G(\omega) \quad . \tag{1.50}$$

Die Fouriertransformierte von (1.49) liefert folgende Abschätzung:

$$|\omega G(\omega)| = \left| \int\limits_{-\infty}^{\infty} g'(t)\mathrm{e}^{-\mathrm{i}\omega t}\mathrm{d}t \right| \leq \int\limits_{-\infty}^{\infty} |g'(t)|\mathrm{d}t \; , \tag{1.51}$$

d. h. wenn $g'(t)$ absolut integrabel ist, geht $G(\omega)$ für $\omega \to \pm\infty$ mindestens wie ω^{-1} gegen null. Das ist eine hinreichende Bedingung für die Existenz von (1.47a) und (1.47b). Aus (1.50) schließt man auf die gleiche Weise, daß $G(\omega)$ im Unendlichen wie ω^{-n} gegen null geht, wenn die n-te Ableitung von $g(t)$ absolut integrierbar ist. In Worten: je „glatter" eine Zeitfunktion verläuft, desto schneller geht ihre Fouriertransformierte für große Frequenzen gegen null.

Außerdem darf $G(\omega)$ keine Singularitäten haben, die die Integrale (1.47a) und (1.47b) divergieren lassen. Das ist aber aus physikalischen Gründen nicht zu befürchten: Die immer vorhandene Energiedissipation sorgt in den meisten Fällen für „vernünftige" Übertragungsfunktionen; als Beispiel kann der harmonische Oszillator dienen: Für verschwindende Dämpfung hat $G(\omega)$ bei der Eigenfrequenz einen Pol. Aber schon eine beliebig kleine Dämpfungskonstante $\gamma > 0$ macht $G_1(\omega)$ und $G_2(\omega)$ zu überall differenzierbaren Funktionen.

Zum Schluß wollen wir noch an den Beispielen RC-Glied und harmonischer Oszillator sehen, wie sich zeitliche Vorgänge im Frequenzbereich darstellen. Die Beschäftigung mit diesen Zusammenhängen ist auch für das Verständnis der Fourieroptik hilfreich.

RC-Glied. In den Eingang des RC-Glieds werde ein Strom I_0 der Dauer $2t_0$ eingeprägt. Sein Spektrum hat die Form

$$J(\omega) = I_0 \int\limits_{-t_0}^{t_0} \mathrm{e}^{-\mathrm{i}\omega t}\mathrm{d}t = q_0\frac{\sin \omega t_0}{\omega t_0} \quad \text{mit} \quad q_0 = 2I_0 t_0 \quad .$$

Die Übertragungsfunktion des RC-Glieds ist (s. (1.35))

$$G(\omega) = \frac{R}{1 + i\omega\tau} = \frac{R}{1 + \omega^2\tau^2} - i\frac{R\omega\tau}{1 + \omega^2\tau^2} \quad \text{mit} \quad \tau = RC \quad .$$

Wir betrachten nun zwei Extremfälle: Das eine Mal soll die Dauer $2t_0$ des Stromstoßes klein, das andere Mal groß gegen die RC-Zeit τ sein. Abbildung 1.15 zeigt in der oberen Hälfte den Verlauf von $G(\omega)$, in der unteren den des Spektrums $J(\omega)$ der Frage für die beiden Fälle.

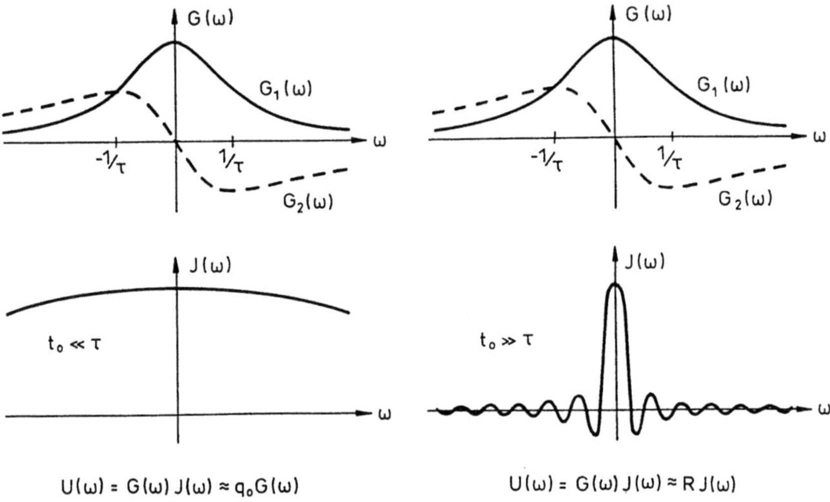

Abb. 1.15. Übertragungsfunktion $G(\omega)$ des RC-Glieds *(obere Bildhälfte)* und das Spektrum $J(\omega)$ *(untere Bildhälfte)* eines kurzen *(links)* und eines langen Stromstoßes *(rechts)* als Frage; das Spektrum $U(\omega)$ des Ausgangssignals wird bei einem kurzen Stromstoß im wesentlichen durch die Übertragungsfunktion $G(\omega)$ *(links)*, bei einem langen durch $J(\omega)$ bestimmt *(rechts)*

Ein kurzer Stromstoß (linke Bildhälfte) hat ein weit ausgedehntes Spektrum $J(\omega)$, das in dem Frequenzbereich, in dem $G(\omega)$ merklich von null verschieden ist, fast konstant ist. Das Spektrum der Antwort, das Produkt $G(\omega)J(\omega)$, ist deshalb fast identisch mit der Übertragungsfunktion $G(\omega)$, d. h. im Zeitbereich erhält man mit dem kurzen Stromstoß die Stoßantwort $q_0g(t)$. Ganz anders liegen die Verhältnisse bei einem langen Stromstoß (rechte Bildhälfte), dessen Spektrum nur in einem kleinen Frequenzintervall um den Nullpunkt herum merklich von null verschieden ist. In diesem Frequenzbereich ist der Realteil $G_1(\omega)$ der Übertragungsfunktion nahezu konstant, der Imaginärteil $G_2(\omega)$ sehr klein. Das Spektrum der Antwort ist deshalb fast gleich dem der Frage. Im Zeitbereich bedeutet das, daß das Rechtecksignal fast unverändert am Ausgang erscheint. In diesem Fall machen sich im Gegensatz zum ersten die Systemeigenschaften praktisch nicht bemerkbar.

Harmonischer Oszillator. Wir wollen uns überlegen, wie sich die Messung der Resonanzkurve eines harmonischen Oszillators im Frequenzbereich darstellt. Für diese Messung regt man den Oszillator mit einer harmonischen Kraft $F(t)$ der Frequenz ω_F an und wartet, bis der Einschwingvorgang abgeklungen ist; dann bestimmt man Amplitude und Phase des Oszillators und geht zu einem anderen Wert von ω_F über. Für die Rechnung drückt man das Eliminieren des Einschwingens zweckmäßigerweise durch die Annahme aus, $F(t)$ wirke bereits seit unendlich langer Zeit auf den Eingang, also $F(t) = F_0 \cos \omega_F t$. Damit erhält man für das Spektrum der Frage $\mathcal{F}(\omega) = \pi F_0 [\delta(\omega + \omega_F) + \delta(\omega - \omega_F)]$. Abbildung 1.16 zeigt die Übertragungsfunktion $G(\omega)$ des harmonischen Oszillators und $\mathcal{F}(\omega)$. Das Spektrum der Antwort ist

$$Y(\omega) = G(\omega)\mathcal{F}(\omega) = \pi F_0 [G(-\omega_F)\delta(\omega + \omega_F) + G(\omega_F)\delta(\omega - \omega_F)] \quad .$$

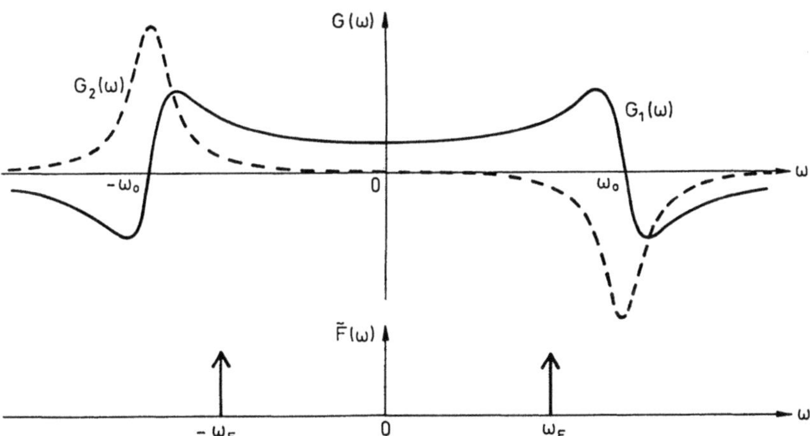

Abb. 1.16. Anregung eines harmonischen Oszillators mit einer zeitlich cosinusförmig veränderlichen Kraft; im Frequenzbereich entspricht das dem punktweisen Abtasten der Übertragungsfunktion $G(\omega)$ mit den δ-Funktionen des Kraftspektrums $\mathcal{F}(\omega)$

Man tastet also mit den δ-Funktionen von $\mathcal{F}(\omega)$ die Übertragungsfunktion $G(\omega)$ Punkt für Punkt ab. Solange $\omega_F \ll \omega_0$, ist $G(\omega)$ reell, d. h. der Oszillator schwingt mit der Anregung in Phase. Bei Annäherung an die Eigenfrequenz tritt eine Phasenverschiebung auf, weil $G(\omega)$ komplex wird. Für $\omega_F = \omega_0$ erreicht die Phasenverschiebung 90° wegen $G_1(\omega) = 0$. Für noch größere ω_F wächst die Phasenverschiebung weiter wegen $G_1(\omega) < 0$ und erreicht schließlich 180°, weil $G_2(\omega)$ für $\omega \to \infty$ schneller gegen null geht als $G_1(\omega)$.

1.4 Übungsaufgaben

1.1. Ein Förderband für Sand mit der Bandgeschwindigkeit v und der Länge L werde als lineares System aufgefaßt. Eingangsgröße sei die pro Zeit aufgebrachte Sandmenge. Ausgangsgröße die am anderen Ende des Bandes abgeladene Menge Sand pro Zeit.
a) Wie lautet die Stoßantwort des Förderbandes?
b) Berechnen Sie die Übertragungsfunktion aus der Stoßantwort.

1.2. Ein ideales Filter wäre ein solches, das außer einem harmonischen Signal der Frequenz ω_0 kein anderes Signal durchläßt.
Zeigen Sie, indem Sie aus der Übertragungsfunktion des idealen Filters seine Stoßantwort berechnen, daß ein solches Filter prinzipiell nicht realisierbar ist, weil es sich akausal verhielte.

1.3. Man kann ein lineares System auch durch seine Sprungantwort $x_0 h(t)$, d. h. durch seine Antwort auf die Eingangsfrage $x_0 \theta(t)$ charakterisieren.
Drücken Sie $h(t)$ durch die normierte Impulsantwort $g(t)$ aus.

1.4. Zwei lineare Systeme kann man in Reihe schalten, wenn das Ausgangssignal des ersten dieselbe physikalische Größe ist wie das Eingangssignal des zweiten, und die Reihenschaltung als neues lineares System auffassen.
Drücken Sie die Stoßantwort und die Übertragungsfunktion dieses Systems durch die entsprechenden Größen der beiden Einzelsysteme aus. Interpretieren Sie das Ergebnis physikalisch.

1.5. Ein „weicher" Stromstoß werde durch die Funktion

$$I(t) = \begin{cases} I_0(1 + \cos \pi t/t_0) & \text{für } |t| \le t_0 \\ 0 & \text{für } |t| \ge t_0 \end{cases}$$

beschrieben. Berechnen Sie das Spektrum $J(\omega)$ von $I(t)$, indem Sie
a) das Fourierintegral ausrechnen.
b) $I(t)$ durch die periodische Funktion $1 + \cos \pi t/t_0$ und eine geeignete Rechteckfunktion darstellen und durch deren bekannte Fouriertransformierte $J(\omega)$ ausdrücken.
c) Formen Sie das Ergebnis von b) so um, daß es in das von a) übergeht.
d) Vergleichen Sie die Ergebnisse von a) und b) mit dem Spektrum eines „harten", d. h. rechteckförmigen Stromstoßes der gleichen Dauer.

1.6. Berechnen Sie das Spektrum der Funktion $f(t) = (1 + [t/t_0]^2)^{-1}$.
Hinweis: Die Rechnung vereinfacht sich stark, wenn Sie die bekannten Fouriertransformierten von $h_1(t) = (1 + it/t_0)^{-1}$ und $h_2(t) = (1 - it/t_0)^{-1}$ benutzen und f aus h_1 und h_2 zusammensetzen.

1.7. Die Gaußfunktion $\exp(-t^2/2s^2)$ mit der Varianz s^2 werde mit sich selbst gefaltet. Zeigen Sie, daß dieses Faltungsprodukt wieder eine Gaußfunktion ist, aber mit der doppelten Varianz.

1.8. $F(\omega)$ sei die Fouriertransformierte von $f(t)$. Berechnen Sie die Fouriertransformierten von $f^*(t), f(-t)$ und $f^*(-t)$.

2. Fraunhoferbeugung

Die optische Abbildung kann man völlig analog zu den im Kap. 1 behandelten physikalischen Systemen mit der dort entwickelten Theorie beschreiben. Das physikalische System ist z. B. eine Linse, das Eingangssignal eine durch das Objekt modulierte elektromagnetische Welle und das Ausgangssignal das von der Linse erzeugte Bild. Es gibt aber auch einen wichtigen Unterschied gegenüber den physikalischen Systemen, die zeitabhängige Signale verarbeiten. Bei der optischen Abbildung hängt das Signal nicht von der Zeit, sondern, z. B. die Schwärzung in einem abzubildenden Diapositiv, vom Ortsvektor in der Diapositivfläche ab. Deshalb gibt es keine zur Kramers–Kronig–Beziehung analoge Relation zwischen Real– und Imaginärteil optischer Übertragungsfunktionen.

Um möglichst einfache und übersichtliche Verhältnisse zu erhalten, wählen wir den im Abb. 2.1 skizzierten experimentellen Aufbau. Das Objekt O wird

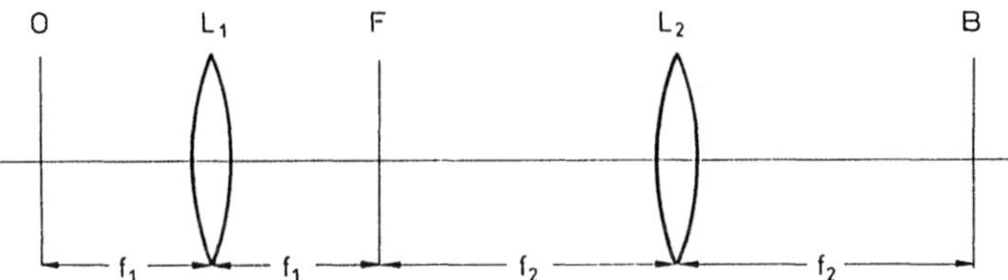

Abb. 2.1. Optische Anordnung zur Erzeugung des Fraunhoferschen Beugungsbilds F und der Abbildung B eines Objekts O

von links ideal kohärent, d. h. mit einer ebenen monochromatischen Welle beleuchtet, die im Unendlichen das ***Fraunhofersche Beugungsbild*** (Joseph Fraunhofer, 1787–1826) des Objekts erzeugt. Dieses Beugungsbild wird von der Linse L_1 in ihre hintere Brennebene abgebildet, das Objekt ins Unendliche, weil es in der vorderen Brennebene von L_1 steht. Die Linse L_2 bildet die unendlich ferne Ebene, d. h. das von L_1 erzeugte Bild B des Gegenstandes, in ihre hintere Brennebene ab und das Fraunhofersche Beugungsbild F ins Unendliche. Aus geometrisch optischen Überlegungen findet man leicht, daß die Vergrößerung dieser Abbildung $V = -f_2/f_1$ ist (das Minuszeichen bedeutet, daß das Bild „auf dem Kopf steht"). In diesem Kapitel wird nur der erste Teil dieser Anordnung behandelt, nämlich das von der Linse L_1 erzeugte

Fraunhofersche Beugungsbild des Objekts bei *ideal kohärenter* Beleuchtung. Der optischen Abbildung ist Kap. 4 gewidmet.

2.1 Historische Entwicklung der Theorie der Lichtbeugung

Eine Erfahrung des täglichen Lebens ist, daß Licht sich geradlinig ausbreitet und deshalb hinter beleuchteten Gegenständen ein Schatten entsteht. Wenn man genauer hinsieht, findet man auch im Bereich des geometrischen Schattens Licht. Der beleuchtete Gegenstand lenkt das Licht offenbar aus seiner geraden Bahn ab, er „beugt" es. Die Beugung des Lichts ist schon Leonardo da Vinci (1452–1519) aufgefallen, wurde aber erst 1665 von Grimaldi (Francesco Maria Grimaldi, 1618–1663) in einem zwei Jahre nach seinem Tod veröffentlichten Buch näher beschrieben.

Die von den meisten Wissenschaftlern des 17. Jahrhunderts akzeptierte Korpuskulartheorie des Lichts konnte seine Beugung nicht befriedigend erklären. Eine Ausnahme war Huygens (Christiaan Huygens, 1629–1695), der die Auffassung vertrat, Licht sei eine Wellenbewegung. In seinem Buch „Traité de la Lumière", das 1690 in Leyden erschien, gibt er an, wie man aus einer zur Zeit t gegebenen Wellenfront deren Verlauf zu einem späteren Zeitpunkt $t + \Delta t$ konstruieren kann: Jeder Punkt der Wellenfront wird als Zentrum einer sich isotrop ausbreitenden Kugelwelle betrachtet; die Einhüllende dieser *„Huygensschen Elementarwellen"* ist die neue Wellenfront. Als zusätzliche Information muß man noch die Ausbreitungsrichtung der Welle hineinstecken (die Huygenssche Konstruktion ergibt eine „vorwärts" und eine „rückwärts" laufende Welle). Erst Fresnel (Augustin Jean Fresnel, 1788–1827) scheint Anfang des 19. Jahrhunderts erkannt zu haben, daß die Huygensschen Elementarwellen miteinander *interferieren*, d. h. daß man ihre Amplituden *phasenrichtig* addieren muß. Er führte diese Addition mit Hilfe seiner Zonenkonstruktion aus und konnte damit sowohl die Ausbreitung des Lichts im Vakuum als auch die Beugung in Übereinstimmung mit der Beobachtung beschreiben. Er fand dabei außerdem, daß die Huygensschen Elementarwellen nicht isotrop sein können, sondern sich bevorzugt in Vorwärtsrichtung ausbreiten müssen. Er führte deshalb einen *Richtungsfaktor* $K(\vartheta)$ ein, wobei ϑ der Winkel gegen die Vorwärtsrichtung ist, und nahm an, daß $K(\vartheta)$ für $\vartheta = 0°$ seinen Maximalwert hat und für wachsendes ϑ monoton abfällt, bis er bei $\vartheta = 90°$ null wird. Stokes (Sir George Gabriel Stokes, 1819–1903) gelang es 1849, einen expliziten Ausdruck für $K(\vartheta)$ herzuleiten.

Kirchhoff (Gustav Robert Kirchhoff, 1827–1887) fand 1882 eine Formulierung des gleichen Sachverhalts, ohne irgendwelche Vorstellungen über Huygens–Fresnelsche Elementarwellen in die Herleitung hineinstecken zu müssen. Er ging von der Wellengleichung für skalare Wellen aus und zeigte, daß man die Amplitude u des Wellenfeldes an einem beliebigen Punkt P des Raums durch ihre Werte und die ihrer ersten räumlichen Ableitung auf allen Punkten einer geschlossenen Fläche ausdrücken kann, in deren Inneren P liegt. Spezialisiert auf den Fall einer monochromatischen Kugelwelle, die an der Öffnung A eines senkrecht stehenden ebenen Schirms gebeugt wird, liefert die Kirchhoffsche Theorie folgenden Ausdruck für die Amplitude u an einer beliebigen Stelle rechts des Schirms:

$$u(\boldsymbol{r}_0) \;=\; -\frac{1}{4\pi} \int\limits_{\text{Öffnung}\,A} \frac{U\mathrm{e}^{\mathrm{i}\boldsymbol{k}_\varrho\varrho}}{\varrho}\,\frac{\mathrm{e}^{\mathrm{i}\boldsymbol{k}r}}{r}\mathrm{i}k_0\left[\cos(\hat{\boldsymbol{z}},\varrho)+\cos(\hat{\boldsymbol{z}},\boldsymbol{r})\right]\mathrm{d}A \tag{2.1}$$

$$\text{mit}\quad |\boldsymbol{k}_\varrho| = |\boldsymbol{k}| = k_0\quad.$$

Die xy-Ebene des Koordinatensystems liege im Schirm. Der Vektor ϱ zeigt von der links des Schirms ($z < 0$) liegenden punktförmigen Quelle Q zu einem Flächenelement $\mathrm{d}A$ der Schirmöffnung, über die integriert wird. $\boldsymbol{r}$ ist der Vektor von $\mathrm{d}A$ zum Aufpunkt P ($z > 0$), $\hat{\boldsymbol{z}}$ der Einheitsvektor senkrecht zum Schirm, und $\boldsymbol{r}_0$ gibt die Position des Aufpunkts P an, wo die Amplitude $u(\boldsymbol{r}_0)$ der gebeugten Welle berechnet werden soll. Dazu ist über die Öffnung A des beugenden Schirms, der in der xy-Koordinatenebene liegt, zu integrieren.

Der Integrand läßt sich im Sinne der Huygens–Fresnelschen Elementarwellen anschaulich interpretieren. Der erste Faktor stellt eine Kugelwelle dar; $(U/\varrho)\exp(\mathrm{i}\boldsymbol{k}_\varrho\varrho) = u(\varrho)$ gibt die Amplitude an, die diese Kugelwelle im Abstand ϱ von der Quelle hat, d. h. auf dem Flächenelement $\mathrm{d}A$ der beugenden Öffnung. Die Konstante U heißt Quellenstärke; sie gibt an, wie intensiv die Quelle Q strahlt. Von dem Flächenelement $\mathrm{d}A$ geht nun eine Elementarwelle aus, die im Aufpunkt P mit der Amplitude $(u(\varrho)k_0\mathrm{d}A/r)\exp(\mathrm{i}\boldsymbol{k}r)$ ankommt. Der dritte Faktor ist der von Fresnel mehr oder weniger intuitiv eingeführte Richtungsfaktor $K(\vartheta)$; ϑ ist der Winkel zwischen der Flächennormalen $\hat{\boldsymbol{z}}$ des beugenden Schirms und der Richtung $\boldsymbol{r}$ von $\mathrm{d}A$ nach P. Der Kirchhoffsche Richtungsfaktor hängt außerdem noch von der Richtung ϱ der einfallenden Welle ab. Bei Fresnel fehlt diese Winkelabhängigkeit, weil er nach dem Vorbild von Huygens immer eine Wellenfront als Ausgangsfläche für Elementarwellen benutzt hat; in diesem Fall ist $\cos(\hat{\boldsymbol{z}},\varrho) = 1$. Bemerkenswert ist der imaginäre Vorfaktor i des Richtungsfaktors. Er bedeutet, daß die Huygens–Fresnelschen Elementarwellen mit einer Phasenverzögerung von $\pi/2$ abgestrahlt werden. Die Interferenz aller von den Flächenelementen $\mathrm{d}A$ der beugenden Öffnung A ausgehenden Elementarwellen im Aufpunkt P wird durch ihre phasenrichtige Addition beschrieben, die durch die komplexe Darstellung des Integranden gewährleistet ist.

Wir hatten oben erwähnt, daß die Kirchhoffsche Theorie eine Aussage über die Amplitude im Aufpunkt P aus der Kenntnis des Wellenfeldes auf einer Hüllfläche um P macht, in (2.1) wird jedoch nur über die beugende Öffnung integriert. Die Integration über den Schirm entfällt, wenn man die plausible, aber sicher nicht exakt geltende Annahme macht, daß die Amplitude $u(\varrho)$ hinter dem Schirm überall null ist. Der Schirm wird schließlich durch eine unendlich ferne Fläche zu einer Hüllfläche um P ergänzt, die aber keinen Beitrag zu (2.1) liefert. Es steckt noch eine weitere Annahme in (2.1): Man verwendet für die Amplitude in der Öffnung A die des ungestörten Wellenfeldes, d. h. desjenigen, das ohne Schirm vorhanden wäre. Auch das gilt sicher nicht exakt. Es zeigt sich aber, daß das Beugungsintegral (2.1) mit dem Experiment völlig übereinstimmt, wenn der minimale Durchmesser der beugenden Öffnung größer als die Wellenlänge und die Abstände von Quelle und Aufpunkt vom Schirm groß gegen die Wellenlänge des verwendeten Lichts sind. Abweichungen von den obigen Annahmen treten offenbar nur in der Nähe des Randes der beugenden Öffnung in einem räumlichen Bereich von der Größenordnung der Wellenlänge des Lichts auf.

In der zweiten Hälfte des vorigen Jahrhunderts setzte sich die Überzeugung durch, daß Licht eine elektromagnetische Welle ist, und es wurde klar, daß eine exakte Berechnung der Beugung darin zu bestehen hatte, eine Lösung der Maxwellgleichungen zu suchen (James Clerk Maxwell, 1831–1879), die den durch das beugende Objekt gegebenen Randbedingungen genügt. Sommerfeld (Arnold Sommerfeld, 1868–1951) gelang es 1896 als erstem, eine solche Lösung für ein sehr einfaches beugendes Objekt, nämlich eine unendlich gut leitende Halbebene, zu finden. Trotz großer Anstrengungen in den folgenden Jahrzehnten ist die Zahl der beugenden Objekte, für die man eine *geschlossene* Lösung der Maxwellgleichungen angeben kann, bis heute gering geblieben. Seit hinreichend leistungsfähige Computer zur Verfügung stehen, kann man *numerische* Lösungen für beliebige beugende Objekte berechnen. In einem Punkt liefert die Maxwellsche Theorie Aussagen, die in der skalaren Kirchhoffschen Beschreibung prinzipiell fehlen, nämlich über die Abhängigkeit der Beugung von der Polarisation des einfallenden Lichts, die sich aber nur bei sehr kleinen beugenden Objekten bemerkbar macht. Für die Behandlung praktisch wichtiger Probleme der Optik ist auch heute noch die Kirchhoffsche Theorie das wichtigste Hilfsmittel. Da diese Theorie im Einklang mit der Vorstellung der Huygens–Fresnelschen Elementarwellen ist, kann man viele Probleme auch anschaulich durch Summieren von Elementarwellen lösen, ohne befürchten zu müssen, das Problem unzulässig stark vereinfacht zu haben.

2.2 Fraunhoferbeugung als Fouriertransformierte der Transmission

Wenn man die Lichtquelle Q und den Aufpunkt P ins Unendliche rückt, erhält man einen wichtigen Spezialfall der Fresnelbeugung, nämlich die **Fraunhoferbeugung**. Sie zeichnet sich dadurch aus, daß die Beleuchtung des beugenden Objekts nicht mehr mit einer Kugelwelle wie bei der Fresnelbeugung, sondern mit einer ebenen Welle erfolgt, und daß die im Aufpunkt P interferierenden Elementarwellen ebenfalls ebene Wellen sind. Wir wollen darüber hinaus zunächst voraussetzen, daß die beleuchtende ebene Welle senkrecht zum beugenden Schirm einfällt und monochromatisch ist. Die erste Voraussetzung werden wir im Abschn. 2.6 wieder aufheben, die zweite im Kap. 3 über partielle Kohärenz.

Als Schirm, mit dem wir das Beugungsbild auffangen, stellen wir uns zunächst eine Halbkugel mit dem Mittelpunkt im Koordinatenursprung vor, die im rechten Halbraum liegt und deren Radius r_0 wir später gegen Unendlich gehen lassen, um Fraunhoferbeugung zu erhalten (s. Abb. 2.2).

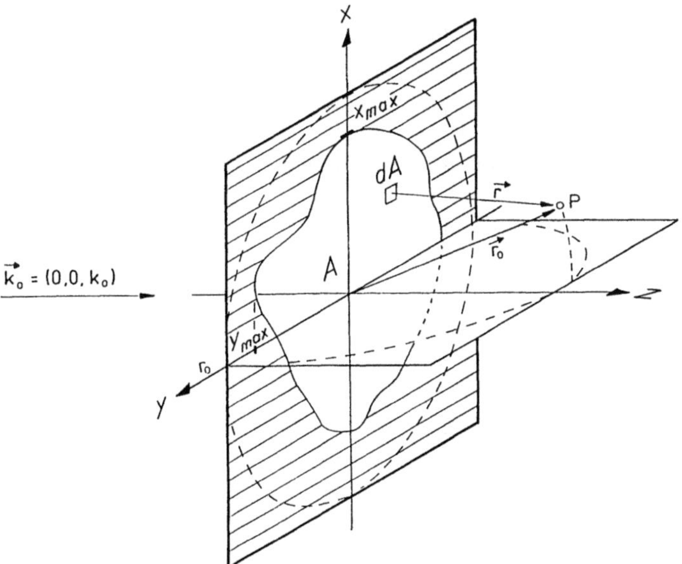

Abb. 2.2. Phasenrichtige Überlagerung aller von den Flächenelementen dA der Öffnung A eines beugenden Objekts ausgehenden Huygens–Fresnelschen Elementarwellen in Aufpunkten, die auf einem halbkugelförmigen Schirm mit dem Radius r_0 liegen

Der Grund für die Wahl dieses kugelförmigen Schirms ist folgender: Eine vom Koordinatenursprung ausgehende Elementarwelle soll alle Punkte P des Schirms mit derselben Phase erreichen. Dadurch wird die mathematische Beschreibung des Beugungsbildes vereinfacht.

Wie oben schon erwähnt, ist eine für die Fraunhoferbeugung notwendige Voraussetzung, daß der Aufpunkt P unendlich weit vom beugenden Objekt entfernt ist. Wir machen deshalb die Voraussetzung, daß die Öffnung eine endliche Ausdehnung hat, genauer gesagt: wir setzen voraus, daß für die Koordinaten jedes Punktes (x, y) der beugenden Öffnung gilt:

$$|x| \leq x_{\max} \quad \text{und} \quad |y| \leq y_{\max} \ . \tag{2.2}$$

Im Übrigen kann die Öffnung im Beugungsschirm eine beliebige Gestalt haben, aus mehreren „Löchern" bestehen oder ein mehrfach zusammenhängendes Gebiet sein.

Mit Hilfe des Kirchhoffschen Beugungsintegrals (2.1) kann man die an der Stelle r_0 des halbkugelförmigen Schirms auftretende Amplitude leicht hinschreiben. Beim Licht ist die Amplitude das elektromagnetische Feld, also die Vektoren der elektrischen und magnetischen Feldstärke, E und B. Da in einer elektromagnetischen Welle E und B eindeutig miteinander verknüpft sind, reicht die Angabe einer der beiden Feldstärken aus, z. B. E. Weil die Kirchhoffsche Theorie eine skalare ist, können wir in ihrem Rahmen nur eine Aussage über den Betrag von E erwarten (s. letzten Absatz von Abschn. 2.1). Wir beschreiben deshalb die von einem Flächenelement dA der beugenden Öffnung A (s. Abb. 2.2) ausgehende Huygens–Fresnelsche Elementarwelle unter Einschluß ihrer Zeitabhängigkeit folgendermaßen:

$$dE(r, t) = -\frac{i k_0 E_0 dA}{r} \left(\cos(\hat{z}, \varrho) + \cos \vartheta \right) e^{i(kr - \omega t)} \quad . \tag{2.3}$$

Dabei ist E_0 die von der ebenen Beleuchtungswelle in der beugenden Öffnung erzeugte elektrische Feldstärke. Sie ersetzt den Term $(U/\varrho) \exp(i k_\varrho \varrho)$ in (2.1). Da die Beleuchtungswelle senkrecht auf den beugenden Schirm fällt, ist $\cos(\hat{z}, \varrho) = 1$; $\vartheta = (\hat{z}, r)$ bezeichnet den Winkel, den r mit der positiven z–Achse bildet. Man erhält also für die elektrische Feldstärke im Aufpunkt

$$E(r_0, t) = -\frac{i}{4\pi} \int\limits_A E_0 k_0 (1 + \cos \vartheta) \frac{e^{i(kr - \omega t)}}{r} dA \quad . \tag{2.4}$$

Um zum Fraunhoferschen Beugungsbild zu kommen, müssen wir den halbkugelförmigen Schirm gewaltig „aufblasen", d. h. den Grenzübergang $r_0 \to \infty$ ausführen. Dann ist die Lage des Aufpunkts allein durch die *Richtung* des Vektors r_0 bestimmt. Wir führen deshalb die Richtungscosinus von r_0 ein:

$$\cos \alpha = \frac{x_0}{r_0} , \qquad \cos \beta = \frac{y_0}{r_0} , \qquad \cos \gamma = \frac{z_0}{r_0} \quad . \tag{2.5}$$

Für $r_0 \to \infty$ wird r und damit k parallel zu r_0, d. h. es gilt

$$k_x = k_0 \cos \alpha , \quad k_y = k_0 \cos \beta , \quad k_z = k_0 \cos \gamma \qquad \text{und} \tag{2.6}$$

$$\cos \vartheta = \cos \gamma = \sqrt{1 - \cos^2 \alpha - \cos^2 \beta} \quad . \tag{2.7}$$

Den Richtungsfaktor $K(\vartheta) = k_0(1 + \cos \vartheta)$ kann man mit Hilfe von (2.6) und (2.7) als Funktion von k_x und k_y schreiben:

$$K(k_x, k_y) = k_0 + \sqrt{k_0^2 - k_x^2 - k_y^2} \quad . \tag{2.8}$$

Wegen (2.6) kann man für die Feldstärke im Fraunhoferschen Beugungsbild statt der Richtungscosinus auch k_x und k_y als Variable benutzen (k_z ist durch (2.7) festgelegt). Der Grenzübergang $r_0 \to \infty$ führt (2.4) über in

$$E(k_x, k_y, t) = -\frac{\mathrm{i}}{4\pi} E_0 K(k_x, k_y) \int_A \frac{\mathrm{e}^{\mathrm{i}(\boldsymbol{k}\boldsymbol{r}-\omega t)}}{r}\,\mathrm{d}A$$

$$= -\frac{\mathrm{i}}{4\pi} E_0 K(k_x, k_y) \frac{\mathrm{e}^{\mathrm{i}(\boldsymbol{k}r_0-\omega t)}}{r_0} \int_A \mathrm{e}^{\mathrm{i}\boldsymbol{k}(\boldsymbol{r}-\boldsymbol{r}_0)}\,\mathrm{d}A \quad , \tag{2.9}$$

wobei im zweiten Schritt die Näherung $r \approx r_0$ verwendet wurde, um möglichst
viele Faktoren aus dem Integral herausziehen zu können. Im Argument der
e–Funktion wäre die Näherung $r \approx r_0$ jedoch eine Katastrophe, weil bei der
Änderung von r um nur eine Wellenlänge die e–Funktion ihren gesamten Wer-
tevorrat durchläuft! Im Gegenteil, die kleine Differenz $\boldsymbol{r} - \boldsymbol{r}_0$ ist entscheidend
für das Zustandekommen des Beugungsbildes.

Die zweite Zeile von (2.9) hat eine anschauliche Bedeutung. Der Ausdruck vor dem Integral stellt eine Huygens–Fresnelsche Elementarwelle dar,
die vom Ursprung des Koordinatensystems ausgeht. Ihre Amplitude ist – bis
auf Konstanten – das Integral über die beugende Öffnung. Dieses Integral,
das im allgemeinen eine komplexwertige Funktion von k_x und k_y ist, stellt
das Fraunhofersche Beugungsbild dar; es moduliert Amplitude und Phase
der vom Ursprung auslaufenden Elementarwelle. Diese Deutung des Fraunhoferschen Beugungsbilds mag insofern überraschen, als der Ursprung des
Koordinatensystems und damit das Zentrum der Elementarwelle willkürlich
in der Ebene des Beugungsschirms gewählt werden kann. Das Integral hängt
aber wegen $\boldsymbol{r} - \boldsymbol{r}_0$ im Exponenten der e–Funktion ebenfalls von der Lage des
Koordinatensystems ab; es ändert sich entsprechend. Wir kommen darauf
im Abschn. 2.6 unter dem Stichwort „Verschiebung des beugenden Objekts"
zurück.

Zunächst wollen wir das Integral in der zweiten Zeile von (2.9) noch etwas
umformen. Statt nur über die Öffnung im beugenden Schirm können wir
auch über die gesamte xy-Ebene integrieren, und die Öffnung durch eine
zusätzliche Funktion $t(x, y)$ im Integranden beschreiben, die den Wert 1 hat,
wenn (x, y) innerhalb der Öffnung liegt, und sonst null ist:

$$\int_A \mathrm{e}^{\mathrm{i}\boldsymbol{k}(\boldsymbol{r}-\boldsymbol{r}_0)}\,\mathrm{d}A = \int_{\mathbb{R}^2} t(x, y)\mathrm{e}^{\mathrm{i}\boldsymbol{k}(\boldsymbol{r}-\boldsymbol{r}_0)}\,\mathrm{d}A \quad . \tag{2.10}$$

Diese Schreibweise eröffnet die Möglichkeit zu einer wichtigen Verallgemeinerung. Wenn man für t nicht nur die Werte 0 und 1 zuläßt, sondern alle reellen
Zahlen zwischen 0 und 1, so stellt (2.10) das Fraunhofersche Beugungsbild eines beliebigen ***Amplitudenobjekts*** dar, d. h. eines Objekts, das Licht nicht
nur entweder ungeschwächt durchläßt oder völlig absorbiert wie der Schirm
mit einer Öffnung, sondern mehr oder weniger stark schwächt. Die Funktion
$t(x, y)$ stellt die Durchlässigkeit oder den Transmissionsgrad des Objekts für
Licht, genauer: für die elektrische Feldstärke der Lichtwelle, an der Stelle
(x, y) dar; $t(x, y)$ heißt deshalb ***Transmissionsfunktion***.

Man kann mit Hilfe der Transmissionsfunktion auch **Phasenobjekte** beschreiben, d. h. Objekte, die die Amplitude unverändert lassen, aber die Phase der Lichtwelle beim Durchgang durch das Objekt verändern. Man schreibt dann zweckmäßigerweise $t(x,y) = \exp[\mathrm{i}\varphi(x,y)]$, wobei $\varphi(x,y)$ die Phasenverschiebung durch das Objekt ist. Mit Hilfe von (2.10) kann man dann das Fraunhofersche Beugungsbild eines beliebigen Phasenobjekts berechnen.

Im allgemeinen wird ein Objekt sowohl die Amplitude als auch die Phase einer hindurchgehenden Lichtwelle verändern, d. h. im allgemeinen ist die Transmissionsfunktion $t(x,y)$ eine *komplexwertige* Funktion, deren Betrag zwischen 0 und 1 liegt: $0 \leq t\,t^* \leq 1$.

Um die Abhängigkeit des Beugungsintegrals (2.10) von k_x und k_y deutlicher zu machen, formen wir das Skalarprodukt im Exponenten der e–Funktion um. Wie man aus Abb. 2.2 sieht, liegt der Vektor $\boldsymbol{r} - \boldsymbol{r}_0$ in der xy–Ebene und hat die Form $\boldsymbol{r} - \boldsymbol{r}_0 = (-x, -y, 0)$. Damit wird $\boldsymbol{k}(\boldsymbol{r} - \boldsymbol{r}_0) = -(k_x x + k_y y)$ und das Integral (2.10) geht über in

$$\int\!\!\!\int_{-\infty}^{\infty} t(x,y)\mathrm{e}^{-\mathrm{i}(k_x x + k_y y)}\mathrm{d}x\,\mathrm{d}y = T(k_x, k_y) \quad . \tag{2.11}$$

Das Integral auf der linken Seite von (2.11) kann man anschaulich interpretieren als die phasenrichtige Summierung aller von den Punkten (x,y) des beugenden Objekts ausgehenden Elementarwellen. Die e–Funktion beschreibt die Phasendifferenz, die eine von (x,y) ausgehende Elementarwelle im Vergleich mit der vom Nullpunkt ausgehenden hat. Die Transmissionsfunktion $t(x,y)$ gibt die Größe der Amplitude einer vom Punkt (x,y) ausgehenden Elementarwelle an und – falls kein reines Amplitudenobjekt vorliegt – die zusätzliche Phasenverschiebung, die durch das beugende Objekt verursacht wird. Das Charakteristikum der Fraunhoferbeugung ist, daß die vom Ort im beugenden Objekt abhängige Phasenverschiebung

$$\varphi(x,y) = -(k_x x + k_y y) \tag{2.12}$$

eine *lineare* Funktion der kartesischen Koordinaten x und y ist. Man kann (2.12) dazu benutzen, um die Fraunhoferbeugung von der Fresnelbeugung abzugrenzen, bei der $\varphi(x,y)$ quadratisch mit den Koordinaten x und y im beugenden Objekt variiert.

Mathematisch stellt (2.11) die (zweidimensionale) Fouriertransformierte der Transmissionsfunktion dar und ist auf der gesamten $k_x k_y$–Ebene definiert. Physikalisch ist nur ein Teil dieses Definitionsbereichs relevant. Wir wissen nämlich aus der experimentellen Erfahrung, daß sich die Frequenz des Lichts bei seiner Beugung nicht ändert, d. h. der Betrag des Wellenvektors $\boldsymbol{k}$ bleibt konstant:

$$k_x^2 + k_y^2 + k_z^2 = k_0^2 \quad . \tag{2.13}$$

Damit ist das Beugungsbild auf einen Kreis um den Nullpunkt der $k_x k_y$–Ebene mit dem Radius k_0 beschränkt. Anschaulich bedeutet das, daß die

Komponenten k_x und k_y des Wellenvektors des gebeugten Lichts nicht größer werden können als die Wellenzahl k_0 des einfallenden Lichts oder anders ausgedrückt: der Beugungswinkel kann maximal 90° erreichen. Um diesen Sachverhalt deutlich zum Ausdruck zu bringen, führen wir die Funktion

$$\mathrm{circ}\left(\frac{k_x}{k_0},\frac{k_y}{k_0}\right) = \begin{cases} 1 & \text{für} \quad k_x^2 + k_y^2 \le k_0^2 \\ 0 & \text{für} \quad k_x^2 + k_y^2 > k_0^2 \end{cases} \tag{2.14}$$

ein und beschreiben das Fraunhofersche Beugungsbild eines Objekts mit der Transmissionsfunktion $t(x,y)$ anknüpfend an (2.9) in der Form

$$E(k_x,k_y,t) = -\frac{\mathrm{i}E_0}{4\pi}\frac{\mathrm{e}^{\mathrm{i}(kr_0-\omega t)}}{r_0}\mathrm{circ}\left(\frac{k_x}{k_0},\frac{k_y}{k_0}\right)K(k_x,k_y)T(k_x,k_y) \quad . \tag{2.15}$$

Der einzige Faktor in (2.15), der vom beugenden Objekt abhängt, ist die Fouriertransformierte $T(k_x,k_y)$ der Transmissionsfunktion. Sie ist wie die im ersten Kapitel eingeführte Übertragungsfunktion $G(\omega)$ eine Dichtefunktion und hat die physikalische Dimension Wellenzahl^{-2} = Fläche. Die Rücktransformierte

$$t(x,y) = \int\limits_{-\infty}^{\infty}\!\!\!\int T(k_x,k_y)\mathrm{e}^{\mathrm{i}(k_x x + k_y y)}\frac{\mathrm{d}k_x}{2\pi}\frac{\mathrm{d}k_y}{2\pi} \tag{2.16}$$

zeigt die anschauliche Bedeutung von $T(k_x,k_y)$. Das Integral (2.16) stellt eine Summierung *räumlich* periodischer Funktionen $\mathrm{e}^{\mathrm{i}k_x x}$ mit den **räumlichen Frequenzen** k_x dar (und entsprechend für die y–Richtung), und $T(k_x)\mathrm{d}k_x/2\pi$ ist die Amplitude, mit der die harmonische Funktion der Frequenz k_x in der Summation zu berücksichtigen ist, um die Transmissionsfunktion $t(x)$ zu erhalten. Die Fraunhoferbeugung ist also die *räumliche harmonische Analyse des beugenden Objekts*. Diese Analyse ist aber aus physikalischen Gründen auf räumliche Frequenzen unterhalb k_0 beschränkt; wir haben das in (2.15) durch die Abschneidefunktion $\mathrm{circ}(k_x/k_0,k_y/k_0)$ zum Ausdruck gebracht. In Form einer Faustregel kann man es folgendermaßen ausdrücken:

> **Kleinere räumliche Strukturen des Objekts als die Wellenlänge des verwendeten Lichts sind im Beugungsbild nicht zu sehen.**

2.3 Die Linse als Fouriertransformator

Das Fraunhofersche Beugungsbild auf einem sehr weit entfernten, halbkugelförmigen Schirm aufzufangen, ist experimentell nicht sehr bequem. Es liegt nahe, eine Linse zu verwenden, die die unendlich ferne Ebene in ihre Brennebene abbildet (s. Abb. 2.1). Für beugende Objekte mit groben Strukturen, deren Beugungsbild nur einen kleinen Winkelbereich erfüllt, ist das kein Problem. Bei großen Beugungswinkeln ist jedoch zweifelhaft, ob die optischen

Wege vom vorderen Brennpunkt zu allen Punkten des Beugungsbilds in der hinteren Brennebene der Linse gleich groß sind. Diese Forderung hatte ja gerade im vorhergehenden Abschnitt zur Verwendung des halbkugelförmigen Schirms geführt. Wir wollen das Problem umkehren und von dem optischen System fordern, daß es diese Bedingung erfüllt und außerdem natürlich vom Objekt ausgehende Parallelbündel in die hintere Brennebene fokussiert. Das führt zu einer Bedingung, die wir im Folgenden herleiten werden und die von Bieren 1971 (Karlheinz von Bieren, geb. 1928) zum ersten Mal formuliert hat. Dabei zeigte sich, daß diese Bedingung – wenn man beliebig große Beugungswinkel zuläßt – nur für Parallelbündel mit differentiell kleinem Querschnitt überhaupt erfüllbar ist. Das ist analog zur Abbeschen Sinusbedingung (Ernst Abbe, 1840–1905), die sagt, daß die Abbildung mit Lichtbündeln beliebig großen Öffnungswinkels nur für differentiell kleine Flächenelemente möglich ist.

Der Einfachheit und Übersichtlichkeit halber beschränken wir die Herleitung zunächst auf Parallelbündel, die in der xz-Ebene des Koordinatensystems liegen (s. Abb. 2.3).

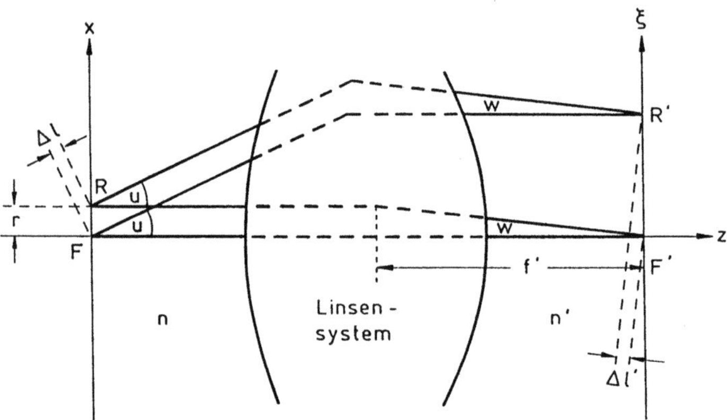

Abb. 2.3. Zur Herleitung der von–Bieren–Bedingung; unter beliebig großem Winkel u von der xy–Ebene ausgehende Parallelbündel sollen in die $\xi\eta$–Ebene fokussiert werden und alle von F ausgehende Strahlen sollen den gleichen optischen Weg zur $\xi\eta$–Ebene haben

Das Linsensystem soll rotationssymmetrische brechende Flächen haben; weitere Beschränkungen werden nicht auferlegt. Links davon befinde sich ein Stoff mit der Brechzahl n, rechts sei die Brechzahl n'. In der linken Brennebene wird eine kreisförmige Blende vom Radius r mit ihrem Mittelpunkt im Brennpunkt F angebracht. Die beiden von dieser Blende unter dem Winkel 0 bzw. u zur optischen Achse ausgehenden Parallelbündel sollen auf der ξ-Achse in der rechten Brennebene konvergieren, also muß für die optischen Wegegelten:

$$\overline{FF'} = \overline{RF'} \quad \text{und} \tag{2.17a}$$

$$\overline{FR'} = \Delta l + \overline{RR'} \quad . \tag{2.17b}$$

Alle von F ausgehenden Strahlen sollen bis zur rechten Brennebene den gleichen optischen Weg haben, oder anders ausgedrückt: eine von F ausgehende Kugelwelle soll durch das Linsensystem in eine ebene Welle transformiert werden, also:

$$\overline{FF'} = \overline{FR'} \quad . \tag{2.18a}$$

Eine von R ausgehende Kugelwelle soll ebenfalls in eine ebene Welle transformiert werden:

$$\overline{RF'} - \Delta l' = \overline{RR'} \quad . \tag{2.18b}$$

Aus (2.17a) und (2.18a) folgt

$$\overline{RF'} = \overline{FR'} \tag{2.19}$$

und aus (2.17b) und (2.19)

$$\overline{RF'} = \Delta l + \overline{RR'} \quad . \tag{2.20}$$

Ein Vergleich von (2.18b) und (2.20) zeigt, daß

$$\Delta l = \Delta l' \tag{2.21a}$$

gelten muß. Die optischen Wege Δl und $\Delta l'$ kann man leicht durch Brechzahl und Öffnungswinkel ausdrücken:

$$\begin{aligned}
\Delta l &= n \cdot r \cdot \sin u \quad \text{und} \\
\Delta l' &= n' \cdot \xi \cdot \sin w \quad ,
\end{aligned}$$

und erhält dann mit der Definition der rechtsseitigen Brennweite $r/f' = \tan w$ die Bedingung (2.21a) in der Form

$$n \cdot r \cdot \sin u = n \cdot f' \cdot \tan w \cdot \sin u = n' \cdot \xi \cdot \sin w \quad . \tag{2.21b}$$

Da diese Bedingung unabhängig von dem Durchmesser der linksseitigen Parallelbündel und damit unabhängig von w sein muß, kann (2.21b) nur erfüllt werden, wenn $\tan w \approx \sin w$, d. h. wenn w und damit r differentiell klein ist. Man erhält

$$n \cdot \sin u = n'\xi/f' \quad . \tag{2.22a}$$

In derselben Weise wie die ***von–Bieren–Bedingung*** (2.22a) kann man auch die Abbesche Sinusbedingung herleiten; man könnte deshalb die Gleichung (2.22a) auch als ***Sinusbedingung für das Fraunhofersche Beugungsbild*** bezeichnen.

Im allgemeinen liegt das linksseitig unter einem endlichen Winkel zur optischen Achse verlaufende Parallelbündel nicht in der xz–Ebene, sondern steht windschief im Raum. Seine Richtung charakterisiert man zweckmäßigerweise durch die Richtungskosinus $\cos\alpha$ und $\cos\beta$, wobei α und β die Winkel der Bündelachsen mit der x– bzw. y–Koordinatenachse sind. Mit $u = 90° - \alpha$ und $v = 90° - \beta$ gilt dann

$$n \cdot \sin u = n'\xi/f' \quad \text{und} \tag{2.22a}$$

$$n \cdot \sin v = n'\eta/f' \quad , \tag{2.22b}$$

wobei η die zweite kartesische Koordinate in der rechtsseitigen Brennebene ist.

Zum Beweis von (2.22) charakterisiert man die Richtung des Parallelbündels durch den Einheitsvektor $\boldsymbol{e} = (\cos\alpha, \cos\beta, \cos\gamma)$ und einen beliebigen Randpunkt R der Kreisblende in der xy–Ebene durch seinen Ortsvektor $\boldsymbol{r} = (x, y, 0)$. Dann erhält man für den Gangunterschied $\Delta l = n\boldsymbol{r}\boldsymbol{e} = n(x\cos\alpha + y\cos\beta)$. Rechts vom Linsensystem hat ein beliebiger, durch R gehender Strahl die Richtung des Vektors $(-x, -y, f')$ und durchstößt im Punkt $\boldsymbol{\rho} = (\xi, \eta)$ die Brennebene. Der Vektor $(-x, -y, f')$ wird unter Vernachlässigung von in x und y quadratischen und höheren Termen auf die Länge 1 normiert (das entspricht der Näherung $\tan w \approx \sin w$ in der Herleitung von (2.22a)): $\boldsymbol{e}' = (-x/f', -y/f', 1)$. Dann erhält man für den Gangunterschied $\Delta l' = -n'\boldsymbol{\rho}\boldsymbol{e}' = n'(\xi x/f' + \eta y/f')$. Da die Bedingung $\Delta l = \Delta l'$ für jeden Punkt (x, y) gelten muß, folgt daraus $n\cos\alpha = n'\xi/f'$ und $n\cos\beta = n'\eta/f'$. Mit den in der Optik verwendeten Winkeln $u = 90° - \alpha$ und $v = 90° - \beta$ erhält man dann (2.22).

Wir wollen nun die Verteilung der elektrischen Feldstärke im Fraunhoferschen Beugungsbild berechnen, das von einem Linsensystem erzeugt wird, das der von–Bieren–Bedingung genügt. Wir setzen $n = n' = 1$, da man in der Praxis fast immer in Luft arbeitet. Der Winkel w in Abb. 2.3 muß so klein sein, daß $\tan w \approx \sin w$, d. h. die Durchmesser der durch den Brennpunkt F gehenden Parallelbündel müssen klein gegen die Brennweite f sein, und das bedeutet, daß die Abmessungen des beugenden Objekts klein gegen f sein müssen: Das Objekt muß innerhalb der in der xy–Ebene angebrachten Kreisblende untergebracht werden können. Soweit die Voraussetzungen.

Wir hatten (2.9) gedeutet als eine Huygens–Fresnelsche Elementarwelle, deren Amplitude und Phase durch das rechts stehende Integral moduliert wird. Um herauszufinden, welche Größe dem in (2.9) und (2.15) vorkommenden Radius r_0 des halbkugelförmigen Schirms in der jetzigen Anordnung entspricht, brauchen wir nur eine vom Brennpunkt F ausgehende Elementarwelle zu betrachten. Sie wird von dem Linsensystem in eine ebene Welle transformiert. Zur übersichtlichen Beschreibung dieser Transformation ersetzt man die Brechung der Strahlen an den einzelnen Flächen des Linsensystems durch die Brechung an einer einzigen, fiktiven Fläche, deren Schnitt mit der

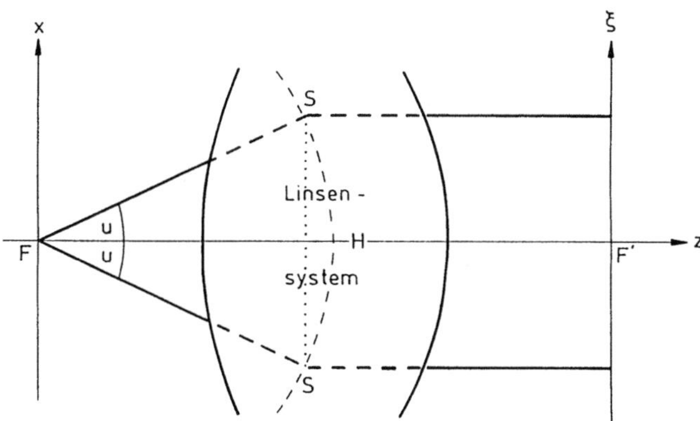

Abb. 2.4. Schematischer Strahlengang in einem Linsensystem, das der von–Bieren–Bedingung genügt. Die Schnittpunkte S der objekt– und bildseitigen Strahlen liegen auf der gestrichelt eingezeichneten Hauptkugel mit dem Mittelpunkt F

xz–Ebene in Abb. 2.4 gestrichelt eingezeichnet ist. Aus der von–Bieren–Bedingung (2.22), nämlich $\sin u = \xi/f$, liest man ab, daß diese fiktive Fläche eine Kugel mit dem Mittelpunkt F ist. Diese Kugel heißt **objektseitige Hauptkugel**, ihr Radius ist die Brennweite f. Die Hauptkugel entspricht der Hauptebene in der Gaußschen Theorie (Carl Friedrich Gauß, 1777–1855) der kollinearen Abbildung, in der bekanntlich an die Stelle der Sinusbedingung (2.22) eine Tangensbedingung tritt.

Die vom Brennpunkt F ausgehende Elemtarwelle legt demnach die Strecke $\overline{FS} = \overline{FH} = f$ als Kugelwelle zurück und läuft danach als ebene Welle weiter. Die Größe r_0 im Nenner von (2.9) bzw. (2.15), die das Abfallen der Amplitude einer Kugelwelle beschreibt, ist also durch f zu ersetzen. r_0 im Argument der Exponentialfunktion ist dagegen der gesamte optische Weg l von F nach F'. Die zeitliche Variation der Feldstärke, die uninteressant und auch experimentell nicht nachweisbar ist, wollen wir ab jetzt weglassen und erhalten damit für die Amplitude, die die von F ausgehende Elementarwelle in der $\xi\eta$–Ebene erzeugt,

$$E_{\mathrm{El}}(k_x, k_y) = -\mathrm{i}e^{\mathrm{i}kl}\frac{E_0\mathrm{d}A}{4\pi f}\,\mathrm{circ}\left(\frac{k_x}{k_0}, \frac{k_y}{k_0}\right) K(k_x, k_y) \quad . \tag{2.23}$$

Um eine Vorstellung davon zu vermitteln, wie die Feldstärkeverteilung (2.23) aussieht, ist die Funktion $\mathrm{circ}(k_x/k_0, k_y/k_0)K(k_x, k_y)$ für $k_y = 0$ in Abb. 2.5 dargestellt (die Funktionen circ und K sind in (2.8) und (2.14) explizit angegeben; sie sind rotationssymmetrisch um den Punkt $k_x = k_y = 0$).

Die Funktion circ $\cdot\,K$ fällt für k–Werte zwischen 0 und $k_0/2$ um weniger als $7,2\%$ ab. Bei $k_x = k_0$ erreicht sie den Wert k_0.

Der Faktor $-\mathrm{i}e^{\mathrm{i}kl}$ in (2.23) gibt die absolute Phase der in der $\xi\eta$–Ebene ankommenden ebenen Welle an; er ist uninteressant. Man kann sich nämlich

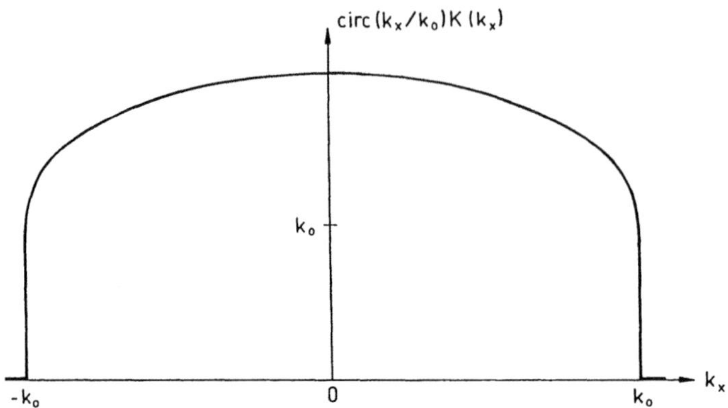

Abb. 2.5.   Die elektrische Feldstärke einer vom vorderen Brennpunkt F (s. Abb. 2.4) ausgehenden Huygens–Fresnelschen Elementarwelle in der hinteren Brennebene eines Linsensystems, das der von–Bieren–Bedingung genügt

die Phase der Beleuchtungswelle in der xy–Ebene so gewählt denken, daß dieser Phasenfaktor gerade kompensiert wird. Analog zu den Schritten von (2.3) nach (2.9) und unter Verwendung von (2.11) erhält man schließlich das Fraunhofersche Beugungsbild eines Objektes in der Brennebene eines der von–Bieren–Bedingung genügenden Linsensystems:

$$E(k_x, k_y) = \frac{E_0}{4\pi f}\mathrm{circ}\left(\frac{k_x}{k_0}, \frac{k_y}{k_0}\right) K(k_x, k_y)T(k_x, k_y) \quad . \tag{2.24}$$

Als letztes bleibt die Frage zu klären, wie die Ortskoordinaten ξ und η in der hinteren Brennebene des Linsensystems mit den in (2.24) benutzten, physikalisch wichtigeren Variablen k_x und k_y zusammenhängen. Zunächst schreibt man die in (2.6) benutzten Richtungskosinus auf die in der Optik gebräuchlicheren Winkel $u = 90° - \alpha$ und $v = 90° - \beta$ um:

$$\begin{aligned}k_x &= k_0 \sin u \\ k_y &= k_0 \sin v \quad .\end{aligned} \tag{2.25}$$

Mit (2.22) folgt daraus für $n = n' = 1$

$$\begin{aligned}\xi &= (f/k_0)k_x \\ \eta &= (f/k_0)k_y \quad .\end{aligned} \tag{2.26}$$

Die von–Bieren–Bedingung hat also zur Folge, daß Orts– und Wellenzahlkoordinaten in der hinteren Brennebene *linear* miteinander zusammenhängen, das Beugungsbild (2.24) also *unverzerrt* dort abgebildet wird. Da die Variablen k_x und k_y maximal den Wert k_0 annehmen können, erfüllt das Beugungsbild maximal einen Kreis vom Radius f.

Linsensysteme, die der von–Bieren–Bedingung bis zu großen Öffnungswinkeln genügen, sind z. B. Mikroskopobjektive, deren Zwischenbild im Unendlichen liegt. Solche Objektive werden für spezielle Anwendungen, z. B. für

Polarisationsmikroskope hergestellt; ein weiteres Linsensystem, die sog. Tubuslinse, sorgt in diesem Fall dafür, daß das Zwischenbild wieder in endlicher Entfernung vom Objektiv erscheint und mit dem Okular betrachtet werden kann.

Schließlich sei noch bemerkt, daß man das Fraunhofersche Beugungsbild in der Form (2.24) nicht sehen oder ausmessen kann. Messen kann man in der Optik nur die Energiestromdichte einer elektromagnetischen Welle, oder salopp gesagt: die Intensität des Lichts. Wir wollen uns deshalb im nächsten Abschnitt mit der Frage beschäftigen, wie man die Energiestromdichte einer monochromatischen Welle aus deren Feldstärke berechnen kann.

2.4 Die von einer monochromatischen Welle transportierte Energie

Den auf einen Lichtempfänger fallenden Energiestrom berechnet man am zweckmäßigsten durch Integration der Energiestromdichte der Lichtwelle über die Empfängerfläche. Für die Energiestromdichte hat Poynting 1884 den Ausdruck $\boldsymbol{j} = \boldsymbol{E} \times \boldsymbol{H}$ hergeleitet (John Henry Poynting, 1852–1914). Deshalb nennt man das Vektorfeld Energiestromdichte kurz *Poynting–Vektor*.

Wir wollen die Energiestromdichte einer beliebigen monochromatischen Welle im Vakuum berechnen. Sie wird durch den Poynting–Vektor

$$\boldsymbol{j}(\boldsymbol{r},t) = \mathrm{Re}\{\boldsymbol{E}(\boldsymbol{r},t)\} \times \mathrm{Re}\{\boldsymbol{H}(\boldsymbol{r},t)\} \tag{2.27}$$

dargestellt mit den Feldern

$$\boldsymbol{E}(\boldsymbol{r},t) = \boldsymbol{E}_0(\boldsymbol{r})\mathrm{e}^{\mathrm{i}(\boldsymbol{kr}-\omega t)} \quad \text{und} \tag{2.28a}$$

$$\boldsymbol{H}(\boldsymbol{r},t) = \boldsymbol{H}_0(\boldsymbol{r})\mathrm{e}^{\mathrm{i}(\boldsymbol{kr}-\omega t)} \quad , \tag{2.28b}$$

wobei die Amplituden $\boldsymbol{E}_0(\boldsymbol{r})$ und $\boldsymbol{H}_0(\boldsymbol{r})$ über die Maxwellgleichungen miteinander verknüpft sind. Drückt man den Realteil des elektrischen und magnetischen Feldes durch die komplexen Vektoren (2.28a) und (2.28b) aus, so geht (2.27) über in

$$\begin{aligned}
\boldsymbol{j}(\boldsymbol{r},t) &= \frac{1}{2}[\boldsymbol{E}(\boldsymbol{r},t) + \boldsymbol{E}^*(\boldsymbol{r},t)] \times \frac{1}{2}[\boldsymbol{H}(\boldsymbol{r},t) + \boldsymbol{H}^*(\boldsymbol{r},t)] \\[2mm]
&= \frac{1}{4}[\boldsymbol{E} \times \boldsymbol{H} + \boldsymbol{E}^* \times \boldsymbol{H} + \boldsymbol{E} \times \boldsymbol{H}^* + \boldsymbol{E}^* \times \boldsymbol{H}^*] \quad .
\end{aligned} \tag{2.29}$$

Der erste und der letzte Summand in der zweiten Zeile von (2.29) enthalten die Faktoren $\exp(-2\mathrm{i}\omega t)$ bzw. $\exp(+2\mathrm{i}\omega t)$. Diese schnellen Oszillationen sind experimentell nicht nachweisbar; was man mißt, ist der zeitliche Mittelwert von $\boldsymbol{j}(\boldsymbol{r},t)$. Bei der Bildung dieses Mittelwerts fallen die mit den e–Funktionen behafteten Summanden weg, weil das Integral

$$\frac{1}{T} \int_0^T e^{\pm 2i\omega t} dt = \pm \frac{1}{2i\omega T} \left(e^{\pm 2i\omega T} - 1 \right) \tag{2.30}$$

für Meßzeiten T, die groß gegen die Periode $2\pi/\omega$ der Lichtschwingungen sind, beliebig klein wird. Es bleiben also nur die beiden mittleren Summanden in (2.29) übrig, bei denen sich die e–Funktionen von (2.28) gerade wegheben. Damit erhält man für die zeitlich gemittelte Energiestromdichte

$$\langle \boldsymbol{j}(\boldsymbol{r},t) \rangle = \boldsymbol{j}(\boldsymbol{r}) = \frac{1}{4} \left[\boldsymbol{E}_0^*(\boldsymbol{r}) \times \boldsymbol{H}_0(\boldsymbol{r}) + \boldsymbol{E}_0(\boldsymbol{r}) \times \boldsymbol{H}_0^*(\boldsymbol{r}) \right]$$

$$= \frac{1}{2} \mathrm{Re} \left\{ \boldsymbol{E}_0(\boldsymbol{r}) \times \boldsymbol{H}_0^*(\boldsymbol{r}) \right\} \quad . \tag{2.31}$$

Da die komplexen Amplituden $\boldsymbol{E}_0(\boldsymbol{r})$ und $\boldsymbol{H}_0(\boldsymbol{r})$ über die Maxwellgleichungen miteinander verknüpft sind, liegt der Versuch nahe, $\boldsymbol{H}_0$ durch $\boldsymbol{E}_0$ auszudrücken, um auf diese Weise die Energiestromdichte allein aus der Kenntnis von $\boldsymbol{E}_0$ berechnen zu können. Für das Standardbeispiel der linear polarisierten, homogenen ebenen Welle (d. h. einer ebenen Welle mit konstanter Amplitude) ist das sehr einfach, im allgemeinen jedoch recht kompliziert. Das Interferenzfeld zweier ebener Wellen soll als leicht durchschaubares Beispiel dienen, um zu zeigen, worin diese Komplikation besteht.

Eine in Richtung $\boldsymbol{k}_1 = (-k_x, 0, k_z)$ und eine zweite in die Richtung $\boldsymbol{k}_2 = (k_x, 0, k_z)$, $k_x, k_z > 0$, laufende Welle mit den Feldstärken

$$\boldsymbol{E}_1(x,z,t) = E_0 \begin{pmatrix} \cos\alpha \\ 0 \\ \sin\alpha \end{pmatrix} \exp\left[i(-k_x x + k_z z - \omega t) \right] \tag{2.32a}$$

$$\boldsymbol{H}_1(x,z,t) = H_0 \begin{pmatrix} 0 \\ 1 \\ 0 \end{pmatrix} \exp\left[i(-k_x x + k_z z - \omega t) \right] \tag{2.32b}$$

und

$$\boldsymbol{E}_2(x,z,t) = E_0 \begin{pmatrix} \cos\alpha \\ 0 \\ -\sin\alpha \end{pmatrix} \exp\left[i(k_x x + k_z z - \omega t) \right] \tag{2.33a}$$

$$\boldsymbol{H}_2(x,z,t) = H_0 \begin{pmatrix} 0 \\ 1 \\ 0 \end{pmatrix} \exp\left[i(k_x x + k_z z - \omega t) \right] \tag{2.33b}$$

interferieren miteinander (zur Bedeutung der Bezeichnung vgl. Abb. 2.6). Das Interferenzfeld erhält man wie üblich durch Addition der Feldstärken:

$$\boldsymbol{E}(x,z,t) = \boldsymbol{E}_1 + \boldsymbol{E}_2 = 2E_0 \begin{pmatrix} \cos\alpha \cos k_x x \\ 0 \\ -i \sin\alpha \sin k_x x \end{pmatrix} \exp\left[i(k_z z - \omega t) \right] \tag{2.34a}$$

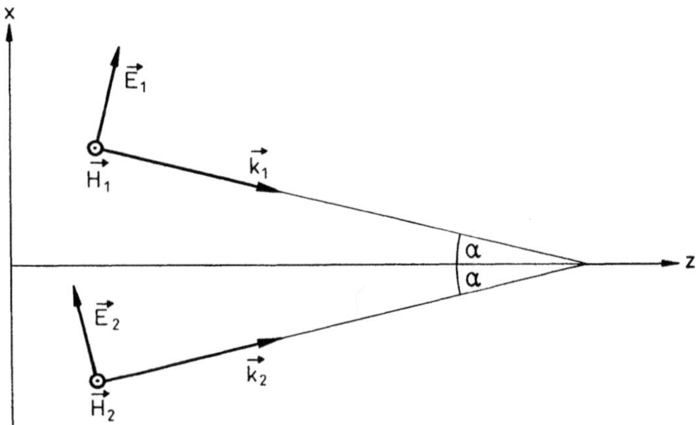

Abb. 2.6. Interferenz zweier unter dem Winkel 2α gegeneinander laufender, linear polarisierter ebener Wellen

$$\boldsymbol{H}(x, z, t) = \boldsymbol{H}_1 + \boldsymbol{H}_2 = 2H_0 \begin{pmatrix} 0 \\ \cos k_x x \\ 0 \end{pmatrix} \exp\left[\mathrm{i}(k_z z - \omega t)\right] \quad . \qquad (2.34\text{b})$$

Die Gleichungen (2.34) zeigen, daß das Interferenzfeld eine ebene Welle ist, die sich in z–Richtung ausbreitet und deren Amplituden in x–Richtung moduliert sind. Außerdem hat das elektrische Feld eine Komponente in Ausbreitungsrichtung der Welle; sie ist bezüglich der „normalen", senkrecht zur Ausbreitungsrichtung des Feldes stehenden Komponente räumlich und zeitlich um $90°$ phasenverschoben. Ohne diese Komponente wäre $\nabla\boldsymbol{E} \neq 0$, d. h. ohne die z–Komponente von $\boldsymbol{E}$ könnte diese amplitudenmodulierte ebene Welle im Vakuum gar nicht existieren!

Die Welle (2.34) hat noch eine weitere Überraschung parat: Ihre Phasengeschwindigkeit

$$v_{\mathrm{ph}} = \frac{\omega}{k_z} = \frac{\omega}{k_0 \cos\alpha} = \frac{c}{\cos\alpha} \quad \text{mit} \quad k_0 = \sqrt{k_x^2 + k_z^2} \qquad (2.35\text{a})$$

ist größer als die Vakuumlichtgeschwindigkeit c! Der Transport der Energie in z–Richtung erfolgt dagegen mit der Gruppengeschwindigkeit $v_{\mathrm{gr}} = \mathrm{d}\omega/\mathrm{d}k_z$; man erhält sie aus der für elektromagnetische Wellen im Vakuum stets geltenden Dispersionsrelation $\omega^2 = \mathrm{c}^2\boldsymbol{k}^2 = \mathrm{c}^2(k_x^2 + k_z^2)$:

$$v_{\mathrm{gr}} = \frac{\mathrm{d}\omega}{\mathrm{d}k_z} = \mathrm{c}\frac{k_z}{\sqrt{k_x^2 + k_z^2}} = \mathrm{c}\cdot\cos\alpha \quad . \qquad (2.35\text{b})$$

Für die Energiestromdichte findet man nach (2.27) eine x–Komponente, nämlich

$$j_x(x,z,t) \;=\; -\mathrm{Re}\,\{E_z\}\cdot\mathrm{Re}\,\{H_y\}$$
$$\;=\; 2E_0\sin\alpha\;\sin k_x x\;\sin(k_z z-\omega t)2H_0\cos k_x x\;\cos(k_z z-\omega t)\;,$$
$$(2.36\mathrm{a})$$

und eine z–Komponente

$$j_z(x,z,t) \;=\; \mathrm{Re}\,\{E_x\}\cdot\mathrm{Re}\,\{H_y\}$$
$$\;=\; 4E_0 H_0\cos\alpha\;\cos^2 k_x x\;\cos^2(k_z z-\omega t)\;.\qquad(2.36\mathrm{b})$$

Während der zeitliche Mittelwert von j_x offensichtlich null ist (die Energie oszilliert in x–Richtung nur), erhält man für das Zeitmittel von j_z

$$\langle j_z(x,z,t)\rangle = 2E_0 H_0\cos\alpha\cos^2 k_x x\quad,\qquad(2.36\mathrm{c})$$

d. h. in z–Richtung transportiert die Welle (2.34) Energie über beliebig große Strecken. $\langle j_x\rangle = 0$ und (2.36c) erhält man natürlich auch direkt aus der allgemeinen Formel (2.31) für das Zeitmittel der Energiestromdichte.

Betrachten wir nun den Grenzfall, daß die beiden Ausbreitungsvektoren $\boldsymbol{k}_1$ und $\boldsymbol{k}_2$ einen sehr kleinen Winkel miteinander bilden, d. h. $\alpha \ll 1$. Dieser Fall liegt nämlich vor, wenn wir das Fraunhofersche Beugungsbild mit der in Abb. 2.3 skizzierten Anordnung realisieren: Die von den Punkten des Objekts in der xy–Ebene mit dem Öffnungwinkel u ausgehenden Huygens–Fresnelschen Elementarwellen werden von dem Linsensystem in ebene Wellen überführt, deren Ausbreitungsvektoren alle möglichen Winkel bis zum maximalen Winkel $2w$ miteinander bilden. Da die von–Bieren–Bedingung erfüllt sein soll, ist $w \ll 1$. Es ist nicht notwendig, die Interferenz der unendlich vielen, zu einem Fraunhoferschen Beugungsbild interferierenden ebenen Wellen zu betrachten, weil die Interferenz *zweier* ebener Wellen bereits das für unser Problem wesentliche zeigt.

Aus $\alpha \ll 1$ folgt $k_x \ll k_0$ wegen $k_x = k_0\sin\alpha$, wobei $k_0 = 2\pi/\lambda_0$ durch die Wellenlänge λ_0 des zur Beleuchtung des Objekts verwendeten Lichts gegeben ist. Die Periodizität der räumlichen Struktur der Interferenzfigur ist durch $2\pi/k_x$ bestimmt; sie ist also immer groß gegen λ_0. Unter diesen Bedingungen wird die z–Komponente des $\boldsymbol{E}$–Feldes in (2.34a) klein gegen seine x–Komponente, und die Formeln (2.35a) und (2.35b) vereinfachen sich zu

$$v_{\mathrm{gr}} \approx v_{\mathrm{ph}} \approx \mathrm{c}\quad.$$

Mit anderen Worten: Wenn die Amplitude einer ebenen Welle mit räumlichen Frequenzen moduliert ist, die klein gegen die Wellenzahl der Welle sind, so kann man sie in guter Näherung als homogene ebene Welle behandeln. Die Amplitude ist senkrecht zur Ausbreitungsrichtung über einen Bereich, der groß gegen λ^2 ist, praktisch konstant; die Welle ist „lokal" homogen.

Jetzt können wir das am Anfang dieses Abschnittes aufgeworfene Problem wieder aufgreifen, nämlich die magnetische Feldstärke durch die elektrische auszudrücken. Da im Vakuum die Energiedichten e des elektrischen und des magnetischen Feldes einer ebenen Welle gleich groß sind, gilt:

$$e(\boldsymbol{r},t) = \frac{\varepsilon_0}{2}\left[\mathrm{Re}\left\{\boldsymbol{E}(\boldsymbol{r},t)\right\}\right]^2 = \frac{\mu_0}{2}\left[\mathrm{Re}\left\{\boldsymbol{H}(\boldsymbol{r},t)\right\}\right]^2 \quad .$$

Den zeitlichen Mittelwert berechnet man analog zu (2.29) und findet unter Beachtung von (2.30)

$$\langle e(\boldsymbol{r},t)\rangle = e(\boldsymbol{r}) = \frac{\varepsilon_0}{4}\boldsymbol{E}_0(r)\boldsymbol{E}_0^*(r) = \frac{\mu_0}{4}\boldsymbol{H}_0(r)\boldsymbol{H}_0^*(r) \quad .$$

Daraus folgt

$$|\boldsymbol{H}_0| = \sqrt{\frac{\varepsilon_0}{\mu_0}}|\boldsymbol{E}_0| = \varepsilon_0 c|\boldsymbol{E}_0| \quad .$$

Da E_0 und H_0 senkrecht aufeinander stehen und in guter Näherung in Phase sind, geht (2.31) über in

$$\boldsymbol{j}(\boldsymbol{r}) = \frac{1}{2}\varepsilon_0 c|\boldsymbol{E}_0(\boldsymbol{r})|^2 = \frac{1}{2}\varepsilon_0 c\boldsymbol{E}_0(r)\boldsymbol{E}_0^*(r) \quad . \tag{2.37}$$

Gleichung (2.24) in (2.37) eingesetzt zeigt, daß die Energiestromdichte im Fraunhoferschen Beugungsbild bis auf die langsam veränderliche Funktion $\mathrm{circ}(k_x/k_0, k_y/k_0)K(k_x, k_y)$ proportional zum Betragsquadrat der Fouriertransformierten des Objekts ist; die Phase von $T(k_x, k_y)$ „sieht" man nicht. Man kann die Phaseninformation nur gewinnen, wenn es gelingt, die kohärente Beleuchtungswelle mit dem Beugungsbild zur Interferenz zu bringen. Dieses Verfahren wird in der Holographie benutzt (s. Abschn. 6.3).

2.5 Experimentelle Anordnungen zur Fraunhoferbeugung

Wenn konventionelle Lichtquellen, z. B. Glühlampen, Bogenlampen oder Gasentladungslampen, zur Verfügung stehen, benutzt man meist die in Abb. 2.7 skizzierte Anordnung.

Mit einem Kondensor konzentriert man das Licht der Quelle auf den Beleuchtungsspalt, der für den folgenden Strahlengang als Lichtquelle wirkt. Zwischen Kondensor und Beleuchtungsspalt wird noch ein Farbfilter oder Interferenzfilter gestellt, je nachdem wie hohe Ansprüche man an die Monochromasie des Lichtes stellt. Der Beleuchtungsspalt stehe senkrecht auf der Zeichenebene, so daß nach dem Kollimator das Licht nur in der Zeichenebene mehr oder weniger gut parallel zur optischen Achse verläuft, je nachdem wie eng man den Beleuchtungsspalt macht oder aus Intensitätsgründen machen kann. Senkrecht zur Zeichenebene hat der Spalt eine große Ausdehnung, und deshalb hat das Licht in der xy–Ebene nach dem Kollimator in dieser Richtung einen großen Öffnungswinkel, es ist in der y–Richtung räumlich inkohärent (Näheres darüber in Kap. 3). Man kann natürlich auch eine

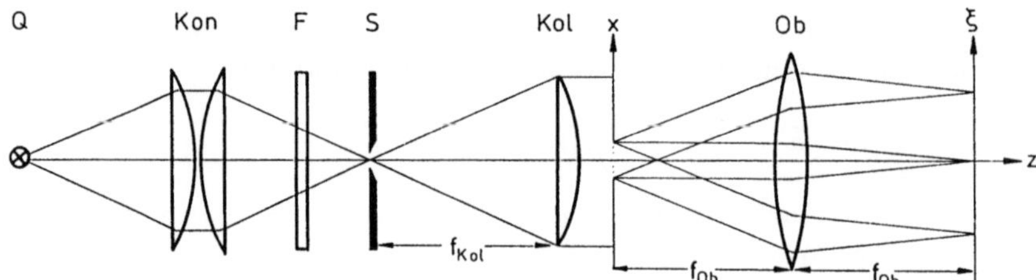

Abb. 2.7. Strahlengang zur Fraunhoferbeugung mit einer konventionellen Lichtquelle. Q: Lichtquelle; Kon: Kondensor, F: Farb– oder Interferenzfilter; S: Beleuchtungsspalt; Kol: Kollimator; Ob: Objektiv; das beugende Objekt steht in der xy–Ebene, das Fraunhofersche Beugungsbild entsteht in der $\xi\eta$–Ebene

feine Lochblende verwenden, um in beiden Richtungen räumlich kohärentes Licht zur Verfügung zu haben, muß sich dann aber mit einem wesentlich kleineren Lichtstrom durch das Objekt zufrieden geben. Die Anforderungen an das Objektiv sind sehr verschieden hoch, je nachdem, ob man ein Objekt mit feinen räumlichen Strukturen hat, das auch in große Beugungswinkel noch einen merklichen Lichtstrom lenkt, oder ob das Objekt nur relativ grobe Strukturen aufweist und deshalb nur kleine Beugungswinkel auftreten. Im letzten Fall erfüllt jede unkorrigierte Einzellinse die von–Bieren–Bedingung (2.22). In dieser Weise baut man meist Demonstrations– und Praktikumsversuche auf. Wichtig ist, die Brennweite f_{Ob} des Objektivs so zu wählen, daß die Abmessungen des Objekts klein gegen f_{Ob} sind (vgl. die Diskussion in Abschn. 2.3). Der Abstand zwischen beugendem Objekt und Objektiv kann beliebig gewählt werden, weil er nur auf die Phase des Beugungsbildes Einfluß hat. Dagegen muß der Schirm oder die Photoplatte bzw. ein Detektor genau in der Brennebene des Objektivs stehen, andernfalls erhält man Fresnel–Beugung. Man findet die richtige Postition des Schirms am besten, wenn man das beugende Objekt aus dem Strahlengang nimmt und den Schirm solange verschiebt, bis das Bild des Beleuchtungsspalts scharf erscheint. Wenn man dann das Objekt in den Strahlengang einsetzt, ist man sicher, ein Fraunhofersches Beugungsbild auf dem Schirm zu sehen.

Mit einem Laser als Lichtquelle hat man ohne großen experimentellen Aufwand sehr viel besser kohärentes Licht zur Verfügung als mit einer konventionellen Lichtquelle. Nur wird meist der Strahldurchmesser des Lasers kleiner sein als der Durchmesser des beugenden Objekts. Man braucht deshalb einen Strahlaufweiter. Das ist im Prinzip ein in umgekehrter Richtung wie normal benutztes Fernrohr (Abb. 2.8). Eine erste kurzbrennweitige Linse L_1 fokussiert den Laserstrahl in ihrem Brennpunkt. Meist setzt man an diese Stelle noch eine feine Lochblende, die Streulicht ausblendet und als „punktförmige" Lichtquelle wirkt. Die zweite, langbrennweitige Linse L_2 wirkt als Kollimator. Der Rest der Anordnung unterscheidet sich nicht von der mit konventioneller

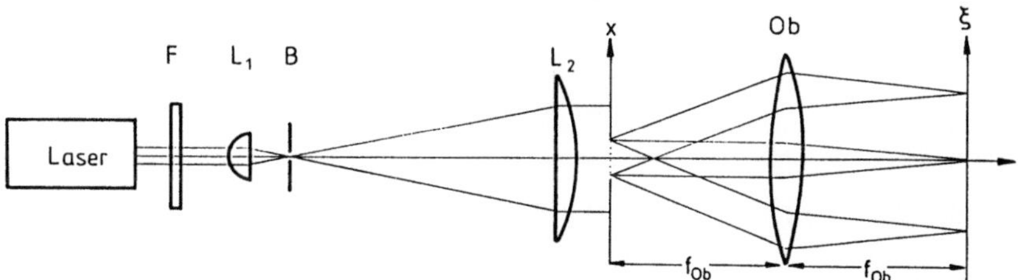

Abb. 2.8. Strahlengang zur Fraunhoferbeugung mit einem Laser als Lichtquelle. F: Interferenzfilter; L_1 und L_2: Linsen des Strahlaufweiters; B: Lochblende; Ob: Objektiv; das beugende Objekt steht in der xy–Ebene, das Fraunhofersche Beugungsbild entsteht in der $\xi\eta$–Ebene

Lichtquelle. Das Interferenzfilter kann natürlich entfallen, wenn der Laser nur auf einer Frequenz schwingt, wie z. B. der He Ne–Laser.

Es ist nützlich sich klarzumachen, daß man mit einer Anordnung gemäß Abb. 2.7, die einen Beleuchtungsspalt als Lichtquelle benutzt, nur das Beugungsbild von Objekten erhalten kann, die allein in x–Richtung eine Struktur besitzen („eindimensionale" Objekte), z. B. Mehrfachspalte, hingegen nicht von solchen, die in beiden Koordinatenrichtungen strukturiert sind („zweidimensionale" Objekte), wie z. B. ein quadratisches Netz, weil der Beleuchtungsspalt eine nur in einer Richtung räumlich kohärente Lichtquelle darstellt. Aber selbst eindimensionale Objekte liefern mit den in Abb. 2.7 und 2.8 skizzierten Anordnungen auf den ersten Blick verschiedene Beugungsbilder. In Abb. 2.9 sind die Beugungsbilder eines Einzelspaltes, die man mit diesen beiden experimentellen Anordnungen erhält, wiedergegeben.

Den Beleuchtungsspalt kann man sich aus vielen, in Spaltrichtung gegeneinander verschobenen Lochblenden zusammengesetzt vorstellen. Jede dieser Lochblenden liefert ein Beugungsbild, wie es in Abb. 2.9b zu sehen ist, aber in vertikaler Richtung sind diese Bilder gegeneinander verschoben. Auf diese Weise entstehen die für eine Anordnung mit Beleuchtungsspalt typischen Beugungsstreifen, die in Abb. 2.9a zu sehen sind.

Wenn man an der Phase im Beugungsbild nicht interessiert ist, kann man den Abstand des Objektivs vom beugenden Objekt beliebig klein machen. Ebenso kann man die Kollimatorlinse beliebig nahe an das Objekt heranschieben. Das legt die Idee nahe, beide Linsen zu einer einzigen zu vereinigen und zu fragen, ob die in Abb. 2.10a skizzierte Anordnung ebenfalls eine Fraunhofersche Beugungsfigur liefert. Das Objekt wird jetzt nicht mehr mit einer ebenen, sondern mit einer konvergenten Kugelwelle beleuchtet.

Um zu entscheiden, ob die Anordnung in Abb. 2.10a ein Fraunhofersches Beugungsbild liefert, wenden wir die auf der Gleichung (2.12) basierende Definition der Fraunhoferbeugung an, daß nämlich die Phasenverschiebung zwischen Elementarwellen, die von verschiedenen Punkten des beugenden Objekts ausgehen, eine *lineare* Funktion der kartesischen Koordinaten im Ob-

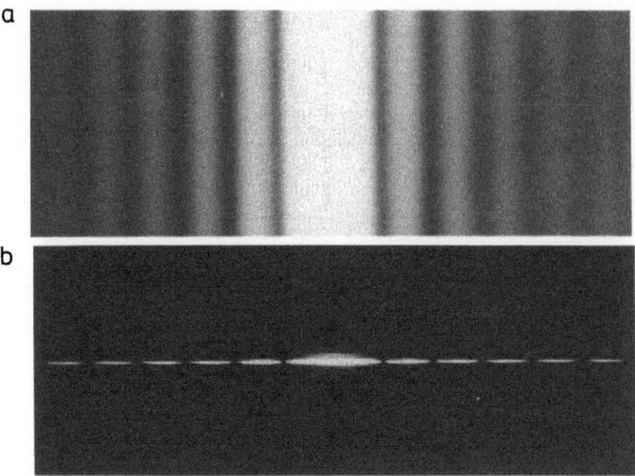

Abb. 2.9. Fraunhofersches Beugungsbild eines Spalts, das **(a)** mit einem experimentellen Aufbau gemäß Abb. 2.7 und **(b)** mit einem gemäß Abb. 2.8 hergestellt worden ist

jekt sein muß. Zunächst bemerken wir aber noch, daß der Schirm S, mit dem das Beugungsbild aufgefangen wird, die Gestalt einer Halbkugel haben muß, damit die von der Mitte des beugenden Objekts ausgehende Elementarwelle an allen Aufpunkten P mit derselben Phase ankommt. Der Radius r_0 des Schirms ist durch den Abstand des Objekts von Konvergenzpunkt der Kugelwelle gegeben.

In Abb. 2.10b ist der Strahlengang von Abb. 2.10a noch einmal schematisch dargestellt. Der Gangunterschied zwischen einer vom Nullpunkt und von einem beliebigen Punkt x_i auf der x–Achse ausgehenden Elementarwelle ist r_0-l. Weil die Beleuchtungswelle eine Kugelwelle ist, wird aber die vom Punkt x_i ausgehende Elementarwelle früher erregt als die im Nullpunkt. Das kann man dadurch berücksichtigen, daß man den optischen Weg l um e verkürzt. Damit erhält man für die Phase

$$\varphi(x) = k_0 \left(r_0 - [l - e]\right) = k_0(r_0 + e) - k_0 l \tag{2.38}$$

Wir müssen nun nur noch die rechts stehenden Strecken als Funktion von x schreiben:

$$r_0 + e = \sqrt{r_0^2 + x^2} \approx r_0 \left(1 + \frac{1}{2}\frac{x^2}{r_0^2} - \dots\right) \tag{2.39a}$$

$$\begin{aligned} l &= \sqrt{r_0^2 - 2r_0 x \cos\alpha + x^2} \quad \text{(Kosinussatz)} \\ &\approx r_0 \left(1 - \frac{x}{r_0}\cos\alpha + \frac{1}{2}\frac{x^2}{r_0^2} - \frac{1}{8}\left[4\frac{x^2}{r_0^2}\cos^2\alpha - 4\frac{x^3}{r_0^3}\cos\alpha + \frac{x^4}{r_0^4}\right] + \dots\right) \end{aligned} \tag{2.39b}$$

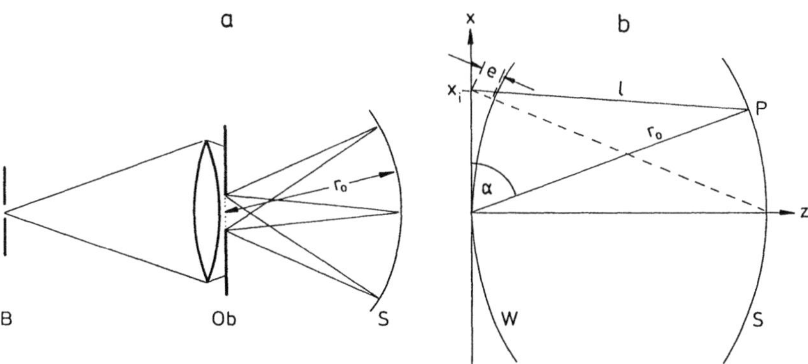

Abb. 2.10a,b. Fraunhoferbeugung mit schwach konvergenter Beleuchtung
(a) experimenteller Aufbau. *B*: beleuchtete Lochblende als punktförmige Lichtquelle; *Ob*: beugendes Objekt; *S*: halbkugelförmiger Schirm mit dem Radius r_0,
auf dem das Beugungsbild entsteht. **(b)** Skizze zur Berechnung der Phase der von
den Punkten x_i des beugenden Objekts ausgehenden Huygens–Fresnelschen Elementarwellen; *W*: eine Wellenfront der konvergenten Beleuchtungswelle; *S*: halbkugelförmiger Schirm mit Aufpunkt *P*

Wenn man (2.39a) und (2.39b) in (2.38) einsetzt und noch gemäß (2.6) $\cos\alpha$
durch $\cos\alpha = k_x/k_0$ ersetzt, so erhält man für die Phase in quadratischer
Näherung:

$$
\begin{aligned}
\varphi(x) &= k_0\left(r_0 + \frac{1}{2}\frac{x^2}{r_0}\right) - k_0\left(r_0 - x\frac{k_x}{k_0} + \frac{1}{2}\frac{x^2}{r_0} - \frac{1}{2}\frac{x^2}{r_0}\frac{k_x^2}{k_0^2}\right) \\
&= k_x x\left(1 + \frac{1}{2}\frac{k_x}{k_0}\frac{x}{r_0}\right)
\end{aligned}
\tag{2.40}
$$

Da $k_x/k_0 \leq 1$, liegt Fraunhoferbeugung ohne Einschränkung der Werte für
k_x, d. h. für beliebig große Beugungswinkel vor, wenn $x \ll r_0$.

Mit der in Abb. 2.10a skizzierten Anordnung erhält man also tatsächlich
ein Fraunhofersches Beugungsbild, wenn die Abmessungen des beugenden
Objekts klein gegen den Abstand des Konvergenzpunktes der beleuchtenden
Kugelwelle vom Objekt sind. Diese Bedingung ist sehr ähnlich der bei der
Herleitung der von–Bieren–Bedingung gefundenen. Dort mußte das beugende
Objekt klein gegen die Brennweite des Objektivs sein.

2.6 Verschieben von Objekt und Lichtquelle

Wir wollen zunächst sehen, wie sich eine Verschiebung des Objekts in der xy–
Ebene auf das Beugungsbild auswirkt. Das Verschieben einer Funktion $f(x)$
um x_0 nach rechts ergibt $f(x - x_0)$. Für die Berechnung des Beugungsbilds
ist es zweckmäßig, die Verschiebung mit Hilfe der δ–Funktion darzustellen:
Falten mit $\delta(x)$ reproduziert die Funktion $f(x) : f(x)\star\delta(x) = f(x)$; verschiebt

man $\delta(x)$ an die Stelle x_0, so „zieht" $\delta(x - x_0)$ die Funktion $f(x)$ mit sich: $f(x) \star \delta(x - x_0) = f(x - x_0)$ (Herleitung im Anhang A.1, (A.27) bis (A.28)). Ein Objekt mit der Transmissionsfunktion $t(x, y)$ wird nach Verschieben um den Vektor $\boldsymbol{r}_0 = (x_0, y_0, 0)$ durch die Transmissionsfunktion $t(x - x_0, y - y_0)$ beschrieben. Um diese Verschiebung durch die Faltung mit einer δ–Funktion darstellen zu können, muß diese von zwei Variablen abhängen. Analog zu (1.6) definieren wir $\delta(x, y)$ durch

$$\iint\limits_{-\infty}^{\infty} t(\xi, \eta)\delta(x - \xi, y - \eta)\mathrm{d}\xi\mathrm{d}\eta = t(x, y) \quad . \tag{2.41}$$

Analog zu $\delta(x)$ hat $\delta(x, y)$ die Dimension (1/Fläche) [1]. Wie im eindimensionalen Fall verschiebt eine Faltung mit $\delta(x - x_0, y - y_0)$ die Funktion $t(x, y)$ an die Stelle (x_0, y_0):

$$\begin{aligned} t(x, y) \star \delta(x - x_0, y - y_0) &= \iint\limits_{-\infty}^{\infty} t(\xi, \eta)\delta(x - x_0 - \xi, y - y_0 - \eta)\mathrm{d}\xi\mathrm{d}\eta \\ &= t(x - x_0, y - y_0) \end{aligned} \tag{2.42a}$$

oder in abgekürzter Schreibweise

$$t(\boldsymbol{r}) \star \delta(\boldsymbol{r} - \boldsymbol{r}_0) = t(\boldsymbol{r} - \boldsymbol{r}_0) \quad . \tag{2.42b}$$

Wir benötigen nun noch die Fouriertransformierte von $\delta(\boldsymbol{r} - \boldsymbol{r}_0)$, nämlich

$$\Delta(\boldsymbol{k}) = \int\limits_{-\infty}^{\infty} \delta(\boldsymbol{r} - \boldsymbol{r}_0)\mathrm{e}^{-\mathrm{i}\boldsymbol{k}\boldsymbol{r}}\mathrm{d}^2 r = \mathrm{e}^{-\mathrm{i}\boldsymbol{k}\boldsymbol{r}_0} = \mathrm{e}^{-\mathrm{i}(k_x x_0 + k_y y_0)} \quad . \tag{2.43}$$

Die Fouriertransformation von (2.42b) mit Hilfe des Faltungssatzes (1.43) liefert als Ergebnis: Ein um den Vektor $\boldsymbol{r}_0$ in der xy–Ebene verschobenes Objekt

$$t(\boldsymbol{r} - \boldsymbol{r}_0) = t(\boldsymbol{r}) \star \delta(\boldsymbol{r} - \boldsymbol{r}_0) \;\circ\!\!-\!\!\bullet\; T(\boldsymbol{k})\mathrm{e}^{-\mathrm{i}\boldsymbol{k}\boldsymbol{r}_0} \tag{2.44}$$

hat bis auf einen Phasenfaktor dieselbe Fouriertransformierte wie das unverschobene Objekt. Die Phase im Beugungsbild wächst linear mit den Koordinaten k_x und k_x, und zwar umso stärker, je größer die Verschiebung ist. Beim Betrachten oder beim photographischen Registrieren des Beugungsbilds sieht man natürlich nur die zum Betragsquadrat der Fouriertransformierten proportionale Intensität, d. h. das Beugungsbild ändert sich nicht beim Verschieben des Objekts.

Ein Verschieben der punktförmigen Lichtquelle in der Brennebene des Kollimators (s. Abb. 2.11a), der die von–Bieren–Bedingung erfüllen soll, hat

---

[1]Im Anhang A.1 wird $\delta(x, y)$ aus eindimensionalen δ–Funktionen konstruiert, s. (A.12) und (A.13)

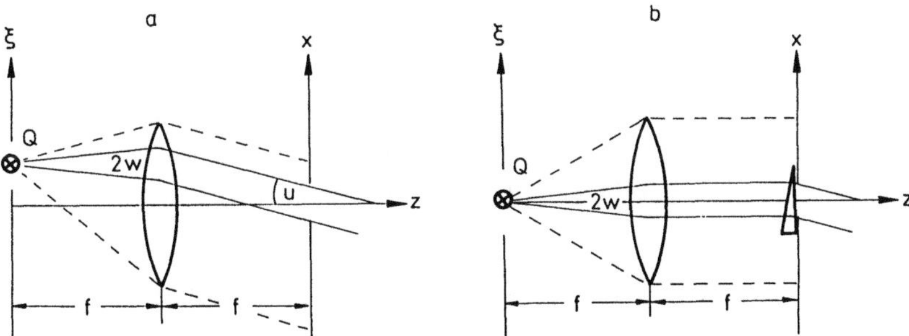

Abb. 2.11. **(a)** Verschieben einer punktförmigen Lichtquelle Q in der Brennebene einer Kollimatorline erzeugt eine ebene Beleuchtungswelle, die unter einem Winkel u zur optischen Achse verläuft. **(b)** Die gleiche Beleuchtung wie in **(a)** erzielt man auch mit einer punktförmigen Lichtquelle Q im Brennpunkt der Kollimatorlinse und einem Prisma vor dem Objekt

zur Folge, daß die beleuchtende Welle zwar eben bleibt, aber nicht mehr parallel zur z–Achse, sondern schräg einfällt. Dadurch werden die Huygens–Fresnelschen Elementarwellen in der Objektebene nicht mehr gleichphasig, sondern mit einer ortsabhängigen Phasenverschiebung emittiert. Man sieht das sehr anschaulich, wenn man sich die schräg einfallende Beleuchtungswelle nicht durch Verschieben der Lichtquelle, sondern durch ein Prisma unmittelbar vor dem Objekt realisiert denkt (Abb. 2.11b).

Zur Berechnung der Phasenverschiebung der Elementarwellen erinnern wir uns daran, daß die Feldstärkeverteilungen in den beiden Brennebenen einer Linse über die Fouriertransformation zusammenhängen (Abschn. 2.3). Wenn, wie bei der Herleitung von (2.24), das Licht von der xy–Ebene ausginge, so wäre die Feldstärkeverteilung in der $\xi\eta$–Ebene von Abb. 2.11a durch

$$E(\boldsymbol{k}) = \frac{1}{4\pi f}\mathrm{circ}(\boldsymbol{k}/k_0)K(\boldsymbol{k}) \int\limits_{-\infty}^{\infty} E(\boldsymbol{r})\mathrm{e}^{-\mathrm{i}\boldsymbol{k}\boldsymbol{r}}\mathrm{d}^2 r \tag{2.45a}$$

gegeben. Hier geht das Licht aber von der $\xi\eta$–Ebene aus, und wir wollen die Feldstärkeverteilung $E(\boldsymbol{r})$ in der xy–Ebene berechnen. Wegen der Umkehrbarkeit des Lichtwegs leistet das die Rücktransformierte von (2.45a):

$$E(\boldsymbol{r}) = 4\pi f \int\limits_{-\infty}^{\infty} \frac{E(\boldsymbol{k})}{\mathrm{circ}(\boldsymbol{k}/k_0)K(\boldsymbol{k})}\mathrm{e}^{\mathrm{i}\boldsymbol{k}\boldsymbol{r}}\frac{\mathrm{d}^2 k}{(2\pi)^2} \ . \tag{2.45b}$$

Um die Rechnung zu vereinfachen, beschränken wir uns auf Verschiebungen $\boldsymbol{\varrho} = (\xi, \eta)$ der Lichtquelle, die so klein sind, daß man den Richtungsfaktor $K(\boldsymbol{k})$ als konstant ansehen, d. h. die Näherung $K(\boldsymbol{k}) \approx 2k_0$ machen kann. Außerdem ist es zweckmäßig, mit Hilfe von (2.26) die Umrechnung

$$\boldsymbol{k} = -\boldsymbol{k}_Q = \frac{k_0}{f}\begin{pmatrix}\xi\\\eta\end{pmatrix} = \frac{k_0}{f}\boldsymbol{\varrho} \qquad\qquad (2.46)$$

einzuführen, wobei $\boldsymbol{k}_Q$ die Projektion der Wellenzahlvektoren der Beleuchtungswelle auf die Objektebene ist (das Minuszeichen rührt von der Umkehrung des Lichtwegs her). Damit geht (2.45b) über in

$$E(\boldsymbol{r}) = \frac{k_0}{2\pi f}\int\limits_{-\infty}^{\infty} E(\boldsymbol{\varrho})\mathrm{e}^{\mathrm{i}\boldsymbol{\varrho}\boldsymbol{r}k_0/f}\mathrm{d}^2\varrho \quad . \qquad\qquad (2.45\mathrm{c})$$

Die Feldstärke $E(\boldsymbol{\varrho})$ einer punktförmigen Lichtquelle an der Stelle $\boldsymbol{\varrho}_0 = (\xi_0, \eta_0)$ beschreiben wir mit Hilfe einer δ–Funktion:

$$E(\boldsymbol{\varrho}) = Q\delta(\boldsymbol{\varrho} - \boldsymbol{\varrho}_0) \quad . \qquad\qquad (2.47)$$

Dabei ist Q ein Maß für die Stärke der Punktquelle und hat die Dimension Feldstärke $\cdot$ Fläche. (2.47) in (2.45c) eingesetzt ergibt

$$E(\boldsymbol{r}) = E_0 \mathrm{e}^{\mathrm{i}\boldsymbol{\varrho}_0\boldsymbol{r}k_0/f} \quad . \qquad\qquad (2.48)$$

Dabei ist $E_0 = k_0 Q/2\pi f$ der von den Koordinaten x und y unabhängige Betrag der Feldstärke in der xy–Ebene. Die Phase der Feldstärke ist hingegen nicht konstant, sondern eine lineare Funktion der Ortskoordinaten. Für den Faktor $k_0\boldsymbol{\varrho}_0/f$ erhält man aus (2.46)

$$k_0\frac{\boldsymbol{\varrho}_0}{f} = -\boldsymbol{k}_Q \quad ,$$

also die in der Objektebene liegende Komponente des Wellenzahlvektors der ebenen Beleuchtungswelle.

Das Fraunhofersche Beugungsbild eines Objekts $t(\boldsymbol{r})$, das mit einer schräg einfallenden ebenen Welle beleuchtet wird, ist also die analog zu (1.44) zu berechnende Fouriertransformierte von $t(\boldsymbol{r})\mathrm{e}^{-\mathrm{i}\boldsymbol{k}_Q\boldsymbol{r}}$:

$$t(\boldsymbol{r})\mathrm{e}^{-\mathrm{i}\boldsymbol{k}_Q\boldsymbol{r}} \circ\!\!-\!\!\bullet \frac{1}{(2\pi)^2}T(\boldsymbol{k}) \star (2\pi)^2\delta(\boldsymbol{k} - \boldsymbol{k}_Q) = T(\boldsymbol{k} - \boldsymbol{k}_Q) \quad , \qquad (2.49)$$

d. h. das Beugungsbild wird bei schräger Beleuchtung in der $k_x k_y$–Ebene um $\boldsymbol{k}_Q$ verschoben, was auch anschaulich unmittelbar einzusehen ist. Diese Verschiebung hat zur Folge, daß die nullte Beugungsordnung nicht mehr in der Mitte des durch die Funktion $\mathrm{circ}(\boldsymbol{k}/k_0)$ beschriebenen Kreises liegt, der den beobachtbaren Teil von $T(\boldsymbol{k})$ angibt. Auf der einen Seite kann man jetzt das Beugungsbild bis zu größeren Winkeln als 90° beobachten, auf der anderen dafür nur bis zu entsprechend kleineren Beugungswinkeln.

Beachten Sie, daß die Gleichungen (2.44) und (2.49) dieselbe Struktur haben. Beim Übergang von der einen zur anderen vertauschen nur Orts– und Wellenzahlraum ihre Rollen.

2.7 Einfache, häufig benutzte beugende Objekte

Die Verteilung der elektrischen Feldstärke im Fraunhoferschen Beugungsbild ist gemäß (2.24) im wesentlichen durch die Fouriertransformierte $T(k_x, k_y)$ der Transmissionsfunktion $t(x, y)$ des beugenden Objekts gegeben, weil die Funktionen $\mathrm{circ}(k_x/k_0, k_y/k_0)$ und $K(k_x, k_y)$ für alle Objekte die gleiche Gestalt haben. Der Kürze halber nennen wir im folgenden $T(k_x, k_y)$ Fraunhofersches Beugungsbild.

2.7.1 Rechteckblende

Eines der einfachsten beugenden Objekte ist eine rechteckige Öffnung in einem sonst undurchlässigen Schirm. Wenn x_0 die Breite und y_0 die Höhe der rechteckigen Blende sind, dann lautet ihre Transmissionsfunktion

$$
t(x, y) = \begin{cases} 1 & \text{für} & \begin{cases} |x| < x_0/2 \\ |y| < y_0/2 \end{cases}, \\ 0 & \text{sonst} \end{cases}
\tag{2.50a}
$$

und ihr Fraunhofersches Beugungsbild ist die Fouriertransformierte von $t(x, y)$, nämlich

$$
\begin{aligned}
T(k_x, k_y) &= \int\limits_{-x_0/2}^{x_0/2} \mathrm{e}^{-\mathrm{i}k_x x}\mathrm{d}x \int\limits_{-y_0/2}^{y_0/2} \mathrm{e}^{-\mathrm{i}k_y y}\mathrm{d}y \\
&= x_0 y_0 \frac{\sin x_0 k_x/2}{x_0 k_x/2} \frac{\sin y_0 k_y/2}{y_0 k_y/2} .
\end{aligned}
\tag{2.50b}
$$

Da die in der zweiten Zeile von (2.50b) auftretende Funktion in der Optik sehr häufig vorkommt, benutzt man oft ein eigenes Symbol dafür:

$$
\frac{\sin z}{z} = \mathrm{sinc}\, z \quad .
\tag{2.51}
$$

Wie man leicht nachrechnen kann, sind die Stellen, an denen die sinc–Funktion Extrema hat, durch die Lösungen der Gleichung $z = \tan z$ gegeben. In Tabelle 2.1 sind die ersten 4 Lösungen z_n, sowie die Funktionswerte von

Tabelle 2.1. Lage und Intensität der Beugungsordnungen der Rechteckblende: Lage der Extrema z_n von $\mathrm{sinc}\,z$ und die Werte von $\mathrm{sinc}\,z_n$ und $\mathrm{sinc}^2 z_n$

z_n	$\mathrm{sinc}\, z_n$	$\mathrm{sinc}^2 z_n$
$z_0 = 0$	$+1,000$	$1,000$
$z_1 = 4,49 = 2,86\,\pi/2$	$-0,217$	$0,047$
$z_2 = 7,73 = 4,92\,\pi/2$	$+0,128$	$0,017$
$z_3 = 10,90 = 6,94\,\pi/2$	$-0,091$	$0,008$

sinc z_n und sinc$^2 z_n$ an diesen Stellen angegeben. Wie man daraus sieht, nähern sich die Werte von z_n für wachsendes n dem Wert $(2n+1)\pi/2$. Die Werte von sinc z und erst recht die von sinc$^2 z$, die der Helligkeit der Beugungsmaxima proportional sind, fallen sehr stark mit wachsendem n ab. Um die Beugungsmaxima bis etwa $n = 10$ auf einem photographischen Film zu registrieren, muß man deshalb in Kauf nehmen, daß das Zentrum des Beugungsbildes bei kleinen n stark überbelichtet ist. Abbildung 2.12 zeigt das Fraunhofersche Beugungsbild einer 0,85 mm $\times$ 1,0 mm großen Rechteckblende, die mit dem aufgeweiteten Strahl eines He Ne–Lasers in der Brennebene einer Linse mit $f = 50$ cm aufgenommen wurde.

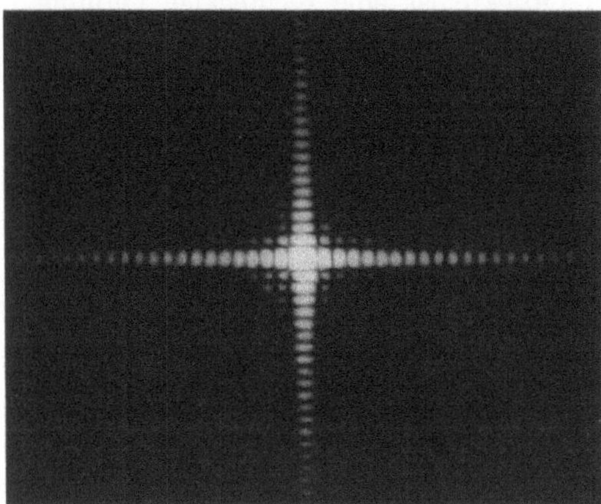

Abb. 2.12. Mit der in Abb. 2.8 gezeigten Anordnung aufgenommenes Fraunhofersches Beugungsbild einer Rechteckblende (entnommen aus E. Resch, Demonstrationsexperimente zur optischen Filterung, Staatsexamensarbeit, Institut für Angewandte Physik der Universität Karlsruhe, 1981)

Die Beugungsmaxima sind auf der k_x- und der k_y-Achse am stärksten ausgeprägt, weil dort jeweils eine der beiden sinc–Funktionen in (2.50b) den Wert 1 hat. Im Gegensatz dazu sind in den vier Quadranten die Beugungsmaxima nur für sehr kleine n zu sehen, weil in diesem Gebiet beide sinc–Funktionen Werte haben, die klein gegen 1 sind.

Die Feldstärke im Beugungsbild der rechteckigen Öffnung ist der Fouriertransformierten (2.50b) proportional, d. h. sie ist damit auch der Fläche $x_0 y_0$ der beugenden Öffnung proportional. Die Energiestromdichte im Beugungsbild ist gemäß (2.37) dem Betragsquadrat der Feldstärke und damit dem Quadrat der Fläche $x_0 y_0$ proportional. Das ist auf den ersten Blick überraschend, denn der gesamte Energiestrom, der in das Beugungsbild fließt, kann sicher nur linear mit der Fläche der beugenden Öffnung wachsen. Um zu sehen, wie sich dieser Widerspruch löst, berechnen wir diesen Energiestrom. Für die Energiestromdichte erhält man mit (2.37) und (2.24)

$$
\begin{aligned}
j(k_x, k_y) &= \frac{1}{2}\varepsilon_0 \mathrm{c} E(k_x, k_y) E^*(k_x, k_y) \\[2mm]
&= \frac{\varepsilon_0 \mathrm{c} E_0^2}{2(4\pi f)^2}\mathrm{circ}^2(k_x/k_0, k_y/k_0) K^2(k_x, k_y) T(k_x, k_y) T^*(k_x, k_y) \quad .
\end{aligned}
$$

Um die Rechnung möglichst einfach zu gestalten, nehmen wir an, daß die Abmessungen der Öffnung groß gegen die Wellenlänge sind, d. h. $x_0, y_0 \gg \lambda$, so daß in große Beugungswinkel nur sehr wenig Energie fließt. Wir können dann $\mathrm{circ}(\boldsymbol{k}/k_0)$ weglassen und bis unendlich integrieren und außerdem die Näherung $K(k_x, k_y) \approx 2k_0$ machen. Dann ist der gesamte Energiestrom durch die $\xi\eta$-Ebene

$$
\begin{aligned}
I &= \iint\limits_{-\infty}^{\infty} j(\xi, \eta)\mathrm{d}\xi\mathrm{d}\eta = \frac{f^2}{k_0^2} \iint\limits_{-\infty}^{\infty} j(k_x, k_y)\mathrm{d}k_x\mathrm{d}k_y \\[2mm]
&= \frac{1}{2}\varepsilon_0 \mathrm{c}\frac{E_0^2}{(2\pi)^2} \iint\limits_{-\infty}^{\infty} T(k_x, k_y)T^*(k_x, k_y)\mathrm{d}k_x\mathrm{d}k_y \quad .
\end{aligned}
\tag{2.52a}
$$

Dabei wurde in der ersten Zeile beim Übergang von den Variablen ξ und η zu k_x und k_y (2.26) benutzt und in der zweiten die Näherung $\mathrm{circ}^2 \cdot K^2 \approx 4k_0^2$. Wenn man (2.50b) für $T(k_x, k_y)$ in die zweite Zeile von (2.52a) einsetzt, sieht man, daß das Doppelintegral sich als Produkt von zwei Einfachintegralen der Form

$$
\int\limits_{-\infty}^{\infty} \frac{\sin^2 az}{a^2 z^2}\mathrm{d}z = \frac{\pi}{|a|}
$$

schreiben läßt. Man erhält damit für den Energiestrom

$$
I = \frac{1}{2}\varepsilon_0 \mathrm{c}\frac{E_0^2}{(2\pi)^2}(x_0 y_0)^2 \frac{2\pi}{x_0}\frac{2\pi}{y_0} = j_0 \cdot x_0 y_0 \quad ,
\tag{2.52b}
$$

wobei j_0 die Energiestromdichte der Beleuchtungswelle ist. Es ist lehrreich, einen Augenblick bei dieser Gleichung zu verweilen. Der größte Teil des Energiestroms I wird zweifellos in das Maximum nullter Ordnung gesteuert. Dessen Ausdehnung ist aber umso kleiner, je größer die beugende Öffnung ist: Die Faktoren $2\pi/x_0$ bzw. $2\pi/y_0$ sind ja gerade die k_x- bzw. k_y-Koordinate der ersten Nullstelle der sinc-Funktionen. Auf diese Weise kürzt sich die Fläche $x_0 y_0$ einmal heraus und I wird proportional zu $x_0 y_0$.

Verzichtet man auf die Näherung $K \approx 2k_0$, so wird der Energiestrom kleiner als (2.52b), und zwar umso deutlicher, je kleiner die beugende Öffnung ist. Salopp gesagt: Man kann Licht einer festen Wellenlänge nicht durch eine beliebig kleine Öffnung zwingen.

2.7.2 Spalte

Spalt mit rechteckiger Transmissionsfunktion. Wenn man die eine Kantenlänge der Rechteckblende, etwa die in y-Richtung, vergrößert, dann schrumpft das Beugungsbild in k_y-Richtung zusammen. Für $y_0 \to \infty$ erhält man einen Spalt der Weite x_0 und als Fouriertransformierte statt (2.50b)

$$T(k_x, k_y) = x_0 \,\text{sinc}\,(x_0 k_x/2) \cdot 2\pi\delta(k_y) \quad . \tag{2.53}$$

Die δ–Funktion in (2.53) sagt, daß sich jetzt nur noch auf der k_x–Achse gebeugtes Licht findet, und der erste Faktor in (2.53) gibt seine Amplitudenverteilung an. Man nennt ihn deshalb des Beugungsbild eines Spalts.

Streng genommen widerspricht ein Objekt wie der Spalt den Voraussetzungen, die wir bei der Herleitung des in der Brennebene einer Linse erzeugten Fraunhoferschen Beugungsbilds in Abschn. 2.3 gemacht haben. Die von–Bieren–Bedingung verlangt ja, daß die Winkel w in Abb. 2.3 klein gegen 1 sind, oder anders ausgedrückt, daß die Ausdehnung r des beugenden Objekts klein gegen die Brennweite f der verwendeten Linse sein muß. Damit sind unendlich ausgedehnte Objekte, wie der oben eingeführte Spalt, ausgeschlossen. Trotzdem ist es vernünftig, solche Grenzübergänge wie den von der Rechteckblende zum Spalt zu machen, weil dann das Wesentliche klarer zu Tage tritt. Mit einer ähnlichen Argumentation hatten wir in Kap. 1 die δ–Funktion eingeführt.

Spalt mit dreieckförmiger Transmissionsfunktion. In den beiden bisher behandelten Beispielen haben die Transmissionsfunktionen nur die Werte 0 und 1 angenommen. Wir wollen jetzt ein erstes Objekt mit einer stetigen Transmissionsfunktion behandeln, nämlich den „Dreieckspalt" (s. Abb. 2.13).

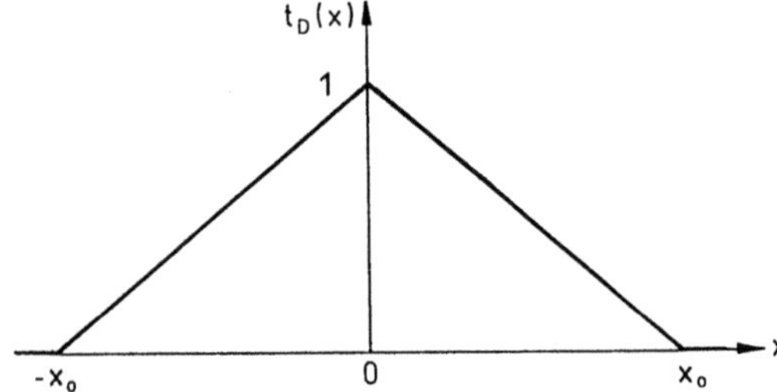

Abb. 2.13. Transmissionsfunktion eines „Dreieckspalts"

Man könnte diese Transmissionsfunktion leicht analytisch darstellen und ihre Fouriertransformierte berechnen. Viel einfacher wird die Berechnung aber, wenn man sich daran erinnert, daß die Faltung einer Rechteckfunktion mit sich selbst gerade die in Abb. 2.13 gezeigte Transmissionsfunktion ergibt. Man führt die Faltung der Rechteckfunktion

$$t(x) = \text{rect}(x/x_0) = \begin{cases} 1 & \text{für } |x| < x_0/2 \\ 0 & \text{sonst} \end{cases}$$

mit sich selbst am einfachsten anschaulich aus, indem man $t(x - \xi)$ über $t(\xi)$ schiebt und die Größe der Fläche, die die Überlagerung von $t(x - \xi)$ mit $t(\xi)$ darstellt, aufschreibt. Man findet

$$f(x) = t(x) \star t(x) = \begin{cases} 0 & \text{für} \quad x < -x_0 \\ -|x| + x_0 & \text{für} \quad |x| \leq x_0 \\ 0 & \text{für} \quad x_0 < x \end{cases} \quad ,$$

d. h. eine Dreieck–Funktion mit der Höhe x_0 an der Spitze. Eine Transmissionsfunktion muß aber auf 1 normiert sein; also bildet man

$$t_D(x) = \frac{f(x)}{x_0} = \frac{t(x) \star t(x)}{x_0} \quad . \tag{2.54a}$$

Da $t(x)$ die Fouriertransformierte x_0 sinc $(x_0 k_x/2)$ hat, erhält man mit dem Faltungssatz aus (2.54a) sofort das Beugungsbild des Dreieckspalts:

$$T_D(k_x) = \frac{1}{x_0} \left[x_0 \, \text{sinc}(x_0 k_x/2) \right]^2 \quad . \tag{2.54b}$$

Beachten Sie, daß (2.54b) die Amplitudenverteilung des Beugungsbilds angibt; die Intensitätsverteilung ist proportional zur 4. Potenz von $\text{sinc}(x_0 k_x/2)$! Deshalb werden die Nebenmaxima äußerst schwach, die Höhe des ersten beträgt nur noch 0,22% der des Hauptmaximums! Das legt die Frage nahe, ob man nicht eine noch „glattere" Transmissionsfunktion finden kann, deren Beugungsbild gar keine Nebenmaxima mehr aufweist. Das ist in der Tat der Fall, und zwar für eine Transmissionsfunktion, die für $|x| \to \infty$ wie eine Gaußsche Glockenkurve abfällt.

Gauß–Spalt. Wir wollen das Beugungsbild eines Spalts mit der Transmissionsfunktion

$$t_G(x) = \exp\left(-\frac{x^2}{2s^2} \right) \tag{2.55a}$$

berechnen. Die Größe s könnte man als Spaltweite bezeichnen, obwohl sich dieser „Spalt" natürlich auch in x–Richtung unendlich weit erstreckt. Auf jeden Fall ist s ein Maß dafür, wie schnell die Durchlässigkeit in x–Richtung abklingt. Für $x = s$ beträgt sie noch etwa 60%.

Die Fouriertransformierte von (2.55a) ist ebenfalls eine Gaußfunktion, nämlich

$$T_G(k_x) = \sqrt{2\pi} \cdot s \cdot \exp\left(-\frac{s^2}{2} k_x^2 \right) \quad . \tag{2.55b}$$

Das Beugungsbild eines Gauß–Spalts hat also keine Nebenmaxima; die Intensität klingt vielmehr vom zentralen Maximum nach beiden Seiten hin monoton ab. Man sieht an diesem Beispiel auch besonders klar die Reziprozität zwischen der Größe des beugenden Gegenstandes und der Ausdehnung bzw. räumlichen Struktur des Beugungsbildes: Ein Gauß–Spalt mit der Breite s im Ortsraum erzeugt ein Beugungsbild der Breite $1/s$ im $\boldsymbol{k}$–Raum.

Zur Herleitung von (2.55b) schreibt man zunächst die Differentialgleichung für die Gaußfunktion $t_G(x)$ auf:

$$\frac{\mathrm{d}t_G}{\mathrm{d}x} = -\frac{x}{s^2}\exp\left(-\frac{x^2}{2s^2}\right) = -\frac{x}{s^2}t_G(x) \quad .$$

Mit der Fouriertransformierten der Ableitung von $t_G(x)$ gemäß (1.50)

$$t_G'(x) \circ\!\!-\!\!\bullet \; \mathrm{i}k_x T_G(k_x)$$

und der analogen Beziehung für die Ableitung von $T_G(k_x)$, nämlich

$$T_G'(k_x) \; \bullet\!\!-\!\!\circ \; -\mathrm{i}x\,t_G(x)$$

kann man die Fouriertransformierte der Differentialgleichung für $t_G(x)$ hinschreiben, nämlich

$$\mathrm{i}k_x T_G(k_x) = \frac{1}{\mathrm{i}s^2}T_G'(k_x)$$

und sieht, daß $T_G(k_x)$ eine Differentialgleichung desselben Typs wie $t_G(x)$ erfüllt:

$$T_G'(k_x) = -s^2 k_x T_G(k_x) \quad ,$$

d. h. $T_G(k_x)$ ist ebenfalls eine Gaußfunktion:

$$T_G(k_x) = \mathrm{const}\,\exp\left(-\frac{s^2 k_x^2}{2}\right) \quad .$$

Die Konstante bestimmt man, indem man $t_G(x)$ durch seine Fouriertransformierte darstellt und $x = 0$ einsetzt:

$$t_G(0) = \int_{-\infty}^{\infty} T_G(k_x)\frac{\mathrm{d}k_x}{2\pi} = \frac{\mathrm{const}}{2\pi}\int_{-\infty}^{\infty}\exp\left(-\frac{s^2 k_x^2}{2}\right)\mathrm{d}k_x = \frac{\mathrm{const}}{2\pi}\frac{\sqrt{2\pi}}{s} \quad .$$

Wegen $t_G(0) = 1$ erhält man für die Konstante:

$$\mathrm{const} = \sqrt{2\pi}s \quad .$$

Die Gaußfunktion ist übrigens nicht die einzige Funktion, die durch Fouriertransformation in sich selbst übergeht. Ein weiteres Beispiel ist der Dirac–Kamm (s. Abschn. 2.7.5).

Phasenspalt. Auf einer Glasplatte werde ein Streifen durchsichtigen Materials der Breite x_0 und der Dicke d aufgedampft. Orientiert man die Glasplatte so, daß die Mitte des aufgedampften Streifens auf der y–Achse liegt, so kann man ihre Transmissionsfunktion folgendermaßen schreiben:

$$t(x) = \begin{cases} 1 & \text{für } |x| > x_0/2 \\ \mathrm{e}^{\mathrm{i}\varphi} & \text{für } |x| < x_0/2 \end{cases} \quad , \tag{2.56a}$$

wobei $\varphi = k_0(n-1)d$ die der einfallenden ebenen Welle mit der Wellenzahl k_0 von dem aufgedampften Streifen mit der Brechzahl n aufgeprägte Phasenverzögerung ist. Das Beugungsbild

$$T(k_x, k_y) = \left[\int\limits_{-\infty}^{\infty} \mathrm{e}^{-\mathrm{i}k_x x}\mathrm{d}x + \int\limits_{-x_0/2}^{x_0/2} \left(\mathrm{e}^{\mathrm{i}\varphi} - 1\right) \mathrm{e}^{-\mathrm{i}k_x x}\mathrm{d}x \right] \int\limits_{-\infty}^{\infty} \mathrm{e}^{-\mathrm{i}k_y y}\mathrm{d}y$$

$$= 4\pi^2 \delta(k_x)\delta(k_y) + 2\pi\delta(k_y)\left(\mathrm{e}^{\mathrm{i}\varphi} - 1\right) x_0 \operatorname{sinc}(x_0 k_x/2) \quad (2.56\mathrm{b})$$

ist, wie der zweite Summand in der zweiten Zeile zeigt, qualitativ das eines Rechteckspalts (vgl.(2.53)), es hat nur eine von 1 verschiedene, komplexe Amplitude ($\mathrm{e}^{\mathrm{i}\varphi} - 1$). Für kleine φ ist deshalb dieses Beugungsbild sehr schwach; mit wachsender Phasenverschiebung φ wird die Amplitude aber größer und erreicht bei $\varphi = \pi$ sogar den doppelten Betrag wie beim Rechteckspalt. Dann wird sie wieder kleiner und verschwindet bei $\varphi = 2\pi$. Bei dieser Phasenverschiebung ist das Licht nach dem Durchgang durch das Objekt wieder eine ebene Welle wie bei $\varphi = 0$. Deren Beugungsbild stellt der erste Summand in der zweiten Zeile von (2.56b) dar.

Spalt mit halbseitiger Phasenverzögerung. Dieser Spalt soll die Phase des Lichts, das seine rechte Hälfte ($x > 0$) durchläuft, gegenüber dem in der linken Hälfte ($x < 0$) um π verzögern. Das kann man in einfacher Weise durch folgende Anordnung erreichen: Eine Glasplatte wird halbseitig, z. B. für $x < 0$, mit einem durchsichtigen Material bedampft, das eine Phasenverzögerung von π hervorruft; danach wird parallel zu dieser Phasenkante rechts und links Metall aufgedampft, so daß ein Spalt der Breite $2x_0$ entsteht, bei dem Licht, das durch die rechte Spalthälfte geht, gegenüber dem, das die linke Spalthälfte passiert hat, einen Gangunterschied von $\lambda/2$ aufweist. Dieser Spalt wird durch folgende Transmissionsfunktion beschrieben:

$$t(x) = \begin{cases} 1 & \text{für } -x_0 < x < 0 \\ -1 & \text{für } 0 < x < x_0 \\ 0 & \text{sonst} \end{cases} \quad . \qquad (2.57\mathrm{a})$$

Eine elementare Rechnung liefert die Fouriertransformierte von (2.57a):

$$T(k_x) = \frac{2\mathrm{i}}{k_x}\left(1 - \cos x_0 k_x\right) \quad . \qquad (2.57\mathrm{b})$$

Sie ist rein imaginär, weil $t(x)$ eine reelle, ungerade Funktion ist. Physikalisch bedeutet (2.57b), daß im Beugungsbild für $k_x > 0$ das Licht um $\pi/2$ und für $k_x < 0$ um $3\pi/2$ gegenüber der einfallenden Welle phasenverzögert ist. $T(k_x)$ ist in Abb. 2.14 graphisch dargestellt.

Auffällig ist der relativ steile Verlauf in der Nähe des Nullpunkts (mit einer einfachen Rechnung findet man $T'(k_x = 0) = \mathrm{i}x_0^2$), der dann bei $|T(k_x)|^2$, d. h. der Intensität, zu zwei hellen Linien führt, die durch eine dunkle getrennt sind.

2.7.3 Kreisblende

Die Kreisblende ist neben Spalt und Gitter das wichtigste beugende Objekt, weil die Blenden in optischen Strahlengängen fast immer eine kreisförmige

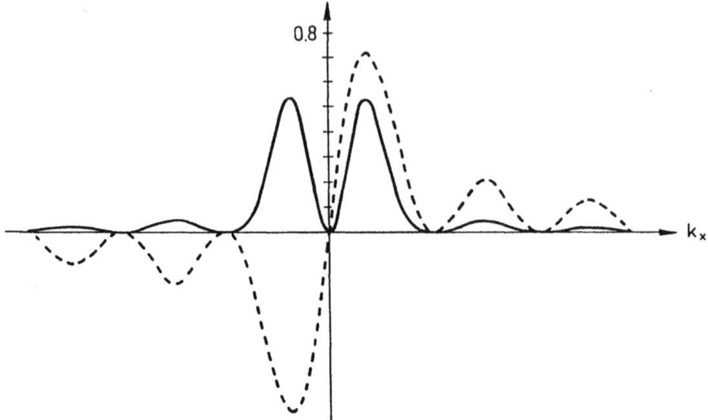

Abb. 2.14. Amplituden– (*gestrichelte Kurve*) und Intensitätsverteilung (*durchgezogene Kurve*) im Fraunhoferschen Beugungsbild eines Spalts mit der Transmissionsfunktion (2.57a)

Öffnung haben, um der Rotationssymmetrie des optischen Strahlengangs zu genügen. Leider ist die Berechnung des Beugungsbilds in diesem Fall nicht ganz so einfach wie in den bisherigen Fällen.

Die Transmissionsfunktion einer Kreisblende ist durch

$$\mathrm{circ}\left(\frac{x}{r_0}, \frac{y}{r_0}\right) = \left\{ \begin{array}{ll} 1 & \text{für } x^2 + y^2 \leq r_0^2 \\ 0 & \text{sonst} \end{array} \right. \tag{2.58a}$$

gegeben, wobei r_0 der Blendenradius ist. Wenn man die Fouriertransformierte für circ hinschreibt, sieht man sofort, daß dieses Doppelintegral nicht wie bei den bisherigen Beispielen in zwei einfache Intregrale separierbar ist. Die Symmetrie des Problems legt nahe, Polarkoordinaten einzuführen:

$$\begin{array}{ll} x = r \cos\phi \\ y = r \sin\phi \end{array} \quad \text{und} \quad \begin{array}{ll} k_x = k \cos\psi \\ k_y = k \sin\psi \end{array} \quad .$$

Die Fouriertransformierte von $\mathrm{circ}(r/r_0, \phi/2\pi)$ nimmt dann folgende Gestalt an:

$$\begin{aligned} \mathrm{CIRC}(k, \psi) &= \int\limits_0^{r_0} \int\limits_0^{2\pi} \exp\left(-ikr\left[\cos\phi\cos\psi + \sin\phi\sin\psi\right]\right) r \, d\phi \, dr \\ &= \int\limits_0^{r_0} r \int\limits_0^{2\pi} \exp\left(-ikr\cos(\phi - \psi)\right) \, d\phi \, dr \quad . \end{aligned} \tag{2.59}$$

Die bekannte Integraldarstellung der Besselfunktionen (Friedrich Wilhelm Bessel, 1784–1846)

$$\mathrm{J}_n(x) = \frac{(-\mathrm{i})^n}{2\pi} \int\limits_0^{2\pi} \exp(\mathrm{i}x\cos\alpha)\exp(\mathrm{i}n\alpha)\,\mathrm{d}\alpha \tag{2.60}$$

zeigt, daß das innere Integral in der zweiten Zeile von (2.59) die Besselfunktion nullter Ordnung ist[2]. Die Gleichung (2.59) reduziert sich also auf

$$\mathrm{CIRC}(k) = 2\pi \int\limits_0^{r_0} r\mathrm{J}_0(kr)\mathrm{d}r \quad . \tag{2.61}$$

Um diese Integration auszuführen, verwendet man am zweckmäßigsten die Darstellung der Ableitung der Besselfunktionen durch die Funktionen selbst:

$$\frac{\mathrm{d}}{\mathrm{d}x}\left[x^{n+1}\mathrm{J}_{n+1}(x)\right] = x^{n+1}\mathrm{J}_n(x) \quad . \tag{2.62}$$

Die Funktion $x\mathrm{J}_1(x)$ ist also eine Stammfunktion der im Integranden von (2.61) stehenden Funktion $x\mathrm{J}_0(x)$ (die beiden Funktionen $\mathrm{J}_0(x)$ und $\mathrm{J}_1(x)$ sind in Abb. 2.15 aufgezeichnet). Wenn man in (2.61) noch die Variablentransformation $kr = x$ einführt, so erhält man

$$\mathrm{CIRC}(k) = 2\pi\frac{1}{k^2} \int\limits_0^{kr_0} x\mathrm{J}_0(x)\mathrm{d}x = \pi r_0^2\frac{2\mathrm{J}_1(r_0k)}{r_0k} \quad . \tag{2.58b}$$

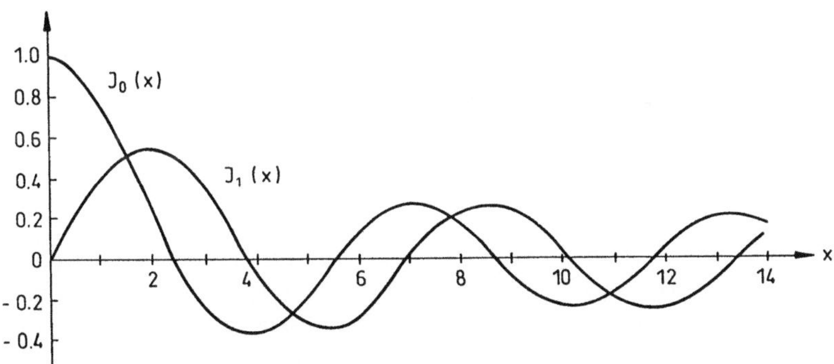

Abb. 2.15. Die Besselfunktionen nullter und erster Ordnung

Dieses Resultat wurde bereits 1835, allerdings in anderer Form, von Airy hergeleitet (Sir George Bidell Airy, 1801–1892). Das Beugungsbild $\mathrm{CIRC}^2(k)$

---

[2]Die Verschiebung des Integrationsintervalls um ψ spielt keine Rolle, weil der Integrand eine mit 2π periodische Funktion ist und gerade über diese Periode integriert wird; das negative Vorzeichen des Arguments der Exponentialfunktion kann man weglassen, weil der Realteil des Integranden eine gerade Funktion ist und das Integral über den Imaginärteil verschwindet.

Tabelle 2.2. Radien, Amplituden und Intensitäten der Beugungsringe des Airy-Scheibchens: Nullstellen und Extrema der Funktionen $2J_1(z)/z$ bzw. $[2J_1(z)/z]^2$

Nullstellen z_N	Extrema an den Stellen z_E	$2J_1(z_E)/z_E$	$[2J_1(z_E)/z_E]^2$
$z_{N_1} = 3,83$ $z_{N_2} = 7,02$ $z_{N_3} = 10,17$ $z_{N_4} = 13,32$	$z_{E_0} = 0,00$ $z_{E_1} = 5,14$ $z_{E_2} = 8,42$ $z_{E_3} = 11,62$	$+1,000$ $-0,132$ $+0,064$ $-0,040$	$1,000$ $0,018$ $0,004$ $0,002$

heißt deshalb **_Airy–Scheibchen_**. Abbildung 2.16 zeigt ein experimentelles Beispiel.

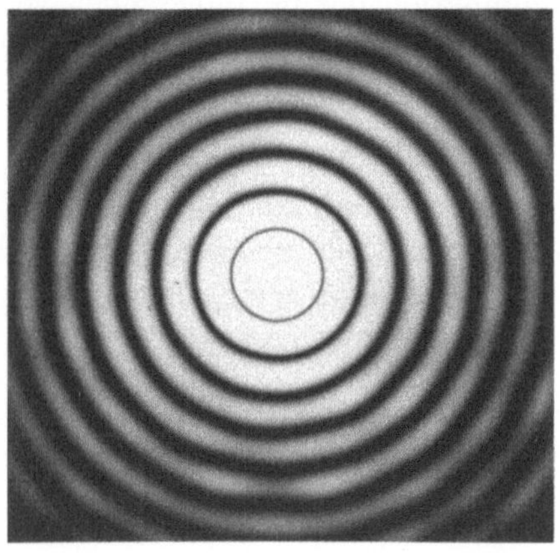

Abb. 2.16. Mit der in Abb. 2.8 gezeigten Anordnung aufgenommenes Fraunhofersches Beugungsbild einer Kreisblende (Airy–Scheibchen)

In Tabelle 2.2 sind die ersten vier Nullstellen z_N und die Lage z_E der ersten vier Extrema der Funktion $2J_1(z)/z$, die durch die Lösungen der Gleichung $zJ_0(z) = 2J_1(z)$ bestimmt sind, angegeben. In den Spalten 3 und 4 findet man die Funktionswerte von $2J_1(z_E)/z_E$ und die Quadrate davon, d. h. die maximalen Intensitäten der Beugungsringe des Airy–Scheibchens. Ein Vergleich mit der Beugungsfigur der Rechteckblende (Tabelle 2.1) zeigt, daß die Intensitäten der entsprechenden Beugungsordnungen der Rechteckblende erheblich größer sind, weil die Symmetrie der Rechteckblende eine starke Konzentration des Energiestroms auf die k_x– und k_y–Achse erzwingt, während sich bei der Kreisblende der Energiestrom gleichmäßig auf den gesamten Beugungsring verteilt. Wir haben CIRC(k) in (2.58b) in derselben Form geschrieben wie die Fouriertransformierte der Rechteckblende (2.50b), nämlich Fläche der beugenden Öffnung mal eine dimensionslose Funktion, die für $k \to 0$ gegen 1 strebt. Dadurch wird ein „fairer" Vergleich der Struktur der Beugungsfiguren von zwei Blenden mit quadratischer und kreisförmiger Öffnung, nämlich für gleich große Flächen der beugenden Öffnungen, d. h. $x_0^2 = \pi r_0^2$, möglich. In Abb. 2.17 sind die Funktionen

$$\text{sinc}\,(x_0 k_x/2) = \frac{\sin(x_0 k_x/2)}{x_0 k_x/2} \quad \text{und} \quad \frac{2\mathrm{J}_1(x_0 k/\sqrt{\pi})}{x_0 k/\sqrt{\pi}}$$

in dasselbe Diagramm eingezeichnet. Die Lage der ersten Nullstellen unterscheidet sich erstaunlich wenig, jedenfalls viel weniger als um den Faktor 1,22, den man beim Vergleich von $\text{sinc}\,z$ mit $2\mathrm{J}_1(z)/z$ findet.

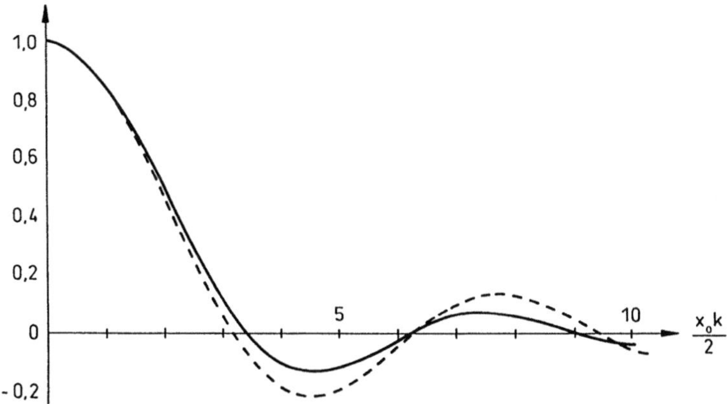

Abb. 2.17. Amplitudenverteilung in den Beugungsbildern von Rechteck– (*gestrichelte Kurve*) und Kreisblende (*durchgezogene Kurve*); verglichen werden Öffnungen mit gleicher Fläche

2.7.4 Doppel– und Dreifachspalt

Doppelspalt. Wir wollen jetzt als beugendes Objekt zwei gleiche, parallele Spalte mit der Transmissionsfunktion $f(x)$ betrachten, die rechts und links des Nullpunkts bei $x = +d/2$ bzw. $x = -d/2$ aufgestellt sind.

Die gesamte Transmissionsfunktion dieses Doppelspalts ergibt sich zu $t_2(x) = f(x + d/2) + f(x - d/2)$. Obwohl man die Fouriertransformierte von t_2 leicht ausrechnen kann, ist es zweckmäßiger, t_2 etwas anders darzustellen, und zwar wie im Abschn. 2.6 durch Falten mit δ–Funktionen. Dort hatten wir gesehen, daß eine Funktion $f(x)$ durch Falten mit einer δ–Funktion an der Stelle x_0 „mitgezogen" wird: $f(x) \star \delta(x - x_0) = f(x - x_0)$. Mit Hilfe dieser Eigenschaft der δ–Funktion kann man die Transmissionsfunktion des Doppelspalts folgendermaßen schreiben:

$$t_2(x) = f(x) \star \delta\left(x + \frac{d}{2}\right) + f(x) \star \delta\left(x - \frac{d}{2}\right) = f(x) \star s_2(x) \quad . \quad (2.63a)$$

Die Funktion $f(x)$ beschreibt die *Form* der Einzelspalte unabhängig von ihrer Lage, während s_2 angibt, *wo* die beiden Einzelspalte aufgestellt sind; s_2 beschreibt also die *Struktur* des beugenden Objekts. Die Fouriertransformierte von (2.63a) ist dann einfach das Produkt aus dem **Formfaktor** $F(k_x)$ und dem **Strukturfaktor** $S_2(k_x)$:

$$T_2(k_x) = F(k_x) \cdot S_2(k_x) \quad , \tag{2.63b}$$

wobei für den Doppelspalt der Strukturfaktor

$$S_2(k_x) = \exp\left(\mathrm{i}\frac{d}{2}k_x\right) + \exp\left(-\mathrm{i}\frac{d}{2}k_x\right) = 2\cos\frac{d}{2}k_x \tag{2.63c}$$

äquidistante, gleich hohe Beugungsmaxima liefert. Ein solches Beugungsbild beobachtet man näherungsweise, wenn man extrem enge Spalte verwendet, d.h. $f(x) = \delta(x)$, weil dann $F(k_x) \equiv 1$ ist. Wir nennen dieses Beugungsbild das des **idealen Doppelspalts**. Die Amplitudenverteilung (2.63c) ist charakteristisch für Zweistrahlinterferenzen. Die Argumente der beiden Exponentialfunktionen geben die Phase der von den beiden Spalten ausgehenden Elementarwellen in bezug auf eine fiktive, vom Mittelpunkt zwischen den Spalten (Nullpunkt des Koordinatensystems) ausgehende Elementarwelle an. Die Phasendifferenz der beiden interferierenden Wellen ist also $\varphi = d \cdot k_x/2 - (-d \cdot k_x/2) = d \cdot k_x$. Die Beugungsmaxima, d.h. die Maxima von $S_2^2(k_x)$ liegen deshalb gerade bei $d \cdot k_x/2 = \pm m\pi$. Die ganze Zahl $\pm m$ heißt Ordnung des Beugungsmaximums. Die Gleichung (2.63c) zeigt an, daß die ungeraden Ordnungen um π phasenverschoben gegenüber den geraden sind.

Für ein nicht zu kleines Verhältnis von Spaltweite zu Spaltabstand spielt auch der Formfaktor für das Aussehen des Beugungsbildes eine entscheidende Rolle: Er moduliert die Höhe der Feldstärkemaxima und die Tiefe der Minima, wie das in Abb. 2.18 für einen Doppelspalt mit rechteckiger Formfunktion $f(x)$ dargestellt ist.

Außerdem bewirken die Nulldurchgänge von $F(k_x)$ jeweils einen Phasensprung von π.

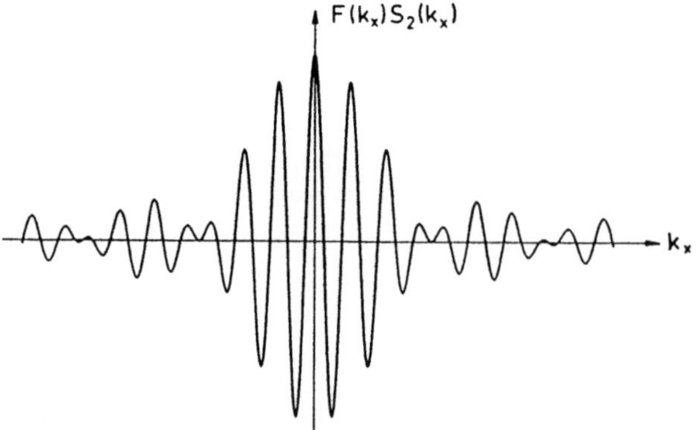

Abb. 2.18. Fraunhofersches Beugungsbild eines Doppelspalts

Dreifachspalt. Das zur Beschreibung des Beugungsbilds eines Doppelspalts verwendete Verfahren kann man leicht auf ein Objekt mit N Spalten verallgemeinern. Wir wollen nur noch kurz auf den Dreifachspalt eingehen. Seine Strukturfunktion ist

$$s_3(x) = \delta(x + d) + \delta(x) + \delta(x - d) \quad , \tag{2.64a}$$

und ihre Fouriertransformierte

$$S_3(k_x) = \mathrm{e}^{idk_x} + 1 + \mathrm{e}^{-idk_x} = 1 + 2\cos dk_x \quad . \tag{2.64b}$$

Wie Abb. 2.19 und (2.64b) zeigen, schiebt der mittlere Spalt den Strukturfaktor S_2 um 1 nach oben und verursacht damit im Beugungsbild $S_3^2(k_x)$ die Nebenmaxima. Überzeugen Sie sich, daß der Abstand der Hauptmaxima auf der k_x-Achse für Doppel– und Dreifachspalt bei gleichem Spaltabstand derselbe ist, obwohl die Argumente der cos–Funktionen in (2.63c) und (2.64b) sich um den Faktor 2 unterscheiden!

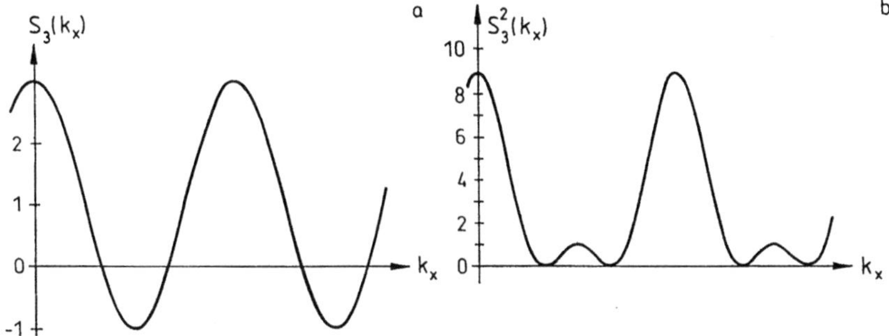

Abb. 2.19a,b. Fraunhofersches Beugungsbild eines idealen (d. h. mit dem Formfaktor $F(k_x) \equiv 1$) Dreifachspalts; **(a)** Strukturfaktor, **(b)** Quadrat des Strukturfaktors

Die Höhe der Nebenmaxima hängt offenbar davon ab, wie weit S_2 nach oben geschoben wird. Sie verschwänden, wenn die Minima von S_3 gerade auf der k_x-Achse lägen. Das kann man erreichen, indem man die Amplitude in den äußeren Spalten z. B. durch Absorber auf den halben Wert abschwächt. Wenn man diesen Eingriff im Strukturfaktor berücksichtigt, so wird dieser zu $1 + \cos dk_x$. In der Praxis schwächt man die Amplitude um den Faktor 2, indem man die Spaltbreite halbiert. Das ändert zwar den Formfaktor, hat aber auf die niedrigen Beugungsordnungen nur geringen Einfluß.

2.7.5 Gitter

Beugende Objekte, die räumlich periodische Strukturen aufweisen, nennt man Gitter. Wir wollen zunächst nur die Strukturfaktoren eindimensionaler,

d. h. nur in x–Richtung periodischer Gitter betrachten. Ein solches Gitter, das aus $(2N + 1) = N_0$ Perioden besteht und das symmetrisch in das Koordinatensystem gelegt werde, hat die Strukturfunktion

$$s_{N_0}(x) = \sum_{m=-N}^{N} \delta(x - md) \quad , \tag{2.65a}$$

wobei d die Periodenlänge auf der x–Achse (Gitterkonstante) ist. Die Fouriertransformierte von s_{N_0} ist eine Summe von e–Funktionen, die eine geometrische Reihe bilden, und deshalb leicht aufsummiert werden können:

$$S_{N_0}(k_x) = \sum_{m=-N}^{N} e^{-imdk_x} = \sum_{m=-N}^{N} q^m = q^{-N}\, \frac{q^{2N+1} - 1}{q - 1}$$

$$= \frac{q^{N+\frac{1}{2}} - q^{-\left(N+\frac{1}{2}\right)}}{q^{\frac{1}{2}} - q^{-\frac{1}{2}}} = \frac{\sin N_0 \frac{d}{2} k_x}{\sin \frac{d}{2} k_x} \quad . \tag{2.65b}$$

Zwei Perioden von $S_{N_0}^2(k_x)$ sind in Abb. 2.20 dargestellt. Hauptmaxima treten genau an den Stellen auf, wo der Sinus im Nenner von (2.65b) null wird, also für $k_x = \pm m 2\pi/d$.

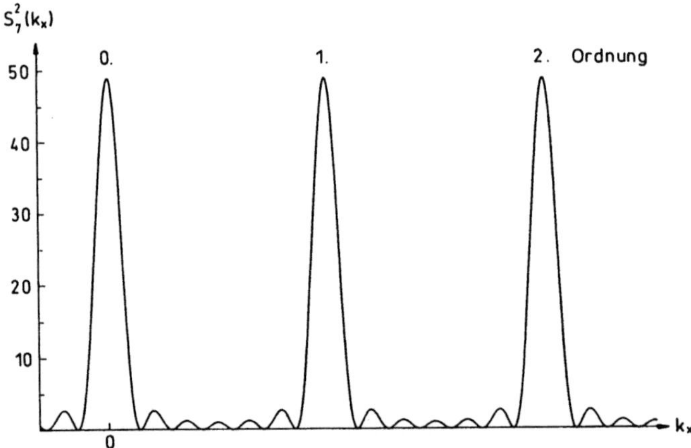

Abb. 2.20. Quadrat des Strukturfaktors eines Gitters mit sieben Spalten („Gitterstrichen")

Ihre Höhe ist N_0^2. Dazwischen liegen $(N_0 - 2)$ sehr viel kleinere Nebenmaxima (das erste ist für große N_0 etwa um den Faktor $4/9\pi^2$ kleiner als das Hauptmaximum).

Für die Verwendung von Gittern in Spektrographen ist wichtig, daß mit wachsendem N_0 die Hauptmaxima immer höher und schmaler werden. Wir nennen deshalb ein Gitter mit unendlich vielen „Gitterstrichen" ein *ideales Gitter*. Es ist durch die Strukturfunktion

$$s_\infty(x) = \sum_{m=-\infty}^{\infty} \delta(x - md) \tag{2.66a}$$

charakterisiert, die *Dirac–Kamm* (Paul Adrien Maurice Dirac, 1902–1984) oder Impulskamm genannt und mit $\mathrm{III}(x)$ oder $\mathrm{comb}(x)$ bezeichnet wird. Es gilt nun, die Fouriertransformierte von (2.66a) zu berechnen, falls diese überhaupt existiert. Ohne auf mathematische Einzelheiten einzugehen, sei nur gesagt, daß zu (2.66a) eine Fouriertransformierte existiert und daß man sie über die Fourierreihe von (2.66a) berechnen kann (vgl. Anhang A.2, (A.57) und (A.58)). Die Koeffizienten der Fourierreihe

$$s_\infty(x) = \sum_{m=-\infty}^{\infty} c_m \mathrm{e}^{imgx} \quad \text{mit} \quad g = \frac{2\pi}{d} \tag{2.67a}$$

berechnen sich in der üblichen Weise:

$$c_m = \frac{g}{2\pi} \int\limits_{-d/2}^{d/2} s_\infty(x)\mathrm{e}^{-imgx}\mathrm{d}x = \frac{g}{2\pi} \int\limits_{-d/2}^{d/2} \delta(x)\mathrm{e}^{-imgx}\mathrm{d}x = \frac{g}{2\pi} \quad . \tag{2.67b}$$

Damit geht (2.67a) über in

$$s_\infty(x) = \mathrm{III}_d(x) = \frac{g}{2\pi} \sum_{m=-\infty}^{\infty} \mathrm{e}^{imgx} \tag{2.67c}$$

mit der Fouriertransformierten

$$S_\infty(k_x) = g \sum_{m=-\infty}^{\infty} \delta(k_x - mg) = g \cdot \mathrm{III}_g(k_x) \quad . \tag{2.66b}$$

Die Fouriertransformierte eines Dirac–Kamms mit der Periode d ist also wieder ein Dirac–Kamm mit der Periode $g = 2\pi/d : \mathrm{III}_d(x) \circ\!\!-\!\!\bullet\, g\,\mathrm{III}_g(k_x)$. Man nennt $S_\infty(k_x)$ das *reziproke Gitter* von $s_\infty(x)$. Dieser Begriff spielt in der Festkörperphysik und in der Kristallographie eine große Rolle (Näheres in „Kreuzgitter" und „Raumgitter" am Ende dieses Abschnitts).

Ein beliebiges eindimensionales, periodisches Objekt kann man nach dem Vorbild des Doppelspalts aus der Transmissionsfunktion $f(x)$ für eine Periode und der Strukturfunktion $s_\infty(x)$ des idealen Gitters durch Faltung zusammensetzen:

$$t(x) = f(x) \star s_\infty(x) \tag{2.68a}$$

und sofort dessen Fouriertransformierte hinschreiben:

$$T(k_x) = F(k_x) \cdot S_\infty(k_x) = gF(mg)\,\mathrm{III}_g(k_x) \quad , \tag{2.68b}$$

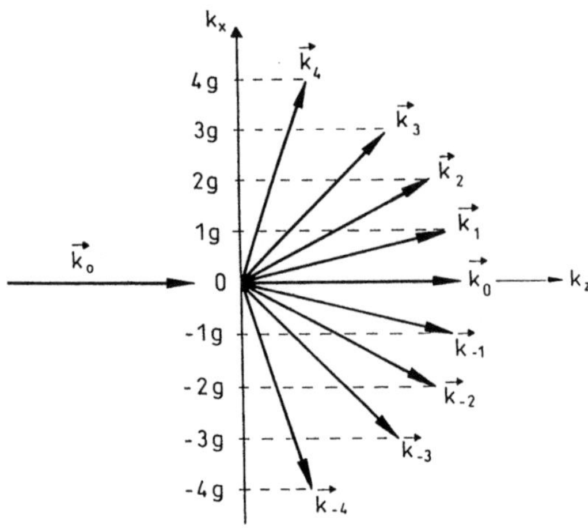

Abb. 2.21. Impulsaustausch einer ebenen Welle mit einem Gitter mit unendlich vielen Spalten („Gitterstrichen")

wobei im letzten Schritt die Beziehung $f(x)\delta(x-x_0) = f(x_0)\delta(x-x_0)$ analog zu (1.10) verwendet wurde. Wie bei Doppel– und Dreifachspalt moduliert der Formfaktor F den Strukturfaktor III_g des idealen Gitters. Im Gegensatz zu den bisher behandelten Objekten wird aber hier Licht nur in diskrete Richtungen $k_x = \pm mg$ gebeugt, oder anders ausgedrückt:

Ein räumlich periodisches Objekt hat ein diskretes Spektrum räumlicher Frequenzen, während ein unperiodisches Objekt ein kontinuierliches Frequenzspektrum besitzt.

Wir wollen diese wichtige Regel auch physikalisch interpretieren: Ein unendlich ausgedehntes Gitter erzeugt aus einer in z–Richtung mit der Wellenzahl $k_z = k_0$ einfallenden Welle eine endliche Zahl von ebenen Wellen (Beugungsordnungen) mit den k_x–Komponenten $k_x = \pm mg \leq k_0$ (s. Abb. 2.21). Die komplexen Amplituden dieser Wellen sind durch die Werte des Formfaktors an den Stellen $\pm mg$ gegeben.

Im Photonenbild heißt das, daß die mit dem z–Impuls $\hbar k_0$ einfallenden Photonen aus dem Gitter x–Impuls mit den diskreten Werten $\pm m\hbar g$ aufnehmen. Der Übergang von einem Gitter im Ortsraum zu dem zugehörigen reziproken Gitter entspricht einem Übergang in den Impulsraum. Die Energie der Photonen bleibt bei der Beugung konstant. Deshalb müssen die Photonen auch z–Impuls an das Gitter abgeben, so daß für jede Beugungsordnung $k_x^2 + k_z^2 = k_0^2$ gilt.

Die Beugungsordnungen werden durch die δ–Funktionen in (2.68b) beschrieben, die ihrerseits die Fouriertransformierten der harmonischen Funktion e^{imgx} in der Reihenentwicklung (2.67c) sind, d. h. jeder Beugungsordnung entspricht ein harmonisches Teilgitter des beugenden Objekts. Dieselbe Interpretation kann man auf unperiodische Objekte anwenden: Sie sind nur im

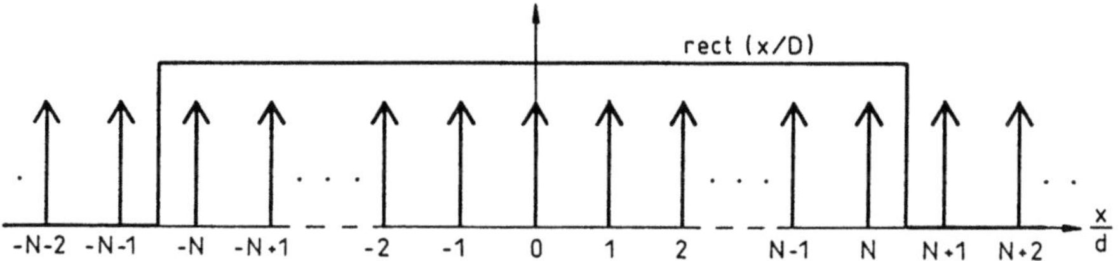

Abb. 2.22. Darstellung der Strukturfunktion eines Gitters mit endlich vielen Spalten als Produkt eines Dirac–Kamms und einer Rechteckfunktion $\mathrm{rect}(x/D)$ mit $D = (2N + 1)d$

Gegensatz zu den periodischen Objekten nicht aus einer abzählbaren Menge von Teilgittern, sondern aus einer kontinuierlichen aufgebaut; jedes überträgt auf die einfallende Welle den Impuls $\hbar k_x$ und erzeugt so eine in Richtung $\arcsin(k_x/k_0)$ gebeugte ebene Welle, deren Amplitude durch die Fouriertransformierte $T(k_x)$ gegeben ist.

Physikalisch realistisch ist natürlich nur ein Gitter mit endlicher Ausdehnung, dessen Strukturfaktor wir am Anfang dieses Abschnitts berechnet hatten (s. auch Abb. 2.20). Daß dieser Strukturfaktor ein kontinuierliches Spektrum räumlicher Frequenzen darstellt, hängt offenbar mit der endlichen Ausdehnung des Gitters zusammen, das deshalb keine periodische Funktion im mathematischen Sinne ist. Wir wollen jetzt von einem idealen, d. h. unendlich ausgedehnten Gitter zu einem endlicher Ausdehnung übergehen. Um die Strukturfunktion dieses Gitters zu erhalten, brauchen wir nur $s_\infty(x)$ mit einer Rechteckfunktion $\mathrm{rect}(x/D)$ mit $D = (2N + 1)d$ zu multiplizieren, die das Gitter außerhalb des Intervalls $[-(N + 1/2)d,\ (N + 1/2)d]$ abschneidet (Abb. 2.22).

Der Strukturfaktor ist dann

$$
\begin{aligned}
S_{N_0}(k_x) &= \frac{1}{2\pi} S_\infty(k_x) \star \mathrm{RECT}(k_x) \quad \text{mit } N_0 = 2N + 1 \\[2mm]
&= \frac{g}{2\pi} \sum_{m=-\infty}^{\infty} \delta(k_x - mg) \star (2N + 1)d\, \mathrm{sinc}\left([N + 1/2]dk_x\right) \\[2mm]
&= N_0 \cdot \sum_{-\infty}^{\infty} \mathrm{sinc}\left([N + 1/2]d[k_x - mg]\right) \quad .
\end{aligned}
\tag{2.69}
$$

Im Gegensatz zu (2.65b) läßt sich (2.69) physikalisch anschaulich interpretieren: Jedes Hauptmaximum mit seiner Umgebung ist das Spaltbeugungsbild der Begrenzung des Gitters. Daß (2.65b) und (2.69) dieselbe Funktion darstellen, kann man mit dem Shannonschen Abtasttheorem zeigen (s. (6.37) bis (6.42)).

Amplituden–Cosinusgitter. Wir haben oben gesehen, daß die Beugungsordnungen von den harmonischen Teilgittern des Objekts herrühren.

Ein besonders einfaches Beugungsbild wird deshalb ein Objekt haben, das nur aus einem einzigen harmonischen Teilgitter besteht. Zunächst wollen wir ein Amplitudengitter mit der Gitterkonstante $d = 2\pi/g$ betrachten, dessen Transmission cosinusförmig variiert:

$$t_A(x) = (1 - a) + a\cos gx \quad , \qquad 0 < a \le \frac{1}{2} \, , \quad g = \frac{2\pi}{d} \quad . \qquad (2.70\text{a})$$

Die Fouriertransformierte von t_A zeigt, daß neben der nullten nur die $\pm$ 1.Ordnungen im Beugungsbild vorhanden sind:

$$T_A(k_x) = 2\pi(1 - a)\delta(k_x) + \pi a\left[\delta(k_x + g) + \delta(k_x - g)\right] \quad . \qquad (2.70\text{b})$$

Das Auftreten der nullten Ordnung bedeutet, daß (2.70a) kein „reines" Cosinusgitter ist, sondern zusätzlich zu dem cos–Term noch die Konstante $1 - a$ enthält. Um sie zu null zu machen, müßten wir $a = 1$ wählen. Das Gitter müßte dann in jeder zweiten Halbwelle, wo der Cosinus negativ wird, die Phase des Lichts um π verzögern. Die Herstellung eines solchen Gitters ist zwar prinzipiell möglich, aber praktisch außerordentlich schwierig.

Cosinusgitter sind für die Holographie sehr wichtig, weil das holographische Bild stets die erste Beugungsordnung einer Überlagerung spezieller Cosinusgitter ist (s. Abschn. 6.3). Man interessiert sich deshalb dafür, welcher Teil des gesamten auf das Gitter fallenden Lichtstroms in die erste Beugungsordnung geht und definiert dementsprechend einen Beugungswirkungsgrad η:

$$\eta = \frac{\text{Energiestrom in die erste Beugungsordnung}}{\text{auffallender Energiestrom}} \quad . \qquad (2.71)$$

Der Energiestrom in die erste Beugungsordnung ist gemäß (2.70b) proportional zu $\pi^2 a^2$. Den auffallenden Energiestrom erhält man, wenn man $a = 0$ in (2.70b) einsetzt und quadriert, weil dann die Transmissionsfunktion (2.70a) überall gleich eins ist. Damit wird der Beugungswirkungsgrad des Amplituden–Cosinusgitters

$$\eta(a) = \frac{a^2}{4} \quad . \qquad (2.72)$$

Seinen maximalen Wert hat η für den größten möglichen Wert von a : $\eta(0,5) = 1/16 = 6,25\%$.

Phasen–Cosinusgitter. Die Transmissionsfunktion eines Gitters, das einer einfallenden ebenen Welle eine mit dem Ort harmonisch veränderliche Phase aufprägt, lautet

$$t_{\text{Ph}}(x) = \mathrm{e}^{\mathrm{i}\phi\cos gx} \quad , \qquad \phi \text{ reell}, \ g = \frac{2\pi}{d} \quad . \qquad (2.73)$$

Um die Fouriertransformation von t_{Ph} leicht ausführen zu können, entwickelt man t_{Ph} zunächst in eine Fourierreihe der Gestalt (2.67a), deren Koeffizienten man analog zu (2.67b) berechnet:

$$c_m \;=\; \frac{g}{2\pi} \int\limits_{-d/2}^{d/2} t_{\mathrm{Ph}}(x)\mathrm{e}^{-\mathrm{i}mgx}\mathrm{d}x \;=\; \frac{g}{2\pi} \int\limits_{0}^{d} \mathrm{e}^{\mathrm{i}\phi\cos gx}\mathrm{e}^{-\mathrm{i}mgx}\mathrm{d}x$$

$$=\; \frac{1}{2\pi} \int\limits_{0}^{2\pi} \mathrm{e}^{\mathrm{i}\phi\cos\alpha}\mathrm{e}^{-\mathrm{i}m\alpha}\mathrm{d}\alpha \;=\; \mathrm{i}^{-m}\mathrm{J}_{-m}(\phi) \;=\; \mathrm{i}^{m}\mathrm{J}_{m}(\phi) \quad . \tag{2.74}$$

Im vorletzten Schritt wurde die Integraldarstellung (2.60) der Besselfunktionen benutzt und im letzten Schritt die für ganzzahlige m gültige Beziehung $\mathrm{J}_{-m}(\phi) = (-1)^{m}\mathrm{J}_{m}(\phi)$. Damit wird die Transmissionsfunktion des Phasen–Cosinusgitters eine Überlagerung harmonischer Funktionen, nämlich

$$t_{\mathrm{Ph}}(x) = \sum_{m=-\infty}^{\infty} \mathrm{i}^{m}\mathrm{J}_{m}(\phi)\mathrm{e}^{\mathrm{i}mgx} \quad , \tag{2.75a}$$

deren Fouriertransformierte man sofort hinschreiben kann:

$$T_{\mathrm{Ph}}(k_x) = 2\pi \sum_{m=-\infty}^{\infty} \mathrm{i}^{m}\mathrm{J}_{m}(\phi)\delta(k_x - mg) \quad . \tag{2.75b}$$

Gleichung (2.75b) zeigt einen entscheidenen Unterschied zum Amplitudengitter: Hier treten beliebig hohe Beugungsordnungen auf! Nur für $\phi \ll 1$ sind alle Beugungsordnungen oberhalb der ersten vernachläßigbar klein (das sieht man sofort aus der Taylor–Entwicklung von (2.73)). Außerdem sind die Beugungsordnungen nicht phasengleich, sondern haben wegen des Faktors i^{m} eine von Ordnung zu Ordnung um $\pi/2$ wachsende Phasenverschiebung.

Eine einfache experimentelle Realisierung eines Phasen–Cosinusgitters ist eine Ultraschallwelle, die man mit Hilfe eines Schwingquarzes in einer mit einer durchsichtigen Flüssigkeit gefüllten Küvette anregt. Die durch die Schallwelle erzeugte harmonische Dichtemodulation hat eine entsprechende Modulation der Brechzahl und damit der Phase einer senkrecht zu der Schallwelle laufenden ebenen Lichtwelle zur Folge. Daß dieses Phasengitter sich mit der Schallgeschwindigkeit bewegt, hat – wie wir in Abschn. 2.6 gesehen haben – bis auf einen Phasenfaktor keinen Einfluß auf das Beugungsbild.

Der durch (2.71) definierte Beugungswirkungsgrad hat, wie man aus (2.75b) unmittelbar abliest, für ein Phasen–Cosinusgitter folgende Form:

$$\eta(\phi) = \frac{\mathrm{J}_1^2(\phi)}{\mathrm{J}_0^2(\phi) + 2\sum_{m=1}^{\infty}\mathrm{J}_m^2(\phi)} \quad . \tag{2.76}$$

Die Summe im Nenner von (2.76) muß den Wert 1 haben, weil das Phasengitter kein Licht absorbiert (mit Hilfe der Parsevalschen Gleichung (A.55) könnte man diese Summe auch explizit ausrechnen). Es ist also $\eta(\phi) = \mathrm{J}_1^2(\phi)$. Aus Tabellen für die Besselfunktionen liest man dann ab, daß der maximale Beugungswirkungsgrad $\eta \approx 0,3386$ für $\phi \approx 1,840$ erreicht wird; er ist mehr als fünfmal so groß wie der eines Amplituden–Cosinusgitters!

Kreuzgitter. Zweidimensionale Gitter nennt man auch Kreuzgitter. Ein solches Gitter kann z. B. aus einem „regelmäßigen" Muster von Löchern in einem sonst undurchlässigen Schirm bestehen. Abb. 2.23a zeigt ein Beispiel.

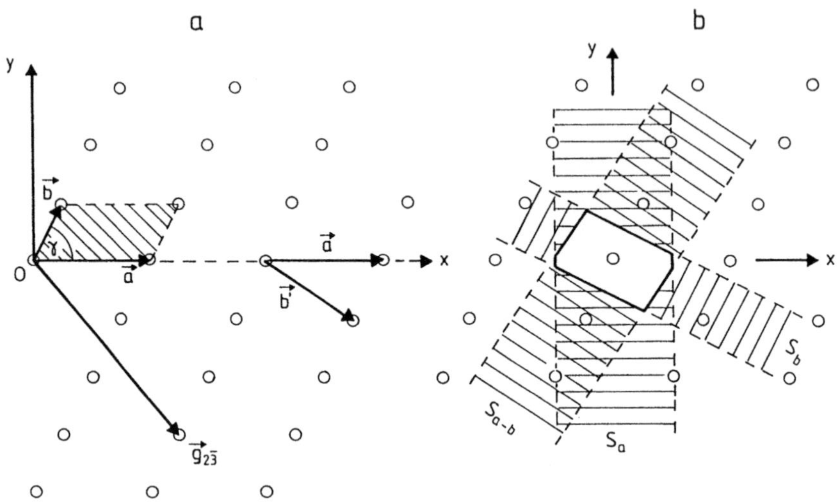

Abb. 2.23. Kreuzgitter mit **(a)** Elementarzelle und **(b)** Wigner–Seitz–Zelle

Die „Regelmäßigkeit" dieses Lochmusters besteht darin, daß man es durch fortgesetztes Verschieben der schraffiert eingezeichneten *Elementarzelle* um die *Basisvektoren a* und *b* erzeugen kann. Diese Eigenschaft bezeichnet man als Translationssymmetrie. Die Wahl der Basis ist weitgehend willkürlich; die Vektoren *a* und *b'* in Abb. 2.23a kann man ebensogut als Basis benutzen. Aus Gründen der Zweckmäßigkeit wird man allerdings möglichst kurze Basisvektoren wählen. Nachdem man eine geeignete Basis definiert hat, kann man die Lage jedes beliebigen Lochs des Kreuzgitters in Bezug auf den Ursprung O wegen der Translationssymmetrie durch die Angabe zweier ganzer Zahlen h und k beschreiben:

$$\boldsymbol{g}_{hk} = h\boldsymbol{a} + k\boldsymbol{b} \qquad h, k \in \mathbb{Z} \quad . \tag{2.77}$$

In der Kristallographie und der Festkörperphysik heißen die durch (2.77) definierten Vektoren $\boldsymbol{g}_{hk}$ *Gittervektoren*; sie erzeugen das unendlich ausgedehnte Kreuzgitter. In diesen beiden Disziplinen wird u.a. untersucht, welche Typen von Gittern in der Ebene möglich sind und welche Symmetrien sie besitzen.

In der Festkörperphysik wird neben der kristallographischen Elementarzelle noch eine andere Elementarzelle benutzt, nämlich die *Wigner–Seitz–Zelle* (Eugen Paul Wigner, geb. 1902; Frederick Seitz, geb. 1911). Sie wird folgendermaßen konstruiert: Man errichtet auf den Verbindungsstrecken des

Gitterpunktes $\mathcal{O}$ zu seinen nächsten Nachbarn (in dem Beispiel von Abb. 2.23a durch die Vektoren $\boldsymbol{b}$ und $-\boldsymbol{b}$ gegeben) die Mittelsenkrechten und erhält auf diese Weise einen Streifen S_b im Gitter (Abb. 2.23b). In derselben Weise konstruiert man die Streifen S_a für die bei $\boldsymbol{a}$ und $-\boldsymbol{a}$ liegenden übernächsten Nachbarn von $\mathcal{O}$, S_{a-b} für die drittnächsten Nachbarn usw. Die Wigner–Seitz–Zelle ist der Durchschnitt aller dieser Streifen, also das in Abb. 2.23b stark umrandete Gebiet (in diesem Beispiel reichen die ersten drei Streifen für die Konstruktion der Wigner–Seitz–Zelle aus). Die Wigner–Seitz–Zellen aller Gitterpunkte überdecken die Ebene ebenso lückenlos und ohne Überlappung wie die kristallographischen Elementarzellen. Sie haben deshalb auch den gleichen Flächeninhalt wie diese. Der Vorteil der Wigner–Seitz–Zelle liegt darin, daß der Gitterpunkt in der „Mitte" der Zelle sitzt. Wenn z. B. eine monoatomare Adsorptionsschicht auf einer Kristalloberfläche ein zweidimensionales Gitter bildet, kann man die Ψ–Funktion der Elektronen im Zentrum der Wigner–Seitz–Zelle in erster Näherung durch die Ψ–Funktion des freien Atoms ersetzen. Nur in der Nähe des Randes der Zelle muß man sie so modifizieren, daß ein stetig differenzierbarer Übergang zur nächsten Zelle gewährleistet ist.

Wie im eindimensionalen Fall beschreibt man die Struktur eines Kreuzgitters zweckmäßigerweise durch eine ihr entsprechende Anordnung von δ–Funktionen:

$$s_\infty(\boldsymbol{r}) = \sum_{h=-\infty}^{\infty} \sum_{k=-\infty}^{\infty} \delta\left(\boldsymbol{r} - \boldsymbol{g}_{hk}\right) \quad . \tag{2.78a}$$

Legt man ein kartesisches Koordinatensystem mit der x–Achse in Richtung von $\boldsymbol{a}$ in das in Abb. 2.23a gezeigte Gitter, so lautet (2.78a) in diesen Koordinaten folgendermaßen:

$$s_\infty(x,y) = \sum_{h=-\infty}^{\infty} \sum_{k=-\infty}^{\infty} \delta(x - ha - y\cot\gamma)\delta(y - kb\sin\gamma) \quad . \tag{2.78b}$$

Dabei sind a und b die Längen der Basisvektoren, d. h. die Gitterkonstanten; der Summand $y \cdot \cot\gamma$ im Argument der ersten δ–Funktion sorgt dafür, daß mit wachsendem y die zur x–Achse parallelen Punktreihen immer weiter nach rechts geschoben werden.

Analog zum eindimensionalen Fall wird man versuchen, $s_\infty(x,y)$ zunächst in eine Fourierreihe zu entwickeln und dann die Fouriertransformation durchzuführen. Dafür ist es zweckmäßig, die y–Abhängigkeit der ersten δ–Funktion in (2.78b) mit Hilfe der Transformation

$$\begin{aligned} x' &= x - \cot\gamma \cdot y \\ y' &= y \end{aligned} \tag{2.79}$$

zu beseitigen:

$$s_\infty(x',y') = \sum_{h=-\infty}^{\infty} \sum_{k=-\infty}^{\infty} \delta(x' - ha)\delta(y' - kb\sin\gamma)$$

$$= \sum_{h=-\infty}^{\infty} \delta(x' - ha) \sum_{k=-\infty}^{\infty} \delta(y' - kb\sin\gamma) \quad . \qquad (2.78c)$$

Die zweite Zeile von (2.78c) zeigt, daß man auf diese Weise die Strukturfunktion $s_\infty(x',y')$ als Produkt von zwei eindimensionalen Dirac–Kämmen darstellen kann. Setzt man deren Fourierreihen (2.67c) in (2.78c) ein, so erhält man

$$s_\infty(x',y') = \frac{1}{ab \cdot \sin\gamma} \sum_{h=-\infty}^{\infty} \sum_{k=-\infty}^{\infty} \exp\left(ih\frac{2\pi}{a}x' + ik\frac{2\pi}{b\sin\gamma}y' \right) \qquad (2.80a)$$

und nach der Rücktransformation mit (2.79) auf das ursprüngliche Koordinatensystem

$$s_\infty(x,y) = \frac{1}{A_0} \sum_{h,k=-\infty}^{\infty} \exp\left(ih\frac{2\pi}{a}x + i\left[k\frac{2\pi}{b\sin\gamma} - h\frac{2\pi}{a}\cot\gamma \right] y \right) \quad ,$$

$$(2.80b)$$

wobei A_0 der Flächeninhalt der Elementarzelle ist.

In dieser Form läßt sich $s_\infty(x,y)$ leicht Fourier–transformieren, d. h. man multipliziert (2.80b) mit $\exp(-i[k_x x + k_y y])$ und integriert über x und y. Nach Vertauschen von Integration und Summation kann man das Doppelintegral als Produkt zweier Integrale schreiben, die nur über x bzw. y zu erstrecken sind. Diese beiden Integrale stellen die Fouriertransformierten der beiden Exponentialfunktionen in (2.80b) dar, ergeben also δ–Funktionen mit den Variablen k_x und k_y. Die Fouriertransformierte von (2.80b) hat somit die Gestalt

$$S_\infty(k_x,k_y) = \frac{(2\pi)^2}{A_0} \sum_{h,k=-\infty}^{\infty} \delta\left(k_x - h\frac{2\pi}{a} \right) \delta\left(k_y - k\frac{2\pi}{b\sin\gamma} + h\frac{2\pi}{a}\cot\gamma \right)$$

$$(2.81a)$$

und stellt ein Gitter von δ–Funktionen in der $k_x k_y$–Ebene dar. Es heißt das zu dem Kreuzgitter (2.78a) *reziproke Gitter*. Die δ–Funktionen sitzen an den Stellen $k_x = h\,2\pi/a$ und $k_y = k\,2\pi/b\sin\gamma - h\,2\pi\cot\gamma/a$. Einige dieser Punkte sind in Abb. 2.24a eingezeichnet.

Den Strukturfaktor (2.81a) kann man einfacher und übersichtlicher schreiben, wenn man wie beim ursprünglichen Gitter die Gitterpunkte mit Hilfe von Basisvektoren durch Gittervektoren darstellt. Gleichung (2.81a) und Abb. 2.24a zeigen, daß man dafür die Basisvektoren

$$A = \begin{pmatrix} \frac{2\pi}{a} \\ -\frac{2\pi}{a}\cot\gamma \end{pmatrix} \quad \text{und} \quad B = \begin{pmatrix} 0 \\ \frac{2\pi}{b\sin\gamma} \end{pmatrix} \qquad (2.82)$$

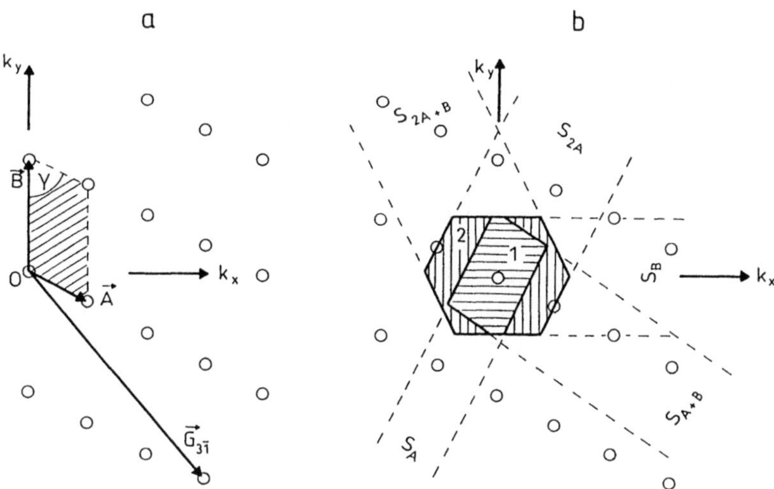

Abb. 2.24a,b. Das zu dem in Abb. 2.23 dargestellten Kreuzgitter gehörige reziproke Gitter. **(a)** Elementarzelle mit Basisvektoren, **(b)** Brillouin–Zonen

verwenden muß. Man rechnet leicht nach, daß $\boldsymbol{A}$ und $\boldsymbol{B}$ senkrecht auf $\boldsymbol{b}$ bzw. $\boldsymbol{a}$ stehen:

$$\boldsymbol{A} \cdot \boldsymbol{b} = \boldsymbol{B} \cdot \boldsymbol{a} = 0 \tag{2.83a}$$

und daß die Längen dieser Vektoren im folgenden Sinne „reziprok" zueinander sind:

$$\boldsymbol{A} \cdot \boldsymbol{a} = \boldsymbol{B} \cdot \boldsymbol{b} = 2\pi \quad . \tag{2.83b}$$

Ein beliebiger Vektor des reziproken Gitters hat die gleiche Form, nämlich

$$\boldsymbol{G}_{hk} = h\boldsymbol{A} + k\boldsymbol{B} \qquad h, k \in \mathbb{Z} \quad , \tag{2.84}$$

wie der durch Gleichung (2.77) definierte Gittervektor $\boldsymbol{g}_{hk}$. Mit Hilfe von (2.84) kann man die Fouriertransformierte (2.81a) in der Form

$$S_\infty(\boldsymbol{k}) = \frac{(2\pi)^2}{A_0} \sum_{h,k=-\infty}^{\infty} \delta(\boldsymbol{k} - \boldsymbol{G}_{hk}) \tag{2.81b}$$

schreiben, wobei A_0 der Flächeninhalt der Elementarzelle von $s_\infty(\boldsymbol{r})$ ist.

Als Elementarzelle verwendet man beim reziproken Gitter fast nie die kristallographische, sondern die Wigner–Seitz–Zelle, die in diesem Fall erste **Brillouin–Zone** (Léon Brillouin, 1889–1969) genannt wird. In Abb. 2.24b ist die erste Brioullin–Zone waagrecht schraffiert eingezeichnet. Wenn man die oben angegebene Konstruktion sinngemäß fortsetzt, erhält man höhere Brillouin–Zonen; die zweite ist in Abb. 2.24b senkrecht schraffiert eingezeichnet. Brillouin–Zonen sind ein wichtiges Hilfsmittel bei der Beschreibung der

Ausbreitung von elektromagnetischen und akustischen Wellen, aber auch von Elektronen in kristallinen Festkörpern.

In der Optik ist das reziproke Gitter als ganzes wichtig, denn es ist ja das Fraunhofersche Beugungsbild des zugrunde liegenden Kreuzgitters. Mit der in Abb. 2.8 skizzierten experimentellen Anordnung erhält man in der hinteren Brennebene des Objektivs genau dann einen hellen Punkt, wenn, wie man (2.81b) entnimmt, der Vektor $\boldsymbol{k} = (k_x, k_y)$ gerade gleich einem Vektor $\boldsymbol{G}_{hk}$ des reziproken Gitters ist. Das in z-Richtung einfallende Licht erhält also wie im eindimensionalen Fall (s. Abb. 2.21) den Impuls $\hbar\boldsymbol{G}_{hk}$ von dem Gitter und gibt z-Impuls an das Gitter ab, um der Bedingung $k_z^2 + \boldsymbol{G}_{hk}^2 = k_0^2$ zu genügen. Die Wellenzahlvektoren $\boldsymbol{k}_{hk} = (k_{hk,x}, k_{hk,y}, k_{hk,z})$ des gebeugten Lichts müssen also die beiden Gleichungen

$$\begin{pmatrix} k_{hk,x} \\ k_{hk,y} \end{pmatrix} = \boldsymbol{G}_{hk} \quad \text{und} \quad |\boldsymbol{k}_{hk}| = k_0 \tag{2.85}$$

erfüllen, d. h. die Endpunkte der Vektoren $\boldsymbol{k}_{hk}$ liegen auf einer Kugel (vgl. Abb. 2.21).

Wenn man die erste der beiden Gleichungen (2.85) mit den Gittervektoren $\boldsymbol{a}$ bzw. $\boldsymbol{b}$ skalar multipliziert, erhält man

$$\begin{aligned} \boldsymbol{k}_{hk} \cdot \boldsymbol{a} &= \boldsymbol{G}_{hk} \cdot \boldsymbol{a} = (h\boldsymbol{A} + k\boldsymbol{B}) \cdot \boldsymbol{a} = h\boldsymbol{A} \cdot \boldsymbol{a} = 2\pi h \\ \boldsymbol{k}_{hk} \cdot \boldsymbol{b} &= \boldsymbol{G}_{hk} \cdot \boldsymbol{b} = (h\boldsymbol{A} + k\boldsymbol{B}) \cdot \boldsymbol{b} = k\boldsymbol{A} \cdot \boldsymbol{b} = 2\pi k \quad . \end{aligned}$$

Dabei wurden die Beziehungen (2.83) und (2.84) und die Tatsache verwendet, daß $\boldsymbol{a}$ und $\boldsymbol{b}$ keine z-Komponente haben. Für jedes Wertepaar (hk) gelten also die beiden Gleichungen

$$\begin{aligned} \boldsymbol{k}_{hk} \cdot \boldsymbol{a} &= 2\pi h \quad \text{und} \\ \boldsymbol{k}_{hk} \cdot \boldsymbol{b} &= 2\pi k \quad , \end{aligned} \tag{2.86}$$

mit denen man das Beugungsbild berechnen kann, ohne daß man das reziproke Gitter kennen muß. Sie heißen **von–Laue–Gleichungen** (Max Felix Theodor von Laue, 1879–1960), weil sie v. Laue 1912 zur Deutung der ersten Röntgenbeugungsaufnahmen hergeleitet hat (natürlich für ein dreidimensionales Gitter).

Die Transmissionsfunktion eines Kreuzgitters, dessen Öffnungen an den Gitterpunkten größer sind als die Wellenlänge des für die Beugung verwendeten Lichts, stellt man wie im eindimensionalen Fall zweckmäßigerweise als Faltungsprodukt der Transmissionsfunktion der einzelnen Öffnung mit der Strukturfunktion $s_\infty(\boldsymbol{r})$ des Gitters dar. Man erhält dann wie beim eindimensionalen Gitter das Beugungsbild als Produkt von Form– und Strukturfaktor.

Raumgitter. Wir wollen noch kurz auf die Frage eingehen, wie das Fraunhofersche Beugungsbild eines dreidimensionalen Raumgitters aussieht. Ein solches Gitter kann man völlig analog zum Kreuzgitter durch eine entsprechende Anordnung von δ-Funktionen im Raum mit Hilfe der Basisvektoren $\boldsymbol{a}_1, \boldsymbol{a}_2, \boldsymbol{a}_3$ der Elementarzelle beschreiben. Ebenso wie im zweidimensionalen

Fall kann man ein dazu reziprokes Gitter mit den Basisvektoren $\boldsymbol{A}_1, \boldsymbol{A}_2, \boldsymbol{A}_3$ mit Hilfe der zu (2.83) analogen Bedingungen

$$\boldsymbol{A}_i \cdot \boldsymbol{A}_k = 2\pi\delta_{ik} \qquad i, k = 1, 2, 3 \tag{2.87}$$

konstruieren.

Ein Raumgitter hat nicht nur in der x– und der y–Richtung eine periodische Struktur, sondern auch in z–Richtung. Es kann also nur die Impulse $\hbar\boldsymbol{G}_{hkl} = \hbar(h\boldsymbol{A}_1 + k\boldsymbol{A}_2 + l\boldsymbol{A}_3)$ an die Lichtwelle abgeben. Anstelle von (2.85) treten deshalb die Geichungen

$$\boldsymbol{k}_{hkl} = \boldsymbol{k}_0 + \boldsymbol{G}_{hkl} \quad \text{und} \quad |\boldsymbol{k}_{hkl}| = k_0 \quad . \tag{2.88}$$

Durch skalare Multiplikation von $\boldsymbol{G}_{hkl}$ mit den Basisvektoren $\boldsymbol{a}_i$ erhält man wie beim Kreuzgitter die **von–Laue–Gleichungen** des Raumgitters:

$$\begin{aligned}
(\boldsymbol{k}_{hkl} - \boldsymbol{k}_0)\,\boldsymbol{a}_1 &= 2\pi h \\
(\boldsymbol{k}_{hkl} - \boldsymbol{k}_0)\,\boldsymbol{a}_2 &= 2\pi k \\
(\boldsymbol{k}_{hkl} - \boldsymbol{k}_0)\,\boldsymbol{a}_3 &= 2\pi l \quad .
\end{aligned} \tag{2.89}$$

Das sind für jedes Wertetripel h, k, l drei Gleichungen für die drei Komponenten von $\boldsymbol{k}_{hkl}$. Dazu kommt noch die zweite der Gleichungen (2.88), d. h. die Endpunkte der Beugungsvektoren $\boldsymbol{k}_{hkl}$ müssen wie beim Kreuzgitter auf einer Kugel liegen, die in der Kristallographie Ewald–Kugel genannt wird (Peter Paul Ewald, 1888–1985). Das hat eine wichtige Konsequenz: Für einen scharfen Wert von $\boldsymbol{k}_0$ werden diese vier Gleichungen im allgemeinen keine Lösung haben. Um ein Beugungsbild zu erhalten, muß man experimentell einen zusätzlichen Freiheitsgrad zur Verfügung stellen. Ein Beispiel dafür ist das von–Laue–Verfahren zur Strukturbestimmung von Kristallen. Man verwendet das „weiße" Röntgenlicht des Bremsspektrums, d. h. $\boldsymbol{k}_0$ hat zwar eine scharfe Richtung, aber eine breite Verteilung von $|\boldsymbol{k}_0|$: Der Röntgenstrahl enthält viele verschiedene Wellenlängen. Der Kristall „findet" dann für jedes Wertetripel (hkl) ein passendes $\boldsymbol{k}_0$, um die von–Laue–Gleichungen (2.89) zu erfüllen. Für die Kristallstrukturanalyse wichtiger sind heute Verfahren, die mit scharfem $|\boldsymbol{k}_0|$ arbeiten, aber die Richtung von $\boldsymbol{k}_0$ gegenüber den Basisvektoren $\boldsymbol{a}_i$ variieren. Wegen näherer Einzelheiten verweisen wir auf Lehrbücher der Kristallographie.

In der Optik spielen Raumgitter nur in der **Holographie** eine Rolle. Neben flächenhaften, sogen. dünnen Ampltuden– oder Phasenhologrammen kann man durch Verwendung von photographischen Emulsionen, deren Dicke groß gegen die Wellenlänge des bei der Aufnahme verwendeten Lichts ist, auch Hologramme mit einer räumlichen Struktur erzeugen. Solche Hologramme heißen „dicke" Hologramme oder Weißlichthologramme. Die letzte Bezeichnung rührt daher, daß man in diesem Fall zur Rekonstruktion des holographischen Bildes keinen Laser benötigt, sondern eine normale Glühlampe benutzen kann, die „weißes" Licht emittiert. Wie beim von–Laue–Verfahren „sucht" sich das Hologramm die zu seiner räumlichen Struktur passende Wellenlänge aus und rekonstruiert damit das Bild des Gegenstands.

2.8 Übungsaufgaben

2.1. Gegeben sei ein Doppelspalt mit der Spaltweite s und dem Spaltabstand d, wobei $s < d$.
a) Berechnen Sie das Beugungsbild dieses Doppelspalts.
b) Wie wirkt sich eine Phasenverzögerung des Lichts in einem der beiden Spalte auf das Beugungsbild aus?
c) Zeigen Sie, daß im Limes $s \to d$ die im Fall a) berechnete Funktion gegen eine sinc–Funktion konvergiert, die das Beugungsbild eines Einzelspalts mit der Weite $2d$ beschreibt.

2.2. Einer der Spalte eines Dreifachspalts wird mit einer durchsichtigen Schicht bedampft, die die Phase des Lichts um φ verschiebt, und zwar
a) der mittlere Spalt und
b) einer der beiden äußeren Spalte.
Die Spaltweite sei klein gegen den Spaltabstand, so daß der Formfaktor weggelassen werden kann.
Schreiben Sie die Transmissionsfunktionen für die Fälle a) und b) auf und berechnen Sie daraus die Beugungsbilder. Skizzieren Sie den Verlauf von Amplitude und Intensität für folgende spezielle Werte von φ:
c) $\varphi = \pi/2$ und $\varphi = \pi$ im Fall a) und
d) $\varphi = \pi$ im Fall b).
Versuchen Sie, die Ergebnisse von c) und d) so weit wie möglich anschaulich zu verstehen.

2.3. Die Transmissionsfunktion eines Amplitudengitters, dessen Spaltbreite s sehr klein gegen seine Gitterkonstante d ist, kann man mit Hilfe des Dirac–Kamms darstellen: $t(x) = s\,\mathrm{III}_d(x)$. Einen anderen Grenzfall stellt ein Gitter dar, dessen Spaltöffnungen fast so breit sind wie seine Gitterkonstante, d. h. die Breite $d - s$ der undurchlässigen Bereiche ist sehr klein gegen die Gitterkonstante d.
a) Zeigen Sie, daß die Fraunhoferschen Beugungsbilder dieser beiden Gitter bis auf die nullte Ordnung und die Phase der höheren Ordnungen identisch sind.
b) Zeigen Sie, daß alle zueinander komplementären Beugungsobjekte, d. h. solche, die sich wie ein photographisches Negativ zu seinem Positiv verhalten, im Sinne von a) gleiche Beugungsbilder haben. (In der Fresnelbeugung wird diese Erscheinung als Babinetsches Theorem bezeichnet.)

2.4. Bei Gittern, deren Spalte eine rechteckige Transmissionsfunktion haben, ist die Intensität des in die zweite und jede höhere Ordnung gebeugten Lichts stets kleiner als die der ersten Ordnung; nur in den in der Aufgabe 2.3 behandelten Grenzfällen wird in alle Ordnungen gleich viel Licht gebeugt. Es sei ein Phasengitter mit der Gitterkonstante d gegeben und mit der Formfunktion $f(x) = \mathrm{rect}(x/d)\exp(ihx)$ für die Gitteröffnungen; $f(x)$ kann man sich z. B. durch ein Prisma realisiert denken.

Berechnen Sie das Fraunhofersche Beugungsbild dieses Gitters. Welchen Wert muß der Parameter h haben, damit bei monochromatischer Beleuchtung der gesamte Energiestrom in die m–te Ordnung fließt?

2.5. Es ist sehr schwierig, das in Aufgabe 2.4 vorgeschlagene Gitter herzustellen. Möglichst viel Licht in eine vorgegebene Richtung zu beugen, kann man auch mit folgendem Gitter erreichen: Die Spalte haben eine rechteckige Transmissionsfunktion, schieben aber zusätzlich von Spalt zu Spalt die Phase des Lichts um φ, so daß das Licht im N–ten Spalt eine Phasenverschiebung $N\varphi$ erfährt (Michelsons Stufengitter).
Stellen Sie die Transmissionsfunktion dieses Gitters auf und berechnen Sie sein Fraunhofersches Beugungsbild. Aus dem Ergebnis kann man ablesen, daß eine Phasenverschiebung $\varphi = 2\pi m$ notwendig ist, um die m–te Beugungsordnung zur intensivsten zu machen.
Anmerkung: Hergestellt wird ein solches Gitter am einfachsten als Reflexionsgitter, dessen „Spalte" aus Spiegeln bestehen, die gegen die Gitternormale um den Winkel β („Blaze–Winkel") geneigt sind (Echelette–Gitter).

2.6. Ein Gitter wird mit einer unter dem Winkel α zur Gitternormalen einfallenden ebenen und monochromatischen Welle beleuchtet. Die Gitterkonstante $d = 2\pi/g$ sei sehr viel größer als die Wellenlänge λ_0 des verwendeten Lichts, so daß $\lambda_0 \ll d\cos\alpha$ gilt.
Zeigen Sie, daß für den Beugungswinkel ϑ zwischen der nullten und der ersten Ordnung die Gleichung $\sin\vartheta \approx \vartheta \approx g/(k_0\cos\alpha) = \lambda_0/(d\cos\alpha)$ gilt, d. h. die gleiche Beziehung wie für $\alpha = 0$, nur mit der effektiven Gitterkonstante $d' = d\cos\alpha$.
Anmerkung: Diese „Verkleinerung" der Gitterkonstanten von d auf d' haben A.H. Compton und R.L. Doan 1925 benutzt, um die Wellenlänge von Röntgenstrahlung absolut, d. h. nicht als Vielfaches der Gitterkonstanten von Kristallen zu messen. Das Gitter wurde als Reflexionsgitter verwendet, um die Totalreflexion der Röntgenstrahlung bei streifendem Einfall ausnutzen zu können. Zahlenbeispiel: $\alpha = 89°, d = 2\mu\mathrm{m}, \lambda_0 = 1\mathrm{nm}$.

2.7. Die Fouriertransformation führt einen Dirac–Kamm, dessen δ–Funktionen an den Stellen $x = md$ sitzen, in sich über. Berechnen Sie die Fouriertransformierte eines Dirac–Kamms, dessen δ–Funktionen sich an den Stellen $x = (m + 1/2)d$ befinden.

2.8. Ein Schirm hat vier kreisförmige Löcher mit dem Radius r_0, die auf den Ecken eines Quadrats mit der Seitenlänge $2a$ liegen; es gilt $r_0 < a/3$.
a) Berechnen Sie das Beugungsbild dieses Schirms.
b) Im Zentrum des Quadrats wird ein 5. Loch mit dem gleichen Radius r_0 gebohrt. Wie ändert sich das Beugungsbild?
c) Wie verändert sich das in Teil b) berechnete Beugungsbild, wenn man die Amplitude des Lichts, das durch die Löcher an den Ecken des Quadrats geht, um den Faktor 4 schwächt?

d) Wie muß man das durch das Loch im Zentrum des Quadrats gehende Licht beeinflussen, damit das in Teil c) berechnete Beugungsbild seinen Kontrast umkehrt, d. h. Maxima und Minima ihre Rollen vertauschen?

2.9. Ein Schirm hat eine quadratische Öffnung mit der Kantenlänge $2a$, die man sich in 4 kleinere Quadrate mit der Kantenlänge a unterteilt denkt. In zwei diagonal gegenüberliegenden kleineren Quadraten wird die Phase des durchlaufenden Lichts verzögert, in den beiden anderen bleibt sie unbeeinflußt.
a) Die Phasenverzögerung habe den Wert π. Berechnen und skizzieren Sie das Beugungsbild.
b) Wenn die Phasenverzögerung den Wert $\pi/2$ hat, ist die Amplitude des Beugungsbilds komplex. Berechnen Sie deshalb die Intensität $T(\boldsymbol{k})T^*(\boldsymbol{k})$ und vergleichen Sie sie mit der in Teil a) berechneten.

2.10. Die Intensitätsverteilung in einem Beugungsbild wird durch folgende Funktion beschrieben: $[2\pi r_0^2 \mathrm{J}_1(r_0|\boldsymbol{k}|)/(r_0|\boldsymbol{k}|)]^2 \cos^2 dk_x$, wobei $r_0 < d$. Da die Intensitätsverteilung die Phase der Amplitude nicht enthält, kann man ohne weitere Informationen das beugende Objekt nicht berechnen. Es genügt unter Umständen aber schon eine pauschale Aussage über das Objekt, um dessen Gestalt eindeutig ermitteln zu können. Im vorliegenden Fall sei bekannt, daß es sich um ein in Bezug auf die $x-$ und die $y-$Achse spiegelsymmetrisches Amplitudenobjekt handelt. Berechnen Sie die Transmissionsfunktion des Objekts. *Anmerkung:* Analoge Schwierigkeiten treten bei der Strukturbestimmung von Kristallen mit Hilfe von Röntgenbeugung auf.

2.11. Ein Beugungsbild bestehe aus unendlich vielen, gleich hellen Airy–Scheibchen, die äquidistant auf einer Geraden angeordnet sind. Berechnen Sie das beugende Objekt unter der Annahme, daß die Amplitude des Beugungsbilds reell ist.

2.12. Gegeben sei das in der nebenstehenden Abb. skizzierte Objekt ($t = 0$ in der schraffierten und $t = 1$ in der nicht schraffierten Fläche).
a) Berechnen Sie die Amplitude des Beugungsbilds, die man als Differenz von sinc–Termen darstellen kann. Das Beugungsbild hat im allgemeinen eine sehr komplizierte Struktur.
b) Für den Spezialfall $b = a/2$ kann man das Beugungsbild als Produkt zweier einfacher Terme darstellen. Skizzieren Sie die Amplitudenverteilung und beachten Sie, daß sie auf der k_x- bzw. k_y-Achse von der eines Doppelspalts mit entsprechenden Abmessungen verschieden ist.

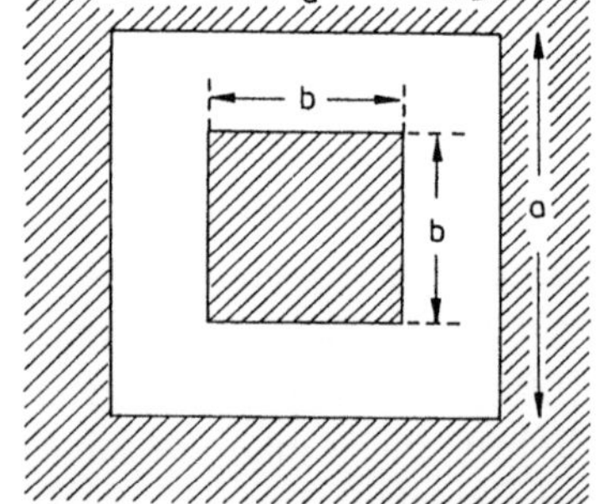

2.13. Berechnen Sie die Beugungsfigur einer ellipsenförmigen Öffnung in einem Schirm. *Hinweis:* Stellen Sie die Ellipse durch Streckung eines Kreises dar.

3. Partiell kohärentes Licht[1]

Bei der Diskussion der Fraunhoferbeugung in Kap. 2 hatten wir zur Beleuchtung des beugenden Objekts eine monochromatische ebene Welle verwendet. Eine solche Beleuchtung heißt ideal kohärent und wird experimentell am besten mit einem aufgeweiteten Laserstrahl (s. Abb. 2.8) realisiert. Im Gegensatz zu einem Radiosender, der so konstruiert ist, daß er im Prinzip eine streng monochromatische, d. h. eine unendlich lange harmonische Welle aussenden kann, emittieren Lichtquellen nur Wellenzüge endlicher Länge, d. h. sie haben stets eine endliche spektrale Breite, und selbst Laser, die dem Ideal einer streng monochromatischen Lichtquelle ziemlich nahe kommen können, weisen stets zufällige Phasenschwankungen auf.

Im ersten Abschnitt dieses Kapitels wird untersucht, wie sich die Verwendung einer Lichtquelle, die zwar punktförmig ist, aber Licht mit einem beliebigen Frequenzspektrum emittiert, auf das Fraunhofersche Beugungsbild auswirkt. Solches Licht ist zwar räumlich noch völlig kohärent, aber zeitlich – je nach der Breite seines Spektrums – mehr oder weniger inkohärent. Es heißt deshalb zeitlich teilweise oder partiell kohärent. Die Berechnung des Beugungsbilds eines so beleuchteten idealen Doppelspalts führt auf die Autokorrelationsfunktion der elektrischen Feldstärke. Das legt die Frage nach der physikalischen Relevanz von Korrelationen höherer Ordnung nahe; davon handelt der letzte Abschnitt dieses Kapitels. Im zweiten Abschnitt wird der Einfluß der räumlichen Ausdehnung einer quasimonochromatischen Lichtquelle, d. h. von räumlich nur teilkohärentem Licht auf das Beugungsbild untersucht und im dritten, wie sich die Kohärenz im Phasenraum darstellt.

3.1 Zeitlich partiell kohärentes Licht

Je schmaler das Spektrum einer Lichtquelle ist, desto länger ist die Dauer der von ihr emittierten Wellenzüge. Das Spektrum eines cosinusförmigen Wellenzugs endlicher Länge wurde bereits in Abschn. 1.3.2 berechnet (s. Abb. 1.12). Daraus entnimmt man die einfache, aber wichtige Beziehung, daß die Breite $\Delta\omega$ des Spektrums ein Maß für die Dauer T des Wellenzugs ist:

$$T \approx \frac{2\pi}{\Delta\omega} \,. \tag{3.1}$$

---

[1]Die Kenntnis dieses Kapitels ist für das Verständnis der folgenden nicht erforderlich.

Den Einfluß der Länge der Wellenzüge auf das Beugungsbild diskutiert man am zweckmäßigsten anhand von Zweistrahlinterferenzen, d. h. wir wählen als beugendes Objekt einen idealen Doppelspalt (s. Abschn. 2.7.4, Doppelspalt). Wenn man im Experiment die spektrale Breite der Lichtquelle vergrößert, sieht man, daß das Beugungsbild immer kontrastärmer wird, und zwar umso stärker je höher die Beugungsordnung ist. Im folgenden wird diese Erscheinung zunächst mit einem einfachen physikalischen Bild gedeutet und dann wird das Beugungsbild des Doppelspalts für eine Lichtquelle mit einem beliebigen Spektrum berechnet. Das führt zur Definition der *zeitlichen Kohärenzfunktion*, die dann für einige thermische Lichtquellen explizit angegeben wird. Nach der Berechnung des Fraunhoferschen Beugungsbilds eines beliebigen Objekts bei zeitlich partiell kohärenter Beleuchtung wird schließlich als Anwendung das Fourierspektrometer behandelt.

3.1.1 Qualitative Beschreibung: Die zeitliche Kohärenzbedingung

Abbildung 3.1 zeigt die Beugung einer ebenen Welle an einem Doppelspalt, die in Kap. 2 ausführlich behandelt worden ist. Im Gegensatz zu Kap. 2, wo eine monochromatische Welle als Beleuchtung benutzt wurde, wird jetzt aber vorausgesetzt, daß die Quelle Q Wellenzüge endlicher Länge emittiert. Das hat zur Folge, daß sich zwar in der nullten Beugungsordnung, d. h. für den Gangunterschied $\Delta l = 0$ die beiden Wellenzüge noch vollständig überlappen und konstruktiv miteinander interferieren, daß aber mit wachsendem Gangunterschied die Überlappung der von den beiden Spalten ausgehenden Wellenzüge immer geringer wird. Deshalb wird das Beugungsbild in den höheren Beugungsordnungen immer kontrastärmer.

Die Bedingung, daß in der Richtung ϑ überhaupt noch eine Abweichung von der mittleren Energiestromdichte, d. h. ein Kontrast auftreten kann, lautet offensichtlich

$$\Delta l < L_{\mathrm{Koh}} = c T_{\mathrm{Koh}} \; , \qquad\qquad (3.2a)$$

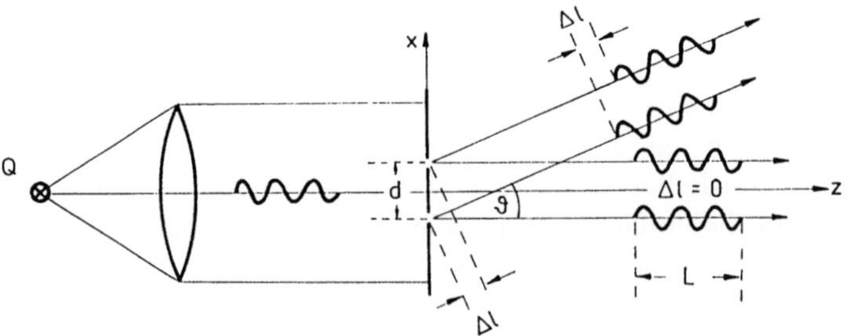

Abb. 3.1. Beugung am Doppelspalt mit Wellenzügen endlicher Länge. Für Beugungswinkel $\vartheta \neq 0$ überlappen sich die von den beiden Spalten ausgehenden Wellenzüge nicht mehr vollständig, der Kontrast im Beugungsbild wird kleiner

wobei L_Koh die Länge des Wellenzugs und T_Koh seine Dauer ist. L_Koh nennt man Kohärenzlänge, oder genauer: **longitudinale Kohärenzlänge**, um sie von der transversalen zu unterscheiden, die in Abschn. 3.2.3 zur Charakterisierung der räumlichen Kohärenz eingeführt wird. T_Koh heißt **Kohärenzzeit**. Will man ein Beugungsbild mit möglichst hohem Kontrast erhalten, so muß man die Forderung (3.2a) zu $\Delta l \ll L_\text{Koh}$ verschärfen. Drückt man den Gangunterschied durch den Spaltabstand und den Beugungswinkel aus, also $\Delta l = d \sin \vartheta$, und verwendet die eingangs in Erinnerung gerufene Beziehung $T_\text{Koh} \approx 2\pi/\Delta\omega$, so erhält man die bekannte Bedingung für die zeitliche Kohärenz, nämlich

$$d \sin \vartheta \ll \frac{2\pi c}{\Delta\omega} = \frac{c}{\Delta\nu} \ . \tag{3.2b}$$

Eine andere Möglichkeit, eine nichtmonochromatische Punktquelle zu beschreiben, ist ihre Zusammensetzung aus vielen monochromatischen Quellen mit verschiedenen Frequenzen, die sich am selben Ort befinden. Das Prinzip kann man schon am Beispiel einer bichromatischen Punktquelle zeigen, d. h. wir nehmen an, daß die zeitliche Änderung des elektrischen Feldes an einem beliebigen festen Punkt die Form

$$E(t) = E_0 \left(\mathrm{e}^{-\mathrm{i}\omega_1 t} + \mathrm{e}^{\mathrm{i}\varphi(t)} \mathrm{e}^{-\mathrm{i}\omega_2 t} \right) \tag{3.3}$$

hat, wobei E_0 reell ist und der Einfachheit halber angenommen wurde, daß die beiden monochromatischen Quellen die gleiche Amplitude haben. Ihre gegenseitige Phasenverschiebung $\varphi(t)$ wird im allgemeinen eine mit der Zeit langsam und zufällig veränderliche Funktion sein. Beleuchtet man mit einer solchen bichromatischen Quelle (3.3) einen Doppelspalt, so hat die in der Richtung ϑ zum Aufpunkt von dem einen Spalt ausgehende Elementarwelle gegenüber der von dem anderen Spalt kommenden die zeitliche Verzögerung $\tau = \Delta l/c$ (s. Abb. 3.1).

In dem fernen Aufpunkt P erhält man deshalb die Feldstärke

$$E_P(t) = E(t) + E(t + \tau) \ . \tag{3.4}$$

Um die Energiestromdichte im Aufpunkt bis auf eine Konstante zu berechnen, wird $E_P(t)E_P^*(t)$ gebildet (s. Abschn. 2.4), und man findet nach einer elementaren Rechnung

$$\begin{aligned} E_P(t)E_P^*(t) \ = \ & 2E_0^2 \big[1 + \cos\omega_1\tau + 1 + \cos\omega_2\tau \\ & + \mathrm{Re}\left\{ \left(1 + 2\mathrm{e}^{\mathrm{i}(\omega_2-\omega_1)\tau} \right) \mathrm{e}^{-\mathrm{i}\varphi(t)}\mathrm{e}^{\mathrm{i}(\omega_2-\omega_1)t} \right\} \big] \ . \end{aligned} \tag{3.5}$$

Wenn man die Argumente der beiden Cosinusfunktionen in der ersten Zeile von (3.5) von der Verzögerungszeit τ auf die gewohnte Darstellung mit dem Gangunterschied Δl umrechnet, nämlich $\omega\tau = \omega\Delta l/c = k\Delta l$, sieht man sofort, daß die ersten beiden Summanden das von einer monochromatischen Quelle mit der Frequenz ω_1, der dritte und vierte das mit ω_2 erzeugte Beugungsbild eines idealen Doppelspalts darstellen, und zwar addieren sich die

Energiestromdichten der beiden Bilder. Die erste Zeile von (3.5) läßt sich also deuten als die Überlagerung der Beugungsbilder zweier mit den Frequenzen ω_1 und ω_2 *inkohärent* strahlender Quellen. Der Term in der zweiten Zeile von (3.5) hängt dagegen explizit von der Zeit ab, d. h. er stellt ein *zeitlich veränderliches* Beugungsbild dar. Wenn die beiden Schwingungen ω_1 und ω_2 der bichromatischen Quelle phasenstarr miteinander gekoppelt wären, d. h. $\varphi(t)$ konstant wäre, würde der durch die zweite Zeile von (3.5) beschriebene Teil des Beugungsbildes mit der Frequenz $\omega_2 - \omega_1$ unter Kontrastumkehr oszillieren. In der Praxis wird diese Frequenz immer so hoch sein, daß sie sich nicht beobachten läßt. Noch wichtiger ist aber, daß $\varphi(t)$ im allgemeinen eine zufällig fluktuierende Funktion sein wird, was zu zeitlichen Schwankungen dieses Teils des Beugungsbildes führt. Da der zeitliche Mittelwert der zweiten Zeile von (3.5) verschwindet, trägt sie nicht zum beobachtbaren Beugungsbild bei.

Zur Beschreibung einer Lichtquelle mit einem kontinuierlichen Spektrum benötigt man sehr viele monochromatische Quellen; je mehr Quellen man verwendet, desto chaotischer fluktuiert der zeitabhängige Teil des Beugungsbildes. Daraus ergibt sich die folgende nützliche Regel:

Eine polychromatische Lichtquelle verhält sich in einem Beugungsexperiment so, als ob sie aus inkohärent strahlenden, monochromatischen Quellen bestünde.

3.1.2 Quantitative Beschreibung: Die zeitliche Kohärenzfunktion

Im vorhergehenden Abschnitt hatten wir angenommen, die Lichtquelle emittiere cosinusförmige Wellenzüge endlicher Länge und darauf hingewiesen, daß die Breite des Spektrums der Quelle umgekehrt proportional zur Länge der Wellenzüge ist. Wir wollen jetzt untersuchen, wie ein Wellenzug *beliebiger* Form mit dem Spektrum seiner Quelle zusammenhängt. Das wird uns auf den Begriff des **Leistungsspektrums** führen, das für die Berechnung der zeitlichen Kohärenzfunktion benötigt wird.

Ein Wellenzug beliebiger Länge und Form werde durch die reelle Funktion $E(\boldsymbol{r}, t)$ beschrieben. Eine „Momentaufnahme" zur Zeit $t = t_0$ zeigt die räumliche Struktur $E(\boldsymbol{r}, t_0)$ des Wellenzugs; dem äquivalent ist der zeitliche Verlauf der Feldstärke an einem festen Ort $\boldsymbol{r}_0$: $E(\boldsymbol{r}_0, t)$. Letztere Beschreibung ist die für unseren Zweck geeignete.

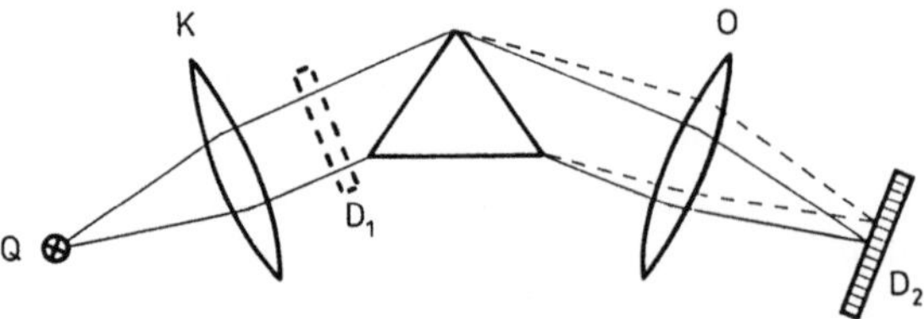

Abb. 3.2. Gedankenversuch zum Parseval–Theorem. Der Detektor D_1 mißt den zeitlichen Verlauf, D_2 die spektrale Verteilung der Energiestromdichte

Wir wollen in einem Gedankenversuch mit Hilfe des in Abb. 3.2 skizzierten Spektralapparats die von der punktförmigen, polychromatischen und isotrop strahlenden Quelle während des Zeitintervalls $[-T, T]$ emittierte Energie auf zwei verschiedene Arten messen. Zunächst werde der großflächige Detektor D_1 in den Strahlengang gestellt, der eine so hohe Zeitauflösung haben möge, daß er die Energiestromdichte $j(t) = \varepsilon_0 c E^2(t)$ (s. Abschn. 2.4) zu jedem Zeitpunkt t zu messen gestattet. Die gesamte emittierte Energie W erhält man dann durch Integration über die Zeit:

$$W = A \int_{-T}^{T} j(t)\mathrm{d}t \; , \tag{3.6}$$

wobei A die bestrahlte Fläche des Detektors D_1 ist. Man kann diese Messung aber ebenso gut in der hinteren Brennebene der Objektivlinse O vornehmen. Dort ist das Licht spektral zerlegt, und der Detektor D_2 bestehe aus vielen kleinen Detektoren mit der Fläche ΔA, auf die jeweils die Energiestromdichte pro Frequenz $j_\omega(t)$ eines monochromatischen Teilbündels falle. Diese Detektoren sollen außerdem zeitlich integrieren, so daß sie den Wert der spektralen Energiedichte

$$w(\omega) = \Delta A \int_{-T}^{T} j_\omega(t)\mathrm{d}t \tag{3.7}$$

anzeigen. Im Gegensatz zu (3.6) erhält man jetzt die Gesamtenergie durch Integration über die Frequenz:

$$W = \int_{0}^{\infty} w(\omega)\mathrm{d}\omega \; . \tag{3.8}$$

Damit ergibt sich folgender Zusammenhang zwischen dem zeitlichen Verlauf der Feldstärke $E(t)$ und der spektralen Energiedichte $w(\omega)$:

$$A \int_{-T}^{T} j(t)\mathrm{d}t = A\varepsilon_0 c \int_{-T}^{T} E^2(t)\mathrm{d}t = \int_{0}^{\infty} w(\omega)\mathrm{d}\omega \; . \tag{3.9}$$

Als mathematischer Zusammenhang zwischen einer Zeitfunktion und ihrem Spektrum aufgefaßt ist (3.9) als ***Parseval–Theorem*** bekannt (August von Parseval, 1861–1942). Man kann es folgendermaßen herleiten: Sei $E_T(t)$ eine quadrat-integrierbare, reelle Funktion (für physikalisch relevante Funktionen kann man das immer erzwingen, indem man, wie schon in Abschn. 1.3.2 praktiziert, die Funktion außerhalb des Intervalls $[-T, T]$ „abschneidet") und

$$\mathcal{E}_T(\omega) = \int_{-\infty}^{\infty} E_T(t)\mathrm{e}^{-\mathrm{i}\omega t}\mathrm{d}t \tag{3.10}$$

ihr Spektrum, für das $\mathcal{E}_T(-\omega) = \mathcal{E}_T^*(\omega)$ ist. Dann gilt:

$$\int\limits_{-\infty}^{\infty} E_T^2(t)\mathrm{d}t = \int\limits_{-\infty}^{\infty} E_T(t) \int\limits_{-\infty}^{\infty} \mathcal{E}_T(\omega)\mathrm{e}^{\mathrm{i}\omega t}\frac{d\omega}{2\pi}\mathrm{d}t \ .$$

Mit $\omega = -\omega'$ erhält man

$$\int\limits_{\infty}^{-\infty}\int\limits_{-\infty}^{\infty} E_T(t)\mathrm{e}^{-\mathrm{i}\omega' t}\mathrm{d}t\, \mathcal{E}_T(-\omega') \left(-\frac{d\omega'}{2\pi}\right) = \frac{1}{2\pi}\int\limits_{-\infty}^{\infty} \mathcal{E}_T(\omega')\mathcal{E}_T^*(\omega')d\omega'$$

und damit das Parseval–Theorem:

$$\int\limits_{-\infty}^{\infty} E_T^2(t)\mathrm{d}t = \frac{1}{2\pi}\int\limits_{-\infty}^{\infty} S_T(\omega)\mathrm{d}\omega \quad . \tag{3.11}$$

Die reelle, gerade Funktion $S_T(\omega) = \mathcal{E}_T(\omega)\mathcal{E}_T^*(\omega)$ wird **Leistungsspektrum** genannt, obwohl sie nicht die physikalische Dimension einer Leistung hat. $S_T(\omega)$ ist vielmehr proportional zur spektralen Energiedichte $w(\omega)$, wie ein Vergleich von (3.9) mit (3.11) zeigt:

$$\begin{aligned}
\int\limits_{0}^{\infty} w(\omega)\mathrm{d}\omega &= A\varepsilon_0 c \int\limits_{-\infty}^{\infty} E_T^2(t)\mathrm{d}t = \frac{A\varepsilon_0 c}{2\pi} \int\limits_{-\infty}^{\infty} S_T(\omega)\mathrm{d}\omega \\
&= \frac{A\varepsilon_0 c}{\pi} \int\limits_{0}^{\infty} S_T(\omega)\mathrm{d}\omega \ . \tag{3.12}
\end{aligned}$$

Der Experimentalphysiker verlangt von einer „guten" Lichtquelle, daß sie, abgesehen von den unvermeidlichen Fluktuationen, eine zeitlich konstante Energiestromdichte liefert, d. h. das Zeitmittel

$$\langle j_T(t)\rangle = \frac{1}{2T} \int\limits_{-T}^{T} j(t - t_0)\mathrm{d}t \tag{3.13}$$

soll für alle hinreichend großen T unabhängig von t_0 und T sein; dann existiert auch der von t_0 unabhängige Grenzwert

$$\lim_{T\to\infty} \frac{1}{2T} \int\limits_{-T}^{T} j(t - t_0)\mathrm{d}t = \lim_{T\to\infty} \frac{\varepsilon_0 c}{2T} \int\limits_{-\infty}^{\infty} E_T^2(t - t_0)\mathrm{d}t = j_0 \ . \tag{3.14}$$

Solche Lichtquellen heißen *stationär*. Mit (3.12) folgt daraus, daß für stationäre Quellen auch

$$\lim_{T\to\infty} \frac{1}{2T} \int\limits_{-\infty}^{\infty} S_T(\omega)\mathrm{d}\omega \tag{3.15}$$

existiert. Unter der Voraussetzung, daß der Mittelwert über ein Ensemble $E_n(t)$ gleich dem Zeitmittel von $E(t)$ ist, kann man Grenzwertbildung und Integration vertauschen. Wir verzichten auf eine Begründung dieser Voraussetzung, weil das einen umfangreichen Einschub über Statistik erfordern würde. Lichtquellen, die diese Voraussetzung erfüllen, heißen *ergodisch,* und für sie gilt

$$\frac{\varepsilon_0 c}{2\pi} \lim_{T\to\infty} \frac{S_T(\omega)}{2T} = \frac{\varepsilon_o c}{2\pi} S(\omega) = j_\omega(\omega) \;. \tag{3.16}$$

Die Größe j_ω hat die Dimension Energiestromdichte pro Frequenz und stellt die spektrale Zerlegung von j_0 dar.

Wir können uns nun dem Problem zuwenden, das Fraunhofersche Beugungsbild eines idealen Doppelspalts zu berechnen, der mit einer stationären, ergodischen Punktquelle beleuchtet wird (vgl. Abb. 3.1), die ein beliebiges Leistungsspektrum $S(\omega)$ haben kann. Um die Energiestromdichte in einem unendlich fernen Aufpunkt bzw. in der hinteren Brennebene einer Linse zu erhalten, müssen wir die Feldstärken in diesem Punkt addieren, die Summe quadrieren und dann zeitlich mitteln. Da hier die Abhängigkeit der Feldstärke vom Abstand des Aufpunkts vom Doppelspalt bzw. von der Brennweite der Linse nicht interessiert, verwenden wir dazu die Feldstärken unmittelbar hinter dem Doppelspalt. Außerdem bleibt der Richtungsfaktor unberücksichtigt. Unter dem Beugungswinkel ϑ von den beiden Spalten ausgehende Elementarwellen haben den Gangunterschied $\Delta l = d\sin\vartheta$ oder anders ausgedrückt: unter dem Winkel ϑ betrachtet ist die vom unteren Spalt ausgehende Elementarwelle gegenüber der vom oberen Spalt ausgehenden um die Zeit $\tau = \Delta l/c$ verzögert. Wenn man die Lichtquelle zur Zeit $-T$ ein- und zur Zeit $+T$ ausschaltet, dann ist die Energiestromdichte im Aufpunkt proportional zu

$$\langle [E_T(t) + E_T(t+\tau)]^2 \rangle = \langle E_T^2(t)\rangle + 2\langle E_T(t)E_T(t+\tau)\rangle + \langle E_T^2(t+\tau)\rangle \;, \tag{3.17}$$

wobei die spitzen Klammern die Bildung des zeitlichen Mittelwerts gemäß (3.13) bedeuten und $T \gg \tau$ gewählt werden muß.

Da die Lichtquelle stationär sein soll, gilt nach (3.14)

$$\varepsilon_0 c\langle E_T^2(t)\rangle = \varepsilon_0 c\langle E_T^2(t+\tau)\rangle = j_0 \;, \tag{3.18}$$

wo j_0 die Energiestromdichte unmittelbar hinter den beiden Spalten ist. Der wichtige Term ist der mittlere auf der rechten Seite von (3.17): Er beschreibt die Interferenz des von den beiden Spalten ausgehenden Lichts als Funktion der Verzögerungszeit τ. Mit Hilfe des Spektrums $\mathcal{E}_T(\omega)$ von $E_T(t)$ kann man diesen Term umformen, bevor man den Grenzübergang $T \to \infty$ ausführt:

$$\int\limits_{-T}^{T} E_T(t)E_T(t+\tau)\mathrm{d}t = \int\limits_{-T}^{T}\int\limits_{-\infty}^{\infty} \mathcal{E}_T(\omega)\mathrm{e}^{\mathrm{i}\omega t}\frac{d\omega}{2\pi}E_T(t+\tau)\mathrm{d}t \;,$$

wobei T sehr groß gegen τ gewählt werden muß. Mit $\omega' = -\omega$ und Vertauschen der Reihenfolge der Integrationen erhält man

$$\int\limits_{+\infty}^{-\infty} \mathcal{E}_T(-\omega') \int\limits_{-T}^{T} E_T(t+\tau)\mathrm{e}^{-\mathrm{i}\omega'(t+\tau)}dt\,\mathrm{e}^{\mathrm{i}\omega'\tau}\left(-\frac{d\omega'}{2\pi}\right)$$

$$= \int\limits_{-\infty}^{\infty} \mathcal{E}_T(-\omega')\mathcal{E}_T(\omega')\mathrm{e}^{\mathrm{i}\omega'\tau}\frac{d\omega'}{2\pi} \quad .$$

Beachtet man noch $\mathcal{E}_T(-\omega) = \mathcal{E}_T^*(\omega)$, $S_T(\omega) = \mathcal{E}_T(\omega)\mathcal{E}_T^*(\omega)$ und (3.16), so ergibt sich für den Interferenzterm:

$$\varepsilon_0 c \lim_{T\to\infty} \langle E_T(t)E_T(t+\tau)\rangle = \varepsilon_0 c \lim_{T\to\infty} \frac{1}{2T}\int\limits_{-\infty}^{\infty} S_T(\omega)\mathrm{e}^{\mathrm{i}\omega\tau}\frac{d\omega}{2\pi}$$

$$= \varepsilon_0 c \int\limits_{-\infty}^{\infty} S(\omega)\mathrm{e}^{\mathrm{i}\omega\tau}\frac{d\omega}{2\pi} = \int\limits_{-\infty}^{\infty} j_\omega(\omega)\mathrm{e}^{\mathrm{i}\omega\tau}d\omega \; . \tag{3.19}$$

Dieses wichtige Ergebnis ist in der Mathematik unter dem Namen ***Wiener–Khinchin–Theorem*** bekannt (Norbert Wiener, 1894–1964; Aleksandr Jakowlewitsch Khinchin (auch: Chintschin), 1894–1959) und sagt aus, daß die auf der linken Seite von (3.19) stehende Autokorrelationsfunktion von $E(t)$ gleich der Fouriertransformierten des Leistungsspektrums von $E(t)$ ist.

Physikalisch beschreibt die Autokorrelationsfunktion die Struktur der von dem idealen Doppelspalt erzeugten Zweistrahlinterferenzen. Ihre Darstellung durch das Integral auf der rechten Seite von (3.19) wird zeitliche Kohärenzfunktion genannt. Dazu kommen noch die beiden konstanten Terme (3.18), so daß das Fraunhofersche Beugungsbild des Doppelspalts sich folgendermaßen darstellen läßt:

$$j(\tau) = gj_0\left[1 + \gamma(\tau)\right] \tag{3.20}$$

mit der normierten ***zeitlichen Kohärenzfunktion***

$$\gamma(\tau) = \frac{1}{j_0}\int\limits_{-\infty}^{\infty} j_\omega(\omega)\mathrm{e}^{\mathrm{i}\omega\tau}d\omega = \frac{\int\limits_{-\infty}^{\infty} S(\omega)\mathrm{e}^{\mathrm{i}\omega\tau}d\omega}{\int\limits_{-\infty}^{\infty} S(\omega)d\omega} \; . \tag{3.21}$$

Der dimensionslose Faktor g beschreibt die bei der Herleitung unterdrückte Geometrie der experimentellen Anordnung (Spaltweite und Abstand zum Aufpunkt bzw. Brennweite des verwendeten Objektivs). Ungewöhnlich, aber praktisch ist die Verwendung der Verzögerungszeit τ anstelle des Beugungswinkels ϑ oder der x-Komponente des Wellenzahlvektors als Variable. Man kann aber mit Hilfe von $c\tau = \Delta l = d\sin\vartheta = d\cdot k_x/k_0$ leicht auf die gewohnte

Variable umrechnen. Da $S(\omega)$ eine reelle und gerade Funktion ist, kann man (3.21) entnehmen, daß auch $\gamma(\tau)$ reell und gerade ist; außerdem zeigt (3.21), daß $\gamma(0) = 1$ gilt. Wegen

$$\left| \int_{-\infty}^{\infty} S(\omega) \mathrm{e}^{\mathrm{i}\omega\tau} \mathrm{d}\omega \right| \leq \int_{-\infty}^{\infty} \left| S(\omega) \mathrm{e}^{\mathrm{i}\omega\tau} \right| \mathrm{d}\omega \leq \int_{-\infty}^{\infty} S(\omega) \mathrm{d}\omega$$

ist $|\gamma(\tau)| \leq 1$.

Im Kap. 2 hatten wir die elektrische Feldstärke mit einer komplexwertigen Funktion beschrieben, vor allem, um die Rechnungen zu erleichtern. Wir hätten auch in diesem Abschnitt eine komplexe Darstellung wählen können, und zwar durch Hinzufügen der Hilbert–Transformierten von $E(t)$ (s. (1.47a) und (1.47b)) als Imaginärteil zu dem reellen $E(t)$. Dieses Vorgehen bringt in der Herleitung keine Vorteile. Man erhält zum Schluß eine komplexe Kohärenzfunktion, deren Phase die Verschiebung des Beugungsbilds bei schrägem Einfall der Beleuchtungswelle beschreibt (vgl. [3], S. 499 ff.). Einfacher und übersichtlicher ist es, die schräge Beleuchtung mit dem in Abschn. 2.6 angegebenen Verfahren zu beschreiben (vgl. auch Übungsaufgabe 3.6b).

3.1.3 Die Kohärenzfunktionen einiger thermischer Lichtquellen

Monochromatische Lichtquelle. Wie wir schon in der Einleitung zu diesem Kapitel betont haben, gibt es keine streng monochromatische Lichtquelle. Wir wollen trotzdem diesen Grenzfall behandeln und annehmen, daß die Feldstärke einer solchen Quelle zeitlich harmonisch variiert:

$$E(t) = E_0 \cos \omega_0 t \quad , \qquad E_0 \text{ reell} \quad .$$

Wenn diese Quelle zur Zeit $-T$ ein– und zur Zeit $+T$ ausgeschaltet wird, ist ihr Spektrum (vgl. (1.29))

$$\mathcal{E}_T(\omega) = E_0 \left(\frac{\sin\left[(\omega + \omega_0)T\right]}{\omega + \omega_0} + \frac{\sin\left[(\omega - \omega_0)T\right]}{\omega - \omega_0} \right)$$

und ihr Leistungsspektrum

$$S_T(\omega) = \mathcal{E}_T^2(\omega) = E_0^2 \left(\frac{\sin^2\left[(\omega + \omega_0)T\right]}{(\omega + \omega_0)^2} + 2\frac{\sin\left[(\omega + \omega_0)T\right]\sin\left[(\omega - \omega_0)T\right]}{(\omega + \omega_0)(\omega - \omega_0)} \right.$$
$$\left. + \frac{\sin^2\left[(\omega - \omega_0)T\right]}{(\omega - \omega_0)^2} \right) \quad . \tag{3.22}$$

Um die Berechnung des Grenzwerts (3.16) vorzubereiten, stellen wir fest, daß das Hauptmaximum von

$$\frac{1}{T}\frac{\sin^2\left[(\omega \pm \omega_0)T\right]}{(\omega \pm \omega_0)^2} = T\mathrm{sinc}^2\left[(\omega \pm \omega_0)T\right] \tag{3.23}$$

an der Stelle $\omega = -\omega_0$ bzw. $\omega = +\omega_0$ für $T \to \infty$ proportional zu T anwächst und daß (3.23) wegen

$$\int\limits_{-\infty}^{\infty} \frac{\sin^2\left[(\omega \pm \omega_0)T\right]}{(\omega \pm \omega_0)^2 T} = \pi$$

normierbar ist. Mit denselben Argumenten wie bei dem Grenzübergang von (1.29) zu (1.30) folgert man daraus

$$\lim_{T\to\infty} \frac{\sin^2\left[(\omega \pm \omega_0)T\right]}{(\omega \pm \omega_0)^2 T} = \pi\delta(\omega \pm \omega_0) \quad .$$

Der zweite Summand in (3.22) divergiert offensichtlich wie T an den Stellen $\omega = \pm\omega_0$. Er bleibt deshalb endlich, wenn man ihn mit $1/T$ multipliziert, wie es (3.16) verlangt. Mit wachsendem T oszilliert dieser Term als Funktion von ω immer schneller und ist im Mittel null. Er trägt deshalb nicht zu dem Grenzwert (3.16) bei.

Man erhält also für (3.16)

$$\lim_{T\to\infty} \frac{1}{2T} S_T(\omega) = \frac{E_0^2}{2}\left[\pi\delta(\omega + \omega_0) + \pi\delta(\omega - \omega_0)\right] = S(\omega) \quad . \qquad (3.24)$$

Setzt man $S(\omega)$ in (3.21) ein, so kann man die Kohärenzfunktion berechnen:

$$\gamma(\tau) = \frac{\dfrac{E_0^2}{2}\pi \displaystyle\int\limits_{-\infty}^{\infty} \left[\delta(\omega + \omega_0) + \delta(\omega - \omega_0)\right] e^{i\omega\tau}\,d\omega}{\dfrac{E_0}{2}\pi \displaystyle\int\limits_{-\infty}^{\infty} \left[\delta(\omega + \omega_0) + \delta(\omega - \omega_0)\right]\,d\omega} = \cos\omega_0\tau \quad . \qquad (3.25)$$

Geht man mit $\omega_0\tau = \omega_0\Delta l/c = k_0 d\sin\vartheta = d\cdot k_x$ zu der Variable k_x über und setzt (3.25) in (3.20) ein, so erhält man Übereinstimmung mit dem in Kap. 2 für ideal kohärente Beleuchtung berechneten Beugungsbild.

Natürliche Linienbreite. Dem Ideal einer monochromatischen Quelle sehr nahe kommt das von nicht miteinander wechselwirkenden Teilchen emittierte Licht, z. B. aus einer bei sehr niedrigem Druck und möglichst niedriger Temperatur betriebenen Gasentladung. Wir betrachten deshalb zunächst die Lichtemission eines einzelnen Atoms und vernachlässigen seine Bewegung.

Im Wellenbild strahlt ein von außen nicht gestörtes Atom oder Molekül beim Übergang von einem Zustand höherer in einen tieferer Energie eine gedämpfte harmonische Welle ab, deren elektrisches Feld an einem festen Ort man analog zu (1.22) durch

$$E(t) = E_0\theta(t)e^{-\alpha t}\sin\omega_r t \qquad (3.26)$$

beschreiben kann. Die Zeit $\tau_l = 1/\alpha$ bezeichnet man als natürliche Lebensdauer des angeregten Zustands. Weil (3.26) exponentiell abklingt, braucht man diese Funktion nicht außerhalb des Intervalls $[-T, T]$ abzuschneiden und später den Grenzübergang $T \to \infty$ zu machen. Die Fouriertransformierte von (3.26) ist bis auf eine Konstante mit (1.36) identisch:

$$\mathcal{E}(\omega) = \frac{E_0 \omega_r}{\omega_0^2 - \omega^2 + 2i\alpha\omega} \ . \tag{3.27}$$

Dabei ist ω_0 die Eigenfrequenz des ungedämpften Oszillators und es gilt $\omega_r^2 = \omega_0^2 - \alpha^2$. Das Spektrum (3.27) ist beschränkt. Man verwendet deshalb zweckmäßigerweise das Leistungsspektrum

$$S'(\omega) = \mathcal{E}(\omega)\mathcal{E}^*(\omega) = \frac{E_0^2 \omega_r^2}{\left(\omega_0^2 - \omega^2\right)^2 + 4\alpha^2\omega^2} \ , \tag{3.28}$$

statt $S(\omega)$ und ist des Grenzübergangs (3.16) enthoben. In der Herleitung von (3.21) kann man nämlich, weil die Autokorrelationsfunktion von (3.26) beschränkt ist, den Grenzübergang und den Faktor $1/2T$ in der ersten Zeile von (3.19) weglassen. Weil $S'(\omega)$ eine andere physikalische Dimension als $S(\omega)$ hat, ist (3.19) dann aber nicht mehr die Fouriertransformierte der spektralen Energiestromdichte j_ω. Das spielt aber für die Kohärenzfunktion (3.21) wegen der Normierung keine Rolle.

Das Leistungsspektrum (3.28) stellt das Profil der Spektrallinie eines ungestörten Emissionsprozesses dar und ist eine Lorentzkurve mit der Halbwertsbreite $\Delta\omega \approx 2\alpha$. Daraus kann man die normierte zeitliche Kohärenzfunktion (3.21) berechnen und findet

$$\gamma(\tau) = \mathrm{e}^{-\alpha|\tau|} \left(\cos\omega_r\tau + \frac{\alpha}{\omega_r} \sin\omega_r|\tau| \right) \ . \tag{3.29}$$

Leichter als die Fouriertransformation (3.21) auszuführen, ist es, aus (3.29) analog zur Herleitung von (1.36) das Leistungsspektrum zu berechnen und damit die Richtigkeit von (3.29) zu beweisen. Man beachte dabei $|\tau|$ in (3.29) und die Normierungskonstante

$$\int\limits_{-\infty}^{\infty} S'(\omega)\frac{d\omega}{2\pi} = \frac{E_0^2 \omega_r^2}{4\alpha\omega_0^2} \ .$$

Da die natürliche Lebensdauer eines angeregten Zustands groß gegen die Schwingungsdauer der emittierten Welle ist (typischerweise ist $\alpha \approx 10^{-6}\omega_r$), kann man den Sinusterm in (3.29) bedenkenlos vernachlässigen.

Eine Gasentladungslampe enthält natürlich nicht nur ein Atom oder Molekül, sondern sehr viele, die unabhängig voneinander zu verschiedenen Zeitpunkten τ_m mit der Emission einer Welle beginnen. Um das elektrische Feld einer solchen Lampe zu bekommen, muß man das Argument t in (3.26) durch $t - \tau_m - r_m/c = t - t_m$ ersetzen, wobei r_m die Entfernung des m–ten Moleküls vom Aufpunkt ist, und über alle m summieren. Im Spektrum führt die zeitliche Verschiebung zu Phasenfaktoren:

$$\mathcal{E}_N(\omega) = \sum_{m=1}^{N} \mathcal{E}(\omega) \mathrm{e}^{-\mathrm{i}\omega t_m} \, ,$$

und im Leistungsspektrum erhält man eine Doppelsumme dieser Phasenfaktoren:

$$S_N(\omega) = \mathcal{E}_N(\omega)\mathcal{E}_N^*(\omega) = \mathcal{E}(\omega)\mathcal{E}^*(\omega) \sum_{m,n=1}^{N} \mathrm{e}^{-\mathrm{i}\omega t_m} \mathrm{e}^{\mathrm{i}\omega t_n} \, .$$

Für $m = n$ sind alle N Summanden in der Doppelsumme gleich eins, für $m \neq n$ treten die Summanden paarweise konjugiert komplex auf; man kann sie deshalb zu $2\cos\omega(t_m - t_n)$ zusammenfassen. Da $t_m - t_n$ beliebige Werte annehmen kann, die aber alle mit derselben Wahrscheinlichkeit vorkommen, heben sich die Cosinusterme für hinreichend große N paarweise gegenseitig auf, und die Doppelsumme hat den Wert N. Man findet also das wichtige Ergebnis, daß sich die Leistungsspektren unabhängig voneinander strahlender Moleküle addieren:

$$S_N(\omega) = \mathcal{E}(\omega)\mathcal{E}^*(\omega) \cdot N = NS'(\omega) \tag{3.30}$$

und die zeitliche Kohärenzfunktion deshalb unabhängig von N ist (Campbell–Theorem (William Wallace Campbell, 1862–1938)).

Dopplerverbreiterung. Zu einer realistischeren Beschreibung der Gasentladungslampe gelangt man, wenn man zusätzlich noch die Bewegung der emittierenden Atome aufgrund der endlichen Temperatur des Gases berücksichtigt. Das führt zu einer Linienverbreiterung durch den Doppler–Effekt (Christian Johann Doppler, 1803–1853). Da der transversale Doppler–Effekt klein gegen den longitudinalen ist, soll nur letzterer berücksichtigt werden. Die Beobachtung erfolge in z–Richtung, so daß nur die Geschwindigkeitskomponente v_z für den Doppler–Effekt verantwortlich ist. Der kinetischen Gastheorie entnehmen wir die Wahrscheinlichkeit $p(v_z)dv_z$, daß ein Gasmolekül mit der Masse m eine Geschwindigkeitskomponente in z–Richtung hat, die zwischen v_z und $v_z + dv_z$ liegt:

$$p(v_z)dv_z = \sqrt{\frac{m}{2\pi kT}} \exp\left(-\frac{mv_z^2}{2kT}\right) dv_z \, . \tag{3.31}$$

Ein mit der Geschwindigkeit $v_z \ll c$ sich bewegendes Molekül emittiert Licht der Frequenz

$$\omega \approx \omega_0 \left(1 + \frac{v_z}{c}\right) \, , \tag{3.32}$$

wobei $v_z > 0$ bedeuten soll, daß sich das Molekül auf den Beobachter zu bewegt, $v_z < 0$ von ihm weg. Wenn man (3.32) nach v_z auflöst und in (3.31) einsetzt, so erhält man die Wahrscheinlichkeit, ein Photon mit der Frequenz ω zu beobachten, nämlich

$$p(\omega)\mathrm{d}\omega = \sqrt{\frac{m}{2\pi kT}} \exp\left(-\frac{mc^2}{2kT}\frac{(\omega-\omega_0)^2}{\omega_0^2}\right)\frac{c}{\omega_0}\mathrm{d}\omega\ , \qquad (3.33)$$

die proportional zum Leistungsspektrum $S(\omega)$ für positive Frequenzen ist. Um $\gamma(\tau)$ nach (3.21) berechnen zu können, benötigt man ein symmetrisches Spektrum, das man durch Bildung von $p(\omega)+p(-\omega)$ erhält. Wenn man diese Funktion in der Form

$$\exp(-\mathrm{const}\ \omega^2)\star[\delta(\omega+\omega_0)+\delta(\omega-\omega_0)]$$

schreibt, kann man ihre Fouriertransformierte $\gamma(\tau)$ ohne Rechnung hinschreiben (s. (2.55a), (2.55b) und (1.30)):

$$\gamma(\tau) = \exp\left(-\frac{kT}{2mc^2}\omega_0^2\tau^2\right)\cos\omega_0\tau\ . \qquad (3.34)$$

Dabei wurde zur Normierung die Bedingung $\gamma(0)=1$ benutzt.

Der Doppler–Effekt bewirkt also, wie (3.33) zeigt, eine Gaußverteilung im Spektrum mit der Varianz kT/mc^2, wenn man die normierte Frequenz ω/ω_0 als Variable betrachtet. Die Breite dieser Gauß–förmigen Spektrallinie ist bei Niederdruckgasentladungslampen im allgemeinen viel größer als die Breite der Lorentz–förmigen „natürlichen" Spektrallinie und überdeckt deshalb die letztere vollständig.

Stoßverbreiterung. Wenn eine Gasentladung bei hohem Druck betrieben wird, dann ist die Zeit zwischen zwei Zusammenstößen eines Moleküls mit einem anderen kurz gegen die Lebensdauer des angeregten Zustands. Diese Zeit wird manchmal freie Flugzeit genannt, meist aber unglücklicherweise Stoßzeit, was zu Mißverständnissen führen kann, denn mit dem Begriff Stoßzeit meint man nicht die Dauer des Zusammenstoßes zweier Moleküle, sondern die Zeit zwischen zwei Stößen, während der das Molekül ungestört ist. Ein Stoß zwischen zwei Molekülen kann elastisch oder inelastisch erfolgen. Wir beschränken uns auf elastische Stöße; einmal, weil sie häufiger vorkommen und deshalb die dominierende Rolle bei der Stoßverbreiterung von Spektrallinien spielen, und zum anderen, weil sie mit einem anschaulichen physikalischen Bild leicht zu beschreiben sind.

Bei jedem Stoß werden die Elektronenzustände der beteiligten Moleküle verändert, beim elastischen Stoß kehren die Elektronen jedoch wieder in den Zustand vor dem Stoß zurück, weil sich ihre innere Energie nicht ändert. Wenn ein strahlendes Molekül mit einem anderen zusammenstößt, wird während der kurzen Dauer des Stoßes die Ausstrahlung stark gestört, während der freien Flugzeit („Stoßzeit") danach strahlt dieses Molekül aber wieder wie vor dem Stoß, allerdings mit einer anderen Phase. Ein angeregtes Gas, in dem die Stoßzeit τ_s sehr klein gegen die Lebensdauer des angeregten Zustands ist, strahlt also Wellenzüge mit der zeitlichen Länge τ_s ab, deren Phasen zufällig verteilt sind. Die Amplituden dieser Wellenzüge kann man als konstant ansehen, weil während der kurzen Zeit τ_s sich das exponentielle Abklingen der Ausstrahlung noch nicht bemerkbar macht.

Wir betrachten zunächst nur einen einzigen Wellenzug

$$E(t) = E_0 \text{rect}(t/\tau_s) \cos \omega_0 t$$

der Länge τ_s, der zusammen mit seinem Amplitudenspektrum (1.29) in Abb. 1.12 dargestellt ist. Sein Leistungsspektrum kann man in folgender Form schreiben:

$$\begin{aligned} S(\omega, \tau_s) &= E_0^2 \left(\frac{\sin^2(\omega + \omega_0)\tau_s/2}{(\omega + \omega_0)^2} + \frac{\sin^2(\omega - \omega_0)\tau_s/2}{(\omega - \omega_0)^2} \right) \\ &= E_0^2 \frac{\sin^2 \omega\tau_s/2}{\omega^2} \star [\delta(\omega + \omega_0) + \delta(\omega - \omega_0)] \ , \end{aligned} \qquad (3.35)$$

wenn man den gemischten Term, nämlich das doppelte Produkt der beiden sinc–Funktionen vernachlässigt. Das ist gerechtfertigt, weil wegen $\omega_0 \gg \pi/\tau_s$ dieser Term in der Nähe der beiden starken Spektrallinien bei $-\omega_0$ und $+\omega_0$ vernachlässigbar klein ist und in größerer Entfernung von diesen beiden Linien $S(\omega, \tau_s)$ sowieso vernachlässigbar ist.

Als Nächstes fassen wir alle Wellenzüge mit gleicher Amplitude E_0 zusammen, die natürlich sehr unterschiedliche Längen τ_s haben, weil der Zusammenstoß von Gasmolekülen ein zufälliger Prozeß ist und deshalb die Stoßzeit (freie Flugzeit) τ_s keinen scharfen Wert hat, sondern eine breite Verteilung aufweist. Die kinetische Gastheorie liefert für die Wahrscheinlichkeit, daß die Stoßzeit τ_s einen Wert zwischen τ_s und $\tau_s + \mathrm{d}\tau_s$ hat, die Funktion

$$p(\tau_s)\mathrm{d}\tau_s = \frac{1}{\tau_{s0}} \mathrm{e}^{-\tau_s/\tau_{s0}} \mathrm{d}\tau_s \quad \text{für} \quad \tau_s \geq 0 \ , \qquad (3.36)$$

wobei τ_{s0} die durch

$$\tau_{s0} = \int\limits_0^\infty \frac{\tau_s}{\tau_{s0}} \mathrm{e}^{-\tau_s/\tau_{s0}} \mathrm{d}\tau_s$$

definierte mittlere Stoßzeit ist. All diese Wellenzüge unterschiedlicher Länge sind außerdem gegeneinander zeitlich verschoben. Trotzdem kann man nach dem Campbell–Theorem ihre Leistungsspektren $S(\omega, \tau_s)$ einfach addieren: Das ist mit der Herleitung von (3.30) gezeigt worden. Die Häufigkeit, mit der das Spektrum $S(\omega, \tau_s)$ vorkommt, ist durch (3.36) gegeben. Die Summierung aller mit ihrer Häufigkeit gewichteten Spektren ergibt das Spektrum $S(\omega)$ aller Wellenzüge mit der Amplitude E_0:

$$\begin{aligned} S(\omega) &= \int\limits_0^\infty S(\omega, \tau_s) p(\tau_s) \mathrm{d}\tau_s \\ &= E_0^2 \int\limits_0^\infty \frac{\sin^2 \omega\tau_s/2}{\omega^2} \frac{1}{\tau_{s0}} \mathrm{e}^{-\tau_s/\tau_{s0}} \mathrm{d}\tau_s \star [\delta(\omega + \omega_0) + \delta(\omega - \omega_0)] \, . \end{aligned} \qquad (3.37)$$

Das Integral kann man nach dem Vorbild der Herleitung von (1.36) leicht
ausrechnen und findet

$$\int\limits_0^\infty \frac{\sin^2 \omega\tau_s/2}{\omega^2 \tau_{s0}} \mathrm{e}^{-\tau_s/\tau_{s0}} \mathrm{d}\tau_s = \frac{1}{2}\,\frac{1}{\omega^2 + \tau_{s0}^{-2}}\;.$$

Nun kann man die Kohärenzfunktion $\gamma(\tau)$ als Fouriertransformierte von
(3.37) ausrechnen und mit der Bedingung $\gamma(0) = 1$ normieren. Man erhält:

$$\gamma(\tau) = \mathrm{e}^{-|\tau|/\tau_{s0}} \cos\omega_r\tau\;. \tag{3.38}$$

Nach der Herleitung gilt (3.38) nur für Wellenzüge, die alle die gleiche Amplitude haben. Da $\gamma(\tau)$ aber unabhängig von der Amplitude ist, ist $\gamma(\tau)$ auch die
zeitliche Kohärenzfunktion für das gesamte von der Gasentladung emittierte
Licht.

Für einen Gasdruck von 1 bar und Zimmertemperatur liegt die Stoßzeit
τ_{s0} in der Größenordnung von einigen 10^{-11} sec und ist damit etwa 100 mal
kleiner als die natürliche Lebensdauer. Die Stoßverbreiterung konkurriert in
diesem Bereich mit der Dopplerverbreiterung, dominiert aber die Linienform
für höhere Drücke, da die Stoßzeit umgekehrt proportional zum Druck ist.

Farbfilter. Eine noch breitere spektrale Verteilung des Lichts und damit
eine deutlichere Änderung des Beugungsbilds gegenüber ideal kohärenter
Beleuchtung erreicht man, wenn man das Licht einer Glühlampe durch ein
Filter aus gefärbtem Glas gehen läßt. Die Durchlässigkeit solcher Filter kann
man in guter Näherung mit einer Gaußfunktion beschreiben, so daß man ein
Leistungsspektrum der Form

$$S(\omega) = E_0^2 \exp\left(-\frac{\omega^2}{2(\Delta\omega)^2}\right) \star [\delta(\omega + \omega_0) + \delta(\omega - \omega_0)] \tag{3.39}$$

erhält. Dabei ist $\Delta\omega$ von der Größenordnung $\omega_0/10$. Formal ist das das gleiche
Spektrum wie (3.33), das die Dopplerverbreiterung beschreibt. Nur ist hier
die Gaußfunktion um einige Größenordnungen breiter. Man erhält analog zu
(3.34) eine Kohärenzfunktion

$$\gamma(\tau) = \exp\left(-\frac{1}{2}(\Delta\omega)^2\tau^2\right)\cos\omega_0\tau\;, \tag{3.40}$$

die für wachsendes τ viel schneller gegen null geht als (3.34). Das bedeutet, daß die durch $\cos\omega_0\tau$ beschriebenen Interferenzstreifen mit wachsendem
Beugungswinkel schnell schwächer und schließlich unsichtbar werden. Das
Beugungsbild $1 + \gamma(\tau)$, das man mit Licht, dessen zeitliche Kohärenz durch
(3.40) beschrieben wird, erhält, ist in Abb. 3.3 aufgezeichnet. Weil das Gauß–
förmige Spektrum (3.39) mit $\Delta\omega = 0,1\ \omega_0$ als ziemlich breit angenommen
wurde, sind die Interferenzstreifen nur bis zur 5. Ordnung sichtbar.

Die zeitliche Kohärenzfunktion beschreibt eine Eigenschaft des Lichts. Oft
wird diese Eigenschaft von der Lichtquelle bestimmt und ist an jeder Stelle

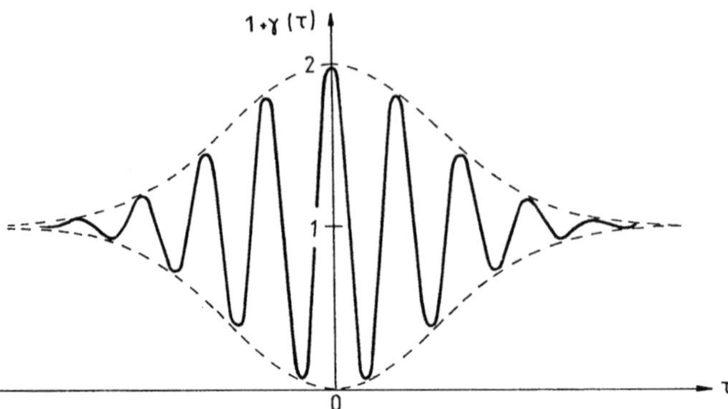

Abb. 3.3. Die Beugung von Licht mit einem Gauß–förmigen Spektrum an einem idealen Doppelspalt (Kohärenzfunktion (3.40) mit $\Delta\omega = 0,1\ \omega_0$)

des Lichtfelds dieselbe. Das muß aber nicht so sein. Wie das Beispiel des Farbfilters zeigt, kann die Kohärenzfunktion z. B. durch Absorption geändert werden. Die zeitliche Kohärenz des Sonnenlichts wird u.a. durch Rayleigh–Streuung in der Atmosphäre verändert und hängt deshalb vom Beobachtungsort ab. Die Funktion $\gamma(\tau)$ beschreibt die zeitliche Kohärenz des Lichts an einem Ort; es ist unerheblich, wie $\gamma(\tau)$ an diesem Ort zustandegekommen ist. Mit der Beugung am Doppelspalt mißt man $\gamma(\tau)$ *am Ort* des Doppelspalts.

3.1.4 Fraunhoferbeugung bei zeitlich partiell kohärenter Beleuchtung

In Abschn. 3.1.2 wurde das Fraunhofersche Beugungsbild für ein spezielles Objekt, nämlich den idealen Doppelspalt, aber für eine beleuchtende ebene Welle mit einem beliebigen Spektrum berechnet. Es ergab sich eine Intensitätsverteilung proportional zu $1 + \gamma(\tau)$, wo $\gamma(\tau)$ die mit $\gamma(0)$ normierte Fouriertransformierte des Spektrums und τ ein Maß für den Gangunterschied und damit für den Beugungswinkel ist: $\Delta l = c\tau = d\sin\vartheta$. In Abschn. 3.1.3 wurden für konkrete Lichtquellen die zeitlichen Kohärenzfunktionen $\gamma(\tau)$ berechnet; $\gamma(\tau)$ ergab sich immer als Produkt einer für $\tau \to \pm\infty$ gegen 0 gehenden Funktion mit $\cos\omega_0\tau$, wobei ω_0 der „Schwerpunkt" des Spektrums ist. In diese Form kann man $\gamma(\tau)$ in allen praktisch wichtigen Fällen bringen. Sie bestätigt das in Abschn. 3.1.1 verwendete naive Bild, daß reale Lichtquellen stets Wellenzüge endlicher Länge emittieren, die sich mit wachsendem Beugungswinkel immer weniger überlappen und damit zu weniger ausgeprägten Interferenzstreifen führen.

Um ein Maß dafür zu gewinnen, wie stark eine Beugungsstruktur ausgeprägt ist, könnte man das Verhältnis der Energiestromdichte $j_{\max}$ eines Maximums zur Energiestromdichte $j_{\min}$ eines benachbarten Minimums verwenden. Für ideal kohärente Beleuchtung wäre $j_{\max}/j_{\min}$ wegen $j_{\min} = 0$

unendlich groß und beim Verschwinden der Beugungsstruktur gleich eins. Geeigneter ist ein von Michelson (Albert Abraham Michelson, 1852–1931) vorgeschlagenes und von ihm *visibility* genanntes Maß, das Werte zwischen eins und null annehmen kann. Wir verwenden dafür die früher in der deutschsprachigen Literatur übliche Bezeichnung **Kontrast** und definieren

$$K \stackrel{\text{def}}{=} \frac{j_{\max} - j_{\min}}{j_{\max} + j_{\min}} \ . \tag{3.41}$$

Wir wollen als praktische Anwendung von (3.41) den Kontrast im Beugungsbild eines idealen Doppelspalts, das mit dem Licht einer stoßverbreiterten Spektrallinie (s. Abschn. 3.1.3) aufgenommen wurde, als Funktion der Beugungsordnung berechnen. Wir verwenden die Kohärenzfunktion

$$\gamma(\tau) = \exp(-|\tau|/\tau_{s0}) \cos \omega_0 \tau \quad ,$$

um die Energiestromdichte der n–ten Beugungsordnung, d. h. den Wert von $1 + \gamma(\tau)$ an der Stelle $\tau = 2\pi n/\omega_0$ zu berechnen. Für $\omega_0 \tau_{s0} \gg 1$ gilt in guter Näherung

$$j_{n,\max} \approx 1 + \exp\left(-\frac{2\pi n}{\omega_0 \tau_{s0}}\right) \ , \qquad n \in \mathbb{N} \ .$$

Als $j_{n,\min}$ benutzen wir die Energiestromdichte des Minimums zwischen den Maxima n–ter und $(n + 1)$–ter Ordnung:

$$j_{n,\min} \approx 1 - \exp\left(-\frac{2\pi \left(n + \frac{1}{2}\right)}{\omega_0 \tau_{s0}}\right) \ .$$

Setzt man diese beiden Werte in (3.41) ein und formt etwas um, so erhält man den Kontrast als Funktion der Beugungsordnung:

$$K(n) = \frac{1 + \exp\left(-\frac{\pi}{\omega_0 \tau_{s0}}\right)}{1 - \exp\left(-\frac{\pi}{\omega_0 \tau_{s0}}\right) + 2\exp\left(\frac{2\pi n}{\omega_0 \tau_{s0}}\right)} \ . \tag{3.42}$$

Für hinreichend kleine n, genauer: für $n \ll \omega_0 \tau_{s0}/2\pi$, kann man die Exponentialfunktionen bis zum linearen Glied entwickeln und erhält

$$K(n) \approx \frac{2 - \frac{\pi}{\omega_0 \tau_{s0}}}{2 + \frac{2\pi}{\omega_0 \tau_{s0}}\left(2n + \frac{1}{2}\right)} \approx 1 - \frac{2\pi}{\omega_0 \tau_{s0}}\left(n + \frac{1}{2}\right) \ .$$

Wenn n in der Größenordnung von $\omega_0 \tau_{s0}/2\pi$ oder größer ist, kann man die von n unabhängigen Exponentialfunktionen in (3.42) vernachlässigen und erhält

$$K(n) \approx \frac{1}{1 + 2\exp\left(\frac{2\pi n}{\omega_0 \tau_{s0}}\right)} \ .$$

Wenn n so groß ist, daß man die Eins im Nenner vernachlässigen kann, geht der Kontrast mit wachsender Ordnung exponentiell gegen null.

Wir wollen nun die Frage beantworten, wie man das Fraunhofersche Beugungsbild eines beliebigen Objekts $t(x, y)$, das mit zeitlich partiell kohärentem Licht beleuchtet wird, berechnen kann. Dazu benutzen wir die in Abschn. 3.1.1 begründete Regel, nach der man eine polychromatische Quelle sich aus *inkohärent* strahlenden, monochromatischen Quellen zusammengesetzt denken kann, d. h. man zerlegt die ω–Achse in Intervalle $[\omega_n, \omega_n + \Delta\omega]$ und stellt die Energiestromdichte der polychromatischen Quelle als Summe quasimonochromatischer Energiestromdichten dar:

$$j = \sum_{n=-\infty}^{\infty} j_\omega(\omega_n')\Delta\omega \qquad \text{mit} \quad \omega_n' \in [\omega_n, \omega_n + \Delta\omega] \ . \tag{3.43}$$

Für nicht zu große Beugungswinkel, d. h. mit der Näherung $K(k_x, k_y) \approx 2k$ (s. (2.8)), erhält man gemäß (2.24) die Energiestromdichte in dem Beugungsbild, das von der Quelle mit der Frequenz ω_n' in der hinteren Brennebene der Linse Ob (s. Abb. 2.7) erzeugt wird:

$$\frac{\varepsilon_0 c}{2} \frac{(2k)^2 E^2(\omega_n')\Delta\omega}{(4\pi f)^2} T(k_x, k_y)T^*(k_x, k_y)$$
$$= \frac{k^2}{(2\pi f)^2} j_\omega(\omega_n')\Delta\omega \, T(k_x, k_y)T^*(k_x, k_y) \quad , \tag{3.44}$$

wobei $E(\omega_n')$, wie bei der Herleitung von (2.24) vorausgesetzt wurde, die Feldstärke in der Beleuchtungswelle ist, d. h. *vor* dem beugenden Objekt $t(x, y)$, und $j_\omega(\omega_n')\Delta\omega$ entsprechend die Energiestromdichte der Beleuchtungswelle. Bevor man (3.44) über ω_n' summiert, muß man sich daran erinnern, daß die Koordinaten k_x und k_y in der Ebene des Fraunhoferschen Beugungsbildes über den Faktor k mit den Ortskoordinaten ξ und η in dieser Ebene zusammenhängen (s. (2.26)), d. h. die Wellenzahlskala für jede Frequenz $\omega = ck$ eine andere ist. Wir müssen deshalb (3.44) zunächst mit Hilfe von (2.26), nämlich

$$k_x = k\frac{\xi}{f} = \frac{\omega\xi}{cf} \quad \text{und} \quad k_y = k\frac{\eta}{f} = \frac{\omega\eta}{cf} \ , \tag{3.45}$$

als Funktion der Ortskoordinaten und der Frequenz schreiben und dann über alle Frequenzen summieren bzw. integrieren, um das Beugungsbild $j(\xi, \eta)$ eines beliebigen Objekts $t(x, y)$ bei zeitlich partiell kohärenter Beleuchtung zu erhalten:

$$j(\xi, \eta) = \frac{1}{(2\pi f)^2 c^2} \int_{-\infty}^{\infty} \omega^2 j_\omega(\omega)T(\omega\xi, \omega\eta)T^*(\omega\xi, \omega\eta)\mathrm{d}\omega \ . \tag{3.46}$$

Wenn man als Objekt einen Doppelspalt wählt, müßte (3.46) in (3.20) übergehen. Die Fouriertransformierte des Doppelspalts

$$t(x) = s[\delta(x + d/2) + \delta(x - d/2)]$$

(s: Weite der Einzelspalte; d: Spaltabstand) ist

$$T(\omega\xi) = 2s\cos(d\omega\xi/2cf) \ .$$

Das Betragsquadrat $TT^* = 2s^2[1 + \cos(d\omega\xi/cf)]$ in (3.46) eingesetzt ergibt

$$j(\xi) = \text{const} \left[\int\limits_{-\infty}^{\infty} \omega^2 j_\omega(\omega)\mathrm{d}\omega + \int\limits_{-\infty}^{\infty} \omega^2 j_\omega(\omega)\cos(d\omega\xi/cf)\mathrm{d}\omega \right] \ . \tag{3.47}$$

Im zweiten Integral kann man statt $\cos(d\omega\xi/cf)$ auch $\exp(\mathrm{i}d\omega\xi/cf)$ schreiben, weil $\omega^2 j_\omega(\omega)$ eine gerade Funktion ist. Außerdem überzeugt man sich leicht, daß $d\xi/cf = \tau$ mit der in (3.20) benutzten Variable τ identisch ist. Der Unterschied zwischen (3.21) und (3.47) besteht in dem Faktor ω^2 in den beiden Integralen. Er rührt daher, daß in (3.46), wie oben schon erwähnt, $j_\omega(\omega)\mathrm{d}\omega$ die Energiestromdichte der Beleuchtungswelle bedeutet, während in (3.20) die Energiestromdichte der beiden hinter den Spalten miteinander interferierenden Wellen gemeint ist. Deshalb ist (3.20) zu verwenden, wenn man das Interferenzfeld in einem Zweistrahlinterferometer beschreiben will, was im folgenden Abschnitt diskutiert wird.

Der Faktor ω^2 in (3.46) rührt, wie man aus der Herleitung sieht, von dem Faktor k im Kirchhoffschen Beugungsintegral her. Seine Bedeutung wird durch folgende Überlegung illustriert. Eine Rechteckblende mit den Seitenlängen $x_0, y_0 \gg \lambda$ werde mit einer ebenen, monochromatischen Welle der Energiestromdichte j_0 beleuchtet. Der Energiestrom durch diese Blende, nämlich $I = j_0 x_0 y_0$, muß gleich dem Energiestrom durch die Ebene des Fraunhoferschen Beugungsbilds sein:

$$I = \iint\limits_{-\infty}^{\infty} j(\xi, \eta)\mathrm{d}\xi\mathrm{d}\eta \ . \tag{3.48a}$$

Setzt man (3.46), was sich bei monochromatischer Beleuchtung auf die Gleichung $j(\xi, \eta) = \omega^2 j_0 TT^*/(2\pi f)^2 c^2$ reduziert, in (3.48a) ein, und beachtet (3.45), so erhält man für den Energiestrom

$$\begin{aligned}
I &= \frac{\omega^2 j_0}{(2\pi f)^2 c^2} \iint\limits_{-\infty}^{\infty} T(\xi, \eta)T^*(\xi, \eta)\mathrm{d}\xi\mathrm{d}\eta \\[2ex]
&= \frac{j_0 k^2}{(2\pi f)^2} \int\limits_{-\infty}^{\infty} x_0^2\mathrm{sinc}^2\left(\frac{x_0 k\xi}{2f}\right)\mathrm{d}\xi \int\limits_{-\infty}^{\infty} y_0^2\mathrm{sinc}^2\left(\frac{y_0 k\eta}{2f}\right)\mathrm{d}\eta \ .
\end{aligned} \tag{3.48b}$$

Dabei wurden die gleichen Näherungen benutzt wie bei der Berechnung von (2.52a) in Abschn. 2.7.1. Wegen $\int_{-\infty}^{\infty} \mathrm{sinc}^2(az)dz = \pi/|a|$ erhält man schließlich

$$I = \frac{j_0 k^2}{(2\pi f)^2} x_0^2 \frac{2\pi f}{x_0 k} y_0^2 \frac{2\pi f}{y_0 k} = j_0 x_0 y_0 \ . \tag{3.48c}$$

Der Faktor k^2 vor den Integralen in der zweiten Zeile von (3.48b) bedeutet, daß bei gleicher Energiestromdichte der Beleuchtungswelle die Höhe des nullten Maximums mit k^2 wächst. Dieser Faktor hebt sich in (3.48c) weg, weil die beiden Integrale proportional zu $1/k$ sind. Ohne den Faktor k^2 erhielte man das physikalisch unsinnige Ergebnis, daß der Energiestrom durch die Öffnung eines Schirms mit wachsender Frequenz des Lichts abnimmt.

Wie beim Doppelspalt verringert sich auch bei einem beliebigen beugenden Objekt der Kontrast im Beugungsbild mit wachsender Breite des Spektrums der Lichtquelle. Das bewirkt der Faktor ω, mit dem die Koordinaten ξ und η in (3.46) skaliert sind. Ein experimentelles Beispiel zeigt Abb. 2.9. Teilbild b gibt das Beugungsbild eines Spalts wieder, der mit einem HeNe–Laser beleuchtet wurde. In den Minima sinkt die Intensität auf null, der Kontrast ist eins. Im Teilbild a ist das Beugungsbild desselben Spalts zu sehen, diesmal aber mit einer Kohlebogenlampe durch ein Rotfilter belichtet, das etwa die gleichen Eigenschaften wie das für die Berechnung der Abb. 3.3 benutzte Filter hatte. Die Intensität in den Minima ist hier größer als null, die Maxima sind weniger stark ausgeprägt, und der Kontrast wird mit wachsender Beugungsordnung deutlich kleiner.

3.1.5 Das Fourierspektrometer

Im vorangehenden Abschnitt hatten wir gesehen, daß der Kontrast im Beugungsbild mit wachsender Beugungsordnung umso schneller gegen null geht, je „schlechter" die zeitliche Kohärenz des verwendeten Lichts ist. Um ein „gutes", d. h. kontrastreiches Beugungsbild zu erhalten, muß man möglichst monochromatisches Licht verwenden. Man kann aber auch aus der Not eine Tugend machen und versuchen, aus einem „schlechten" Beugungsbild das Spektrum der Lichtquelle zu berechnen. Diese Idee stammt von Michelson, konnte aber erst in den 60er Jahren in die Praxis umgesetzt werden, als hinreichend leistungsfähige Computer zur Verfügung standen. Heute ist es möglich, aufgrund dieser Idee ein vor allem im infraroten Spektralbereich sehr leistungsfähiges Spektrometer zu bauen, das *Fourierspektrometer* genannt wird.

Man erzeugt die Zweistrahlinterferenz im Fourierspektrometer nicht mit einem Doppelspalt, sondern mit einem *Michelson–Interferometer*, weil man auf diese Weise den zur Verfügung stehenden Lichtstrom besser ausnutzen und größere Gangunterschiede erreichen kann. Abbildung 3.4a zeigt das Meßprinzip des Fourierspektrometers: Mit dem in z–Richtung verschiebbaren Spiegel S_2 kann man den Gangunterschied $\Delta l = 2z$ des an den Spiegeln S_1 und S_2 reflektierten Lichts variieren. Im Zentrum der Interferenzringe steht ein Detektor, der die in (3.20) angegebene Energiestromdichte $j_P(\tau) = j_0[1 + \gamma(\tau)]$ mißt. Die Verzögerungszeit τ ist ein Maß für den Gangunterschied $\Delta l = c\tau$.

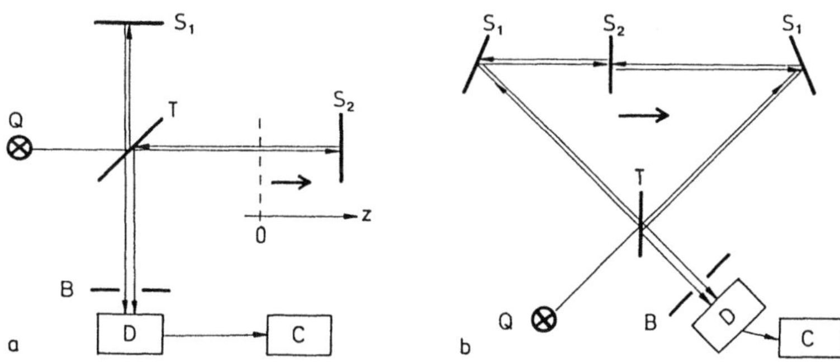

Abb. 3.4. **(a)** Prinzipieller Aufbau eines Fourierspektrometers. Q Lichtquelle, deren Spektrum gemessen werden soll, T Strahlteiler, S_1 fester und S_2 beweglicher Spiegel, B Aperturblende, D Detektor, C Computer. **(b)** Eine andere Realisierungsmöglichkeit für den optischen Strahlengang eines Fourierspektrometers

Eine Blende vor dem Detektor begrenzt den Öffnungswinkel der beiden miteinander interferierenden Lichtbündel. Der Öffnungswinkel muß so klein sein, daß der maximale, innerhalb eines Bündels auftretende Gangunterschied klein gegen die Wellenlänge ist, d. h. daß man mit dem Detektor die Energiestromdichte an einem „Punkt" des Interferenzfelds mißt.

In der Infrarotspektroskopie ist es üblich, statt der Frequenz ω die Wellenzahl $k^\star = 1/\lambda$ als Variable zu benutzen. Wir schließen uns diesem Gebrauch an, benutzen aber die auch in allen anderen Gebieten der Physik übliche Definition $k = 2\pi/\lambda$. Um in (3.21) ω durch k zu ersetzen, muß man zunächst die Energiestromdichte pro Wellenzahl $j_k(k)$ berechnen. Dazu schreiben wir die Energiestromdichte im Frequenzintervall $[\omega, \omega + d\omega]$ auf und ersetzen ω durch ck:

$$j_\omega(\omega)\mathrm{d}\omega = j_\omega(ck)c\,\mathrm{d}k = j_k(k)\mathrm{d}k \ . \tag{3.49}$$

Setzt man (3.49) in (3.21) ein und schreibt auch die Phase in der e–Funktion mit Hilfe von $\omega\tau = k\Delta l$ auf die neue Variable k um, so erhält man die zeitliche Kohärenzfunktion

$$\gamma(\tau) = \frac{1}{j_0} \int\limits_{-\infty}^{\infty} j_\omega(\omega)\mathrm{e}^{\mathrm{i}\omega\tau}\mathrm{d}\omega = \frac{1}{j_0} \int\limits_{-\infty}^{\infty} j_k(k)\mathrm{e}^{\mathrm{i}k\Delta l}\mathrm{d}k = \gamma(\Delta l) \tag{3.50}$$

als Funktion des Gangunterschieds Δl, d. h. als Funktion der Verschiebung des beweglichen Spiegels S_2 im Fourierspektrometer (s. Abb. 3.4a). Der Detektor D mißt die Energiestromdichte

$$j(\Delta l) = j_0[1 + \gamma(\Delta l)] \ , \tag{3.51}$$

wobei j_0 die am Detektor bei inkohärenter Überlagerung der beiden Lichtbündel auftretende Energiestromdichte ist.

Zur Messung des Spektrums der Lichtquelle Q in Abb. 3.4a geht man folgendermaßen vor: Man bringt zunächst den Spiegel S_2 in die Position $z = 0$ („Weißlichtposition") und mißt $j(0) = 2j_0$ wegen $\gamma(0) = 1$. Damit ist die Konstante j_0 bestimmt. Dann verschiebt man den Spiegel S_2 nach rechts und mißt $j(\Delta l)$. Wie man aus (3.51) sieht, setzt sich das Detektorsignal aus einer Gleichspannung proportional zu j_0 und einer von der Geschwindigkeit der Spiegelverschiebung abhängigen Wechselspannung $j_0\gamma(\Delta l)$ zusammen. Letztere kann man elektronisch leicht von der Gleichspannung abtrennen. Das zu $\gamma(\Delta l)$ proportionale Signal wird gespeichert und am Ende der Messung in dem Computer C einer Fouriertransformation unterzogen, um das Spektrum $j_k(k)$ zu berechnen:

$$j_k(k) = \frac{j_0}{2\pi} \int\limits_{-\infty}^{\infty} \gamma(\Delta l)\mathrm{e}^{-\mathrm{i}k\Delta l}d(\Delta l) = \frac{1}{\pi} \int\limits_{0}^{\infty} j_0\gamma(\Delta l)\cos(k\Delta l)\mathrm{d}(\Delta l) \ . \qquad (3.52)$$

Im letzten Schritt wurde die Tatsache ausgenutzt, daß $\gamma(\Delta l)$ eine gerade, reellwertige Funktion ist. Im Integranden des letzten Integrals stehen nur noch die Meßwerte $j_0\gamma(\Delta l)$ und Δl. Es sei noch bemerkt, daß ein Fourierspektrometer empfindlich auf eine Dejustierung der Weißlichtposition $z = 0$ reagiert. Diese ist gleichbedeutend mit einer Verschiebung von γ auf der Δl–Achse und hat ein komplexes, physikalisch sinnloses Spektrum $j_k(k)$ zur Folge.

Eine der wichtigsten Eigenschaften eines Spektrometers ist sein spektrales Auflösungsvermögen. Ein Blick auf die Integrale (3.52) legt die Vermutung nahe, daß das Auflösungsvermögen des Fourierspektrometers dadurch begrenzt ist, daß man $\gamma(\Delta l)$ nur bis zu einem maximalen Gangunterschied Δl_0 messen kann. Das kann man in dem rechten Intregral von (3.52) berücksichtigen, indem man die obere Integrationsgrenze durch Δl_0 ersetzt oder in dem linken durch die Einführung einer Rechteckfunktion der Breite $2\Delta l_0$ im Integranden, was für eine weitere Diskussion zweckmäßiger ist:

$$\frac{j_0}{2\pi} \int\limits_{-\infty}^{\infty} \mathrm{rect}(\Delta l/2\Delta l_0)\gamma(\Delta l)\mathrm{e}^{-\mathrm{i}k\Delta l}\mathrm{d}(\Delta l) = \frac{1}{2\pi}j_k(k) \star 2\Delta l_0 \ \mathrm{sinc}\Delta l_0 k \ . \quad (3.53)$$

Das experimentell ermittelte Spektrum (3.53) zeigt also nicht die wahren Strukturen von $j_k(k)$, sondern „verschmiert" sie durch Faltung mit der sinc–Funktion.

Um das Auflösungsvermögen quantitativ angeben zu können, muß man die Form einer Spektrallinie, d. h. die Reaktion des Spektrometers auf monochromatisches Licht berechnen. Dazu braucht man nur das Spektrum $j_k(k) = j_0[\delta(k + k_0) + \delta(k - k_0)]$ in (3.53) einzusetzen und sieht sofort, daß das Fourierspektrometer Spektrallinien, d. h. eine Stoßantwort der Form $\mathrm{sinc}\Delta l_0(k - k_0)$ hat, weil die von $\delta(k + k_0)$ herrührende sinc–Funktion in der Nähe von k_0 vernachlässigbar klein ist. Überraschend ist auf den ersten Blick, daß die Energiestromdichte in einer Spektrallinie auch negative

Werte annimmt. Dieses unphysikalische Verhalten wird offensichtlich durch die Verstümmelung der Kohärenzfunktion in (3.53) durch die Rechteckfunktion hervorgerufen. Zieht man das Rayleigh–Kriterium zur Definition des Auflösungsvermögens heran, so muß ein gerade noch auflösbares Dublett den Abstand $\Delta k = 3/2(\pi/\Delta l_0)$ haben (Abstand des ersten Minimums vom Hauptmaximum der sinc–Funktion). Mit Hilfe von $\Delta\lambda = (-2\pi/k^2)\Delta k$ kann man daraus das Auflösungsvermögen

$$\frac{\lambda}{\Delta\lambda} = \frac{4}{3}\frac{\Delta l_0}{\lambda} \quad \text{oder} \quad \frac{k}{\Delta k} = \frac{2}{3\pi}k\Delta l_0 \tag{3.54}$$

berechnen. Die Intensität zwischen den Hauptmaxima eines Dubletts aus gleich starken Linien mit dem Abstand $\Delta\lambda$ sinkt um etwa 24% ab (bei Prismen– und Gitterspektrometer führt das Rayleigh–Kriterium zu einer entsprechenden Absenkung der Intensität von etwa 19%).

Die Gestalt einer Spektrallinie wird beim Fourierspektrometer durch den Abbruch der Messung bei Δl_0, oder etwas formaler ausgedrückt: durch die Rechteckfunktion in (3.53) bestimmt. Das legt die Idee nahe, durch die Wahl einer anderen Funktion $f(\Delta l)$, d. h. durch eine andere *Bewertung der Meßwerte* $\gamma(\Delta l)$ die Form der Spektrallinie willkürlich festzulegen. Man nennt diesen Eingriff **Apodisation**. Er ist beim Fourierspektrometer besonders leicht durchzuführen, weil man nur die Meßwerte $\gamma(\Delta l)$ nach dem Einlesen in den Computer mit vorher festgelegten Zahlen $f(\Delta l)$ multiplizieren muß, bevor man die Fouriertransformation (3.53) durchführt. Die Frage ist, was man mit dieser Filterung der Meßwerte erreichen will. Das vorrangige Ziel aller in der Praxis angewandten Apodisationsverfahren ist die Beseitigung der Nebenmaxima der sinc–förmigen Spektrallinie, weil diese z. B. bei Multiplett–Strukturen im Spektrum zu Fehldeutungen Anlaß geben können. In Abschn. 2.7.2 hatten wir gesehen, daß die Fouriertransformierte der Gaußfunktion wieder eine Gaußfunktion ist, also für $x \to \pm\infty$ ohne Oszillationen monoton gegen null geht. Es liegt also nahe, diese Funktion zur Apodisation zu benutzen.

Wenn man in (3.53) statt der Rechteckfunktion eine Gaußfunktion einsetzt, sieht man sofort, daß das, genau genommen, der Beschränkung des Gangunterschieds auf Werte kleiner als Δl_0 widerspricht. Für die Praxis kann man die Gaußfunktion jedoch so wählen, daß sie für $\Delta l = \Delta l_0$ einen Wert annimmt, der kleiner als die Meßgenauigkeit ist, z. B. $f(\Delta l) = \exp[-5(\Delta l/\Delta l_0)^2]$ mit $f(\Delta l_0) = 0,0067$. Die Form einer Spektrallinie wird dann durch die Funktion $F(k) = \text{const.}\exp(-\Delta l_0^2 k^2/20)$ beschrieben. Zur Berechnung des Auflösungsvermögens kann man in diesem Fall das Rayleigh–Kriterium nicht direkt anwenden, sondern muß die Absenkung der Intensität zwischen den beiden Linien eines gerade noch aufgelösten Dubletts heranziehen. Soll diese wie bei Prismen– und Gitterspektrometer mindestens 19% betragen, so findet man mit den oben angegebenen Zahlen für das Auflösungsvermögen $\lambda/\Delta\lambda = 3/4(\Delta l_0/\lambda)$, also verglichen mit (3.54) ein um den Faktor 9/16 kleineres Auflösungsvermögen. Man muß also die Beseitigung der Nebenmaxima von (3.53) mit einer schlechteren spektralen Auflösung bezahlen.

In der Praxis strebt man immer einen Kompromiß zwischen den Extremfällen der Rechteck– und Gaußfunktion durch die Wahl von Filterfunktionen an, die im allgemeinen für $\Delta l \to \pm\Delta l_0$ gegen null gehen, im Innern des Intervalls $[-\Delta l_0, \Delta l_0]$ aber nicht so schnell abfallen wie die Gaußfunktion. Man erhält mit solchen Apodisationsfunktionen ein etwas größeres Auflösungsvermögen als mit der Gaußfunktion, muß aber kleine Nebenmaxima der Spektrallinie in Kauf nehmen. Als ein Beispiel für viele Möglichkeiten der Wahl von $f(\Delta l)$ erwähnen wir das „Hanning–Fenster" („Hanning"ist ein Kunstwort, das aus dem Namen des österreichischen Meteorologen Hann (Julius Ferdinand Edler von Hann, 1839–1921) und des amerikanischen Informatikers Hamming (Richard W. Hamming, geb. 1915) gebildet worden ist):

$$f(\Delta l) = \frac{1}{2}\left[1 + \cos\left(\frac{\pi\Delta l}{\Delta l_0}\right)\right] \text{rect}(\Delta l/\Delta l_0) \ . \tag{3.55a}$$

Die Rechteckfunktion dient nur dazu, $f(\Delta l)$ auf das Intervall $[-\Delta l_0, \Delta l_0]$ zu beschränken. Die Fouriertransformierte von (3.55a) kann man leicht ausrechnen (s. Übungsaufgabe 1.5) und findet (auf eins normiert)

$$F(k) = \frac{\pi^2 \sin(\Delta l_0 k)}{\Delta l_0 k[\pi^2 - (\Delta l_0 k)^2]} \ . \tag{3.55b}$$

Diese Funktion oszilliert beiderseits des Hauptmaximums nur sehr schwach und hat eine deutlich kleinere Halbwertsbreite als die Gaußfunktion ($F(k)$ hat bei $\Delta l_0 k = \pi$ keine Singularität! (Vgl. Übungsaufgabe 1.5).

Im Grunde ist das Fourierspektrometer ein einfaches Instrument. Allerdings muß der Gangunterschied Δl sehr genau gemessen werden, und der Spiegel S_2 muß präzise über eine Strecke der Größenordnung 10 cm verschoben werden, ohne dabei zu kippen. Die erste Forderung erfüllt man, indem man neben dem Meßstrahl den Strahl eines HeNe–Lasers in das Interferometer einkoppelt (bzw. ein zweites Michelson–Interferometer für den HeNe–Laser mechanisch starr mit dem ersten koppelt) und aus dessen Interferenzen Δl bestimmt. Die zweite Forderung kann man etwas entschärfen, indem man, wie die Abb. 3.4b zeigt, den beweglichen Spiegel S_2 auf die Lichtbündel in *beiden* Armen des Interferometers wirken läßt und auf diese Weise als Gangunterschied nicht nur die doppelte wie in Abb. 3.4a, sondern die vierfache Spiegelverschiebung erreicht. Eine andere Möglichkeit besteht darin, die ebenen Spiegel durch drei wechselseitig aufeinander senkrecht stehende ebene Spiegel nach dem Prinzip des „Katzenauges" zu ersetzen. Wenn dieser Katzenaugenspiegel („corner mirror") so im Strahlengang steht, daß das einfallende Lichtbündel nacheinander an allen drei Spiegeln reflektiert wird, verlaufen die Strahlen des reflektierten Bündels exakt parallel zu denen des einfallenden, allerdings seitlich versetzt, zurück, unabhängig von Verkippungen des Katzenaugenspiegels.

3.2 Räumlich partiell kohärentes Licht

In diesem Abschnitt wird untersucht, welchen Einfluß die *räumliche Ausdehnung* einer quasimonochromatischen Lichtquelle auf das Fraunhofersche Beugungsbild hat. Dabei setzen wir voraus, daß die Lichtemission von verschiedenen Punkten der flächenhaften Quelle keine Phasenkorrelation besitzt, sondern die Phasen stochastisch fluktuieren, was für alle thermischen Lichtquellen zutrifft. Wie bei der zeitlichen Kohärenz diskutieren wir zunächst, wie sich die Vergrößerung der Quelle qualitativ auf das Beugungsbild eines idealen Doppelspalts auswirkt. Dann berechnen wir dieses Beugungsbild; sein Kontrast wird durch die **räumliche Kohärenzfunktion** beschrieben. Nach der Vorstellung der Kohärenzfunktionen einiger ausgedehnter Lichtquellen berechnen wir das Fraunhofersche Beugungsbild eines beliebigen Objekts bei räumlich partiell kohärenter Beleuchtung. Schließlich wird als Anwendung Michelsons Sterninterferometer behandelt.

3.2.1 Qualitative Beschreibung: Die räumliche Kohärenzbedingung

Um zu verstehen, wie die einzelnen monochromatischen Punktquellen einer flächenhaften thermischen Lichtquelle, deren Phasen stochastisch fluktuieren, beim Entstehen des Beugungsbilds zusammenwirken, reicht es aus, zunächst nur zwei dieser Punktquellen zu betrachten. Wegen der Phasenfluktuationen kann eine solche Quelle nicht streng monochromatisch strahlen, sondern muß eine endliche spektrale Breite haben; man nennt sie deshalb *quasimonochromatisch* (vgl. „Stoßverbreiterung" in Abschn. 3.1.3).

In Abb. 3.5a wird ein idealer Doppelspalt in der xy-Ebene mit zwei monochromatischen Punktquellen Q_1 und Q_2 beleuchtet. Auf der k_x-Achse ist die Energiestromdichte j der Beugungsbilder aufgetragen, die jeweils eine Punktquelle allein (Q_1: durchgezogene Kurve; Q_2: gestrichelte Kurve) erzeugen würde. Um das Beugungsbild zu berechnen, das beide Quellen zusammen erzeugen, gehen wir von der Feldstärke in beiden Beugungsbildern aus (s. (2.49) und (2.63c)) und stellen der Einfachheit halber die beiden Quellen symmetrisch zur optischen Achse auf:

$$E_1(k_x, t) \;\sim\; e^{i\varphi_1(t)} \cos \frac{d}{2}(k_x - k_Q) \quad \text{und}$$

$$E_2(k_x, t) \;\sim\; e^{i\varphi_2(t)} \cos \frac{d}{2}(k_x + k_Q)\,,$$

wobei d den Abstand der beiden unendlich schmalen Spalte bezeichnet. Die Verschiebung der Beugungsbilder um $\pm k_Q = \mp k_0 \xi_0 / f_1$ hängt von der Lage ξ_0 bzw. $-\xi_0$ der beiden Punktquellen ab (s. (2.46)); φ_1 und φ_2 bezeichnen die stochastischen Phasenfluktuationen der Quellen. Die Energiestromdichte des von den beiden Quellen zusammen erzeugten Beugungsbilds berechnet man in der üblichen Weise:

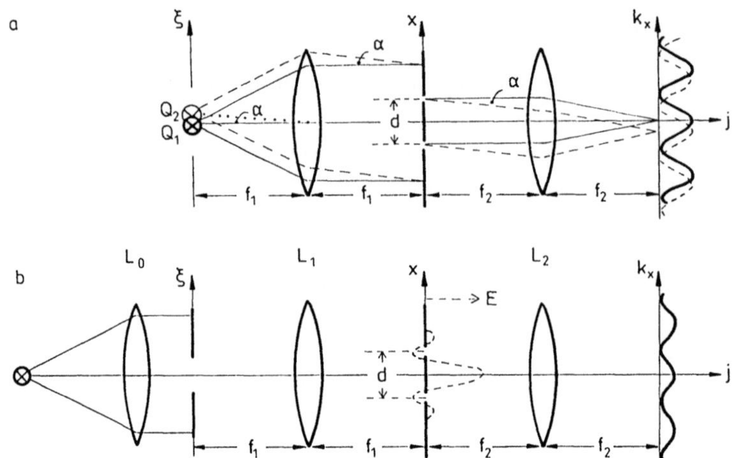

Abb. 3.5. (a) Räumlich partiell kohärente Beleuchtung eines Doppelspalts mit einer flächenhaften thermischen Lichtquelle. (b) Die thermische Quelle ist durch eine Quelle ersetzt worden, die über ihre gesamte Fläche synchron schwingt. Weitere Einzelheiten im Text

$$
\begin{aligned}
j(k_x, t) \;&\sim\; (E_1 + E_2)(E_1^* + E_2^*) = E_1 E_1^* + E_2 E_2^* + 2\mathrm{Re}\{E_1 E_2^*\} \\
&\sim\; \cos^2 \frac{d}{2}(k_x - k_Q) + \cos^2 \frac{d}{2}(k_x + k_Q) \\
&\quad + 2\cos[\varphi_1(t) - \varphi_2(t)] \cos \frac{d}{2}(k_x - k_Q) \cos \frac{d}{2}(k_x + k_Q) \; . \quad (3.56)
\end{aligned}
$$

Wie zu erwarten war, ändert sich das Beugungsbild mit der Phasenverschiebung $\varphi_1 - \varphi_2$ zwischen den von den beiden Punktquellen abgestrahlten Wellen. Da diese Phasenverschiebung aber sehr schnell fluktuiert, beobachtet man nur den zeitlichen Mittelwert $\langle j(k_x, t)\rangle = j(k_x)$, d. h. die beiden ersten Summanden in der zweiten Zeile von (3.56), die gerade die Energiestromdichten der von den beiden Quellen einzeln erzeugten Beugungsbilder darstellen (das Zeitmittel des dritten Summanden ist null). Anders ausgedrückt: Das Beugungsbild ist die *Summe der Energiestromdichten* der von den beiden Quellen einzeln erzeugten Beugungsbilder. Die Verallgemeinerung auf bliebig viele Punktquellen führt zu folgender nützlicher Regel:

Eine ausgedehnte thermische Lichtquelle verhält sich in einem Beugungsexperiment so, als ob sie aus inkohärent strahlenden Punktquellen bestünde.

Wir kommen auf Abb. 3.5a zurück: Das Beugungsbild des mit den beiden Punktquellen Q_1 und Q_2 beleuchteten Doppelspalts ist die Summe der beiden über der k_x-Achse eingezeichneten $\cos^2$-Kurven, d. h. wieder eine $\cos^2$-Kurve mit einem „inkohärenten Untergrund" (die Minima sind größer als null). Der

Kontrast ist kleiner als eins, aber im Gegensatz zur *zeitlich* partiell kohärenten Beleuchtung unabhängig von der Beugungsordnung bzw. von dem Gangunterschied zweier von den beiden Spalten ausgehenden Elementarwellen. Wenn man den Raum zwischen Q_1 und Q_2 mit weiteren Punktquellen ausfüllt, um eine flächenhafte Lichtquelle zu erhalten, ändert sich das Beugungsbild qualitativ nicht.

Wie groß darf eine flächenhafte Lichtquelle sein, wenn sie noch ein kontrastreiches Beugungsbild liefern soll? Wenn die Lichtquelle so groß ist, daß die Beugungsbilder aller Punktquellen zwischen Q_1 und Q_2 Verschiebungen zwischen null und einer Streifenbreite aufweisen, verschwindet das Beugungsbild, weil sich die $\cos^2$-Kurven zu einer Konstanten addieren. Das ist – wie man aus Abb. 3.5a unmittelbar sieht – der Fall, wenn die nullten Ordnungen jeweils maximal um eine halbe Streifenbreite nach oben bzw. nach unten verschoben sind, d. h. für $d \sin \alpha = \lambda/2$. Für ein „gutes" Beugungsbild fordert man deshalb

$$d \sin \alpha \ll \frac{\lambda}{2} \, . \tag{3.57}$$

Diese Ungleichung nennt man **räumliche Kohärenzbedingung**. Sie sagt aus, daß der Winkelbereich 2α, aus dem Licht auf den Doppelspalt fällt, umso kleiner sein muß, je größer der Spaltabstand d ist, oder allgemeiner formuliert:

> ***Das Produkt aus der größten Abmessung des beugenden Objekts und der Beleuchtungsapertur*** sin α ***muß hinreichend klein gegen die Wellenlänge des Lichts sein.***

In den konventionellen Beschreibungen der räumlichen Kohärenz wird auf die Kondensorlinse L_1 verzichtet und gefordert, daß die Ausdehnung der Lichtquelle Q klein gegen ihre Entfernung vom beugenden Objekt sein soll, d. h. mit den Abb. 3.6a zu entnehmenden Bezeichnungen: $s/2l \approx \alpha \ll 1$. Im Gegensatz dazu wurde bei der

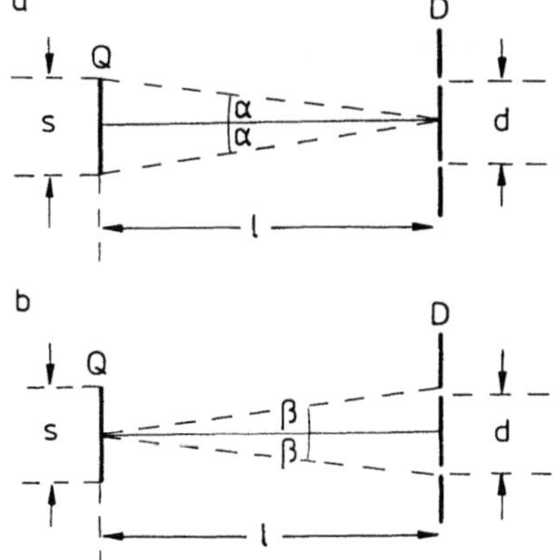

Abb. 3.6. Zur Formulierung der räumlichen Kohärenzbedingung. Q: ausgedehnte Lichtquelle, D: Doppelspalt

Herleitung von (3.57) die Beleuchtungsapertur $\sin\alpha$ keiner Beschränkung unterworfen. Darüberhinaus formulieren die meisten Lehrbücher die Kohärenzbedingung mit Hilfe der Größe der Lichtquelle s und des Winkels 2β, unter dem von der Lichtquelle aus das beugende Objekt erscheint (s. Abb. 3.6b). Man entnimmt Abb. 3.6 die Beziehung $s/\tan\alpha = d/\tan\beta$, was für kleine Winkel zu $s\cdot\beta = d\cdot\alpha$ und zu der Kohärenzbedingung $s\beta \ll \lambda/2$ führt. In dieser Form ist die Kohärenzbedingung physikalisch nicht so anschaulich interpretierbar wie (3.57).

Bei den Überlegungen zur räumlichen Kohärenz haben wir vorausgesetzt, daß die Phasen der von den einzelnen Punkten der ausgedehnten Quelle emittierten Lichtwellen *unabhängig* voneinander stochastisch fluktuieren. Um zu betonen, wie wichtig diese Voraussetzung ist, wollen wir kurz den anderen Extremfall betrachten, nämlich eine phasenstarre Kopplung aller emittierenden Punkte. Diesen Fall kann man mit der in Abb. 3.5b skizzierten experimentellen Anordnung realisieren. Die flächenhafte Lichtquelle liegt wie in Abb. 3.5a in der $\xi\eta$–Ebene in Form einer Blende, z. B. eines Spalts, der von der punktförmigen Quelle Q beleuchtet wird. Q braucht nicht streng monochromatisch zu sein, sondern kann beliebige Phasenfluktuationen aufweisen. Trotzdem schwingen zu jedem Zeitpunkt alle Punkte der $\xi\eta$–Ebene synchron, weil die Linse L_0 eine ebene Welle erzeugt. In der xy–Ebene entsteht das Fraunhofersche Beugungsbild des in der $\xi\eta$–Ebene liegenden Spalts, das für den Doppelspalt wie eine ideal kohärente Beleuchtung wirkt. Allerdings ist diese Beleuchtung inhomogen (in der Abb. 3.5b durch die Feldstärkeverteilung des Spaltbeugungsbilds verdeutlicht), während wir bisher stillschweigend stets eine homogene Beleuchtung vorausgesetzt haben. Wegen der kohärenten Beleuchtung des Doppelspalts erhält man in der $k_x k_y$–Ebene eine $\cos^2$–förmige Verteilung der Energiestromdichte, allerdings mit kleiner Amplitude, weil nur ein kleiner Teil des Lichtstroms auf die beiden Spalte in der xy–Ebene fällt.

Wenn man den Doppelspalt in Abb. 3.5b entfernt, wird der Spalt aus der $\xi\eta$–Ebene in die $k_x k_y$–Ebene abgebildet. Man kann deshalb den Doppelspalt auch als Raumfilter auffassen, das diese Abbildung verändert. Davon handelt Kap. 5.

3.2.2 Quantitative Beschreibung: Die räumliche Kohärenzfunktion

Wenn die Beleuchtungsapertur $\sin\alpha$ vorgegeben ist, so sagt die Kohärenzbedingung (3.57) aus, daß mit wachsendem Spaltabstand d des Doppelspalts sein Beugungsbild immer kontrastärmer wird. Das legt nahe, den Grad der Kohärenz von räumlich partiell kohärentem Licht dadurch zu bestimmen, daß man es auf einen Schirm mit zwei kleinen Löchern an den Stellen r_1 und r_2 fallen läßt und den Kontrast des Beugungsbilds mißt. Wenn die Beleuchtung homogen ist, d. h. die Eigenschaften des Lichts an jeder Stelle des Schirms dieselben sind, hängt der Kontrast nur von $r_1 - r_2$ ab. Eine solche homogene Beleuchtung wird mit der in Abb. 3.5a skizzierten Anordnung in einem Gebiet der xy–Ebene realisiert, das Licht von allen Punkten der ausgedehnten Lichtquelle erhält.

Zur Berechnung das Beugungsbilds gehen wir von dem Beugungsbild aus, das ein Flächenelement dA der Lichtquelle erzeugt (s. Abb. 3.7). Dazu greifen wir auf Abschn. 2.6 zurück. Dort wurde das Beugungsbild berechnet, das eine Punktquelle an der Stelle ϱ_0 erzeugt. Seine Feldstärke ist nach (2.49)

$$E(\boldsymbol{k}) = \frac{E_0(\boldsymbol{k}_Q)k_0}{2\pi f_2} T(\boldsymbol{k} - \boldsymbol{k}_Q) \,, \tag{3.58}$$

wobei $\boldsymbol{k}_Q = -k_0\varrho_0/f_1$ die Projektion des $\boldsymbol{k}$–Vektors der ebenen Beleuchtungswelle auf die Objektebene ist, also die Richtung dieser Welle in Bezug auf die optische Achse bestimmt. $E_0(\boldsymbol{k}_Q)$ ist die Feldstärke in der Objektebene; das Argument $\boldsymbol{k}_Q$ bedeutet, daß E_0 von der Richtung bzw. von dem ihr entsprechenden Punkt in der Lichtquelle abhängen kann. Der Richtungsfaktor für das gebeugte Licht wurde der Einfachheit halber durch $2k_0$ genähert, so daß (3.58) nur für hinreichend kleine Beugungswinkel gilt.

Ein Flächenelement dA der Quelle erzeugt rechts von der Kondensorlinse L_1 (s. Abb. 3.7) ein ganzes Bündel von ebenen Wellen, die ein Raumwinkelelement $d\Omega = dA/f_1^2$ (α soll wie in Abschn. 2.6 so klein sein, daß $\cos\alpha \approx 1$) ausfüllen. $d\Omega$ hängt unter diesen Voraussetzungen auch in einfacher Weise mit

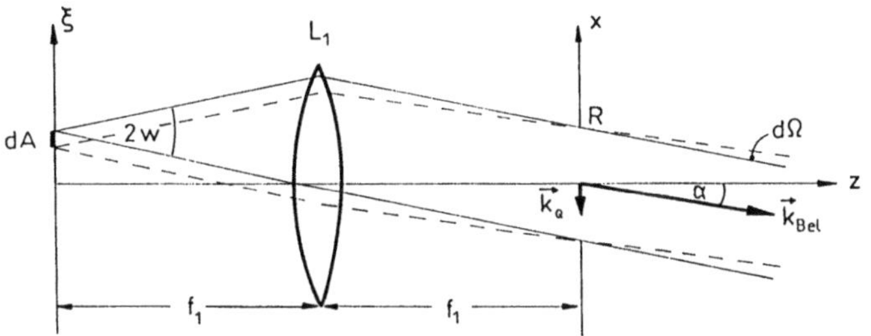

Abb. 3.7. Beleuchtungsstrahlengang aus Abb. 3.5a. Zur Herleitung der Gleichungen (3.59) und (3.60)

den Komponenten κ_x und κ_y von $\boldsymbol{k}_Q$ zusammen: $d\Omega = d^2k_Q/k_0^2 = d\kappa_x d\kappa_y/k_0^2$. Die von dem Flächenelement dA in der xy–Ebene erzeugte Energiestromdichte dj kann man also schreiben als

$$dj(\boldsymbol{k}_Q, \boldsymbol{r}) = j_\Omega(\boldsymbol{k}_Q, \boldsymbol{r})d\Omega = j_\Omega(\kappa_x, \kappa_y, x, y)\frac{d\kappa_x d\kappa_y}{k_0^2} \,, \tag{3.59}$$

wobei j_Ω die **Energiestromdichte pro Raumwinkel**[2] ist und κ_x und κ_y die mit k_0 multiplizierten Richtungskosinus der Achse des Bündels (s. (2.6)) sind. Wie eingangs erwähnt, soll das Objekt auf ein Gebiet beschränkt werden, in dem die Beleuchtung homogen ist, d. h. wir können im folgenden die Variablen

---

[2]Nach einer Empfehlung der Internationalen Union für reine und angewandte Physik (UPAP) soll diese Größe *Strahldichte* genannt werden

x und y weglassen und mit Hilfe von (3.58) und (3.59) die Energiestromdichte im Beugungsbild folgendermaßen darstellen:

$$
\begin{aligned}
\mathrm{d}j(\boldsymbol{k}) &= \frac{\varepsilon_0 c}{2}\frac{E_0^2(\boldsymbol{k}_Q)k_0^2}{(2\pi f_2)^2}T(\boldsymbol{k}-\boldsymbol{k}_Q)T^*(\boldsymbol{k}-\boldsymbol{k}_Q)\mathrm{d}\Omega \\
&= \frac{k_0^2}{(2\pi f_2)^2}j_\Omega(\boldsymbol{k}_Q)T(\boldsymbol{k}-\boldsymbol{k}_Q)T^*(\boldsymbol{k}-\boldsymbol{k}_Q)\mathrm{d}\Omega \\
&= \frac{1}{(2\pi f_2)^2}j_\Omega(\boldsymbol{k}_Q)T(\boldsymbol{k}-\boldsymbol{k}_Q)T^*(\boldsymbol{k}-\boldsymbol{k}_Q)\mathrm{d}^2k_Q \ .
\end{aligned}
\tag{3.60}
$$

Als beugendes Objekt soll, wie eingangs begründet wurde, ein Schirm mit zwei kleinen Löchern, jedes mit der Fläche A, d. h. ein Objekt mit der Transmissionsfunktion $t(\boldsymbol{r}) = A[\delta(\boldsymbol{r}-\boldsymbol{r}_1) + \delta(\boldsymbol{r}-\boldsymbol{r}_2)]$ verwendet werden. Daraus erhält man nach kurzer Rechnung

$$
T(\boldsymbol{k}-\boldsymbol{k}_Q)T^*(\boldsymbol{k}-\boldsymbol{k}_Q) = 2A^2\left[1 + \mathrm{Re}\{\mathrm{e}^{-\mathrm{i}(\boldsymbol{k}-\boldsymbol{k}_Q)(\boldsymbol{r}_1-\boldsymbol{r}_2)}\}\right] \ .
\tag{3.61}
$$

Nun können wir (3.61) in (3.60) einsetzen und aufgrund der Regel in Abschnitt 3.2.1, wonach man eine flächenhafte, thermische Lichtquelle aus inkohärent strahlenden Punktquellen zusammensetzen kann, das mit einer solchen Quelle erzeugte Beugungsbild durch Summation der Beiträge aller Punktquellen berechnen:

$$
\begin{aligned}
j(\boldsymbol{k}) =\ & \frac{2A^2}{(2\pi f_2)^2}\left[\int\limits_{-\infty}^{\infty} j_\Omega(\boldsymbol{k}_Q)\mathrm{d}^2k_Q \right. \\
& \left. + \mathrm{Re}\left\{\int\limits_{-\infty}^{\infty} j_\Omega(\boldsymbol{k}_Q)\mathrm{e}^{-\mathrm{i}(\boldsymbol{k}-\boldsymbol{k}_Q)(\boldsymbol{r}_1-\boldsymbol{r}_2)}\mathrm{d}^2k_Q\right\}\right] \ .
\end{aligned}
\tag{3.62a}
$$

Die Integration kann man über die gesamte $\boldsymbol{k}_Q$-Ebene erstrecken, weil $j_\Omega(\kappa_x,\kappa_y)$ nur innerhalb der Beleuchtungsapertur $\sin\alpha_{x,y} = \kappa_{x,y}/k_0$ von null verschieden ist. Das erste Integral in (3.62a) hat wegen $\mathrm{d}^2k_Q = k_0^2\mathrm{d}\Omega$ den Wert $k_0^2 j_0$, wobei j_0 die Energiestromdichte der Beleuchtung in der Objektebene ist. Aus dem zweiten Integral kann man $\exp[-\mathrm{i}\boldsymbol{k}(\boldsymbol{r}_1-\boldsymbol{r}_2)]$ herausziehen; der Rest ist die Fouriertransformierte der Energiestromdichte pro Raumwinkel:

$$
J_\Omega(\boldsymbol{r}_1-\boldsymbol{r}_2) = \int\limits_{-\infty}^{\infty} j_\Omega(\boldsymbol{k}_Q)\mathrm{e}^{\mathrm{i}k_Q(\boldsymbol{r}_1-\boldsymbol{r}_2)}\frac{\mathrm{d}^2k_Q}{(2\pi)^2} \ .
\tag{3.63a}
$$

Für $\boldsymbol{r}_1 - \boldsymbol{r}_2 = 0$ hat J_Ω den Wert $j_0(k_0/2\pi)^2$. Man normiert deshalb J_Ω mit $(2\pi)^2/k_0^2 j_0$ und nennt die Funktion

$$
\frac{(2\pi)^2}{k_0^2 j_0}J_\Omega(\boldsymbol{r}_1-\boldsymbol{r}_2) \overset{\mathrm{def}}{=} \gamma(\boldsymbol{r}_1-\boldsymbol{r}_2)
\tag{3.63b}
$$

die **räumliche Kohärenzfunktion**, die im allgemeinen komplex ist. Mit dieser Definition geht (3.62a) über in

$$j(\boldsymbol{k}) = g j_0 \left[1 + \mathrm{Re} \left\{ \gamma(\boldsymbol{r}_1 - \boldsymbol{r}_2) \mathrm{e}^{-\mathrm{i}\boldsymbol{k}(\boldsymbol{r}_1 - \boldsymbol{r}_2)} \right\} \right] \, , \qquad (3.62b)$$

wobei in g alle Konstanten zusammengefaßt wurden. Wir erinnern daran, daß (3.62b) nur für kleine Beleuchtungsaperturen und Beugungswinkel gilt.

Wie ist dieses wichtige Ergebnis zu interpretieren? Zuvor wollen wir zeigen, daß in (3.62b) natürlich die räumlich ideal kohärente Beleuchtung von zwei symmetrisch zum Nullpunkt liegenden Löchern enthalten ist. Wir setzen zu diesem Zweck $\boldsymbol{r}_1 = (d/2, 0), \boldsymbol{r}_2 = (-d/2, 0)$ und $j_\Omega(\boldsymbol{k}_Q) = k_0^2 j_0 \delta(\boldsymbol{k}_Q)$, d. h. der $\boldsymbol{k}$-Vektor der Beleuchtungswelle hat keine Komponenten senkrecht zur z-Achse oder anders ausgedrückt: die Beleuchtung besteht aus einer ebenen (quasimonochromatischen) Welle, die parallel zur optischen Achse verläuft. Die Konstante vor der δ-Funktion ist gerade so gewählt, daß $\int_{-\infty}^{\infty} j_\Omega(\boldsymbol{k}_Q) \mathrm{d}\Omega = j_0$ wird. Für die Kohärenzfunktion bei räumlich ideal kohärenter Beleuchtung erhält man $\gamma(\boldsymbol{r}_1 - \boldsymbol{r}_2) = ((2\pi)^2 / k_0^2 j_0) k_0^2 j_0 / (2\pi)^2 = 1$. Damit geht wegen $\boldsymbol{r}_1 - \boldsymbol{r}_2 = (d, 0)$ (3.62b) über in $j(\boldsymbol{k}) = g j_0 [1 + \cos d k_x]$, das Fraunhofersche Beugungsbild eines Doppelspalts bei ideal kohärenter Beleuchtung. Bei räumlich partiell kohärenter Beleuchtung wird $\gamma(\boldsymbol{r}_1 - \boldsymbol{r}_2)$ im allgemeinen komplex. Die Bedeutung von Betrag und Phase von γ sieht man leicht, wenn man $\gamma = |\gamma| \mathrm{e}^{\mathrm{i}\varphi}$ mit $G(\omega)$ in (1.27b) vergleicht: $|\gamma|$ ist die Amplitude der cosinusförmigen Modulation von j im Beugungsbild, während die Phase φ die Lage der Beugungsmaxima angibt: wenn $\varphi \neq 0$, dann liegt die nullte Ordnung nicht im Nullpunkt, sondern ist dagegen verschoben. Die Amplitude der stets cosinusförmigen Modulation ist unabhängig von der Beugungsordnung, eine Bestätigung der mehr qualitativen Überlegungen in Abschnitt 3.2.1.

Die Eigenschaften der räumlichen Kohärenzfunktion (3.63b) werden, wie man aus (3.63a) abliest, allein durch die *Energiestromdichte pro Raumwinkel am Ort des beugenden Objekts* bestimmt. Die räumliche Kohärenz ist eine Eigenschaft des Lichts an einem festen Ort und hat nichts mit der Lichtquelle zu tun; die Kohärenz kann sich „unterwegs" ändern. Wenn man dagegen einen Beleuchtungsstrahlengang fest vorgibt, wie z. B. in Abb. 3.5a, kann man natürlich die Kohärenz am Ort des Objekts durch die Eigenschaften der Lichtquelle ausdrücken. Auf diese Weise wird die Kohärenzfunktion traditionell eingeführt, allerdings ohne die Linse L_1 und unter der Voraussetzung, daß die Abmessungen von Lichtquelle und beugendem Objekt klein gegen ihre Entfernung voneinander sind. Dieses Vorgehen verschleiert zwar die Tatsache, daß die räumliche Kohärenz eine *lokale* Eigenschaft des Lichts ist, hat aber den Vorteil, daß man für Lichtquellen einfacher Gestalt sofort sieht, wie die Kohärenzfunktion qualitativ verläuft.

Um die Kohärenzfunktion in dem in Abb. 3.7 skizzierten Beleuchtungsstrahlengang durch Eigenschaften der Lichtquelle ausdrücken zu können, schreiben wir (3.63a) auf ein Flächenintegral über die Lichtquelle um. Dafür müssen wir von der Variable $\boldsymbol{k}_Q$ mit Hilfe von (2.46), nämlich $\boldsymbol{k}_Q = -k_0 \boldsymbol{\varrho}/f_1$, auf den Ortsvektor $\boldsymbol{\varrho}$ in der $\xi\eta$-Ebene übergehen. Wie sich $j_\Omega(\boldsymbol{k}_Q)$ dabei ändert, zeigt die folgende Überlegung. In der Objektebene (s. Abb. 3.7) denken wir uns eine kreisförmige Blende mit dem Radius r (wie bei der Herleitung der von–Bieren–Bedingung, vgl. Abb. 2.3) angebracht, die einen gemeinsamen Querschnitt $A_0 = \pi r^2$ aller ebenen Wellen erzwingt. Den Energiestrom, der von dA aus durch diese Blende geht, kann man auf zwei verschiedene Arten ausdrücken: entweder mit Hilfe von (3.59) als $\mathrm{d}I = A_0 \mathrm{d}j(\mathbf{k}_Q) = A_0 j_\Omega(\mathbf{k}_Q)\mathrm{d}\Omega$ oder mit der Energiestromdichte pro Raumwinkel $j_{\Omega,Q}$ der Quelle in der $\xi\eta$–Ebene als $\mathrm{d}I = j_Q(\boldsymbol{\varrho})\mathrm{d}A = j_Q(\boldsymbol{\varrho})f_1^2 \mathrm{d}\Omega$, wobei $j_Q(\boldsymbol{\varrho})$ das Integral von $j_{\Omega,Q}$ über den Raumwinkel A_0/f_1^2, d. h. über den Kegel mit dem Öffnungswinkel w an der Stelle $\boldsymbol{\varrho}$ ist (s. Abb. 3.7). Gleichsetzen dieser beiden Ausdrücke ergibt $A_0 j_\Omega(\mathbf{k}_Q) = f_1^2 j_Q(\boldsymbol{\varrho})$, d. h. ein Ersetzen von $j_\Omega(\mathbf{k}_Q)$ in (3.63a) durch $j_Q(\boldsymbol{\varrho})$ liefert nur einen konstanten Faktor, der sich in der Kohärenzfunktion wegen der Normierung nicht bemerkbar macht. Wir können also $\gamma(\mathbf{r}_1 - \mathbf{r}_2)$ auch folgendermaßen schreiben:

$$\gamma(\mathbf{r}_1 - \mathbf{r}_2) = \frac{\displaystyle\int_{-\infty}^{\infty} j_Q(\boldsymbol{\varrho})\mathrm{e}^{-\mathrm{i}k_0\boldsymbol{\varrho}(\mathbf{r}_1-\mathbf{r}_2)/f_1}\mathrm{d}^2\varrho}{\displaystyle\int_{-\infty}^{\infty} j_Q(\boldsymbol{\varrho})\mathrm{d}^2\varrho}\,. \qquad (3.63\mathrm{c})$$

In dieser Form wurde die Kohärenzfunktion 1934 von van Cittert (Pieter Hendrik van Cittert, 1889–1959) eingeführt. Zernike (Frits Zernike, 1888–1966) hat 1938 die Herleitung vereinfacht. Die Aussage (3.63c) wird deshalb als ***van–Cittert–Zernike–Theorem*** bezeichnet. Van Cittert und Zernike beleuchten die Objektebene allerdings ohne die Linse L_1. In diesem Fall muß die rechte Seite von (3.63c) noch mit einem von $\mathbf{r}_1$ und $\mathbf{r}_2$ abhängigen Phasenfaktor multipliziert werden (s. [3], S. 510).

In der Praxis wird eine flächenhafte Lichtquelle meist über die gesamte Oberfläche homogen emittieren, d. h. mit $j_Q(\boldsymbol{\varrho}) = $ const. Dann wird die Kohärenzfunktion allein durch die *Gestalt* der Quelle bestimmt. In diesem Fall sieht man aus (3.63c) sofort, daß z. B. eine kreisförmige Quelle eine Kohärenzfunktion in Form eines Airy-Scheibchens erzeugt. Das ist der Vorteil des van–Cittert–Zernike–Theorems, und davon werden wir im folgenden Abschnitt Gebrauch machen.

3.2.3 Die Kohärenzfunktionen einiger einfacher Lichtquellen

Um experimentell eine möglichst gut kohärente Lichtquelle zu erhalten, hatten wir in Kap. 2 die in Abb. 2.7 skizzierte Anordnung benutzt und den Beleuchtungsspalt S möglichst eng gewählt. Wir können jetzt diese Anordnung realistischer beschreiben, indem wir die endliche Spaltbreite s berücksichtigen und das Beugungsbild mit Hilfe von (3.62b) berechnen (die Entfernung der Objektebene von der Kollimatorlinse muß jetzt natürlich f_{Kol} sein). Dazu benötigen wir die Kohärenzfunktion, die wir mit (3.63c) ausrechnen. Da der Spalt S homogen beleuchtet wird, ist $j_Q(\boldsymbol{\varrho})$ konstant. Zunächst soll die räumliche Kohärenz senkrecht zu S, d. h. in x–Richtung bestimmt werden. Dazu legen wir die Löcher in der Objektebene an die Stellen $r_1 = (d/2, 0)$ und $r_2 = (-d/2, 0)$ und berechnen das Integral im Zähler von (3.63c):

$$\int\limits_{-\infty}^{\infty} \int\limits_{-s/2}^{s/2} j_Q \mathrm{e}^{-\mathrm{i}k_0\xi d/f_{\mathrm{Kol}}} \mathrm{d}\xi \mathrm{d}\eta = j_Q\, s \cdot \mathrm{sinc}(k_0 sd/2f_{\mathrm{Kol}}) \int\limits_{-\infty}^{\infty} \mathrm{d}\eta \ .$$

Mit dem Integral im Nenner, nämlich

$$\int\limits_{-\infty}^{\infty} \int\limits_{-s/2}^{s/2} j_Q \mathrm{d}\xi \mathrm{d}\eta = j_Q\, s \int\limits_{-\infty}^{\infty} \mathrm{d}\eta \ ,$$

erhält man die Kohärenzfunktion

$$\gamma(d) = \mathrm{sinc}(k_0 sd/2f_{\mathrm{Kol}}) = \mathrm{sinc}(k_0 d \sin \alpha_x) \ ,$$

wobei im letzten Schritt die Beleuchtungsapertur $\sin \alpha_x = \kappa_x/k_0$ in x–Richtung mit $\kappa_x = k_{Q,x} = k_0 s/2f_{\mathrm{Kol}}$ (s. (2.46)) eingeführt wurde. Mit (3.62b) ergibt sich das Beugungsbild

$$j(\boldsymbol{k}) = g j_0 \left[1 + \mathrm{sinc}(k_0 d \sin \alpha_x) \cos dk_x\right] \ . \tag{3.64}$$

Je weiter man den Beleuchtungsspalt öffnet, d. h. je größer die Beleuchtungsapertur $\sin \alpha_x$ wird, desto kleiner wird bei festgehaltenem Abstand d der beiden Löcher die sinc–Funktion in (3.64), d. h. die Amplitude der cosinusförmigen Modulation des Beugungsbilds. Für $k_0 d \sin \alpha_x = \pi$, d. h. für $\sin \alpha_x = \lambda/2d$ verschwindet das Beugungsbild (vgl. mit der räumlichen Kohärenzbedingung (3.57)!). Bei weiterer Vergrößerung von $\sin \alpha_x$ erscheint es wieder unter **Kontrastumkehr**, d. h. Maxima und Minima vertauschen ihre Rollen, weil die sinc–Funktion negativ wird. Diese Kontrastumkehr wiederholt sich periodisch; allerdings wird der Kontrast des Beugungsbilds immer schlechter, weil die sinc–Funktion mit wachsendem Argument schnell kleiner wird.

Wenn man die Beleuchtungsapertur festhält und den Abstand der beiden Löcher vergrößert, rücken die Beugungsmaxima wegen des Faktors $\cos dk_x$ in (3.64) näher zusammen und der Kontrast verschwindet bei $d_{\mathrm{Koh}} = \lambda_0/2 \sin \alpha_x$. Diesen Abstand nennt man **transversale Kohärenzlänge**. Sie ist ein Maß für die Kohärenz quer zur Ausbreitung des Lichts, im Gegensatz zur longitudinalen Kohärenzlänge (s. (3.2a)), die die zeitliche Kohärenz charakterisiert. Die Festlegung der Kohärenzlängen ist etwas willkürlich. Man könnte z. B. auch denjenigen Abstand transversale Kohärenzlänge nennen, bei dem die sinc–Funktion auf die Hälfte oder auf $1/e$ abgefallen ist.

Wir wollen nun die beiden Löcher an die Stellen $r_1 = (0, d/2)$ und $r_2 = (0, -d/2)$ legen, um die räumliche Kohärenz in Richtung des Spalts S zu testen. Für das Integral im Zähler von (3.63c) erhält man jetzt

$$\int\limits_{-\infty}^{\infty}\int\limits_{-s/2}^{s/2} j_Q \mathrm{e}^{-\mathrm{i}k_0\eta d/f_{\mathrm{Kol}}}\,\mathrm{d}\xi\mathrm{d}\eta = j_Q s\, 2\pi\delta(k_0 d/f_{\mathrm{Kol}}) \quad ,$$

d. h. die transversale Kohärenzlänge ist null, weil sich der Spalt in η–Richtung von $-\infty$ bis $+\infty$ erstreckt, oder anders ausgedrückt: die Beleuchtung ist in y-Richtung *räumlich total inkohärent*.

Am häufigsten wird eine kreisförmige, homogene Lichtquelle benutzt, z. B. in Form der Kondensorblende im Mikroskop. Wir wollen die Kohärenzfunktion einer kreisförmigen Lichtquelle mit dem Radius ϱ_0 berechnen, d. h. das Integral im Zähler von (3.63c) über diese Kreisfläche erstrecken. Da das Problem rotationssymmetrisch um die optische Achse ist, kann man für $\boldsymbol{r}_1 - \boldsymbol{r}_2$ irgendeine Richtung wählen, z. B. die x–Achse, d. h. $\boldsymbol{r}_1 - \boldsymbol{r}_2 = (d, 0)$. Man erhält

$$I_{\mathrm{Zähler}} = j_Q \int\limits_{\mathrm{Kreis}} \mathrm{e}^{-\mathrm{i}k_0\xi d/f_1}\,\mathrm{d}\xi\mathrm{d}\eta = j_Q \int\limits_0^{\varrho_0}\int\limits_0^{2\pi} \mathrm{e}^{-\mathrm{i}k_0 d\varrho\cos\phi/f_1}\,\varrho\mathrm{d}\phi\mathrm{d}\varrho \quad ,$$

wobei ϱ und ϕ Polarkoordinaten in der Ebene der Lichtquelle sind. Die Berechnung dieses Integrals verläuft wie in Abschn. 2.7.3. Man findet

$$I_{\mathrm{Zähler}} = j_Q \pi\varrho_0^2 \frac{2J_1(k_0 d\varrho_0/f_1)}{k_0 d\varrho_0/f_1} \quad .$$

Führt man noch die Beleuchtungsapertur $\sin\alpha = \varrho_0/f_1$ (s. Abb. 3.7) ein, und beachtet, daß das Integral im Nenner von (3.63c) den Wert $j_Q\pi\varrho_0^2$ hat, so erhält man die räumliche Kohärenzfunktion für eine kreisförmige Lichtquelle, nämlich

$$\gamma(d) = \frac{2J_1(k_0 d\sin\alpha)}{k_0 d\sin\alpha} \quad . \tag{3.65}$$

Die Kohärenzfunktion (3.65) sagt aus, daß das Beugungsbild sichtbar ist, solange die beiden Löcher innerhalb eines Kreises mit dem Durchmesser d_{Koh} liegen, wobei d_{Koh} durch die erste Nullstelle von $J_1(z)$ festgelegt ist: $k_0 d_{\mathrm{Koh}}\sin\alpha = 3,83 = 1,22\pi$ (s. Tabelle 2.2). Haben die Löcher den Abstand d_{Koh}, so verschwindet die Beugungsfigur . Für $d > d_{\mathrm{Koh}}$ erscheint sie wieder unter Kontrastumkehr. Die senkrecht zur Ausbreitung des Lichts liegende Fläche dieses Kreises $A_{\mathrm{Koh}} = \pi d_{\mathrm{Koh}}^2/4$ nennen wir **Kohärenzfläche**. Sie ist durch die Größe der Beleuchtungsapertur festgelegt. Das von der kreisförmigen Lichtquelle ausgehende Licht fällt rechts von der Linse L_1 (s. Abb. 3.7) aus einem Kegel mit dem halben Öffnungwinkel α auf die Objektebene, d. h. aus dem Raumwinkel

$$\Omega_{\mathrm{Bel}} = \int\limits_0^{2\pi}\int\limits_0^{\alpha} \sin\alpha'\mathrm{d}\alpha'\mathrm{d}\varphi = 4\pi\sin^2\frac{\alpha}{2} \approx 4\pi\frac{1}{4}\sin^2\alpha \quad .$$

Im letzten Schritt wurden $(\sin\alpha)/2 = \sin(\alpha/2)\cos(\alpha/2)$ und die Näherung $\cos\alpha \approx 1$, die bei der Herleitung von (3.63a) und damit auch von (3.63c) vorausgesetzt wurde, benutzt. Die Bedingung für das Verschwinden des Beugungsbildes, nämlich $d_{\mathrm{Koh}} = 1,22\pi/(k_0\sin\alpha)$, kann man auch mit dem Produkt $A_{\mathrm{Koh}}\cdot\Omega_{\mathrm{Bel}}$ formulieren:

$$A_{\mathrm{Koh}}\cdot\Omega_{\mathrm{Bel}} = \frac{\pi}{4}\left(\frac{1,22\pi}{k_0\sin\alpha}\right)^2 \pi\sin^2\alpha = \frac{(1,22\pi)^2}{16}\lambda_0^2 = 0,92\,\lambda_0^2 \ . \qquad (3.66a)$$

Um ein kontrastreiches Beugungsbild zu erhalten, muß gelten

$$A_{\mathrm{Beug}}\cdot\Omega_{\mathrm{Bel}} \ll \lambda_0^2 \ , \qquad (3.66b)$$

wobei A_{Beug} die Fläche des beugenden Objekts ist. Das ist offensichtlich die zweidimensionale Verallgemeinerung der räumlichen Kohärenzbedingung (3.57), wobei die Voraussetzung $\Omega_{\mathrm{Bel}} \ll 1$ zu beachten ist.

Zum Schluß wollen wir noch eine Lichtquelle betrachten, die aus zwei quasimonochromatischen Punktquellen besteht. Ohne an Allgemeinheit einzubüßen, kann man die Quellen an die Stellen $\boldsymbol{\varrho}_1 = (\xi_0, 0)$ und $\boldsymbol{\varrho}_2 = (-\xi_0, 0)$ setzen. Für j_Q erhält man dann

$$j_Q(\xi,\eta) = [I_1\delta(\xi + \xi_0) + I_2\delta(\xi - \xi_0)]\,\delta(\eta) \ ,$$

wobei die Energieströme I_1 und I_2 als Maß für die Helligkeit der Quellen dienen. Mit der Abkürzung $\boldsymbol{r}_1 - \boldsymbol{r}_2 = (\Delta x, \Delta y)$ wird das Integral im Zähler von (3.63c) zu

$$\iint\limits_{-\infty}^{\infty} j_Q(\xi,\eta)\mathrm{e}^{-ik_0(\xi\Delta x + \eta\Delta y)/f_1}\mathrm{d}\xi\mathrm{d}\eta = \left[I_1\int\limits_{-\infty}^{\infty}\delta(\xi + \xi_0)\mathrm{e}^{-ik_0\xi\Delta x/f_1}\mathrm{d}\xi\right.$$

$$\left. + I_2\int\limits_{-\infty}^{\infty}\delta(\xi - \xi_0)\mathrm{e}^{-ik_0\xi\Delta x/f_1}\mathrm{d}\xi\right]\int\limits_{-\infty}^{\infty}\delta(\eta)\mathrm{e}^{-ik_0\eta\Delta y/f_1}\mathrm{d}\eta$$

$$= I_1\mathrm{e}^{ik_0\xi_0\Delta x/f_1} + I_2\mathrm{e}^{-ik_0\xi_0\Delta x/f_1} \ ,$$

während das Integral im Nenner den Wert $I_1 + I_2$ hat. Damit ergibt sich für die Kohärenzfunktion

$$\begin{aligned}\gamma(\Delta x) \ &= \ \frac{I_1\mathrm{e}^{ik_0\xi_0\Delta x/f_1} + I_2\mathrm{e}^{-ik_0\xi_0\Delta x/f_1}}{I_1 + I_2}\\[2mm] &= \ \cos(k_0\xi_0\Delta x/f_1) + i\frac{I_1 - I_2}{I_1 + I_2}\sin(k_0\xi_0\Delta x/f_1) \ . \qquad (3.67)\end{aligned}$$

Es fällt auf, daß Δy in dieser Gleichung gar nicht mehr vorkommt: In y–Richtung erzeugen diese beiden Quellen eine ideal kohärente Beleuchtung, weil sie in dieser Richtung keine Ausdehnung haben (solange $\Delta y \neq 0$, sind die Beugungsbilder der beiden Quellen sogar räumlich getrennt). Die Kohärenzfunktion ist komplex, obwohl die beiden Quellen symmetrisch zum Nullpunkt angeordnet sind. Die Unsymmetrie wird in diesem Fall durch die unterschiedliche Helligkeit verursacht.

Wenn beide Quellen gleich hell sind, ist die Kohärenzfunktion reell: $\gamma(\Delta x) = \cos(k_0\xi_0\Delta x/f_1)$. Die Amplitude von $\cos dk_x$ im Beugungsbild (3.64) oszilliert mit $\gamma(\Delta x)$ bis zu beliebig großen Δx und erreicht dabei immer wieder die Werte 1 bzw. –1, d. h. für bestimmte Δx ist diese Beleuchtung von einer räumlich ideal kohärenten nicht zu unterscheiden. Haben beide Quellen unterschiedliche Helligkeit, so wird, wie die Zerlegung von $\gamma(\Delta x)$ in Real– und Imaginärteil in der zweiten Zeile von (3.67) zeigt, mit wachsendem Helligkeitsunterschied der Imaginärteil größer. Als Folge davon verschieben sich die Beugungsmaxima.

3.2.4 Fraunhoferbeugung
bei räumlich partiell kohärenter Beleuchtung

Das Beugungsbild, das ein Flächenelement dA einer ausgedehnten Lichtquelle von einem Objekt mit der Transmissionsfunktion $t(\boldsymbol{r})$ in der $\boldsymbol{k}$-Ebene (s. Abb. 3.5a und 3.7) erzeugt, hatten wir in Abschn. 3.2.2 berechnet. Wir schreiben (3.60) noch einmal auf:

$$\mathrm{d}j(\boldsymbol{k}) = \frac{1}{(2\pi f_2)^2} j_\Omega(\boldsymbol{k}_Q)T(\boldsymbol{k} - \boldsymbol{k}_Q)T^*(\boldsymbol{k} - \boldsymbol{k}_Q)\mathrm{d}^2k_Q \ . \tag{3.60}$$

Dabei ist j_Ω die Energiestromdichte pro Raumwinkel, die die Lichtquelle in der Objektebene erzeugt, und T die Fouriertransformierte von t. Der Vektor $\boldsymbol{k}_Q$ gibt die Beleuchtungsrichtung an, und $\mathrm{d}^2k_Q/k_0^2 = \mathrm{d}\Omega$ ist das Raumwinkelelement. Um das Beugungsbild zu erhalten, das bei der Beleuchtung mit der gesamten Quelle entsteht, muß man (3.60) über den Raumwinkel der Beleuchtung integrieren:

$$j(\boldsymbol{k}) = \frac{1}{(2\pi f_2)^2} \int\limits_{-\infty}^{\infty} j_\Omega(\boldsymbol{k}_Q)T(\boldsymbol{k} - \boldsymbol{k}_Q)T^*(\boldsymbol{k} - \boldsymbol{k}_Q)\mathrm{d}^2k_Q \ . \tag{3.68a}$$

Die Integration kann wie bei (3.62a) über die gesamte $\boldsymbol{k}_Q$-Ebene erstreckt werden. Dieses Integral kann man als Faltungsprodukt auffassen, weil $\boldsymbol{k}_Q$ auch als Verschiebung in der Ebene des Fraunhoferschen Beugungsbilds gedeutet werden kann:

$$j(\boldsymbol{k}) = \frac{1}{(2\pi f_2)^2} j_\Omega(\boldsymbol{k}) \star [T(\boldsymbol{k})T^*(\boldsymbol{k})] \ . \tag{3.68b}$$

Das Faltungsprodukt legt nahe, (3.68b) in die Objektebene zurückzutransformieren, weil dann ein normales Produkt entsteht. Wegen

$$f(\boldsymbol{r})g(\boldsymbol{r}) \circ\!\!-\!\!\bullet (2\pi)^{-2}F(\boldsymbol{k}) \star G(\boldsymbol{k})$$

erhält man

$$\int\limits_{-\infty}^{\infty} j(\boldsymbol{k})\mathrm{e}^{\mathrm{i}\boldsymbol{k}\boldsymbol{r}}\,\frac{\mathrm{d}^2k}{(2\pi)^2} = J(\boldsymbol{r}) = \frac{1}{f_2^2}J_\Omega(\boldsymbol{r})\int\limits_{-\infty}^{\infty} T(\boldsymbol{k})T^*(\boldsymbol{k})\mathrm{e}^{\mathrm{i}\boldsymbol{k}\boldsymbol{r}}\frac{\mathrm{d}^2k}{(2\pi)^2}\ . \qquad (3.69\mathrm{a})$$

Das Betragsquadrat $T(\boldsymbol{k})T^*(\boldsymbol{k})$ ist formal das „Leistungsspektrum" von $t(\boldsymbol{r})$ (s. (3.11)). Die Fouriertransformierte davon, d. h. das Integral auf der rechten Seite von (3.69a), ist deshalb nach dem Wiener–Khinchin–Theorem (3.19) die Autokorrelationsfunktion von $t(\boldsymbol{r})$, also $t(\boldsymbol{r}) \otimes t(\boldsymbol{r})$ (vgl. Anhang A.1 (A.20a)). Drückt man noch mit (3.63b) die Fouriertransformierte J_Ω der Energiestromdichte pro Raumwinkel durch die räumliche Kohärenzfunktion aus, so erhält man:

$$J(\boldsymbol{r}) = \frac{k_0^2 j_0}{(2\pi f_2)^2}\gamma(\boldsymbol{r})\left[t(\boldsymbol{r}) \otimes t(\boldsymbol{r})\right]\ . \qquad (3.69\mathrm{b})$$

Wir haben mit (3.69b) eine Größe $J(\boldsymbol{r})$ konstruiert, deren Fouriertransformierte die *Energiestromdichte* im Fraunhoferschen Beugungsbild des Objekts $t(\boldsymbol{r})$ ist.

Um mit (3.69b) etwas vertrauter zu werden, betrachten wir zunächst kohärente Beleuchtung, d. h. $\gamma(\boldsymbol{r}) \equiv 1$. Da $J(\boldsymbol{r})$ die Rücktransformierte der Energiestromdichte $j(\boldsymbol{k})$ im Fraunhoferschen Beugungsbild ist, sagt (3.69b) aus, daß man von $j(\boldsymbol{k})$ nicht auf $t(\boldsymbol{r})$ sondern nur auf $t(\boldsymbol{r}) \otimes t(\boldsymbol{r})$ schließen kann. Das ist eine andere Art, den Verlust der Phaseninformation beim Übergang von $T(\boldsymbol{k})$ auf $T(\boldsymbol{k})T^*(\boldsymbol{k})$ zu beschreiben. Nun wählen wir ein konkretes Objekt, nämlich einen Spalt. Weil ein Spalt eine reelle und gerade Transmissionsfunktion $t(x)$ hat, ist in diesem Fall die Autokorrelationsfunktion $t(x) \otimes t(x)$ gleich dem Faltungsprodukt $t(x) \star t(x)$ (s. Anhang A.1 (A.22)). Die Faltung eines Rechteckspalts mit sich selbst ergibt einen Dreieckspalt (s. (2.54a)) und dessen Fouriertransformierte ist eine sinc^2–Funktion, die in Abschn. 2.7.2 durch die Bildung von TT^* berechnet worden ist. Ein weiteres, leicht zu übersehendes Beispiel ist der ideale Doppelspalt. Man kann sich anschaulich leicht klarmachen, daß $\delta(x - x_1) \star \delta(x - x_2) = \delta(x - [x_1 + x_2])$ gilt, und damit die Autokorrelationsfunktion bzw. das Faltungsprodukt für den Doppelspalt ausrechnen:

$$\begin{aligned}
&\left[\delta(x + \frac{d}{2}) + \delta(x - \frac{d}{2})\right] \star \left[\delta(x + \frac{d}{2}) + \delta(x - \frac{d}{2})\right] \\
&= \delta(x + d) + 2\delta(x) + \delta(x - d)\ . \qquad (3.70)
\end{aligned}$$

Die Fouriertransformierte von (3.70) ist $2 + 2\cos dk_x$, wie es zu erwarten war.

Wir beleuchten nun den Doppelspalt mit einem Beleuchtungsspalt endlicher Weite s wie zu Beginn von Abschn. 3.2.3. Die dort berechnete Kohärenzfunktion $\gamma(x) = \mathrm{sinc}(k_0 s x/2f_{\mathrm{Kol}})$ sorgt jetzt in (3.69b) für einen Faktor < 1 vor den δ–Funktionen $\delta(x + d)$ und $\delta(x - d)$ in der zweiten Zeile von (3.70), und man erhält als Fouriertransformierte (3.64), d. h. eine kleinere Amplitude der cosinusförmigen Modulation im Beugungsbild. Für ein beliebiges Objekt

$t(\boldsymbol{r})$ kann man (3.69b) nur qualitativ diskutieren: $\gamma(\boldsymbol{r})$ gewichtet die Autokorrelationsfunktion $t(\boldsymbol{r}) \otimes t(\boldsymbol{r})$ bei großen $\boldsymbol{r}$ geringer als bei kleinen. Bei der Fouriertransformation von (3.69b) führt das zu einer geringeren Gewichtung der hohen räumlichen Frequenzen oder anders ausgedrückt: räumlich partiell kohärente Beleuchtung führt zu einer Verschmierung feiner Einzelheiten im Beugungsbild (vgl. Übungsaufgabe 3.8).

3.2.5 Michelsons Sterninterferometer

In Abschn. 3.2.3 hatten wir gesehen, daß die Beleuchtung eines Doppelspalts mit einer ausgedehnten Lichtquelle den Kontrast im Beugungsbild vermindert, ja ihn sogar – bei geeigneten Werten von Spaltabstand und Beleuchtungsapertur – zum Verschwinden bringen kann. Salopp kann man sagen: je größer die Lichtquelle, desto schlechter das Beugungsbild. Wie bei der Behandlung des Fourierspektrometers in Abschn. 3.1.5 kann man auch hier die Fragestellung umkehren und versuchen, aus einem „schlechten“ Beugungsbild Schlüsse auf Gestalt und Größe der Lichtquelle zu ziehen. Bereits 1868 hat Fizeau (Armand Hippolyte Louis Fizeau, 1819–1896) den Vorschlag gemacht, auf diese Weise den Winkeldurchmesser von Sternen zu messen (selbst wenn man die Luftunruhe außer Betracht ließe, würde auch heute das Auflösungsvermögen der größten Teleskope nicht ausreichen, um den Durchmesser eines Sterns aus seinem geometrisch optischen Bild zu bestimmen). Allerdings war damals an eine Realisierung nicht zu denken. 1890 hat Michelson diese Idee aufgegriffen und in den folgenden Jahren die Durchmesser einiger Jupitermonde gemessen. Wir wollen darauf nicht näher eingehen, sondern uns gleich seinem berühmten Sterninterferometer zuwenden.

Das physikalische Prinzip des Sterninterferometers ist die in Abschn. 3.2.3 behandelte Messung der räumlichen Kohärenzfunktion. Die experimentelle Schwierigkeit besteht darin, daß Sterne einen sehr kleinen Winkeldurchmesser haben, ihr Licht also mit einer sehr kleinen Apertur $\sin\alpha$ auf der Erde ankommt und deshalb der Abstand d der beiden Löcher, mit deren Hilfe man die räumliche Kohärenzfunktion mißt, einige Meter betragen muß. Michelson hat die in Abb. 3.8 skizzierte Anordnung aufgebaut. Als Grundgerät diente das Spiegelteleskop auf dem Mount Wilson mit einem Parabolspiegel PS mit 2,5 m Durchmesser und etwa 20 m Brennweite, in dessen Brennebene F normalerweise die Sterne abgebildet werden. Vor dem Teleskop wurden auf einer Schiene zwei senkrecht zur optischen Achse verschiebbare Spiegel S_v montiert, die dem von einem Stern kommenden Licht an zwei Stellen im Abstand d_{Koh} sozusagen Proben entnehmen, um dessen räumliche Kohärenz zu testen. Dieses Licht wurde dann über zwei feste Spiegel S_f auf einen Schirm DS mit zwei kreisförmigen Löchern im Abstand d_{Beug} geleitet, den wir kurz Doppelspalt nennen wollen. Das Beugungsbild dieses Doppelspalts entsteht wie üblich in der Brennebene F des Parabolspiegels (in Abb. 3.8 ist nur die nullte Ordnung eingezeichnet). Weil d_{Beug} mit 1,14 m sehr groß war, lag der Streifenabstand im Beugungsbild nur in der Größenordnung von

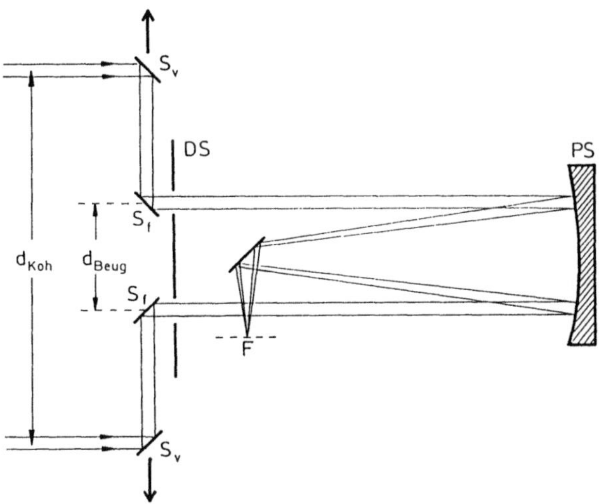

Abb. 3.8. Strahlengang in Michelsons Sterninterferometer. Der Parabolspiegel *PS* erzeugt in seiner Brennebene *F* das Beugungsbild des Doppelspalts *DS*. Die transversale Kohärenzlänge d_{Koh} kann durch Verschieben der Spiegel S_v verändert werden

$10\,\mu$m, war aber unabhängig von der Verschiebung der Spiegel S_v. Das war vorteilhaft für die visuelle Beobachtung des Beugungsbilds, das nur wenige Ordnungen aufwies, weil Michelson aus Intensitätsgründen mit weißem, d. h. zeitlich ziemlich schlecht kohärentem Licht arbeiten mußte. Die Messung bestand darin, die Spiegel S_v – beginnend bei kleinem Abstand d_{Koh} – solange nach außen zu verschieben, bis der Kontrast im Beugungsbild verschwand. Dieser Abstand ist die *transversale Kohärenzlänge* des Lichts, das von dem anvisierten Stern kommt. Der maximal einstellbare Abstand d_{Koh} betrug etwas mehr als 6 m!

Zur Auswertung der Messung muß man die räumliche Kohärenzfunktion kennen, deren Form davon abhängt, ob die Lichtemission über die gesamte Sternoberfläche gleichmäßig erfolgt. Nehmen wir an, daß der Stern Kugelgestalt hat und ein schwarzer Körper ist, der thermische Strahlung emittiert. Dann befolgt er das Lambertsche Gesetz (Johann Heinrich Lambert, 1728–1777), d. h. seine Energiestromdichte pro Raumwinkel j_Ω ist konstant, sie hängt nicht von dem Winkel ϑ gegen die Flächennormale ab. Die Normale eines Flächenelements $\mathrm{d}A_{\mathrm{Stern}}$ der Sternoberfläche bildet, wie Abb. 3.9 zeigt, mit der Verbindungslinie zu einem Detektor auf der Erde den Winkel ϑ. Aus Abb. 3.9 sieht man, daß der Energiestrom $\mathrm{d}I$ von dem Flächenelement $\mathrm{d}A_{\mathrm{Stern}}$ zum Detektor

$$\mathrm{d}I = j_\Omega \mathrm{d}\Omega_{\mathrm{Stern}} \mathrm{d}A_{\mathrm{Det}} = j_\Omega \frac{\mathrm{d}A_{\mathrm{Stern}} \cos\vartheta}{r^2} \mathrm{d}A_{\mathrm{Det}} \tag{3.71a}$$

beträgt und die Energiestromdichte am Detektor

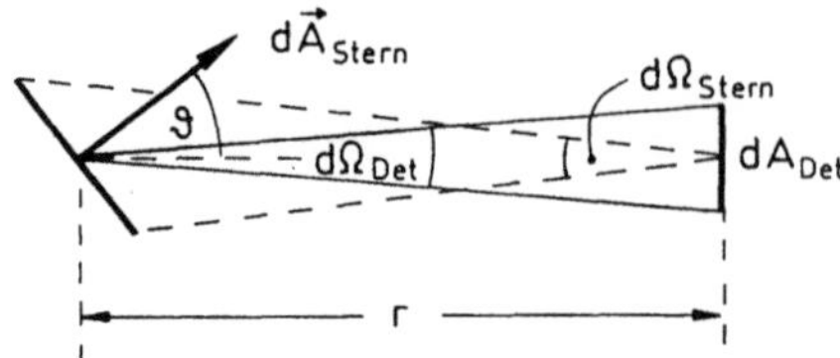

Abb. 3.9. Zur Energiestromdichte eines thermisch strahlenden Sterns. Einzelheiten im Text

$$j_{\text{Det}} = \frac{\mathrm{d}I}{\mathrm{d}A_{\text{Det}}} = \frac{j_{\Omega}\cos\vartheta \,\mathrm{d}A_{\text{Stern}}}{r^2} \tag{3.71b}$$

proportional zu $\mathrm{d}A_{\text{Stern}}\cos\vartheta$ ist. Das ist aber die Projektion von $\mathrm{d}A_{\text{Stern}}$ auf eine zur Beobachtungsrichtung senkrechte Ebene, und deshalb hat für einen Beobachter die Kreisscheibe eines solchen Sterns konstante Helligkeit. Damit ist die Voraussetzung erfüllt, die Kohärenzfunktion (3.65) anzuwenden. Mit der gemessenen transversalen Kohärenzlänge d_{Koh} berechnet man dann wie im Anschluß an (3.65) die von dem Stern hervorgerufene Beleuchtungsapertur $\sin\alpha \approx \alpha = 1,22\pi/k_0 d_{\text{Koh}}$, wobei α der halbe Winkeldurchmesser des Sterns ist.

Michelson hat mit diesem Interferometer im Dezember 1920 zum ersten Mal den Winkeldurchmesser eines Sterns gemessen, und zwar von Beteigeuze (auch: Betelgeuse) im Sternbild des Orion. Da dieser Stern uns sehr nahe ist, konnte seine Entfernung trigonometrisch gemessen und sein wahrer Durchmesser $2R \approx 4\cdot 10^8$ km berechnet werden (der Durchmesser der Erdbahn beträgt nur $1,5\cdot 10^8$ km !). Später stellte sich heraus, daß dieser „rote Riese" pulsiert, d. h. sein Durchmesser schwankt zwischen 3 und $4\cdot 10^8$ km. In den folgenden Jahren haben Michelson und Pease (Francis Gladhelm Pease, 1881–1938) 5 weitere Sterne vermessen mit Winkeldurchmessern zwischen $47\cdot 10^{-3}$ und $20\cdot 10^{-3}$ Bogensekunden. Der letzte Wert entspricht dem maximalen Abstand der äußeren Spiegel. Versuche mit einem 15 m langen Interferometer schlugen fehl, weil das Beugungsbild wegen der Phasenschwankungen, die durch die mechanischen Schwingungen des Geräts und die Luftunruhe hervorgerufen wurden, nicht mehr deutlich genug sichtbar war.

Dieses Interferometer ist auch geeignet, den Abstand von *Doppelsternen*, deren Durchmesser klein gegen ihren Abstand d sind, zu messen. In diesem Fall ist die Kohärenzfunktion (3.67) zur Auswertung zu verwenden, weil es sich um eine Quelle handelt, die aus zwei inkohärent strahlenden Punktquellen besteht. Der Meßwert ist $d_{\text{Koh}} = \Delta x$ und der Winkelabstand der beiden Sterne $\alpha = \xi_0/f_1 = d/r$, wobei r die Entfernung des Doppelsterns von der Erde ist. Für etwa gleich helle Doppelsterne ist das kein Problem. Je mehr sich jedoch die Helligkeiten unterscheiden, desto weniger oszilliert der Betrag von (3.67) mit Δx, d. h. der Kontrast im Beugungsbild ändert sich kaum beim Verschieben der äußeren Spiegel.

3.3 Elementarbündel im Phasenraum

Im täglichen Leben ist es für uns selbstverständlich, alle Vorgänge als zeitliche Abläufe im Raum, in dem wir leben, zu beschreiben. Bei der Behandlung der Fraunhoferbeugung in Kap. 2 hat sich jedoch gezeigt, daß zu deren Beschreibung der k–Raum oder Impulsraum sehr viel geeigneter ist als der Raum unseres täglichen Lebens, der Ortsraum. Die Kohärenz des Lichts haben wir dagegen im wesentlichen mit Begriffen aus dem Ortsraum, wie z. B. Kohärenzlänge und –fläche, Raumwinkel usw., behandelt. In diesem Abschnitt soll gezeigt werden, wie sich die *Kohärenz im Impulsraum* darstellt und wie diese beiden Beschreibungsweisen miteinander zusammenhängen.

Die *zeitliche Kohärenz* haben wir durch die longitudinale Kohärenzlänge L_{Koh} charakterisiert. Wenn der Gangunterschied zweier Wellen größer als L_{Koh} ist, können sie nicht mehr miteinander interferieren; es entsteht kein Beugungsbild. Besonders klar sieht man das beim Fourierspektrometer: Durch die Spiegelverschiebung im Michelson–Interferometer werden die beiden Wellen um Δl in Ausbreitungsrichtung gegeneinander versetzt. Für $\Delta l = L_{\mathrm{Koh}}$ verschwindet das Interferenzbild. Die *räumliche Kohärenz* hat die Frage aufgeworfen, wie weit zwei Punkte im Ortsraum senkrecht zur Ausbreitungsrichtung des Lichts voneinander entfernt sein dürfen, wenn Licht von diesen beiden Stellen gerade noch interferenzfähig sein soll, oder allgemeiner formuliert: wie groß ist die Kohärenzfläche A_{Koh} senkrecht zur Ausbreitungsrichtung des Lichts mit der Eigenschaft, daß Licht von zwei beliebigen Punkten dieser Fläche noch interferenzfähig ist.

Um Licht zu charakterisieren, das sowohl zeitlich als auch räumlich nur partiell kohärent ist, bildet man das **Kohärenzvolumen im Ortsraum** $V_{\mathrm{Koh}} = A_{\mathrm{Koh}} L_{\mathrm{Koh}}$, das offensichtlich folgende Bedeutung hat: Licht an zwei beliebigen Punkten innerhalb des Kohärenzvolumens ist (mehr oder weniger gut) interferenzfähig. Liegt dagegen ein Punkt im Innern, der andere jedoch außerhalb von V_{Koh}, so interferiert Licht von diesen beiden Punkten praktisch nicht. Interferenzfähiges Licht hat v. Laue (Max Felix Theodor von Laue, 1879–1960) ein **Elementarbündel** genannt. In diesem Sinne ist V_{Koh} das Volumen eines Elementarbündels im Ortsraum.

Die longitudinale Kohärenzlänge ist durch die spektrale Breite $\Delta\omega$ des Lichts festgelegt, mit der es sich um eine Schwerpunktfrequenz ω_0 verteilt. Nach (3.1) und (3.2a) gilt: $L_{\mathrm{Koh}} \approx 2\pi c/\Delta\omega$. Mit $\omega = ck$ kann man L_{Koh} auch durch die spektrale Breite der Wellenzahl ausdrücken: $L_{\mathrm{Koh}} \approx 2\pi/\Delta k$. Die Kohärenzfläche wird durch den Raumwinkel Ω_{Bel} festgelegt, den das Licht ausfüllt. Nach (3.66a) gilt: $A_{\mathrm{Koh}} \approx \lambda_0^2/\Omega_{\mathrm{Bel}} = (2\pi)^2/k_0\Omega_{\mathrm{Bel}}$. Damit können wir das Kohärenzvolumen durch Größen des k–Raums ausdrücken:

$$V_{\mathrm{Koh}} = A_{\mathrm{Koh}} L_{\mathrm{Koh}} = \frac{(2\pi)^3}{k_0^2\,\Omega_{\mathrm{Bel}}\cdot\Delta k}\,, \tag{3.72}$$

wobei k_0 der Schwerpunkt des Spektrums ist und Δk seine Breite. Im Nenner der rechten Seite von (3.72) steht bis auf einen Faktor $\hbar^3$ ein Volumen im Impulsraum, das Abb. 3.10d veranschaulichen soll. Dabei ist angenommen worden, daß sich das Licht in z-Richtung ausbreitet, worüber (3.72) nichts aussagt. Die Größe des Volumens im Impulsraum ist offenbar reziprok zum Volumen V_{Koh} eines Elementarbündels im Ortsraum (ein analoger Zusammenhang besteht zwischen einem Gitter im Ortsraum und seinem reziproken Gitter, s. Abschn. 2.7.5). Wenn man den Nenner von (3.72) auf die linke Seite multipliziert, erhält man ein Volumen in einem 6-dimensionalen Phasenraum und (3.72) sagt dann, daß ein Elementarbündel im Phasenraum stets das Volumen $(2\pi)^3$ einnimmt, bzw. $(2\pi)^3\hbar^3$, wenn man den Phasenraum aus Orts- und Impulsraum aufbaut. Es steht ihm aber frei, sein Phasenraumvolumen beliebig auf Orts- und Impulsraum aufzuteilen. Das wird in den nächsten Absätzen anhand von Beispielen erläutert.

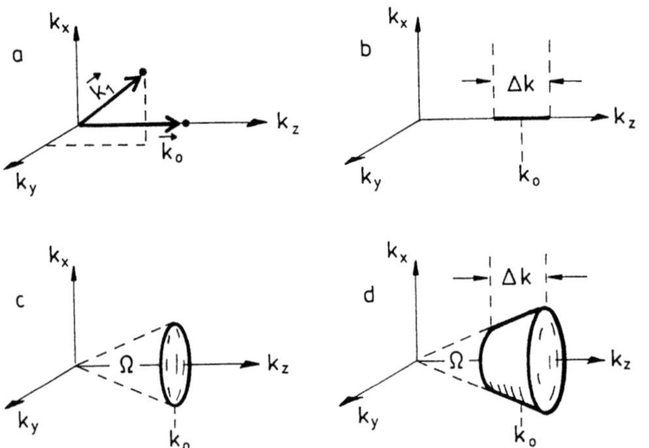

Abb. 3.10a-d. Beschreibung der Kohärenz von Licht im $\boldsymbol{k}$-Raum
(a) ideal kohärentes Licht; die Vektoren $\boldsymbol{k}_0$ und $\boldsymbol{k}_1$ charakterisieren ebene monochromatische Wellen. (b) zeitlich partiell kohärentes Licht; sein Spektrum mit dem Schwerpunkt k_0 hat die Breite Δk. (c) räumlich partiell kohärentes Licht; monochromatisches Licht mit der Wellenzahl k_0, das den Raumwinkel Ω einnimmt. (d) zeitlich und räumlich partiell kohärentes Licht mit der spektralen Breite Δk und dem Raumwinkel Ω

In Kap. 2 wurde durchweg ideal kohärente Beleuchtung verwendet, d. h. ebene monochromatische Wellen. Eine solche Welle wird allein durch die Angabe des Wellenzahlvektors $\boldsymbol{k}$ (bis auf ihre Amplitude) vollständig beschrieben. Im $\boldsymbol{k}$-Raum wird eine solche Welle deshalb durch einen einzigen Punkt dargestellt. Das veranschaulicht Abb. 3.10a: eine Welle 0 läuft in z-Richtung und wird durch den Punkt $(0, 0, k_0)$ beschrieben, oder realistischer: durch ein differentiell kleines Volumenelement an der Stelle $(0, 0, k_0)$. Die Welle 1 stellt eine schräge Beleuchtung (vgl. Abschn. 2.6) dar. Die Tatsache, daß eine ebene monochromatische Welle im $\boldsymbol{k}$-Raum nur einen Punkt besetzt, hat zur Folge, daß sie gemäß (3.72) den gesamten Ortsraum benötigt: Der Ortsraum hat nur für ein einziges Elementarbündel Platz.

In Abb. 3.10b ist zeitlich partiell kohärentes Licht, das sich in z–Richtung ausbreitet, im $\boldsymbol{k}$–Raum dargestellt: Die Endpunkte seiner $\boldsymbol{k}$–Vektoren liegen auf einer Strecke auf der k_z–Achse mit der Länge Δk und dem Schwerpunkt k_0. Im Ortsraum besteht dieses Licht aus Elementarbündeln, die sich in x– und y–Richtung beliebig weit erstrecken, aber in z–Richtung nur eine endliche Ausdehnung haben, nämlich die longitudinale Kohärenzlänge. In diesem Fall reicht aber die Angabe der im $\boldsymbol{k}$–Raum besetzten Punkte nicht aus, um das Licht vollständig zu charakterisieren. Es fehlt noch die Angabe, welche Amplitude oder welche Energiestromdichte das Licht in den einzelnen Punkten des $\boldsymbol{k}$–Raums hat, oder anders ausgedrückt: wie „stark" die Punkte im $\boldsymbol{k}$–Raum besetzt sind. Diese Angabe liefert das Spektrum der Energiestromdichte in der Form $j_k(k)$ (s. (3.49)), wie wir es zur Beschreibung des Fourierspektrometers benutzt haben. Wenn wir zu j_k noch die Information über die Ausbreitungsrichtung hinzufügen, indem wir $\boldsymbol{k}$ als Variable benutzen, charakterisiert $j_k(\boldsymbol{k})$ zeitlich partiell kohärentes Licht vollständig.

In Abb. 3.10c ist räumlich partiell kohärentes (quasimonochromatisches) Licht im $\boldsymbol{k}$–Raum dargestellt. Die Endpunkte der $\boldsymbol{k}$–Vektoren liegen auf einer Kugelkalotte mit dem Radius k_0, die durch den Raumwinkel Ω definiert ist, den das Licht erfüllt. Im Ortsraum sind die Elementarbündel in z–Richtung (praktisch) unendlich lang, während sich in der xy–Ebene Bereiche von der Größe A_{Koh} ausbilden. Wie „stark" die Punkte im $\boldsymbol{k}$–Raum besetzt sind, gibt die Energiestromdichte pro Raumwinkel j_Ω an. Wir haben in (3.59) als unabhängige Variable von j_Ω die Richtungscosinus in bezug auf die k_x– und k_y–Achse in der Form $\kappa_x = k_x \cos\alpha_k$ und $\kappa_y = k_y \cos\beta_k$ benutzt, weil das unserem Problem am besten angepaßt war. Üblich ist die Verwendung der Kugelkoordinaten k_0, ϑ und ϕ.

In Abb. 3.10d ist schließlich der allgemeinste Fall, nämlich zeitlich *und* räumlich partiell kohärentes Licht dargestellt: Die Endpunkte der $\boldsymbol{k}$–Vektoren erfüllen ein Volumen im $\boldsymbol{k}$–Raum. Seine Besetzungsdichte wird durch die Funktion $j_{\Omega,k}(k, \kappa_x, \kappa_y)$, die Energiestromdichte pro Raumwinkel und Wellenzahl, beschrieben. Für $\kappa_x = \kappa_y = 0$ geht $j_{\Omega,k}$ über in $j_k(k)$, für $k = k_0$ in $j_\Omega(\kappa_x, \kappa_y)$. Bekannter ist die Darstellung von $j_{\Omega,k}$ mit der Frequenz anstelle der Wellenzahl und Kugelkoordinaten anstelle von κ_x und κ_y als unabhängige Variable: $j_{\Omega,\omega}(\omega, \vartheta, \phi)$, die Energiestromdichte pro Raumwinkel und Frequenz.

Schließlich sei noch bemerkt, daß man die Information über das Licht, die in $j_k(k)$ und $j_\Omega(\kappa_x, \kappa_y)$ steckt, auch im Ortsraum darstellen kann, nämlich als zeitliche bzw. räumliche Kohärenzfunktion, die, wie in den Abschn. 3.1.2 und 3.2.2 gezeigt wurde, durch Fouriertransformation aus j_k und j_Ω hervorgehen.

3.4 Kohärenz zweiter Ordnung

Den Betrachtungen über zeitliche und räumliche Kohärenz in den Abschn. 3.1 und 3.2 liegt die klassische Vorstellung von Licht als einer elektromagnetischen Welle zugrunde. Die beiden für die Berechnung eines Beugungsbilds wichtigen Größen sind Amplitude und Phase. Während stochastische Phasenfluktuationen in die Herleitung der beiden Regeln über polychromatische und ausgedehnte Quellen wesentlich eingingen, haben wir Fluktuationen der Amplitude bzw. der Energiestromdichte (die in der Literatur fast immer Intensität genannt wird) mit dem Argument beiseite geschoben, daß die Beobachtungszeit so lang ist, daß sich diese Schwankungen im Zeitmittel nicht bemerkbar machen. Seit jedoch Photomultiplier zur Verfügung stehen, die eine Zeitauflösung in der Größenordnung von Nanosekunden und gleichzeitig eine Empfindlichkeit haben, die einzelne Photonen nachzuweisen gestattet, kann man Intensitätsfluktuationen experimentell untersuchen und auf diese Weise zusätzliche Informationen über das Licht gewinnen. Man beschreibt heute solche Experimente im Teilchenbild, d. h. man betreibt Photonenstatistik, auf die wir nicht eingehen wollen. Nur einen Aspekt dieses Gebiets, der eine Beziehung zur Fourieroptik hat, nämlich die Intensitätskorrelationen von thermischem Licht, wollen wir im folgenden Abschnitt kurz behandeln. Im letzten Abschnitt werden wir als Anwendung das Sterninterferometer von Hanbury Brown (Robert Hanbury Brown, geb. 1916) und Twiss vorstellen.

3.4.1 Intensitätskorrelationen

Die *zeitliche* Kohärenzfunktion (3.21) mißt man am besten mit dem Fourierspektrometer (Abb. 3.4a), indem man den Spiegel S_2 verschiebt und auf diese Weise die beiden Wellen in Ausbreitungsrichtung um $2\Delta z = c\tau$ gegeneinander versetzt. Man erhält dann die Autokorrelationsfunktion der Feldstärke $E(t)$ auf der linken Seite von (3.19), die in (3.19) mit Hilfe des Wiener-Khinchin-Theorems durch das Leistungsspektrum von $E(t)$ ausgedrückt wurde, um einen Zusammenhang mit einer meßbaren Größe zu erhalten. Um die Analogie zur Kohärenzfunktion 2. Ordnung zu zeigen, die ein Maß für die *Autokorrelationsfunktion der Energiestromdichte* ist, wollen wir jetzt die zeitliche Kohärenzfunktion 1. Ordnung durch die Autokorrelationsfunktion von $E(t)$ ausdrücken und mit $\gamma^{(1)}$ bezeichnen:

$$\gamma^{(1)}(\tau) = \frac{\langle E(t)E(t+\tau)\rangle}{\langle E^2(t)\rangle} \;, \quad E(t) \text{ reell} \;. \tag{3.73}$$

Analog dazu definiert man als Maß für die Autokorrelation der Energiestromdichte (Intensität) die **zeitliche Kohärenzfunktion 2. Ordnung**:

$$\gamma^{(2)}(\tau) \overset{\text{def}}{=} \frac{\langle j(t)j(t+\tau)\rangle}{\langle j(t)\rangle^2} \ , \quad j(t) \geq 0 \text{ und reell} \ . \tag{3.74}$$

Beachten Sie, daß die Normierungskonstante im Nenner von (3.73) das Zeitmittel von $E^2(t)$ ist, während in (3.74) das Quadrat des zeitlichen Mittelwerts von $j(t)$ steht. Deshalb ist zwar $\gamma^{(1)}(0) = 1$, aber $\gamma^{(2)}(0)$ ist im allgemeinen von 1 verschieden wegen $\langle j^2(t)\rangle \neq \langle j(t)\rangle^2$.

Um $\gamma^{(2)}(\tau)$ zu messen, muß man offenbar an den Stellen der Spiegel S_1 und S_2 im Fourierspektrometer (s. Abb. 3.4a) für eine Spiegelverschiebung $2\Delta z = c\tau$ die Energiestromdichten $j(t)$ und $j(t+\tau)$ messen, miteinander multiplizieren und zeitlich mitteln, also eine Apparatur aufbauen, wie sie Abb. 3.11a zeigt. Eine Lochblende B, auf die das Licht der Quelle Q fokussiert wird, dient als punktförmige Lichtquelle. Die Photomultiplier $PM1$ und $PM2$ messen die um τ gegeneinander versetzten Energiestromdichten. Allerdings wird der Multiplier $PM2$ nicht in z-Richtung verschoben, sondern sein Signal elektronisch um τ verzögert; auch die Multiplikation der beiden Signale und ihre zeitliche Mittelung erfolgen elektronisch. Dieses Experiment wurde zum ersten Mal 1955 von Hanbury Brown durchgeführt. Moderne Versionen benutzen Photonenzähler und statistische Auswertungsmethoden.

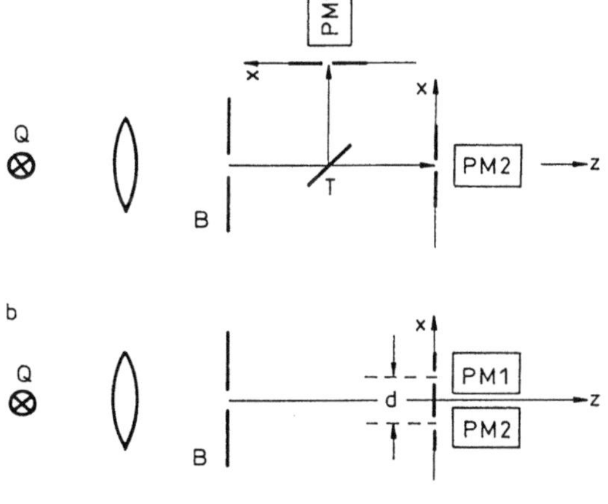

Abb. 3.11a,b. Das Experiment von Hanbury Brown und Twiss. **(a)** Messung der zeitlichen Kohärenzfunktion 2. Ordnung. **(b)** Messung der räumlichen Kohärenzfunktion 2. Ordnung

Wir wollen (3.74) etwas umschreiben, um seine Bedeutung besser verstehen zu können. Wir stellen $j(t)$ als Summe seines Zeitmittels $\langle j(t)\rangle = j_0$ und seiner Fluktuation $\Delta j(t)$ dar: $j(t) = j_0 + \Delta j(t)$, wobei $\langle \Delta j(t)\rangle = 0$ ist. Weil wir stationäre Quellen voraussetzen (s. (3.13) und (3.14)), folgt daraus $\langle j(t+\tau)\rangle = j_0$ und $\langle \Delta j(t+\tau)\rangle = 0$. Damit erhalten wir

$$\langle [j_0 + \Delta j(t)] \, [j_0 + \Delta j(t + \tau)] \rangle = j_0^2 + \langle \Delta j(t) \Delta j(t + \tau) \rangle$$

und für die zeitliche Kohärenzfunktion 2. Ordnung

$$\gamma^{(2)}(\tau) = 1 + \langle \Delta j(t) \Delta j(t + \tau) \rangle / j_0^2 \; . \tag{3.75}$$

Für eine monochromatische Welle mit konstanter Amplitude verschwinden die Fluktuationen $\langle \Delta j(t) \Delta j(t + \tau) \rangle$ und es gilt: $\gamma^{(2)}(\tau) \equiv 1$. Treten dagegen Fluktuationen auf, so ist $\gamma^{(2)}(\tau) \geq 1$, während $\gamma^{(1)}(\tau)$ den Wert eins nie überschreiten kann.

Um einen konkreten Ausdruck für $\gamma^{(2)}(\tau)$ herleiten zu können, muß man die statistischen Eigenschaften der Fluktuationen kennen. Da wir auf die Statistik von Licht nicht eingehen wollen, geben wir $\gamma^{(2)}(\tau)$ für den wichtigen Fall des thermischen Lichts ohne Beweis an:

$$\gamma^{(2)}(\tau) = 1 + |\gamma^{(1)}(\tau)|^2 \; . \tag{3.76}$$

Bemerkenswert an (3.76) ist, daß allein die Kenntnis von $\gamma^{(1)}(\tau)$ ausreicht, um $\gamma^{(2)}(\tau)$ anzugeben. Anschaulich heißt das, daß die longitudinale Kohärenzlänge für die Amplituden– bzw. Intensitätsfluktuation etwa die gleiche ist wie für die Phasenfluktuation. Thermisches Licht ist offenbar ein einfacher Spezialfall; im allgemeinen muß man zur vollständigen Beschreibung des Lichts die Kohärenzfunktionen bis zu beliebig hoher Ordnung kennen. Aus (3.76) kann man „rückwärts" eine wichtige statistische Eigenschaft von thermischem Licht ableiten („rückwärts", weil die Kenntnis der Statistik ja für die Herleitung von (3.76) notwendig ist). Wegen $\gamma^{(1)}(0) = 1$ folgt aus (3.76) und (3.75) :

$$\langle [\Delta j(t)]^2 \rangle = j_0^2 \; , \tag{3.77}$$

d. h. die Fluktuationen von thermischem Licht befolgen eine Gauß–Verteilung.

Die Beziehung (3.76) kann man benutzen, um Spektroskopie zu betreiben, denn $\gamma^{(1)}(\tau)$ ist ja die Fouriertransformierte des Leistungsspektrums (s. (3.21)). Dieses Verfahren, das man **Korrelationsspektroskopie** nennt, ist besonders geeignet zur Messung des Profils sehr schmaler Spektrallinien, denn dann ist die Kohärenzzeit $T_{\mathrm{Koh}} = L_{\mathrm{Koh}}/c$ groß und $\gamma^{(2)}(\tau)$ relativ leicht meßbar.

Die *räumliche* Kohärenzfunktion 1. Ordnung macht eine Aussage darüber, ob Licht von zwei Punkten, die auf einer Fläche senkrecht zur Lichtausbreitung liegen, noch interferenzfähig ist, d. h. ob seine Phasen noch hinreichend gut korreliert sind. Die **räumliche Kohärenzfunktion 2. Ordnung** $\gamma^{(2)}(\boldsymbol{r}_1, \boldsymbol{r}_2)$ soll beschreiben, wie gut die Energiestromdichten an den beiden Punkten $\boldsymbol{r}_1$ und $\boldsymbol{r}_2$ zur Zeit t miteinander korreliert sind. Man definiert deshalb:

$$\gamma^{(2)}(\boldsymbol{r}_1, \boldsymbol{r}_2) \overset{\text{def}}{=} \frac{\langle j(\boldsymbol{r}_1, t) j(\boldsymbol{r}_2, t) \rangle}{\langle j(\boldsymbol{r}_1, t) \rangle \langle j(\boldsymbol{r}_2, t) \rangle} \quad , \quad j \geq 0 \text{ und reell} \; . \tag{3.78}$$

Die räumliche Kohärenzfunktion 1. Ordnung wurde mit einem Doppelspaltexperiment gemessen (s. Abschn. 3.2.2). In Analogie zur zeitlichen

Kohärenz müßte man nun zur Messung von (3.78) hinter jedem der zwei Spalte in Abb. 3.11b einen Photomultiplier aufstellen und ihre Signale bei verschiedenen Spaltabständen $r_1 - r_2$ elektronisch korrelieren. Das ist schon wegen der Größe eines Photomultipliers völlig unmöglich. Hanbury Brown hat dieses experimentelle Problem elegant gelöst. Ein Blick auf Abb. 3.11a zeigt, daß die beiden Photomultiplier für das Licht an *derselben* Stelle des Raumes stehen, weil der halbdurchlässige Spiegel T den rechten Halbraum für den Strahl 1 um 90° nach oben dreht. Man braucht also nur den Multiplier $PM1$ in der xy–Ebene zu verschieben, um das gewünschte Experiment durchführen zu können.

Wie bei der zeitlichen Kohärenz wollen wir (3.78) etwas umformen, um seine Bedeutung besser zu verstehen. Wir teilen wieder $j(r_{1/2}, t)$ in einen zeitlich konstanten und einen fluktuierenden Anteil auf:

$$j(r_{1/2}, t) \;=\; j_0(r_{1/2}) + \Delta j(r_{1/2}, t)$$
$$\text{mit } \langle j(r_{1/2}, t)\rangle = j_0(r_{1/2}) \text{ und } \langle \Delta j(r_{1/2}, t)\rangle = 0 \;\;.$$

Außerdem wollen wir wie bisher voraussetzen, daß die Beleuchtung homogen ist, d. h. $j_0(r_1) = j_0(r_2) = j_0$. Damit kann man den Zähler von (3.78) folgendermaßen umformen:

$$\langle [j_0 + \Delta j(r_1, t)]\,[j_0 + \Delta j(r_2, t)]\rangle = j_0^2 + \langle \Delta j(r_1, t)\Delta j(r_2, t)\rangle \;,$$

wobei $\langle \Delta j(r_1, t)\Delta j(r_2, t)\rangle$ wegen der Homogenität der Beleuchtung nur von der Differenz $r_1 - r_2$ abhängen kann. Für die räumliche Kohärenzfunktion 2. Ordnung ergibt sich unter diesen Voraussetzungen:

$$\gamma^{(2)}(r_1 - r_2) = 1 + \langle \Delta j(r_1, t)\Delta j(r_2, t)\rangle / j_0^2 \;. \tag{3.79}$$

Wieder benötigt man die statistischen Eigenschaften des Lichts, um den zweiten Summanden in (3.79) konkret berechnen zu können. Für thermisches Licht erhält man analog zu (3.76)

$$\langle \Delta j(r_1, t)\Delta j(r_2, t)\rangle / j_0^2 = |\gamma^{(1)}(r_1 - r_2)|^2 \;. \tag{3.80}$$

Die anschauliche Bedeutung dieser Gleichung ist die gleiche wie bei der zeitlichen Kohärenz. Die Fläche, über die die Intensitätsschwankungen auf der linken Seite näherungsweise synchron verlaufen, ist ungefähr die Kohärenzfläche, deren Größe durch $\gamma^{(1)}$ bestimmt wird und über die die Phase näherungsweise konstant ist.

Für eine ebene Welle aus thermischem Licht, d. h. bei einer Beleuchtung unter dem Raumwinkel $\Omega = 0$, erfolgen die Fluktuationen an allen Punkten r synchron, d. h. es gilt $\Delta j(r_1, t) = \Delta j(r_2, t) = \Delta j(t)$ und $\gamma^{(2)}$ wird unabhängig von r : $\gamma^{(2)} = 1 + \langle [\Delta j(t)]\rangle / j_0^2 = 2$, wobei im letzten Schritt (3.77) benutzt wurde. Wenn die Beleuchtung mit einem endlichen Raumwinkel erfolgt, wird (3.80) mit wachsendem Abstand $|r_1 - r_2|$ kleiner und erreicht bei der transversalen Kohärenzlänge (zum ersten Mal) den Wert null.

Als Anwendung bietet sich an, durch Messung der räumlichen Kohärenz-funktion 2. Ordnung Gestalt und Größe einer Lichtquelle zu bestimmen. Das hat gegenüber der Messung der Kohärenzfunktion 1. Ordnung den großen Vorteil, daß die Phase des Lichts keine Rolle spielt, weil man ja „nur" Inten-sitäten messen muß. Davon handelt der nächste Abschnitt.

3.4.2 Das Sterninterferometer von Hanbury Brown und Twiss

Michelson und Pease konnten mit ihrem Sterninterferometer nur die Win-keldurchmesser der 6 größten Sterne (d. h. in erster Linie sehr naher Sterne) messen. Es ist das Verdienst von Hanbury Brown, die entscheidene Idee ge-habt und konsequent verfolgt zu haben, die letztlich zu einer Steigerung der Meßempfindlichkeit um einen Faktor 40 geführt hat. Um das richtig würdigen zu können, muß man sich vergegenwärtigen, daß damals in den 50er Jahren die Theorie der Kohärenz höherer Ordnung noch gar nicht existierte. Ihre Grundzüge wurden von Twiss auf Anregung von Hanbury Brown erarbeitet. Nach Vorversuchen im Labor und in Jodrell Bank in England bauten Han-bury Brown und seine Mitarbeiter in der Wüste bei Narrabri in Australien ein *Intensitätsinterferometer* auf, das wir im folgenden beschreiben wollen.

Im Grunde genommen besteht ein Intensitätsinterferometer nur aus zwei Photomultipliern mit vorgeschalteten Interferenzfiltern und einer Elektronik, die die Multipliersignale filtert und korreliert, um einen Meßwert (3.80) zu erhalten. Diese Messung muß für verschiedene Abstände $d = |r_1 - r_2|$ der Photomultiplier durchgeführt werden, um durch Anpassung an die theore-tisch zu erwartende Kurve (3.80) die transversale Kohärenzlänge und damit den Sterndurchmesser bestimmen zu können. Die Richtung $r_1 - r_2$ muß senk-recht auf der Verbindungslinie vom Interferometer zum Stern stehen. Für $\gamma^{(1)}(r_1 - r_2)$ verwendet man mit denselben Argumenten wie bei Michelsons Sterninterferometer die Kohärenzfunktion (3.65).

Da nicht nur *ein* Stern am Himmel steht, muß man mit optischen Mitteln dafür sorgen, daß nur Licht von dem zu messenden Stern auf die Photomul-tiplier fällt. Das wurde durch zwei Parabolspiegel mit etwa 6 m Durchmesser und 11 m Brennweite erreicht, in deren Brennpunkten die Photomultiplier angebracht waren und die auf die zu messenden Sterne gerichtet werden konn-ten. Die optische Qualität dieser Spiegel braucht nicht besonders hoch zu sein, da sie ja den Stern nicht abbilden, sondern nur sein Licht auf die Photoka-thode des Multipliers konzentrieren sollen. Deshalb konnten Spiegel benutzt werden, die aus Einzelspiegeln zusammengesetzt waren (Facettenspiegel). Die Parabolspiegel haben aber noch eine zweite wichtige Funktion, nämlich einen möglichst großen Lichtstrom von dem Stern aufzunehmen, um das Signal möglichst groß gegen das Multiplierrauschen zu machen. Ihre Fläche von je etwa 30 m^2 ist die effektive Detektorfläche (dA_{Det} in (3.71a), s. auch Abb. 3.9), eine sehr große Fläche im Vergleich zu den wenigen cm^2 der Photokathode ei-nes Multipliers. Andrerseits begrenzt aber der Durchmesser dieser Spiegel den kleinstmöglichen Abstand $d = |r_1 - r_2|$ der Multiplier (er betrug etwa 10 m) und setzt damit eine *obere* Schranke für die meßbaren Sterndurchmesser. Die beiden Parabolspiegel wurden auf Wagen montiert, die auf kreisförmig verlegten Eisenbahnschienen verschoben werden konnten, um $d = |r_1 - r_2|$ variieren und $r_1 - r_2$ senkrecht zum anvisierten Stern einstellen zu können. Der Durchmesser dieses Kreises und damit der maximale Abstand d betrug 188 m (im Vergleich zu 6,10 m maximalem Abstand der äußeren Spiegel in Michelsons Sterninterferometer).

Der kritische, die Meßgenauigkeit dieses Interferometers begrenzende Teil ist nicht die Optik, sondern die Elektronik. Ein schwieriges Problem ist z. B., die zu messenden Fluktuationen der Intensität des Lichts vom Eigenrauschen der Photomultiplier und der Verstärker zu trennen. Im Gegensatz dazu mußte Michelson die größte Sorgfalt in die Mechanik, nämlich die Spiegelverschiebung und –justierung, stecken.

Dieses Interferometer wurde in den Jahren 1962/63 von Hanbury Brown und seinen Mitarbeitern aufgebaut und getestet. In den folgenden Jahren bis 1972 gelang es ihnen, damit die Winkeldurchmesser von 32 Sternen zu messen. Der größte hatte mehr als $6 \cdot 10^{-3}$, der kleinste etwa $0,5 \cdot 10^{-3}$ Bogensekunden Durchmesser. Der kleinste mit Michelsons Sterninterferometer meßbare Durchmesser betrug $20 \cdot 10^{-3}$ Bogensekunden.

3.5 Übungsaufgaben

3.1. Nehmen Sie an, es sei gelungen, eine Lichtquelle zu konstruieren, die cosinusförmige Wellenzüge mit gleicher Amplitude emittiert, die außerdem noch alle die gleiche Länge haben.
a) Berechnen Sie aus dem Leistungsspektrum (3.35) dieser hypothetischen Lichtquelle die zeitliche Kohärenzfunktion.
b) Mit diesem Licht werde ein idealer Doppelspalt beleuchtet. Schreiben Sie das Beugungsbild auf und skizzieren Sie den Verlauf der Energiestromdichte als Funktion von k_x.
3.2. Eine Natriumdampflampe emittiert rötlich-gelbes Licht, das aus einem Dublett besteht. Der Schwerpunkt der beiden Spektrallinien liege bei der Frequenz ω_0, ihr Abstand sei $2\Delta\omega$, und ihre Form sei allein durch Stoßverbreiterung bestimmt.
a) Schreiben Sie nach dem Vorbild von (3.37) das Leistungsspektrum auf.
b) Berechnen Sie aus a) die zeitliche Kohärenzfunktion für „Na-Licht" und schreiben Sie sie in der Form $\gamma(\tau) = f(\tau)\cos\omega_0\tau$. Skizzieren Sie $f(\tau)$.
c) Skizzieren Sie das mit dem Licht einer Natrium-Dampflampe erzeugte Beugungsbild eines idealen Doppelspalts (sein Spaltabstand d sei so groß, daß man Beugung bis zur Ordnung von einigen $\omega_0/\Delta\omega$ beobachten kann).

3.3. Von einer Lampe sei bekannt, daß sie nur eine einzige Spektrallinie emittiert, deren Form allein durch die Dopplerverbreiterung bestimmt ist. Diese Lampe wird als Lichtquelle in einem Fourierspektrometer verwendet. Der Detektor mißt das Signal $s(\tau) = s_0[1 + \exp(-\sigma^2\tau^2/2)\cos\omega_0\tau]$. Zur Auswertung wird mit einer Gaußfunktion apodisiert.

a) Berechnen Sie das Spektrum, das das Fourierspektrometer nach der Messung ausdruckt, unter Vernachlässigung der endlichen Spiegelverschiebung.

b) In diesem Fall kann man die Halbwertsbreite der Spektrallinie direkt aus dem Meßsignal $s(\tau)$ berechnen. Geben Sie eine Formel dafür an.

3.4. Ein Schirm sei gleichmäßig mit N zufällig verteilten, kreisrunden Öffnungen versehen, die alle den gleichen Radius r_0 haben (und sich nicht überlappen). Gleichmäßig soll bedeuten, daß die mittlere Flächendichte der Löcher konstant ist.

a) Berechnen Sie Amplitude und Intensität des Beugungsbilds dieses Schirms bei ideal kohärenter Beleuchtung. *Hinweis:* Beachten Sie die nullte Ordnung, d. h. $\boldsymbol{k} = 0$!

b) Zeigen Sie die Analogie und den Unterschied zum Campbell–Theorem auf.

c) Der Schirm wird jetzt mit räumlich partiell kohärentem, quasimonochromatischem Licht beleuchtet, dessen transversale Kohärenzlänge zwischen r_0 und dem mittleren Abstand der beugenden Öffnungen liegt. Wie sieht in diesem Fall das Beugungsbild aus (argumentieren Sie physikalisch ohne Rechnung)?

3.5. Ein Schirm, der zwei kreisrunde Löcher mit dem Radius r_0 an den Stellen $x = 4r_0$ und $x = -4r_0$ hat, wird mit monochromatischem Licht der variablen Apertur $\sin\alpha_x$ und der festen $\sin\alpha_y \ll 1$ beleuchtet.

a) Wie sieht das Fraunhofersche Beugungsbild aus, wenn $\sin\alpha_x \ll 1$, d. h. die Beleuchtung räumlich kohärent ist?

b) Wie ändert sich das Beugungsbild qualitativ, wenn man die Beleuchtungsapertur $\sin\alpha_x$ vergrößert?

c) Wie sieht das Beugungsbild qualitativ aus, wenn die Beleuchtungsapertur den Wert $\sin\alpha_x = \lambda/2r_0$ erreicht? *Hinweis:* Skizzieren Sie ein Diagramm mit $\gamma(x)$ und $t(x) \otimes t(x)$.

3.6 a) Welche Eigenschaft muß eine Lichtquelle haben, wenn sie in einer Beleuchtungsanordnung gemäß Abb. 3.7 eine *reelle* räumliche Kohärenzfunktion in der Objektebene erzeugen soll?

b) Wie ändert sich die räumliche Kohärenzfunktion, wenn man die Lichtquelle in Abb. 3.7 senkrecht zur optischen Achse verschiebt?

3.7. In einer Anordnung nach Abb. 3.7 wird eine rechteckförmige, homogene Lichtquelle mit den Kantenlängen a in x-Richtung und b in y-Richtung angebracht. Als Objekt dient ein Schirm mit zwei kleinen Löchern an den Stellen $\boldsymbol{r}_1 = (\Delta x/2, \Delta y/2)$ und $\boldsymbol{r}_2 = -\boldsymbol{r}_1$.

a) Berechnen Sie das Fraunhofersche Beugungsbild.

b) Es sei $\Delta y = 0$. Für welche Werte von Δx verschwindet der Kontrast des Beugungsbilds?

c) Wie ändert sich der Kontrast, wenn man bei festem Abstand d der beiden Löcher den Schirm um die optische Achse dreht?

3.8. Ein idealer Dreifachspalt wird mit einem parallel dazu justierten Beleuchtungsspalt monochromatisch beleuchtet. Benutzen Sie als Transmissionsfunktion des Dreifachspalts $t(x) = s[\delta(x + d) + \delta(x) + \delta(x - d)]$.

a) Berechnen Sie die Energiestromdichte im Fraunhoferschen Beugungsbild mit $\sin\alpha_x \ll 1$, d. h. bei räumlich kohärenter Beleuchtung, indem Sie $t(x) \otimes t(x)$ bilden und Fourier–transformieren.

b) Berechnen Sie $\gamma(x)[t(x) \otimes t(x)]$ und skizzieren Sie das Beugungsbild für folgende Beleuchtungsaperturen: $\sin\alpha_x = \lambda/4d$, $\sin\alpha_x = 3\lambda/8d$, $\sin\alpha_x = \lambda/2d$, und $\sin\alpha_x = 3\lambda/4d$. Berechnen Sie den numerischen Wert des maximalen Kontrasts für diese vier Beleuchtungsaperturen.

4. Optische Abbildung

Die optische Abbildung wurde bereits in der Einleitung zu Kap. 2 angesprochen. Bei ideal kohärenter Beleuchtung erzeugt die Linse L_1 in Abb. 2.1 in ihrer hinteren Brennebene F das Fraunhofersche Beugungsbild des Objekts O, d. h. die Feldstärkeverteilung in F ist im wesentlichen durch die Fouriertransformierte der in der Objektebene vorhandenen Feldstärke gegeben. Die Linse L_2 unterwirft diese Feldstärkeverteilung einer zweiten Fouriertransformation, die man als Rücktransformation interpretieren kann, so daß in der Bildebene B im wesentlichen die Feldstärkeverteilung der Objektebene O reproduziert wird. Ein abbildendes optisches System ist deshalb ein lineares System, wenn man für ideal kohärente Beleuchtung sorgt und die Feldstärke als Eingangsgröße betrachtet. Das wird im ersten Abschnitt dieses Kapitels näher ausgeführt.

Im zweiten Abschnitt wird der andere Extremfall behandelt, nämlich die räumlich total inkohärente Beleuchtung des Objekts. Es wird sich zeigen, daß in diesem Fall das abbildende optische System ein lineares ist, wenn man die Energiestromdichte als Eingangsgröße wählt. Bei partiell kohärenter Beleuchtung werden weder die Feldstärke noch die Energiestromdichte linear übertragen. Das schließt aber nicht aus, daß man eine Größe konstruieren kann, und zwar mit Hilfe der in Abschn. 3.2.2 behandelten räumlichen Kohärenzfunktion, die von einem abbildenden optischen System linear übertragen wird. Im Rahmen dieser Einführung können wir darauf aber nicht näher eingehen.

Im letzten Abschnitt werden die mit räumlich kohärenter und mit inkohärenter Beleuchtung erzeugten Bilder miteinander verglichen. Für zwei einfache Beispiele werden diese Bilder explizit berechnet.

4.1 Abbildung bei ideal kohärenter Beleuchtung

Wie in der Einleitung zu diesem Kap. bereits erwähnt, kann man bei kohärenter Beleuchtung das durch ein Linsensystem erzeugte Bild durch zweimalige Fouriertransformation oder physikalisch ausgedrückt: als *Fraunhoferbeugung an dem Beugungsbild des Objekts* berechnen. Diese Möglichkeit zur Beschreibung der optischen Abbildung hat bereits 1873 Ernst Abbe (1840–1905) erkannt und zur Verbesserung der Leistungsfähigkeit von Mikroskopen praktisch benutzt. Wegen der zweimaligen Fraunhoferbeugung nannte er die Abbildung „sekundäres Beugungsbild".

Das Studium der optischen Abbildung bei kohärenter Beleuchtung mit der in Abb. 2.1 skizzierten Anordnung ist aber auch für ein anschauliches Verständnis der Theorie linearer Systeme im allgemeinen nützlich. Mit Hilfe einer hinreichend feinen Lochblende in der Objektebene O kann man nämlich nicht nur in der Bildebene B die Stoßantwort dieses Systems, sondern in der Brennebene F auch deren Fouriertransformierte, d. h. die Übertragungsfunktion *sichtbar* machen (genauer: jeweils das Betragsquadrat dieser beiden Funktionen). Bei der Abbildung eines aus unendlich vielen Punkten zusammengesetztes Objekts erhält man neben dem Bild auch die Fouriertransformierte des Objekts (modifiziert durch die Übertragungsfunktion). Darüber hinaus kann man mit dieser experimentellen Anordnung studieren, wie sich bei Eingriffen in die Brennebene F (räumliche Filterung) das Bild verändert. Das ist das Thema des folgenden Kapitels.

4.1.1 Ideale Linsen

Zur Einführung der für die Berechnung der Feldstärke in der Bildebene nötigen Bezeichnungen ist in Abb. 4.1 der Strahlengang der in Abb. 2.1 gezeigten Anordnung noch einmal schematisch dargestellt. Die Beleuchtung erfolgt mit einer monochromatischen ebenen Welle, die parallel zur z–Achse (optische Achse) läuft. Im Abschn. 2.3 hatten wir ausführlich diskutiert, welche Bedingungen ein beugendes Objekt und ein Linsensystem erfüllen müssen, damit das Fraunhofersche Beugungsbild des Objekts unverzerrt in die hintere Brennebene des Linsensystems abgebildet wird, wenn sich das Objekt in der vorderen Brennebene befindet. Das hatte uns auf die von–Bieren–Bedingung (2.22a,b) geführt. Wir setzen jetzt voraus, daß jede der beiden Linsen L_1 und

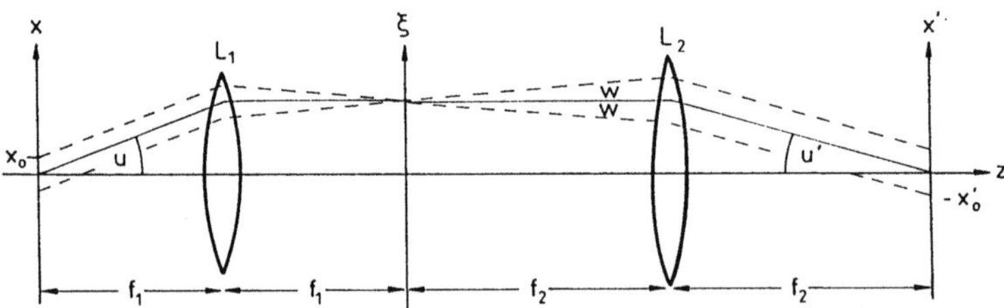

Abb. 4.1. Abbildung der xy–Ebene (Objektebene) in die $x'y'$–Ebene (Bildebene) mit Hilfe zweier Linsen L_1 und L_2

L_2 die von–Bieren–Bedingung erfüllt, d. h. die maximalen lateralen Ausdehnungen x_0 und y_0 des Objekts müssen klein gegen die Brennweite f_1 von L_1 sein und es muß gelten:

$$\sin u = \frac{\xi}{f_1} \qquad \sin v = \frac{\eta}{f_1} \qquad (4.1a)$$

$$\sin u' = \frac{\xi}{f_2} \qquad \sin v' = \frac{\eta}{f_2} \quad . \tag{4.1b}$$

Weil Bild– und Gegenstandsgröße über die Vergrößerung V zusammenhängen, nämlich

$$V = \frac{x_0'}{x_0} = \frac{y_0'}{y_0} = \frac{f_2}{f_1} \quad , \tag{4.2}$$

folgt aus der Voraussetzung $x_0, y_0 \ll f_1$ die Aussage $x_0', y_0' \ll f_2$, was für die Gültigkeit der von–Bieren–Bedingung für die Linse L_2 notwendig ist. Ferner setzen wir voraus, daß die Linsen gebeugtes Licht bis zu Beugungswinkeln $u, v = 90°$ erfassen und keine Abbildungsfehler haben. Linsen, bzw. Linsensysteme, die die in diesem Absatz zusammengestellten Voraussetzungen erfüllen, nennen wir **ideale Linsen**.

Wenn nur die Abbildung der Objektebene in die Bildebene interessiert, kann man die beiden Linsen L_1 und L_2 als ein einziges optisches System auffassen und (4.1a,b) und (4.2) folgendermaßen zusammenfassen:

$$\frac{\sin u}{\sin u'} = \frac{f_2}{f_1} = \frac{x_0'}{x_0} \quad \text{und} \quad \frac{\sin v}{\sin v'} = \frac{f_2}{f_1} = \frac{y_0'}{y_0} \quad .$$

Daraus folgt die **Abbesche Sinusbedingung**:

$$x_0 \sin u = x_0' \sin u' \quad \text{und} \quad y_0 \sin v = y_0' \sin v' \quad . \tag{4.3}$$

Die von–Bieren–Bedingungen für L_1 und L_2 haben also zur Folge, daß für das Gesamtsystem (L_1, L_2) die Abbesche Sinusbedingung erfüllt ist.

Zur Berechnung des Bildes, d.h. der Feldstärkeverteilung in der $x'y'$–Ebene gehen wir von der Feldstärkeverteilung in der $\xi\eta$–Ebene aus, die in Abschn. 2.3 berechnet worden ist, wobei statt der Ortskoordinaten ξ und η die Wellenzahlkoordinaten $k_x = k_0\xi/f_1$ und $k_y = k_0\eta/f_1$ verwendet wurden und fassen k_x und k_y zu einem Vektor $\boldsymbol{k}$ zusammen. Analog fassen wir die Koordinaten x und y der Objektebene zu einem Vektor $\boldsymbol{r}$ zusammen und erhalten dann gemäß (2.24) für ein Objekt mit der Transmissionsfunktion $t(\boldsymbol{r})$ die Feldstärkeverteilung in der hinteren Brennebene der Linse L_1:

$$E(\boldsymbol{k}) = \frac{1}{4\pi f_1}\mathrm{circ}(\boldsymbol{k}/k_0)K(\boldsymbol{k})\int\limits_{-\infty}^{\infty} E_0 t(\boldsymbol{r})\mathrm{e}^{-\mathrm{i}\boldsymbol{k}\boldsymbol{r}}\mathrm{d}^2 r \quad . \tag{4.4}$$

Die Funktion $\mathrm{circ}(\boldsymbol{k}/k_0)K(\boldsymbol{k})$ beschreibt die Richtungsabhängigkeit der Amplitude der von der Objektebene ausgehenden Huygens–Fresnelschen Elementarwellen (s. Abschn. 2.2); $E_0 t(\boldsymbol{r})$ ist die Amplitude der Elementarwelle, die ihren Ursprung an der Stelle $\boldsymbol{r}$ hat, und $\boldsymbol{k}\boldsymbol{r} = \varphi(k_x, k_y, x, y)$ ihre Phase. Das über die Ortskoordinaten erstreckte Integral stellt die Interferenz aller von der Objektebene ausgehenden Elementarwellen in der Brennebene F dar.

Die Linse L_2 transformiert in der gleichen Weise wie L_1 die Feldstärkeverteilung $E(\xi, \eta) = E(\rho)$ in der Brennebene F in die Feldstärkeverteilung $E_B(x', y') = E_B(r')$ in der Bildebene B, d. h. man kann den Zusammenhang zwischen diesen beiden Größen nach dem Vorbild von (4.4) aufschreiben. In diesem Fall ist aber noch eine Vereinfachung möglich: Weil die von–Bieren–Bedingung durch die Forderung $x_0, y_0 \ll f_1$ sehr kleine Öffnungswinkel w der Lichtbündel zwischen den beiden Linsen erzwingt (s. Abb. 4.1), kann man den Richtungsfaktor $K(\boldsymbol{k})$ (s. (2.8)) näherungsweise durch seinen Wert bei $\boldsymbol{k} = 0$ ersetzen: $K(0) = 2k_0$. Die Abschneidefunktion $\mathrm{circ}(\boldsymbol{k}/k_0)$ (s. (2.14)) ist dann überflüssig. Somit lautet die zweite Fouriertransformation:

$$E_B(r') = \frac{2k_0}{4\pi f_2} \int\limits_{-\infty}^{\infty} E(\rho)\mathrm{e}^{-\mathrm{i}\varphi(\rho, r')}\mathrm{d}^2\rho \quad . \tag{4.5}$$

Die Funktion $\varphi(\boldsymbol{\rho}, \boldsymbol{r}')$ gibt an, mit welcher Phase eine vom Punkt $\boldsymbol{\rho}$ der Brennebene F ausgehende Kugelwelle im Punkt $\boldsymbol{r}'$ der Bildebene ankommt. Das Integral sorgt dann für die phasenrichtige Überlagerung aller aus der $\xi\eta$–Ebene kommenden Wellen in der Bildebene. Die Linse L_2 transformiert eine von dem Punkt $\boldsymbol{\varrho}$ ausgehende Kugelwelle in eine ebene Welle, die schräg zur optischen Achse verläuft. Dieses Problem ist bereits in Abschn. 2.6 behandelt worden. In Analogie zu (2.45c) erhält man für die Phase

$$\varphi(\boldsymbol{\rho}, \boldsymbol{r}') = \frac{\boldsymbol{\rho} \boldsymbol{r}' k_0}{f_2} \quad . \tag{4.6a}$$

Mit $\boldsymbol{\rho}/f_1 = \boldsymbol{k}/k_0$ und $V = f_2/f_1$ geht (4.6a) über in

$$\varphi(\boldsymbol{k}, \boldsymbol{r}') = \frac{\boldsymbol{k} \boldsymbol{r}'}{V} \quad . \tag{4.6b}$$

Diese Darstellung ist zweckmäßig, weil die Feldstärke in der $\xi\eta$–Ebene durch (4.4) als Funktion von $\boldsymbol{k}$ vorliegt. Jetzt braucht man nur noch (4.4) in (4.5) einzusetzen und erhält

$$E_B(r') = \frac{2k_0}{4\pi f_2} \frac{E_0}{4\pi f_1} \int\limits_{-\infty}^{\infty} \mathrm{circ}(\boldsymbol{k}/k_0)K(\boldsymbol{k})T(\boldsymbol{k})\mathrm{e}^{-\mathrm{i}\boldsymbol{k}\boldsymbol{r}'/V}(f_1^2/k_0^2)\mathrm{d}^2k \quad . \tag{4.7}$$

Der Faktor $T(\boldsymbol{k})$ im Integranden ist die Fouriertransformierte von $t(\boldsymbol{r})$ und stellt das Spektrum der räumlichen Frequenzen dar, die in dem abzubildenden Objekt enthalten sind. Abgesehen von $\mathrm{circ}(\boldsymbol{k}/k_0)K(\boldsymbol{k})$ stellt das Integral in (4.7) die Transformation dieses Spektrums in den Bildraum dar:

$$\int\limits_{-\infty}^{\infty} T(\boldsymbol{k})\mathrm{e}^{\mathrm{i}\boldsymbol{k}(-\boldsymbol{r}'/V)}\frac{\mathrm{d}^2k}{(2\pi)^2} = t(-\boldsymbol{r}'/V) \quad . \tag{4.8}$$

Die Vergrößerung V im Nenner des Arguments von t bedeutet, daß das Bild um den Faktor V größer ist, und das Minuszeichen, daß das Bild „auf dem Kopf steht". Die Funktion $\mathrm{circ}(\boldsymbol{k}/k_0)K(\boldsymbol{k})$ modifiziert das Spektrum $T(\boldsymbol{k})$, insbes. filtert sie alle räumlichen Frequenzen oberhalb k_0 aus. Sie spielt also die Rolle der Übertragungsfunktion des linearen optischen Systems, das durch die beiden Linsen L_1 und L_2 realisiert ist, und zwar der optimalen Übertragungsfunktion, da wir die Linsen als ideal vorausgesetzt haben. Wir normieren deshalb $\mathrm{circ}(\boldsymbol{k}/k_0)K(\boldsymbol{k})$ für $\boldsymbol{k}=0$ auf eins und definieren als *ideale Amplitudenübertragungsfunktion*

$$
\begin{aligned}
G_{\mathrm{ideal}}(\boldsymbol{k}) \; &= \; \frac{\mathrm{circ}(\boldsymbol{k}/k_0)K(\boldsymbol{k})}{2k_0} \\[2mm]
&= \; \begin{cases} \dfrac{1}{2}\left[1+\sqrt{1-(k_x^2+k_y^2)/k_0^2}\,\right] & \text{für}\quad k_x^2+k_y^2 \le k_0^2 \\[4mm] 0 & \text{für}\quad k_x^2+k_y^2 > k_0^2 \end{cases} \; .
\end{aligned}
\tag{4.9}
$$

Drückt man noch die Bildraumkoordinate $\boldsymbol{r}'$ durch die des Objektraums $\boldsymbol{r}$ aus, nämlich $\boldsymbol{r}'=-V\boldsymbol{r}$, so geht (4.7) mit der Definition (4.9) über in

$$
E_B(-V\boldsymbol{r}) = \frac{E_0}{V}\int\limits_{-\infty}^{\infty} G_{\mathrm{ideal}}(\boldsymbol{k})T(\boldsymbol{k})\mathrm{e}^{\mathrm{i}\boldsymbol{k}\boldsymbol{r}}\frac{\mathrm{d}^2 k}{(2\pi)^2} \; .
\tag{4.10}
$$

Die Gleichung (4.10) muß als Grenzfall die Aussage der geometrischen Optik über die Abbildung eines Gegenstands durch Linsen enthalten. Da diese keine Beugung kennt, kann man sie als Grenzfall $\lambda \to 0$ bzw. $k_0 \to \infty$ der Wellenoptik auffassen. Der Grenzübergang liefert $G_{\mathrm{ideal}} \equiv 1$, und damit folgt aus (4.10) $E_B(-V\boldsymbol{r}) = (E_0/V)\,t(\boldsymbol{r})$. In diesem Fall wäre also die Feldstärkeverteilung im Bildraum eine um den Faktor V vergrößerte, *exakte* Reproduktion der Feldstärkeverteilung im Objektraum mit einer um den Faktor $1/V$ kleineren Amplitude (und einer zur Flächenvergrößerung V^2 reziproken Energiestromdichte). Wegen der endlichen Wellenlänge des Lichts ist aber eine solche Übertragungsfunktion prinzipiell nicht möglich.

Für die Diskussion, wie sich die als Filter für räumliche Frequenzen wirkende Übertragungsfunktion im Bild bemerkbar macht, sind die Vergrößerung und die Feldstärke E_0 der Beleuchtung unwesentlich. Wir betrachten deshalb von jetzt ab nur noch Abbildungen im Maßstab 1:1, beseitigen das Minuszeichen im Argument von E_B, indem wir die Koordinatenachsen im Bild– und Objektraum in entgegengesetzter Richtung laufen lassen, und normieren E_B mit $E_0 : E_B(\boldsymbol{r})/E_0 = t_B(\boldsymbol{r})$. Die dimensionslose Funktion $t_B(\boldsymbol{r})$ nennen wir das Bild des Objekts $t(\boldsymbol{r})$. Das Spektrum des Bildes t_B kann man aus (4.10) ablesen:

$$
T_B(\boldsymbol{k}) = G_{\mathrm{ideal}}(\boldsymbol{k})T(\boldsymbol{k}) \; .
\tag{4.11}
$$

Diese Gleichung beschreibt das abbildende optische System als Frequenzfilter, und zwar in derselben Weise, wie wir in Abschn. 1.3.3 lineare Systeme, die zeitabhängige Signale verarbeiten, beschrieben haben. Diese haben allerdings wegen der Kausalität prinzipiell komplexwertige Übertragungsfunktionen $G(\omega)$, während $G_{\text{ideal}}(\boldsymbol{k})$ reell und rotationssymmetrisch ist.

Wie in Abschn. 1.3.3 kann man auch hier das Bild $t_B(\boldsymbol{r})$ auf zwei verschiedenen Wegen berechnen: Entweder durch Rücktransformation von (4.11) oder durch Faltung von $t(\boldsymbol{r})$ mit der „Stoßantwort" $g_{\text{ideal}}(\boldsymbol{r})$ des Linsensystems, deren Betragsquadrat man experimentell erhält, wenn man das Bild einer punktförmigen Lichtquelle in der Bildebene registriert. Man kann $g_{\text{ideal}}(\boldsymbol{r})$ aber auch berechnen, indem man $G_{\text{ideal}}(\boldsymbol{k})$ in den Ortsraum zurücktransformiert:

$$
g_{\text{ideal}}(\boldsymbol{r}) = \int\limits_{-\infty}^{\infty} G_{\text{ideal}}(\boldsymbol{k}) e^{i\boldsymbol{k}\boldsymbol{r}} \frac{\mathrm{d}^2 k}{(2\pi)^2} \quad . \tag{4.12}
$$

Das Integral (4.12) läßt sich durch tabellierte Funktionen ausdrücken. Man erhält

$$
g_{\text{ideal}}(\boldsymbol{r}) = \frac{\pi k_0^2}{(2\pi)^2} \left[\frac{J_1(k_0 r)}{k_0 r} + \frac{\sin k_0 r}{(k_0 r)^3} - \frac{\cos k_0 r}{(k_0 r)^2} \right] \quad . \tag{4.13}
$$

Die „Stoßantwort" $g_{\text{ideal}}(\boldsymbol{r})$ ist das Bild eines einzelnen Objektpunktes und hat die Dimension einer reziproken Fläche. Sie wird in der Optik **Verwaschungsfunktion** oder auch Punktverschmierungsfunktion *(point spread function)* genannt, weil ihre Faltung mit dem Objekt $t(\boldsymbol{r})$ Details, die kleiner sind als die Lichtwellenlänge, verschmiert, so daß sie im Bild nicht mehr vorhanden sind:

$$
t_B(\boldsymbol{r}) = g_{\text{ideal}}(\boldsymbol{r}) \star t(\boldsymbol{r}) \quad . \tag{4.14}
$$

Die mit $4\pi/k_0^2$ normierte Verwaschungsfunktion $g_{\text{ideal}}(\boldsymbol{r})$ ist in Abb. 4.2 dargestellt. Sie unterscheidet sich nur wenig von einem Airy–Scheibchen (s. Abschn. 2.7.3), das man erhielte, wenn $K(\boldsymbol{k}) \equiv 1$, d. h. die Amplitude der Huygens–Fresnelschen Elementarwellen richtungsunabhängig wäre. Dieses Airy–Scheibchen ist in Abb. 4.2 als gestrichelte Kurve eingezeichnet.

Um die Verwaschungsfunktion zu berechnen, ersetzt man zunächst wie bei der Berechnung des Airy–Scheibchens in Abschn. 2.7.3 die kartesischen Koordinaten durch Polarkoordinaten und erhält

$$
\begin{aligned}
g_{\text{ideal}}(\boldsymbol{r}) &= \frac{1}{(2\pi)^2} \int\limits_0^{k_0} \int\limits_0^{2\pi} \frac{1}{2} \left[1 + \sqrt{1 - k^2/k_0^2} \right] \exp\left[i k r \cos(\phi - \psi) \right] k \mathrm{d}\psi \mathrm{d}k \\
&= \frac{1}{8\pi^2} \int\limits_0^{k_0} k \left[1 + \sqrt{1 - k^2/k_0^2} \right] 2\pi J_0(kr) \mathrm{d}k \quad , \tag{4.13a}
\end{aligned}
$$

wobei im zweiten Schritt die Integraldarstellung (2.60) der Besselfunktionen be-

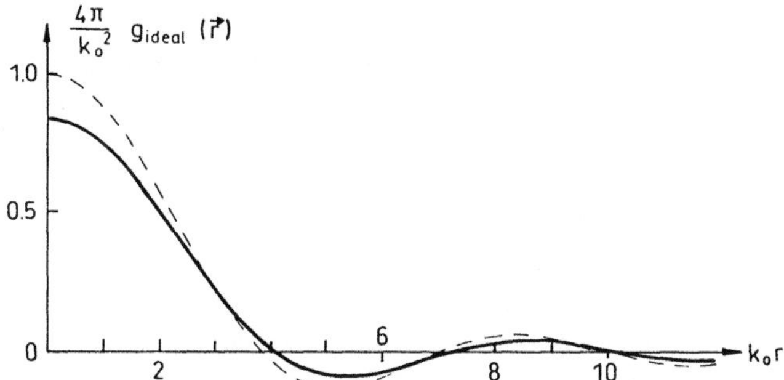

Abb. 4.2. Verwaschungsfunktion $g_{\mathrm{ideal}}(\boldsymbol{r})$ eines idealen Linsensystems *(durchgezogene Kurve)* und Airy–Scheibchen *(gestrichelte Kurve)* zum Vergleich

nutzt wurde. (4.13a) ist die Summe von zwei Integralen, nämlich

$$\frac{1}{4\pi} \int\limits_{0}^{k_0} k J_0(kr)\,\mathrm{d}k = \frac{\pi k_0^2}{(2\pi)^2}\frac{J_1(k_0 r)}{k_0 r} \quad,$$

also ein Airy–Scheibchen, und

$$\frac{1}{4\pi} \int\limits_{0}^{\pi/2} k_0 \sin\kappa \cos\kappa\, J_0(k_0 r \sin\kappa) k_0 \cos\kappa\, \mathrm{d}\kappa \overset{\mathrm{def}}{=} f(r) \quad,$$

wobei die Transformation $k = k_0 \sin\kappa$ benutzt wurde. Das zweite Integral kann man einer Integraltafel[1] entnehmen und findet

$$f(r) = \frac{k_0^2}{4\sqrt{2\pi}}\frac{J_{3/2}(k_0 r)}{(k_0 r)^{3/2}} = \frac{\pi k_0^2}{(2\pi)^2}\left[\frac{\sin k_0 r}{(k_0 r)^3} - \frac{\cos k_0 r}{(k_0 r)^2}\right] \quad,$$

wobei im letzten Schritt die Darstellung der Besselfunktionen halbzahliger Ordnung durch Sinus und Cosinus benutzt wurde; speziell für $n = 3/2$ gilt:

$$J_{3/2}(z) = \sqrt{\frac{2}{\pi z}}\left[\frac{\sin z}{z} - \cos z\right] \quad.$$

Durch die Faltung (4.14) des Objekts $t(\boldsymbol{r})$ mit der Verwaschungsfunktion $g_{\mathrm{ideal}}(\boldsymbol{r})$ werden feine Einzelheiten des Objekts „verschmiert", sind also im Bild nicht mehr sichtbar. Selbst eine ideale Linse hat also ein endliches Auflösungsvermögen. Jede quantitative Definition des Auflösungsvermögens ist mit einer gewissen Willkür behaftet. Gewöhnlich benutzt man das von Rayleigh vorgeschlagene Kriterium, wonach zwei Bildpunkte als gerade noch aufgelöst gelten, wenn das Hauptmaximum der Verwaschungsfunktion des

---

[1] z. B.: I.S. Gradshteyn and I.M. Ryzhik: *Table of Integrals, Series, and Products* (Academic Press, San Diego 1980), S.740, Integral 6.683.6

einen in die Mitte des ersten dunklen Rings (s. Abb. 2.16) der Verwaschungs-funktion des anderen Bildpunktes fällt. Der Abstand d_{min} zweier gerade noch auflösbarer Punkte ist danach durch die erste Nullstelle von $g_{ideal}(r)$ gegeben, die bei $k_0 d_{min} \approx 4$ liegt. Daraus folgt $d_{min} = 4/(2\pi/\lambda_0) = 0,65\lambda_0$. Der kleinste, mit einer *idealen* Linse noch auflösbare Punktabstand hängt also nur von der Wellenlänge des benutzten Lichts ab.

Bei der Herleitung der Verwaschungsfunktion g_{ideal} hatten wir kohärente Beleuchtung und die Brechzahl eins im Objektraum vorausgesetzt. Man könnte vermuten, daß das Auflösungsvermögen bei inkohärenter Beleuchtung schlechter wird. Das ist aber nicht der Fall, im Gegenteil, mit räumlich total inkohärenter Beleuchtung erzielt man die höchste Auflösung. Die Gründe dafür werden im Abschn. 4.2 erläutert. Eine zweite Möglichkeit, das Auflösungsvermögen zu verbessern, ist die Anwendung einer Immersion, d. h. die Vergrößerung der Brechzahl in dem Gebiet zwischen Objekt und erster Linse von eins auf n. Dadurch wird die Wellenzahl k_0 im Objektraum um den Faktor n größer, d. h. das Spektrum der räumlichen Frequenzen wird erst bei nk_0 abgeschnitten, und die Bedingung für d_{min} lautet dann $nk_0 d_{min} \approx 4$. Der kleinste auflösbare Abstand wird also um den Faktor $1/n$ kleiner. Dieses Verfahren wird vor allem in der Mikroskopie angewandt.

4.1.2 Reale Linsen

In der Praxis arbeitet man normalerweise nicht mit der in Abb. 2.1 bzw. 4.1 skizzierten Anordnung, sondern mit Einzellinsen oder Objektiven, die aus mehreren Linsen zusammengesetzt werden, um Abbildungsfehler möglichst weitgehend kompensieren zu können. Wir wollen auf Linsenfehler nur am Rande eingehen und statt dessen vor allem diskutieren, wie sich eine Beschränkung des ***Öffnungswinkels*** der abbildenden Lichtbündel auf das Bild auswirkt.

Um ein Objekt mit einer einzigen Linse abzubilden statt wie bisher mit den beiden Linsen L_1 und L_2 in der in Abb. 4.1 gezeigten Weise, ersetzt man, wie Abb. 4.3a zeigt, L_1 und L_2 durch eine Linse L_0 mit der Brennweite $f_0 = 2f_1 f_2/(f_1 + f_2) = 2f_2/(1 + V)$. Dadurch ändert sich der Strahlengang hinter der Linse L_1: Das Fraunhofersche Beugungsbild befindet sich nicht mehr in der hinteren Brennebene von L_1, sondern in der von L_0: ein von der xy-Ebene unter dem Winkel u ausgehendes Parallelbündel konvergiert nicht mehr in der $\xi\eta$-Ebene, sondern in der Brennebene F von L_0, und ein Parallelbündel aus dem Objektraum durchdringt die Bildebene nicht als paralleles, sondern als divergierendes Bündel. In Abb. 4.3b ist der Strahlengang bei Verwendung von L_0 noch einmal dargestellt. Zusätzlich wurde in der Brennebene von L_0 eine kreisförmige Blende angebracht, die die Austrittspupille (und die Eintrittspupille) des Strahlengangs festlegt und den objektseitigen Öffnungswinkel der abbildenden Bündel auf $2u$ begrenzt. Diese Bündel sind divergierende Kugelwellen, die von L_0 in Kugelwellen mit dem Öffnungswinkel $2u'$ transformiert werden, die in der Bildebene konvergieren. Sie durchlaufen die

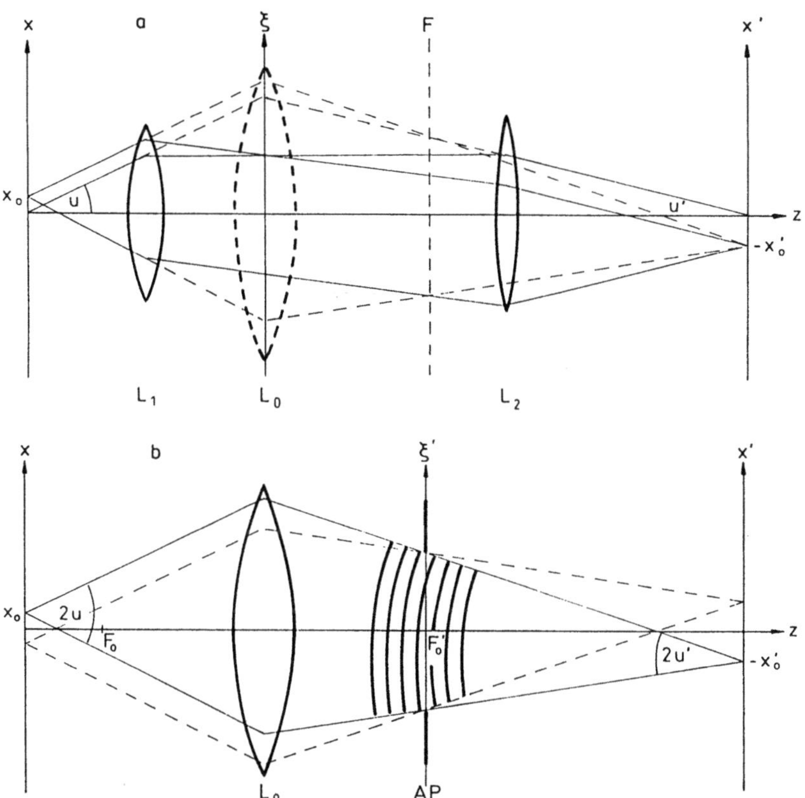

Abb. 4.3. (a) Übergang von der Abbildung der xy–Ebene in die $x'y'$–Ebene mit den Linsen L_1 und L_2 zu der gleichen Abbildung mit Hilfe der Linse L_0 (b) Abbildung der xy–Ebene in die $x'y'$–Ebene durch L_0 mit Begrenzung der Öffnungswinkel durch eine Blende in der hinteren Brennebene von L_0 (Austrittspupille AP)

Austrittspupille, in der sich das Fraunhofersche Beugungsbild befindet, als Kugelwellen, während bei der Anordnung nach Abb. 4.1 alle von Punkten der Objektebene ausgehenden Kugelwellen die Ebene des Fraunhoferschen Beugungsbilds als ebene Wellen durchlaufen. Das wird in Abb. 4.3b durch einige Phasenflächen in der Umgebung der Austrittspupille AP angedeutet. Deshalb wird die Feldstärke in der Austrittspupille nicht allein durch die Fouriertransformierte des Objekts beschrieben, sondern es kommt noch ein Phasenfaktor hinzu, und zwar ändert sich die Phase näherungsweise quadratisch mit den Koordinaten ξ' und η' in der Pupille.

Im Gegensatz zu dem im vorangehenden Abschnitt behandelten, nur näherungsweise realisierbaren idealen Linsen, die abbildende Bündel mit dem Öffnungswinkel $2u = 180°$ aufnehmen können, ist bei der Abbildung in Abb. 4.3b der Öffnungswinkel durch die Austrittspupille auf kleinere Werte begrenzt, d. h. die Austrittspupille schneidet das Spektrum der räumlichen

Frequenzen bereits bei $k_P = k_0 \sin u < k_0$ ab, bzw. bei $k_P = n k_0 \sin u$, wenn es sich um ein Immersionssystem handelt. Die Größe $A_n = n \sin u$ bezeichnet man als **numerische Apertur** des abbildenden Systems. Sie bestimmt sein Auflösungsvermögen. Man muß deshalb für reale Linsen (4.11) modifizieren, indem man ihre rechte Seite mit einer Pupillenfunktion $P(\boldsymbol{k})$ multipliziert, die dieses Abschneiden aller Frequenzen oberhalb k_P beschreibt, und in der man auch den im vorangehenden Absatz diskutierten Phasenfaktor berücksichtigt. Darüber hinaus kann man mit der Pupillenfunktion auch Linsenfehler beschreiben. Ein sphärischer Fehler der Linse L_0 in Abb. 4.3b hätte z. B. zur Folge, daß die in der Nähe der Pupille gezeichneten Phasenflächen nicht mehr Kugelflächen wären, sondern am Rand der Pupille eine größere Krümmung aufwiesen als in ihrem Zentrum. Das kann durch einen von k abhängigen, zusätzlichen Phasenfaktor beschrieben werden. In ähnlicher Weise kann man alle für eine Abbildung relevanten Eigenschaften eines realen Linsensystems mit Hilfe einer komplexwertigen **Pupillenfunktion** $P(k)$ beschreiben. Die Gleichung (4.11) geht dann über in

$$T_B(\boldsymbol{k}) = P(\boldsymbol{k}) G_{\text{ideal}}(\boldsymbol{k}) T(\boldsymbol{k}) \approx P(\boldsymbol{k}) T(\boldsymbol{k}) \quad . \tag{4.15}$$

Die im letzten Schritt benutzte Näherung ist vor allem dann gerechtfertigt, wenn die Apertur der Linse $A_n = \sin u \lesssim 0{,}5$ ist, weil in diesem Bereich $G_{\text{ideal}}(\boldsymbol{k})$ nur wenig von eins abweicht. (s. (4.9) und Abb. 2.5). Die Verwaschungsfunktion, d. h. das Bild eines einzelnen Objektpunkts ist analog zu (4.12) die Fouriertransformierte der Pupillenfunktion. Für ein fehlerfreies Linsensystem erhält man in guter Näherung ein Airy–Scheibchen als Verwaschungsfunktion.

Im allgemeinen hat die Pupillenfunktion eine noch kompliziertere Gestalt. Um davon einen Eindruck zu vermitteln, betrachten wir einen Strahlengang, bei dem die Linsenfassung als Eintrittspupille wirkt (Abb. 4.4). Wie im vorigen Beispiel liegt natürlich das Fraunhofersche Beugungsbild in der hinteren Brennebene der Linse (in Abb. 4.4 sind nur keine Strahlen eingezeichnet, die im Objektraum parallel verlaufen), aber nur für den Punkt $\boldsymbol{r} = 0$ wird das

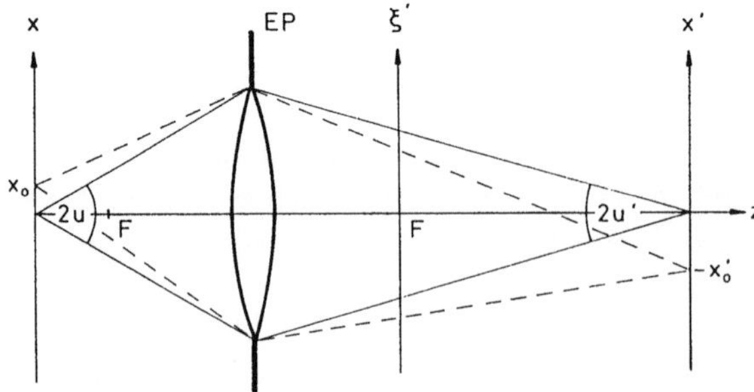

Abb. 4.4. Abbildung durch eine Einzellinse mit der Linsenfassung als Eintrittspupille EP, die das Frequenzspektrum in der $\xi'\eta'$–Ebene unsymmetrisch filtert

Frequenzspektrum auf der $\xi\eta$-Ebene symmetrisch beschnitten; für alle Objektpunkte außerhalb der optischen Achse ist die Frequenzfilterung unsymmetrisch. Zum Beispiel werden bei dem gestrichelt eingezeichneten Bündel auf der positiven ξ-Achse Frequenzen schon unterdrückt, die auf der negativen ξ-Achse noch durchgelassen werden. Diese Asymmetrie hängt offensichtlich von der Lage des Objektpunkts ab, d. h. die Pupillenfunktion hängt zusätzlich noch von den Ortskoordinaten im Objekt ab. Man bezeichnet eine solche Abbildung als nicht isoplanatisch, weil die Abbildungsqualität nicht über die gesamte Bildausdehnung dieselbe ist. Diese Überlegungen führen in die umfangreiche und recht komplizierte Theorie der Bildfehler. Wer sich dafür interessiert, muß umfangreichere Darstellungen der Fourieroptik oder Literatur über technische Optik zu Rate ziehen.

4.2 Abbildung bei total inkohärenter Beleuchtung

Monochromatisches, genauer: quasimonochromatisches Licht, das von zwei Quellen ausgeht, nennt man räumlich total inkohärent, wenn es „nicht interferenzfähig" ist, d. h. kein Beugungsbild erzeugt. Als experimentelles Beispiel soll ein Doppelspalt dienen, dessen Spalte *inkohärent* Licht emittieren. Für diesen Versuch benutzen wir die Anordnung nach Abb. 2.7, lassen den Beleuchtungsstrahlengang weg und verwenden als Objekt zwei dünne, parallel verlaufende Wolframdrähte, die auf ca. 2500 K aufgeheizt werden, so daß sie thermisch Licht emittieren. Im Gegensatz zum kohärent beleuchteten Doppelspalt sieht man bei diesem Versuch in der Ebene des Fraunhoferschen Beugungsbilds keinerlei Struktur, sondern eine gleichmäßige Helligkeit, auch wenn man durch Einfügen eines Interferenzfilters in monochromatischem Licht beobachtet. Die Energiestromdichte ist die Summe der von jedem der beiden Drähte einzeln hervorgerufenen Energiestromdichten (nähere Einzelheiten in Abschn. 3.2), d. h. im Gegensatz zum kohärent beleuchteten Doppelspalt überlagern sich hier die *Energiestromdichten* linear. Alle thermischen Lichtquellen, wozu auch normale Gasentladungslampen (nicht Gaslaser) gehören und alle Lumineszenzquellen emittieren in diesem Sinne inkohärent, d. h. Licht von zwei beliebigen Punkten solcher Quellen kann nicht interferieren. Diese Quellen werden **Selbstleuchter** genannt.

Wenn man Objekte, die nicht selbst leuchten, sondern einer Fremdbeleuchtung bedürfen, statt mit einer Punktquelle in der Brennebene der Kollimatorlinse (s. Abb. 2.7) mit einer flächenhaften, d. h. räumlich ausgedehnten Lichtquelle beleuchtet, so verhalten sie sich wie Selbstleuchter, und zwar in umso besserer Näherung je größer die Fläche der Lichtquelle ist (nähere Einzelheiten in Abschn. 3.2). Man spricht dann von räumlich total inkohärenter Beleuchtung des Objekts. Im Folgenden wird das Bild, das ein Linsensystem von einem inkohärent beleuchteten bzw. von einem selbstleuchtenden Objekt erzeugt, berechnet. Wir verwenden wieder die in Abb. 4.1 skizzierte Anordnung. In diesem Fall findet man aber in der $\xi\eta$-Ebene keinerlei Struktur, sondern eine im Zeitmittel konstante Energiestromdichte. Die für die kohärente Beleuchtung so erfolgreiche Methode, das Bild durch zweimalige Fouriertransformation zu berechnen, ist hier offensichtlich nicht anwendbar. Wir wählen deshalb den in Abschn. 1.3.3 aufgezeigten „direkten" Weg, nämlich durch Falten des Eingangssignals mit der Stoßantwort das Ausgangssignal zu berechnen. Als Eingangsgröße müssen wir die Energiestromdichte verwenden, weil sich, wie oben ausgeführt, im Fall total inkohärenter Beleuchtung die Energiestromdichten linear überlagern.

Eingangssignal sei ein möglichst kleines Loch mit der Fläche ΔA an der Stelle $\boldsymbol{r}$ der Objektebene, durch das der Energiestrom I fließen soll. Das Bild dieses Objekt„punkts", die Stoßantwort, wird durch die Verteilung der Energiestromdichte $j_h(\boldsymbol{r}')$ in der Bildebene beschrieben:

$$j_h(\boldsymbol{r}') = I h(\boldsymbol{r}' - V\boldsymbol{r}) = j(\boldsymbol{r})\Delta A\, h(\boldsymbol{r}' - V\boldsymbol{r}) \quad , \tag{4.16}$$

wobei $j(\boldsymbol{r})$ die Energiestromdichte in dem Loch ist; die Koordinatenachsen in der Objekt– und der Bildebene sollen entgegengesetzte Richtungen haben. Durch (4.16) wird eine ***Verwaschungsfunktion*** h für die Energiestromdichte definiert, die das Analogon zu der durch (4.12) eingeführten Verwaschungsfunktion g für die Feldstärke ist und ebenfalls die Dimension einer reziproken Fläche hat. Der Ansatz (4.16) enthält implizit die Voraussetzung, daß die Abbildung *isoplanatisch* ist: alle Punktbilder j_h gehen durch Verschieben um $V\boldsymbol{r}$ ineinander über, d. h. die Form der Verwaschungsfunktion ist unabhängig von der Lage des Objektpunkts. Um das Bild eines ausgedehnten Objekts mit einer Verteilung der Energiestromdichte $j(\boldsymbol{r})$ in der Objektebene – das kann ein Selbstleuchter oder ein inkohärent beleuchtetes, absorbierendes Objekt sein – zu erhalten, braucht man nur die Bilder (4.16) der einzelnen Objektpunkte zu addieren, bzw. über die Bildebene zu integrieren. Die Integrationsvariable ist $V\boldsymbol{r} = \boldsymbol{\rho}$, das Flächenelement ΔA hat in der Bildebene die Größe $\mathrm{d}^2\rho = V^2\Delta A$. Man erhält also für die Energiestromdichte j_B in der Bildebene

$$j_B(\boldsymbol{r}') = \frac{1}{V^2} \int\limits_{-\infty}^{\infty} j(\boldsymbol{\rho}/V) h(\boldsymbol{r}' - \boldsymbol{\rho})\mathrm{d}^2\rho \quad , \tag{4.17}$$

also die Faltung des Eingangssignals j mit der Verwaschungsfunktion h. Um denselben Sachverhalt im $\boldsymbol{k}$-Raum auszudrücken, muß man die Fouriertransformierte von (4.17) bilden. Dazu berechnen wir zunächst die Fouriertransformierte des Objekts $j(\boldsymbol{\rho}/V)$:

$$\int\limits_{-\infty}^{\infty} j(\boldsymbol{\rho}/V)\mathrm{e}^{-\mathrm{i}k\rho}\mathrm{d}^2\rho = \int\limits_{-\infty}^{\infty} j(\boldsymbol{r})\mathrm{e}^{-\mathrm{i}kV\boldsymbol{r}}V^2\mathrm{d}^2r = V^2 J(V\boldsymbol{k}) \quad , \tag{4.18}$$

und erhalten dann

$$J_B(\boldsymbol{k}) = H(\boldsymbol{k})J(V\boldsymbol{k}) \quad . \tag{4.19}$$

Wie bei kohärenter Beleuchtung kann man, wie (4.19) zeigt, das Spektrum des Bildes J_B als Produkt des Objektspektrums J mit einer Übertragungsfunktion H beschreiben, die als Frequenzfilter wirkt. $H(\boldsymbol{k})$ heißt **Modulationsübertragungsfunktion** oder einfach **optische Übertragungsfunktion**. Ein veralteter, aber sehr treffender Name ist *Kontrastübertragungsfunktion*. Die Modulationsübertragungsfunktion wird bevorzugt verwendet, um die Abbildungsqualität einer Linse oder eines Objektivs zu dokumentieren, weil in der Praxis meist inkohärentes Licht für die Abbildung eines Objekts benützt wird.

Um eine Vorstellung von der Gestalt der Modulationsübertragungsfunktion zu bekommen, wollen wir sie durch die Amplitudenübertragungsfunktion $G(\boldsymbol{k}) = P(\boldsymbol{k})G_{\text{ideal}}(\boldsymbol{k})$ ausdrücken, und zwar für Abbildungen im Maßstab 1:1, um den unwichtigen Vergrößerungsfaktor loszuwerden. Objekt– und Bildkoordinaten müssen dann nicht mehr unterschieden werden. Zu diesem Zweck drücken wir zunächst die Verwaschungsfunktion für die Energiestromdichte h durch diejenige für die Feldstärke g aus. Da h bzw. g das Bild eines *einzelnen* Objektpunkts beschreiben, ist in diesem Fall eine Unterscheidung zwischen kohärenter und inkohärenter Beleuchtung irrelevant. Wir können deshalb das Bild eines einzigen Objektpunkts, z. B. des Nullpunkts in der Objektebene auf zwei verschiedene Arten darstellen, nämlich entweder durch (4.16)

$$j_h(\boldsymbol{r}) = Ih(\boldsymbol{r}) \quad , \tag{4.20a}$$

oder indem wir mit Hilfe von (4.14) zunächst die Feldstärke

$$E_h(\boldsymbol{r}) = E_0 g(\boldsymbol{r}) \star \Delta A\,\delta(\boldsymbol{r}) = E_0 \Delta A\, g(\boldsymbol{r})$$

und dann die Energiestromdichte berechnen:

$$\begin{aligned} j_h(\boldsymbol{r}) &= \frac{1}{2}\varepsilon_0 c E_h(\boldsymbol{r})E_h^*(\boldsymbol{r}) = \frac{1}{2}\varepsilon_0 c E_0^2 (\Delta A)^2\, g(\boldsymbol{r})g^*(\boldsymbol{r}) \\ &= j(\Delta A)^2 g(\boldsymbol{r})g^*(\boldsymbol{r}) = I\Delta A\, g(\boldsymbol{r})g^*(\boldsymbol{r}) \quad . \end{aligned} \tag{4.20b}$$

Der Vergleich von (4.20b) mit (4.20a) liefert den gesuchten Zusammenhang zwischen den beiden Verwaschungsfunktionen:

$$h(\boldsymbol{r}) = \Delta A\, g(\boldsymbol{r})g^*(\boldsymbol{r}) \quad . \tag{4.21a}$$

Die Verwaschungsfunktion $h(\boldsymbol{r})$ für die Energiestromdichte ist offensichtlich stets reell und positiv. Ihre Abhängigkeit von der in gewissen Grenzen willkürlichen Größe ΔA des „Objektpunkts" kann man ebenfalls durch g ausdrücken. Dazu schreiben wir den durch ΔA fließenden Energiestrom I auf, der auch durch die Bildebene fließen muß, d. h. es muß gemäß (4.20b) gelten:

$$I = \int\limits_{-\infty}^{\infty} j_h(r)\mathrm{d}^2 r = I\Delta A \int\limits_{-\infty}^{\infty} g(\boldsymbol{r})g^*(\boldsymbol{r})\mathrm{d}^2 r \quad . \tag{4.22}$$

Aus (4.22) liest man

$$\Delta A = \frac{1}{\displaystyle\int_{-\infty}^{\infty} g^*(\boldsymbol{r})g(\boldsymbol{r})\mathrm{d}^2r} \tag{4.23}$$

ab und erhält für die Verwaschungsfunktion (4.21a)

$$h(\boldsymbol{r}) = \frac{g(\boldsymbol{r})g^*(\boldsymbol{r})}{\displaystyle\int_{-\infty}^{\infty} g(\boldsymbol{r})g^*(\boldsymbol{r})\mathrm{d}^2r} \quad . \tag{4.21b}$$

Durch Fouriertransformation von (4.21b) erhält man den Zusammenhang zwischen der Modulationsübertragungsfunktion $H(\boldsymbol{k})$ und der Amplitudenübertragungsfunktion $G(\boldsymbol{k})$. Zur Durchführung dieser Transformation benötigt man die Fouriertransformierte von $g^*(\boldsymbol{r})$ (vgl. Übungsaufgabe 1.8):

$$\int_{-\infty}^{\infty} g^*(\boldsymbol{r})\mathrm{e}^{-\mathrm{i}\boldsymbol{k}\boldsymbol{r}}\mathrm{d}^2r = \int_{-\infty}^{\infty} \left[g(\boldsymbol{r})\mathrm{e}^{\mathrm{i}\boldsymbol{k}\boldsymbol{r}}\right]^* \mathrm{d}^2r = G^*(-\boldsymbol{k}) \quad .$$

Die Modulationsübertragungsfunktion $H(\boldsymbol{k})$ läßt sich also als Faltungsprodukt von $G^*(-\boldsymbol{k})$ mit $G(\boldsymbol{k})$ darstellen; das ist aber die Autokorrelationsfunktion von $G(\boldsymbol{k})$:

$$G^*(-\boldsymbol{k}) \star G(\boldsymbol{k}) = \int_{-\infty}^{\infty} G^*(-\boldsymbol{\kappa})G(\boldsymbol{k} - \boldsymbol{\kappa})\mathrm{d}^2\kappa$$

$$= \int_{-\infty}^{\infty} G^*(\boldsymbol{\kappa})G(\boldsymbol{k} + \boldsymbol{\kappa})\mathrm{d}^2\kappa = G(\boldsymbol{k}) \otimes G(\boldsymbol{k}) = c_{GG}(\boldsymbol{k}) \quad , \tag{4.24}$$

die bereits in Abschn. 3.1.2, in (3.19) verwendet worden ist (vgl. die Kreuzkorrelation $f \otimes g$ in Anhang A.1, (A.20a) und (A.20b)). Die Modulationsübertragungsfunktion ist also bis auf einen Normierungsfaktor die *Autokorrelationsfunktion der Amplitudenübertragungsfunktion*:

$$H(\boldsymbol{k}) = \frac{G(\boldsymbol{k}) \otimes G(\boldsymbol{k})}{\displaystyle\int_{-\infty}^{\infty} G^*(\kappa)G(\kappa)\mathrm{d}^2\kappa} \quad . \tag{4.25}$$

H ist wie G dimensionslos und an der Stelle $\boldsymbol{k} = 0$ auf eins normiert.

Als Beispiel für eine Modulationsübertragungsfunktion wollen wir die eines fehlerfreien Linsensystems berechnen, das der Abbeschen Sinusbedingung genügt und eine nicht zu große Apertur $A_n = \sin u$ hat, damit wir die Näherung (4.15) verwenden können. Die Amplitudenübertragungsfunktion ist dann durch die Pupillenfunktion $P(\boldsymbol{k}) = \mathrm{circ}(k/k_P)$ gegeben, die man sich durch eine Kreisblende in der $\xi\eta$-Ebene (s. Abb. 4.1) realisiert denken kann und die alle räumlichen Frequenzen oberhalb $k_P = k_0 \sin u$ abschneidet. Eine elementare, aber etwas umständliche Rechnung liefert die zugehörige Modulationsübertragungsfunktion (4.25):

$$H_P(k) = \begin{cases} \dfrac{2}{\pi}\left[\arccos \dfrac{k}{2k_P} - \dfrac{k}{2k_P}\sqrt{1 - \left(\dfrac{k}{2k_P}\right)^2}\right] & \text{für} \quad |\boldsymbol{k}| = k \le 2k_P \\[2em] 0 \quad \text{für} \quad k > 2k_P \quad . \end{cases}$$

$$(4.26)$$

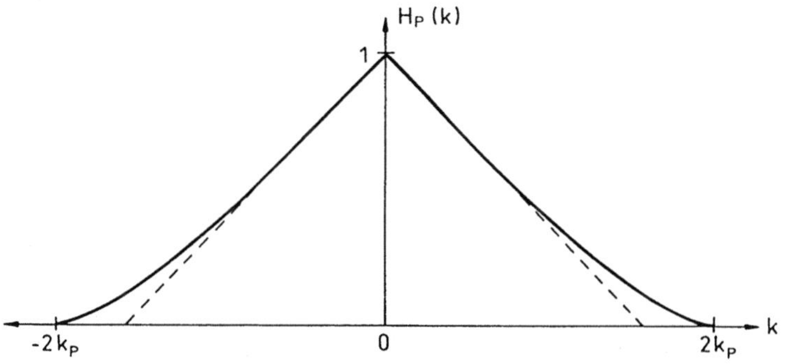

Abb. 4.5. Modulationsübertragungsfunktion eines fehlerfreien Linsensystems mit der Apertur $A_n = \sin u = k_P/k_0$

Diese Modulationsübertragungsfunktion ist in Abb. 4.5 dargestellt; die in grober Näherung dreieckige Form von $H_P(k)$ rührt daher, daß (4.24) verlangt, zwei Kreisflächen übereinanderzuschieben und als Funktion der Verschiebung $\boldsymbol{k}$ die beiden gemeinsame Fläche zu berechnen (vgl. Abschn. 2.7.2, Spalt mit dreieckförmiger Transmissionsfunktion). Im Gegensatz zur Amplitudenübertragungsfunktion $P(k)$, die in diesem Fall bei $k = k_P$ auf null abfällt, erstreckt sich die Modulationsübertragungsfunktion bis $k = 2k_P$. Dieser physikalisch bedeutende Unterschied sagt, daß ein Linsensystem bei inkohärenter Beleuchtung doppelt so hohe räumliche Frequenzen überträgt wie bei kohärenter, d. h. man erreicht mit inkohärenter Beleuchtung ein höheres Auflösungsvermögen. Deshalb wählt man beim Mikroskop normalerweise eine möglichst inkohärente Beleuchtung. Das Auflösungsvermögen verbessert sich dadurch gegenüber dem bei kohärenter Beleuchtung allerdings nicht um den Faktor 2, weil $H_P(k)$ für $k \to 2k_P$ ziemlich schnell gegen null geht und deshalb feine Objektdetails mit nur geringem Kontrast in das Bild übertragen werden. Dieser Sachverhalt wird in Abschn. 4.3 genauer diskutiert. In diesem Zusammenhang ist es nützlich sich klarzumachen, daß die Information, die eine Übertragungsfunktion über ein optisches System liefert, viel reichhaltiger ist als die Angabe einer einzigen Zahl, nämlich des Auflösungsvermögens.

Ein optisches Instrument, bei dem das Objekt stets inkohärent beleuchtet wird oder ein Selbstleuchter ist, ist das Fernrohr. Ein von einem unendlich fernen Punkt kommendes Parallelbündel wird durch die Objektivfassung begrenzt und an ihr gebeugt (s. Abb. 4.6). Das Beugungsbild entsteht in der hin-

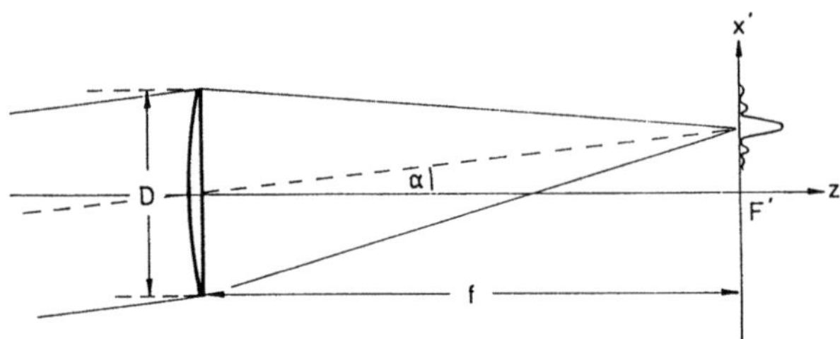

Abb. 4.6. Abbildung eines unendlich fernen Punkts mit einem Fernrohrobjektiv. Das Airy–Scheibchen in der hinteren Brennebene des Objektivs ist die Fraunhofersche Beugungsfigur der Objektivfassung

teren Brennebene des Objektivs und ist ein Airy–Scheibchen, das die Verwaschungsfunktion $h(\boldsymbol{r}')$ des Objektivs für einen unendlich fernen Objektpunkt darstellt. Es handelt sich um Fraunhoferbeugung in schwach konvergentem Licht (s. Abb. 2.10a; die aus (2.40) folgende Forderung $D/2 \ll f$ wird hier stark abgeschwächt, weil der Gesichtsfeldwinkel α klein gegen eins ist). Das gesamte Bild ist die Überlagerung der Airy–Scheibchen aller Objektpunkte. Aus Abb. 4.6 kann man sich leicht das Auflösungsvermögen des Fernrohrs herleiten, genauer: das beugungsbegrenzte Auflösungsvermögen, denn in der Praxis wird die Auflösung oft durch die Luftunruhe begrenzt. So ist z. B. die mit einem großen astronomischen Spiegelteleskop erreichbare Auflösung allein durch den Zustand der Atmosphäre bedingt und deshalb meist nicht größer als die eines Amateurteleskops mit einem Spiegeldurchmesser von 20 cm. Der Vorteil eines großen Spiegels ist, daß man damit viel lichtschwächere Objekte als mit einem kleinen sehen kann.

Zum Schluß wollen wir noch darauf hinweisen, daß bei optischen Instrumenten, bei denen zwei oder mehrere Abbildungen hintereinander durchgeführt werden, die Übertragungsfunktionen für die einzelnen Abbildungen sich im allgemeinen *nicht* multiplikativ zu einer Gesamtübertragungsfunktion zusammensetzen, wie das bei den in Kap. 1 behandelten linearen Systemen der Fall ist (vgl. Übungsaufgaben 1.4 und 4.6).

4.3 Vergleich: kohärente und inkohärente Beleuchtung

Die Betrachtungen über die Abbildung eines Objekts durch ein Linsensystem in den vorangehenden beiden Abschnitten haben gezeigt, daß man ein und demselben Linsensystem verschiedene Übertragungsfunktionen zuschreiben muß, je nachdem ob das Objekt kohärent oder inkohärent beleuchtet wird bzw. ein Selbstleuchter ist. Die Bildqualität hängt also nicht nur von den Eigenschaften der abbildenden Linsen, sondern auch von der Beleuchtung ab. Um deren Einfluß zu verdeutlichen, sind in Tabelle 4.1 die Verteilungen der Feldstärke, die nur für kohärente Beleuchtung relevant ist, und der Energiestromdichte in den Ebenen von Objekt, Fraunhoferschem Beugungsbild und Bild in Kurzform zusammengestellt.

Tabelle 4.1. Übersicht zur Bildentstehung bei kohärenter und inkohärenter Beleuchtung (bei letzterer existiert kein Fraunhofersches Beugungsbild)

		Beleuchtung	
		kohärent	inkohärent
Objektebene	E	t	
	j	tt^*	$t_j = tt^*$
Fraunhofer-Ebene	E	$G \cdot T$	
	j	$(GT)(GT)^*$	
Bildebene	E	$g \star t$	
	j	$(g \star t)(g \star t)^*$	$h \star t_j = (gg^*) \star (tt^*)$

Zur Beschreibung des inkohärent beleuchteten Objekts wurde eine Transmissionsfunktion $t_j(\boldsymbol{r})$ für die Energiestromdichte mit Hilfe der Beziehung $j(\boldsymbol{r}) = j_0 \, t_j(\boldsymbol{r})$ eingeführt, da das die Größe ist, die linear übertragen wird, während bei kohärenter Beleuchtung die Transmission t des Objekts für die Feldstärke linear übertragen wird.

Die Beschreibung der Energiestromdichte im kohärenten und inkohärenten Bild in der letzten Zeile von Tabelle 4.1 durch verschiedene, mit den Funktionen g und t gebildete Ausdrücke läßt vermuten, daß nicht nur das Auflösungsvermögen in diesen beiden Fällen etwas verschieden ist, sondern daß diese beiden Bilder auch qualitativ verschieden sind, zumindest für Strukturen, die in der Nähe gerade noch auflösbarer liegen. Das soll an zwei einfachen Beispielen demonstriert werden, der Abbildung eines Doppelspalts und einer Kante (Halbebene).

Zunächst wollen wir mit einer Anordnung gemäß Abb. 4.1 einen idealen Doppelspalt abbilden, d. h. ein Objekt mit der Transmissionsfunktion $t(x) = s[\delta(x + d/2) + \delta(x - d/2)]$. Die Bandbreite der durch dieses System übertragbaren räumlichen Frequenzen wird durch einen zu dem Doppelspalt parallelen Spalt in der Ebene des Fraunhoferschen Beugungsbilds stark beschränkt und dadurch die nur von x abhängige Verwaschungsfunktion $g(x) = (\sin k_P x)/x$ *(line spread function)* festgelegt, mit der man die in der letzten Zeile von Tabelle 4.1 angegebenen Energiestromdichten für kohärente und inkohärente Beleuchtung leicht numerisch berechnen kann.

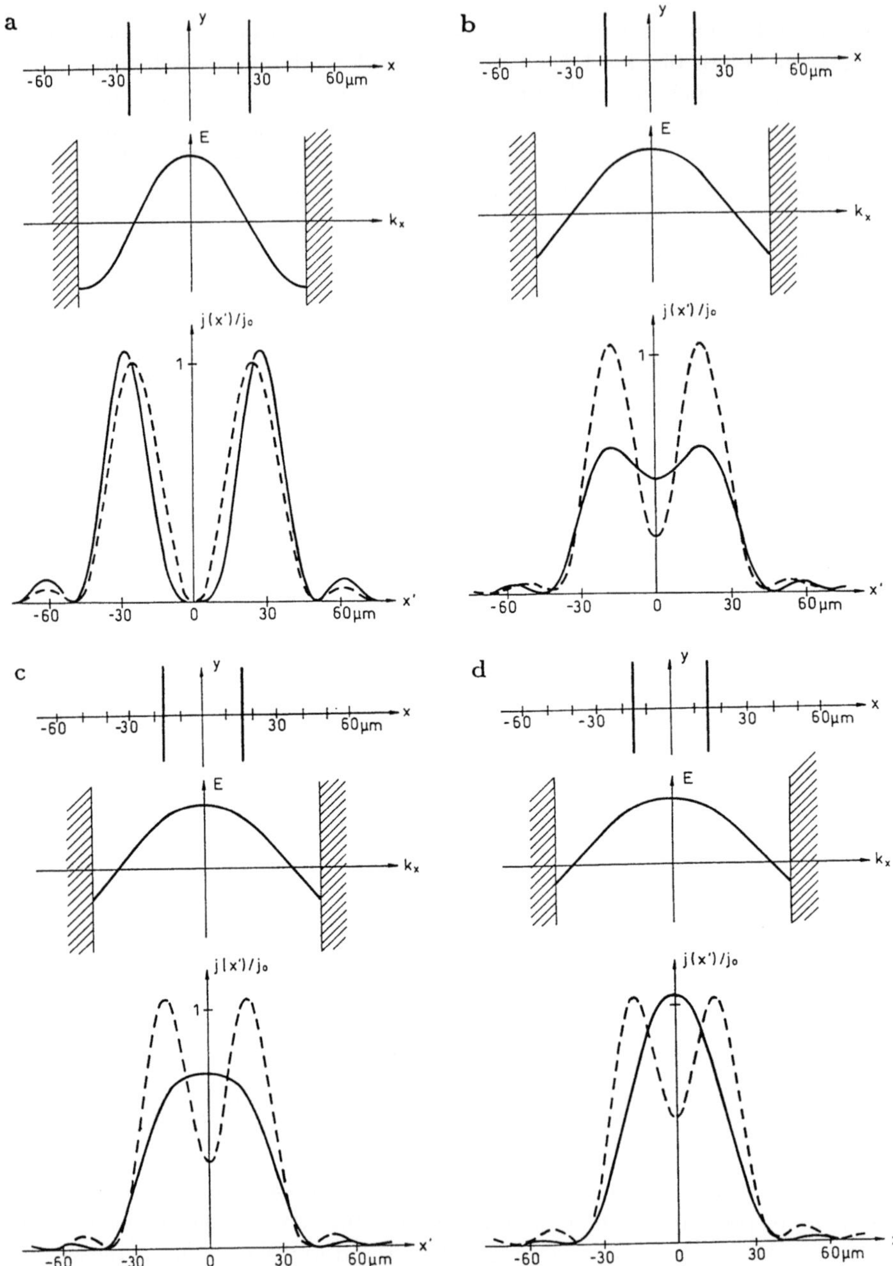

Abb. 4.7a-d. Abbildung eines Doppelspalts bei kohärenter und inkohärenter Beleuchtung. In den Teilbildern **(a)** bis **(d)** ist jeweils oben die Position der beiden Spalte in der Objektebene, in der Mitte das Fraunhofersche Beugungsbild bei kohärenter Beleuchtung und seine Begrenzung durch einen Aperturspalt und unten die Energiestromdichte im Bild bei kohärenter *(durchgezogene Kurve)* und inkohärenter *(gestrichelte Kurve)* eingezeichnet

Das Ergebnis ist in Abb. 4.7 dargestellt, und zwar für vier verschiedene Spaltabstände d des Doppelspalts in den Teilbildern a bis d. Der obere Teil jedes dieser Bilder zeigt die Objektebene mit dem Doppelspalt, der mittlere die Begrenzung des Fraunhoferschen Beugungsbilds durch den Spalt in dieser Ebene und der untere die mit j_0 der Beleuchtungswelle normierte Energiestromdichte in der Bildebene bei kohärenter Beleuchtung (durchgezogene Kurve) und bei inkohärenter Beleuchtung (gestrichelte Kurve). Im Teilbild a ist der Spaltabstand mit $d = 50\mu$m deutlich größer als das Auflösungsvermögen: Die beiden ersten Beugungsordnungen werden nur zur Hälfte weggefiltert. Trotzdem unterscheiden sich die mit den beiden Beleuchtungsarten entstehenden Bilder deutlich, insbes. gibt die kohärente Beleuchtung den Spaltabstand zu groß wieder. Eine Verkleinerung des Spaltabstands auf $d = 36\mu$m bewirkt, daß nur noch ein kleiner Teil der ersten Ordnungen die Ebene des Fraunhoferschen Beugungsbilds passieren kann (Teilbild b). Die kohärente Beleuchtung zeigt den Doppelspalt mit sehr geringem Kontrast: Das Auflösungsvermögen nach dem Rayleigh-Kriterium ist gerade erreicht. Die inkohärente Beleuchtung gibt dagegen den Doppelspalt noch mit gutem Kontrast wieder. Bei einer Verkleinerung des Spaltabstands auf 33μm verschwindet der Kontrast bei kohärenter Beleuchtung, bei inkohärenter verringert er sich dagegen nur wenig (Teilbild c). Eine Verkleinerung des Spaltabstands auf 30μm hat zur Folge, daß das Bild des Doppelspalts bei kohärenter Beleuchtung eher wie das eines Einzelspalts aussieht (Teilbild d), während das mit inkohärenter Beleuchtung erzeugte Bild den Doppelspalt noch gut aufgelöst zeigt. Das Auflösungsvermögen liegt in diesem Fall bei 25μm.

Als zweites Beispiel vergleichen wir die mit räumlich kohärenter und inkohärenter Beleuchtung erzeugten Bilder einer Kante. Als Kante bezeichnet man die Grenze zwischen einer gleichmäßig beleuchteten und einer unbeleuchteten Halbebene, d. h. ein Objekt mit der Transmissionsfunktion $t(x) = \theta(x)$. Bei diesem Objekt ist es – im Gegensatz zu dem vorhergehenden Beispiel – günstiger, das Bild mit Hilfe der Übertragungsfunktion zu berechnen. Wie oben werde das Frequenzspektrum durch einen Spalt in der $\boldsymbol{k}$-Ebene begrenzt, der für kohärente Beleuchtung die Amplitudenübertragungsfunktion

$$G(k_x) = \mathrm{rect}(k_x/2k_P) \tag{4.27}$$

und für inkohärente Beleuchtung gemäß (4.25) die Modulationsübertragungsfunktion

$$H(k_x) = \begin{cases} 1 - |k_x|/(2k_P) & \text{für} \quad |k_x| \leq 2k_P \\ 0 & \text{für} \quad |k_x| > 2k_P \end{cases} \tag{4.28}$$

zur Folge hat.

Wir beginnen mit der kohärenten Beleuchtung. Das Beugungsbild der Kante (s. (1.45))

$$T(k_x) = \pi\delta(k_x) - \frac{\mathrm{i}}{k_x} \tag{4.29}$$

wird durch die Amplitudenübertragungsfunktion $G(k_x)$ auf das Intervall $[-k_P, k_P]$ beschränkt. Das Bild der Kante ist also

$$t_B(x') = \int_{-k_P}^{k_P} \left[\pi\delta(k_x) - \frac{\mathrm{i}}{k_x} \right] \mathrm{e}^{\mathrm{i}k_x x'} \frac{\mathrm{d}k_x}{2\pi} = \frac{1}{2} - \frac{\mathrm{i}}{2\pi} \int_{-k_P}^{k_P} \frac{\mathrm{e}^{\mathrm{i}k_x x'}}{k_x} \mathrm{d}k_x \quad . \tag{4.30a}$$

Für den Realteil des Integranden verschwindet das letzte Integral, weil $\cos(k_x x')/k_x$ eine ungerade Funktion ist. Das Integral über den Imaginärteil formen wir mit Hilfe der Variablentransformationen $x'k_x = \xi$ und $\xi = -\xi'$ etwas um

$$-\frac{\mathrm{i}}{2\pi} \int_{-x'k_P}^{x'k_P} \frac{\mathrm{i}\sin\xi}{\xi/x'} \frac{\mathrm{d}\xi}{x'} = \frac{1}{2\pi} \left[\int_{x'k_P}^{0} \frac{\sin(-\xi')}{-\xi'}(-\mathrm{d}\xi') + \int_{0}^{x'k_P} \frac{\sin\xi}{\xi}\mathrm{d}\xi \right]$$

$$= \frac{1}{\pi} \int_{0}^{x'k_P} \frac{\sin\xi}{\xi}\mathrm{d}\xi \stackrel{\mathrm{def}}{=} \frac{1}{\pi}\mathrm{Si}(k_P x') \quad . \tag{4.31}$$

Die im letzten Schritt definierte Funktion Si heißt *Integralsinus*. Sie liegt in tabellierter Form vor[2]. Mit ihr erhält man für das Bild (4.30a)

$$t_B(x') = \frac{1}{2} + \frac{1}{\pi}\mathrm{Si}(k_P x') \quad . \tag{4.30b}$$

Der Verlauf von $t_B(x')$ in einem Bereich von etwas mehr als 2λ vor und hinter der Kante ist in Abb. 4.8 aufgezeichnet. Auffällig sind die Überschwinger, die davon herrühren, daß das Frequenzspektrum (4.29) von der Übertragungsfunktion (4.27) bei $\pm k_P$ scharf abgeschnitten wird.

Zur Berechnung des Bildes bei inkohärenter Beleuchtung müssen wir von der Energistromdichte $j(x) = j_0\theta(x)$ ausgehen, die in diesem speziellen Fall dieselbe Fouriertransformierte wie $t(x)$ hat, nämlich

$$J(k_x) = j_0 \left[\pi\delta(k_x) - \frac{\mathrm{i}}{k_x} \right] \quad . \tag{4.32}$$

Mit der Modulationsübertragungsfunktion (4.28) erhält man für das Bild

$$t_{jB}(x') = \int_{-\infty}^{\infty} H(k_x)J(k_x)\mathrm{e}^{\mathrm{i}k_x x'} \frac{\mathrm{d}k_x}{2\pi}$$

$$= \frac{j_0}{2\pi} \int_{-2k_P}^{2k_P} \left[1 - \frac{|k_x|}{2k_P} \right] \left[\pi\delta(k_x) - \frac{\mathrm{i}}{k_x} \right] \mathrm{e}^{\mathrm{i}k_x x'} \mathrm{d}k_x \quad . \tag{4.33}$$

---

[2] Zum Beispiel: Jahnke–Emde–Lösch, Tafeln höherer Funktionen, neubearbeitet von F. Lösch, B.G.Teubner Verlagsgesellschaft, Stuttgart 1960
Oder: Handbook of Mathematical Functions, edited by M. Abramowitz and I.A. Stegun, United States Government Printing Office, Washington D.C. 1972

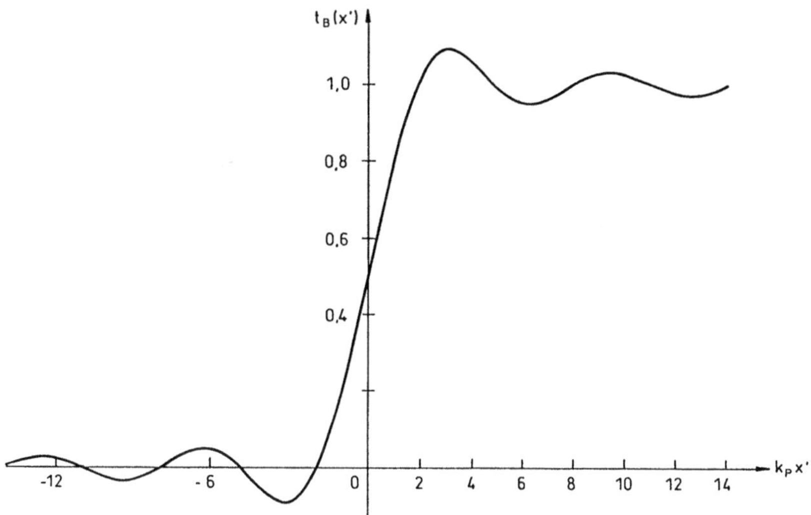

Abb. 4.8. Feldstärkeverteilung im Bild einer Kante, das mit räumlich kohärenter Beleuchtung erzeugt wurde

Das Ausmultiplizieren der eckigen Klammern in der zweiten Zeile von (4.33) führt auf vier Integrale. Zwei davon kann man sofort hinschreiben (s. (1.9)):

$$\frac{j_0}{2\pi} \int_{-2k_P}^{2k_P} \pi\delta(k_x)e^{ik_x x'}\mathrm{d}k_x = \frac{j_0}{2} \quad \text{und} \tag{4.34a}$$

$$\frac{j_0}{2\pi} \int_{-2k_P}^{2k_P} \frac{1}{2k_P}|k_x|\delta(k_x)\mathrm{d}k_x = 0 \quad . \tag{4.34b}$$

Das dritte kann man analog zu (4.31) durch den Integralsinus ausdrücken:

$$-\mathrm{i}\frac{j_0}{2\pi} \int_{-2k_P}^{2k_P} \frac{e^{ik_x x'}}{k_x}\mathrm{d}k_x = \frac{j_0}{\pi}\mathrm{Si}(2k_P x') \quad , \tag{4.34c}$$

und das vierte ist von elementarer Natur:

$$\frac{j_0}{2\pi} \int_{-2k_P}^{2k_P} \frac{\mathrm{i}|k_x|}{2k_P k_x}e^{ik_x x'}\mathrm{d}k_x$$

$$= \frac{j_0}{2\pi}\left[\int_{-2k_P}^{0}\left(-\frac{\mathrm{i}}{2k_P}\right)e^{ik_x x'}\mathrm{d}k_x + \int_{0}^{-2k_P}\left(+\frac{\mathrm{i}}{2k_P}\right)e^{ik_x x'}\mathrm{d}k_x \right]$$

$$= \frac{j_0}{\pi}\frac{\cos 2k_P x' - 1}{2k_P x'} \quad . \tag{4.34d}$$

Damit ergibt sich für das Bild der Kante

$$j_B(x')/j_0 = \frac{1}{2} + \frac{1}{\pi}\mathrm{Si}(2k_Px') + \frac{1}{\pi}\frac{\cos 2k_Px' - 1}{2k_Px'} \quad . \tag{4.35}$$

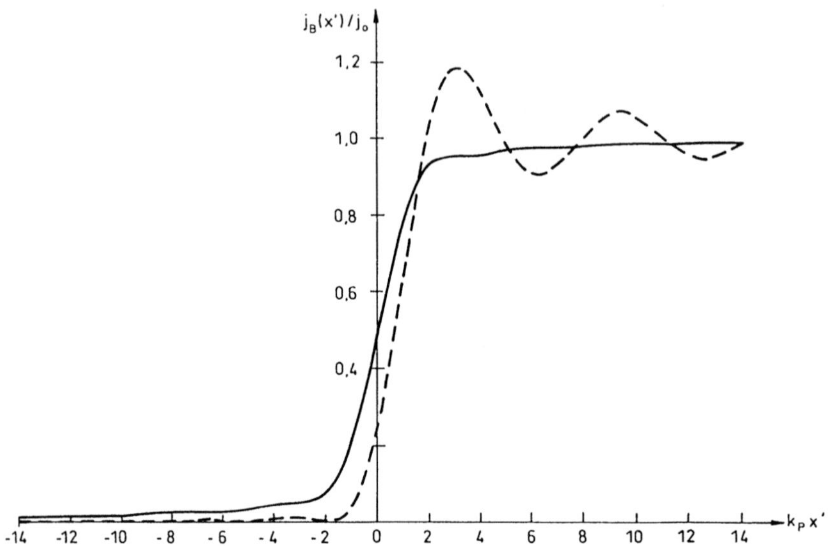

Abb. 4.9. Verlauf der Energiestromdichte im Bild einer Kante bei räumlich inkohärenter *(durchgezogene Kurve)* und kohärenter Beleuchtung *(gestrichelte Kurve)*

Abbildung 4.9 zeigt den Verlauf von $j_B(x')/j_0$ in der Nähe der Kante *(durchgezogene Kurve)*. Zum Vergleich ist als gestrichelte Kurve die mit (4.30b) berechnete Energiestromdichte

$$j_B(x')/j_0 = t_B^2(x') = \frac{1}{4} + \frac{1}{\pi}\mathrm{Si}(k_Px') + \frac{1}{\pi^2}\mathrm{Si}^2(k_Px') \tag{4.36}$$

für kohärente Beleuchtung eingetragen (beachten Sie, daß das Argument des Integralsinus in (4.36) k_Px', in (4.35) dagegen $2k_px'$ ist). Bei inkohärenter Beleuchtung wird der Sprung in der Transmission bei $x = 0$ zwar wegen des endlichen Auflösungsvermögens verwaschen wiedergegeben, aber die Position der Kante liegt im Bild an der gleichen Stelle wie im Objekt, und $j_B(x')/j_0$ ist antisymmetrisch in Bezug auf den Punkt $(0; 0,5)$. Ganz anders bei kohärenter Beleuchtung: Die Position der Kante ist im Bild deutlich nach rechts verschoben, und die Überschwinger aus Abb. 4.8 verursachen im hellen Bereich rechts der Kante helle und dunkle Streifen parallel zur Kante. Im Schattenbereich sind solche Streifen dagegen kaum sichtbar.

4.4 Übungsaufgaben

Vorbemerkung: Mit den Wörtern „Abbildung" und „Linse" ist immer eine Abbildung im Maßstab 1:1 mit Hilfe eines fehlerfreien Linsensystems gemeint, das die Abbesche Sinusbedingung erfüllt und die Amplitudenübertragungsfunktion $G(k) = \mathrm{circ}(k/k_P)$ hat.

4.1. Ein (unendlich ausgedehntes) Amplitudencosinusgitter mit der Gitterkonstanten d wird kohärent beleuchtet und mit einer Linse abgebildet.
a) Wie groß muß die höchste von der Linse noch durchgelassene räumliche Frequenz k_P mindestens sein, damit überhaupt ein Bild des Gitters entsteht?
b) Zeigen Sie, daß die Feldstärkeverteilung in der Objektebene in diesem Fall in der Bildebene *identisch* reproduziert wird.
c) Wie ändert sich der Kontrast beim Unterschreiten der im Teil a) berechneten Frequenz k_P?

4.2. Ein Gitter habe die Transmission $t_j = (1 + \cos gx)/2$ für die Energiestromdichte. Es wird räumlich total inkohärent beleuchtet und abgebildet.
a) Berechnen Sie die Energiestromdichte in der Bildebene unter der Annahme, daß die Modulationsübertragungsfunktion linear von $H(0) = 1$ auf $H(\pm 2k_P) = 0$ abfällt.
b) Wie ändert sich der Kontrast mit g? Vergleichen Sie das Ergebnis mit den in Aufgabe 4.1 c) gefundenen.

4.3. Ein ideales Amplitudengitter, d. h. ein Gitter, dessen Spaltweite s so klein gegen seine Gitterkonstante d ist, daß man es durch die Transmissionsfunktion $t(x) = s\,\mathrm{III}_d(x)$ beschreiben kann, werde mit Hilfe von zwei Linsen gemäß Abb. 4.1 abgebildet. In der Ebene des Fraunhoferschen Beugungsbildes befinde sich ein Spalt, der die räumlichen Frequenzen in ξ–Richtung auf das Intervall $-k_P \leq k_x \leq k_P$ begrenzt.
a) Es sei $k_P = 3\pi/d$. Berechnen Sie die Energiestromdichte in der Bildebene für kohärente und für inkohärente Beleuchtung. Wie groß ist die Halbwertsbreite der Bilder der einzelnen Gitterstriche?
b) Wie ändert sich bei kohärenter Beleuchtung der Kontrast, wenn man die Abschneidefrequenz k_P verkleinert?
c) Wie ändert sich das Bild bei inkohärenter Beleuchtung, wenn man die Abschneidefrequenz auf $k_P = 2\pi/d$ erniedrigt?
d) Berechnen Sie den Bildkontrast bei räumlich inkohärenter Beleuchtung für $k_P < 2\pi/d$. Vergleichen Sie das Ergebnis mit dem in Teil b) und in 4.2 b) gefundenen.

4.4. Mit der in Aufgabe 4.3 verwendeten Anordnung wird ein (unendlich ausgedehntes) Phasencosinusgitter mit der Gitterkonstanten d ideal kohärent beleuchtet und abgebildet.
a) Der Spalt in der Fraunhoferschen Beugungsebene werde so weit geöffnet, daß $k_P \gg 2\pi/d$ gilt. Wie groß ist der Kontrast in der Bildebene?
b) Die Spaltweite werde so weit verkleinert, daß $k_P = 3\pi/d$ wird. Berechnen

Sie die Energiestromdichte in der Bildebene. Warum sieht man jetzt ein Bild des Gitters? Wie groß ist die Gitterkonstante im Bild?

4.5. Die in Aufgabe 4.3 verwendete Anordnung werde so abgeändert, daß man das ideale Amplitudengitter mit einer ebenen Welle, die unter dem Winkel α zur optischen Achse verläuft, kohärent beleuchten kann.

a) Die Abschneidefrequenz werde auf $k_P = 3\pi/2d$ eingestellt. Wie ändert sich die Energiestromdichte in der Bildebene mit dem Beleuchtungswinkel α? Wie groß ist die Gitterkonstante im Bild, falls ein Bild des Gitters zu sehen ist (vgl. Aufgabe 4.4 b)?

b) Wenn man die Abschneidefrequenz auf $k_P = 7\pi/2d$ einstellt, sieht man in Abhängigkeit vom Beleuchtungswinkel α verschiedene Bilder des Gitters, die wie die Fraunhoferschen Beugungsbilder von 3- und 4-fach-Spalt aussehen. Machen sie sich den Grund dafür anschaulich klar.

c) Diskutieren Sie, wie die Ergebnisse von Teil a) und b) mit der Tatsache zusammenhängen, daß bei inkohärenter Beleuchtung das Auflösungsvermögen größer ist als bei kohärenter.

d) Kann man die gleichen Veränderungen in der Bildebene anstelle einer Änderung des Beleuchtungswinkels α auch durch geeignete Filter in der Ebene des Fraunhoferschen Beugungsbilds erreichen?

4.6. Zwei der in Aufgabe 4.3 verwendeten Anordnungen werden so hintereinandergeschaltet, daß die Bildebene der ersten mit der Objektebene der zweiten zusammenfällt (vgl. auch Aufgabe 1.4).

a) Zeigen Sie, daß bei kohärenter Beleuchtung die Amplitudenübertragungsfunktion des Gesamtsystems näherungsweise dieselbe ist wie die der beiden (gleichen) Einzelsysteme, wenn der Spalt in der Fraunhoferschen Beugungsebene nicht zu eng ist.

b) Zeigen Sie, daß unter diesen Bedingungen auch die Verwaschungsfunktion des Gesamtsystems mit der der Einzelsysteme identisch ist. (*Hinweis*: mit Hilfe des Faltungssatzes können Sie den Beweis ohne explizite Rechnung führen).

c) Diskutieren Sie den Fall, daß die Abschneidefrequenzen der beiden Einzelsysteme verschieden sind.

d) Warum sind die Verhältnisse bei inkohärenter Beleuchtung komplizierter? Skizzieren Sie die Modulationsübertragungsfunktion für zwei hintereinandergeschaltete Abbildungen. Wie ändert sich qualitativ die Verwaschungsfunktion in diesem Fall?

5. Räumliche Filterung

Genau genommen stellt jede Linse auch ein Filter für räumliche Frequenzen dar, denn das Fraunhofersche Beugungsbild ist auf ein endliches Gebiet der k–Ebene beschränkt, d. h. räumliche Frequenzen oberhalb einer Grenzfrequenz werden, wie in Kap. 4 gezeigt wurde, nicht übertragen und stehen damit für den Bildaufbau nicht zur Verfügung. In diesem Kapitel werden Abbildungsverfahren behandelt, die durch geeignete räumliche Filterung in der Ebene des Fraunhoferschen Beugungsbilds die Abbildung eines Amplituden– oder Phasenobjekts gezielt beinflussen, nämlich die **_Dunkelfeldabbildung_**, das **_Foucaultsche Schneidenverfahren_** (Jean Bernard Léon Foucault, 1819 –1868) und die **_Toeplersche Schlierenmethode_** (August Joseph Ignatz Toepler, 1836–1912), sowie **_Zernikes Phasenkontrastverfahren_** (Frits Zernike, 1888–1966). Letzteres wird mit dem analogen Problem der Phasendemodulation in der Hochfrequenztechnik verglichen.

Periodische Filter für räumliche Frequenzen führen zu einer Vervielfältigung des Bildes eines Objekts, wobei durch eine geeignete Wahl des Filters die einzelnen Bilder an vorgegebenen Stellen in der Bildebene entstehen. Schließlich werden anhand eines speziellen Objekts, das ein besonders übersichtliches Beugungsbild besitzt, Möglichkeiten erläutert, bestimmte Details im Bild hervorzuheben oder zu unterdrücken **_(optische Bildverarbeitung)_**.

5.1 Die Linse als Tiefpaß

Das Fraunhofersche Beugungsbild eines Objekts, das mit einer parallel zur optischen Achse verlaufenden, ebenen und monochromatischen Welle beleuchtet wird, kann sich, wie in Abschn. 2.2 gezeigt wurde, höchstens bis zu der räumlichen Frequenz k_0, d. h. der Wellenzahl des zur Beleuchtung verwendeten Lichts erstrecken. Da man die Abbildung eines _kohärent_ beleuchteten Objekts als Beugung am Fraunhoferschen Beugungsbild des Objekts auffassen kann (s. Abschn. 4.1.1), fehlen mindestens alle Frequenzen oberhalb k_0 im Bild: eine Linse wirkt als Filter für räumliche Frequenzen, das nur hinreichend tiefe Frequenzen durchläßt, d. h. sie ist ein _Tiefpaß für räumliche Frequenzen_. Mit einer Irisblende in der $\xi\eta$–Ebene der in Abb. 4.1 skizzierten Anordnung kann man die obere Grenzfrequenz willkürlich verkleinern und die Auswirkung auf die Abbildung, nämlich eine Verringerung des Auflösungsvermögens, studieren. Da eine solche Blende im Gegensatz zu den in der Nachrichtentechnik benutzten Filtern nicht zeitliche, sondern _räumliche_ Frequenzen ausfiltert, heißt sie **Raumfilter**. Mit geeigneten Raumfiltern kann man natürlich auch tiefe oder mittlere Frequenzen unterdrücken oder eine räumliche Filterung in Abhängigkeit vom Azimutwinkel in der $\xi\eta$-Ebene durchführen, sowie die Phase des Lichts in dieser Ebene ändern. Der Frequenzgang von Amplitude und Phase eines Raumfilters wird durch eine *komplexwertige Filterfunktion* $F(\boldsymbol{k})$ beschrieben, die multiplikativ in die Amplitudenübertragungsfunktion $G(\boldsymbol{k})$ eingeht.

Die Übertragungsfunktion eines abbildenden optischen Systems hängt aber nicht nur von den Eigenschaften seiner Linsen und Raumfilter ab, sondern auch vom Kohärenzgrad der Beleuchtung des Objekts. Das ist bei der Behandlung der Abbildung von inkohärent beleuchteten Objekten in Abschnitt 4.2 erläutert worden. Da man sich eine räumlich inkohärente Beleuchtung in ebene Wellen zerlegt denken kann, die unter allen möglichen Winkeln auf das Objekt einfallen (s. Abb. 3.7), können in diesem Fall einseitig Beugungswinkel bei maximal 180° auftreten, d. h. räumliche Frequenzen bis $2k_0$ (s. Abb. 4.5), also ein völlig anderer Frequenzgang als bei kohärenter Beleuchtung. Deshalb hängt das Ergebnis einer räumlichen Filterung auch vom Kohärenzgrad der Beleuchtung ab. Da aber die meisten praktisch wichtigen Verfahren mit kohärenter Beleuchtung arbeiten, beschränken wir uns in den folgenden Abschnitten im wesentlichen auf diese Beleuchtungsart. Zusammenfassend kann man sagen, daß bei der optischen Abbildung aus physikalischen Gründen alle räumlichen Frequenzen oberhalb einer von dem Linsensystem *und* der Beleuchtung abhängigen Grenzfrequenz unterdrückt werden:

$$\textit{Jede Linse ist ein Tiefpaß für räumliche Frequenzen.}$$

Das scharfe Abschneiden des Spektrums der räumlichen Frequenzen oberhalb einer Grenzfrequenz k_P hat zur Folge, daß die Linse von einem Objektpunkt einen Bild„punkt" erzeugt, der in guter Näherung die Form eines Airy–Scheibchens hat (s. Abschn. 4.1.1). Für spezielle Anwendungen, z. B. in der Astronomie, kann das unangenehme Folgen haben. Es könnte vorkommen, daß zwei Sterne gerade einen solchen Winkelabstand voneinander haben, daß der zweite in den ersten hellen Ring des Airy–Scheibchens des ersten fällt. Wenn dieser Stern auch noch wesentlich dunkler als der erste ist, kann er in diesem Beugungsring verschwinden. Man kann diesem Übel abhelfen, indem man den Tiefpaß, den das Objektiv eines astronomischen Fernrohrs darstellt, etwas modifiziert mit dem Ziel, die Beugungsringe des Airy–Scheibchens zu beseitigen. Wir erinnern daran, daß das Beugungsbild eines Spalts mit Gaußförmiger Transmission (Abschn. 2.7.2, Gaußspalt) eine monoton vom Zentrum nach außen abfallende Feldstärkeverteilung zeigt. Wenn man den Frequenzgang des Tiefpasses, den das Fernrohrobjektiv in Abb. 4.6 darstellt, durch eine absorbierende Schicht so modifiziert, daß $t_{\text{Objektiv}}(r) = \exp(-r^2/2s^2)$ ist, wobei r den Abstand von der optischen Achse bedeutet, so wird ein Bildpunkt dieses Objektivs ebenfalls durch eine Gaußfunktion beschrieben und zeigt praktisch keine Beugungsringe mehr.

Bei der Wahl von s muß man einen Kompromiß schließen: Wählt man s so groß, daß t_{Objektiv} am Linsenrand noch einen merklichen Wert hat, so macht sich das Abschneiden der Gaußfunktion durch die Linsenfassung in schwachen Beugungsringen bemerkbar. Andererseits geht mit kleiner werdendem s das Auflösungsvermögen zurück, weil der Durchmesser eines Bildpunkts mit $1/s$ wächst. Man nennt diese räumliche Filterung **Apodisation** (vgl. auch Abschn. 3.1.5).

5.2 Das Dunkelfeldverfahren

Die Abbildung schwach absorbierender Amplitudenobjekte liefert Bilder, die eine entsprechend schwache, d. h. kontrastarme Modulation der Helligkeit im Bild aufweisen. So sind z. B. kleine, schwach absorbierende Teilchen, die in einer Flüssigkeit suspendiert sind, im Mikroskop nur mit Mühe zu beobachten. Wie man diese Situation verbessern kann, sieht man leicht durch folgende Überlegung: Es sei zunächst gar kein Objekt vorhanden, und das Gesichtsfeld in der Objektebene werde räumlich kohärent beleuchtet. Dann konzentriert sich das Licht in der Ebene des Fraunhoferschen Beugungsbilds (s. Abb. 4.1) im wesentlichen auf ein kleines Gebiet um den Punkt $\xi = \eta = 0$. Blendet man dieses Licht in der $\xi\eta$-Ebene aus, so gelangt nur noch wenig Licht in die Bildebene; sie ist fast völlig dunkel. Bringt man nun kleine Teilchen in die Objektebene, so beugen diese das Licht, so daß es von der Blende im Nullpunkt der $\xi\eta$-Ebene nicht erfaßt wird, d. h. man sieht diese Teilchen auf dunklem Untergrund.

Zur quantitativen Beschreibung dieses Verfahrens gehen wir ebenfalls von einem leeren Gesichtsfeld mit dem Radius r_0 aus, d. h. die Objektebene hat die Transmissionsfunktion $t(\boldsymbol{r}) = \text{circ}(r/r_0)$. Aus dem Fraunhoferschen Beugungsbild

$$T(\boldsymbol{k}) = 2\pi r_0^2 J_1(r_0 k)/r_0 k \tag{5.1}$$

wird mit Hilfe einer vollständig absorbierenden Kreisscheibe mit dem Radius $k_1 = 3,83/r_0$ (s. Tabelle 2.2) die nullte Ordnung von (5.1) ausgeblendet. Da in die nullte Ordnung der größte Teil des Energiestroms fließt, wird das Bild des Gesichtsfelds durch diese Ausblendung sehr dunkel. Da sich die genaue Verteilung des restlichen Energiestroms auf die Bildebene nur numerisch berechnen läßt, machen wir um der Übersichtlichkeit der Darstellung willen eine Idealisierung: Wir nehmen an, das Gesichtsfeld sei unendlich groß (diese Art Idealisierung wurde schon bei der Behandlung des idealen Gitters in Abschn. 2.7.5 verwendet) und ignorieren das endliche Auflösungsvermögen. Außerdem wählen wir der Einfachheit halber die Vergrößerung $V = -1$ wie in Abschn. 4.1.1 ab (4.11). Dann gilt $t(\boldsymbol{r}) = 1$, und das Licht wird in den Brennpunkt der ersten Linse in Abb. 4.1 konzentriert:

$$T(\boldsymbol{k}) = (2\pi)^2 \delta(\boldsymbol{k}) \quad . \tag{5.2}$$

Jetzt genügt eine beliebig kleine Blende in der Brennebene auf der optischen Achse, um das Licht völlig auszublenden und das Bild des Gesichtsfelds zum Verschwinden zu bringen. Formal kann man diese Blende durch folgende Filterfunktion beschreiben:

$$F(\boldsymbol{k}) = \begin{cases} 0 & \text{für} \quad \boldsymbol{k} = 0 \\ 1 & \text{für} \quad |\boldsymbol{k}| > 0 \end{cases} . \tag{5.3}$$

Bringt man nun ein schwach absorbierendes Amplitudenobjekt in die xy–Ebene des in Abb. 4.1 skizzierten Strahlengangs, so wird deren Transmissionsfunktion durch

$$t(\boldsymbol{r}) = 1 - \varepsilon(\boldsymbol{r}) \tag{5.4}$$

beschrieben, wobei $0 \leq \varepsilon(\boldsymbol{r}) \ll 1$ ist. Als Fraunhofersches Beugungsbild erhält man

$$T(\boldsymbol{k}) = (2\pi)^2 \delta(\boldsymbol{k}) - \mathcal{E}(\boldsymbol{k}) \quad , \tag{5.5}$$

und nach Einsetzen des Raumfilters (5.3)

$$F(\boldsymbol{k})T(\boldsymbol{k}) = -\mathcal{E}'(\boldsymbol{k}) \quad , \tag{5.6}$$

wobei sich $\mathcal{E}'(\boldsymbol{k})$ von $\mathcal{E}(\boldsymbol{k})$ höchstens durch seinen Wert für $\boldsymbol{k} = 0$ unterscheidet ($\mathcal{E}'(0) = 0$). Die Rücktransformierte ändert sich dadurch nicht, d. h. man erhält in der Bildebene eine Feldstärkeverteilung, die proportional zu $-\varepsilon(\boldsymbol{r}')$, und eine Energiestromdichte, die proportional zu $\varepsilon^2(\boldsymbol{r}')$ ist. Im Hellfeld erhielte man dagegen $1-\varepsilon(\boldsymbol{r}')$ bzw. $1-2\varepsilon(\boldsymbol{r}')+\varepsilon^2(\boldsymbol{r}') \approx 1-2\varepsilon(\boldsymbol{r}')$. Für schwache Amplitudenobjekte besteht der Vorteil der Dunkelfeldbeleuchtung darin, daß man ein Bild mit hohem Kontrast erhält, während bei der Hellfeldbeleuchtung der Kontrast wegen $\varepsilon(\boldsymbol{r}') \ll 1$ sehr gering ist. Andererseits sieht man im Dunkelfeld das Quadrat der Amplitudenstruktur des Objekts, während die Hellfeldabbildung diese Struktur linear wiedergibt.

Mit dem Dunkelfeldverfahren kann man aber nicht nur schwache Amplitudenobjekte kontrastreich abbilden, sondern auch Phasenobjekte sichtbar machen. Wir wollen uns auf die praktisch wichtigen, sog. *schwachen Phasenobjekte* beschränken. Ein Phasenobjekt hat eine Transmissionsfunktion der Form $t(\boldsymbol{r}) = \exp[\mathrm{i}\varphi(\boldsymbol{r})]$; als „schwach" wird es bezeichnet, wenn $|\varphi(\boldsymbol{r})| \ll 1$ ist. Dann kann man die Exponentialfunktion entwickeln und $t(\boldsymbol{r})$ näherungsweise durch

$$t(\boldsymbol{r}) = 1 + \mathrm{i}\varphi(\boldsymbol{r}) \tag{5.7}$$

darstellen. Das Beugungsbild

$$T(\boldsymbol{k}) = (2\pi)^2 \delta(\boldsymbol{k}) + \mathrm{i}\phi(\boldsymbol{k}) \tag{5.8}$$

enthält nach der Filterung mit (5.3) nur noch die Fouriertransformierte $\phi(\boldsymbol{k})$ der Phasenstruktur $\varphi(\boldsymbol{r})$:

$$F(\boldsymbol{k})T(\boldsymbol{k}) = \mathrm{i}\phi(\boldsymbol{k}) \quad , \tag{5.9}$$

wenn man wie oben den Wert bei $\boldsymbol{k} = 0$ ausnimmt. Die Rücktransformation von (5.9) in die Bildebene führt zu einer zu $\varphi(\boldsymbol{r}')$ proportionalen Feldstärke bzw. zu einer zu $\varphi^2(\boldsymbol{r}')$ proportionalen Energiestromdichte:

$$j_B(\boldsymbol{r}') \sim t_B(\boldsymbol{r}')t_B^*(\boldsymbol{r}') = \varphi^2(\boldsymbol{r}') \quad . \tag{5.10}$$

Man sieht also im Bild nicht die Phasenstruktur des Objekts, sondern ihr Quadrat; das Vorzeichen von $\varphi(\boldsymbol{r})$ geht verloren. Im Hellfeld ist dagegen ein Phasenobjekt überhaupt nicht sichtbar.

In der Praxis wird das Dunkelfeldverfahren vor allem in der Mikroskopie angewandt. Das Objekt wird dabei nicht mit einer ebenen Welle beleuchtet, die parallel zur optischen Achse verläuft, sondern man verwendet Licht, das einen so großen Winkel mit der optischen Achse bildet, daß es vom Objektiv des Mikroskops gar nicht erfaßt wird. Auf diese Weise erspart man sich das Absorberplättchen in der hinteren Brennebene des Objektivs und vor allem viel Ärger mit Streulicht. Abbildung 5.1 zeigt eine schematische Darstellung dieser Beleuchtungsmethode. Die als Lichtquelle wirkende ringförmige Blende R braucht nicht besonders schmal zu sein, weil die räumliche Kohärenz der Beleuchtung in diesem Fall keine Rolle spielt. Es muß nur gewährleistet sein, daß kein ungebeugtes Licht in das Objektiv gelangt.

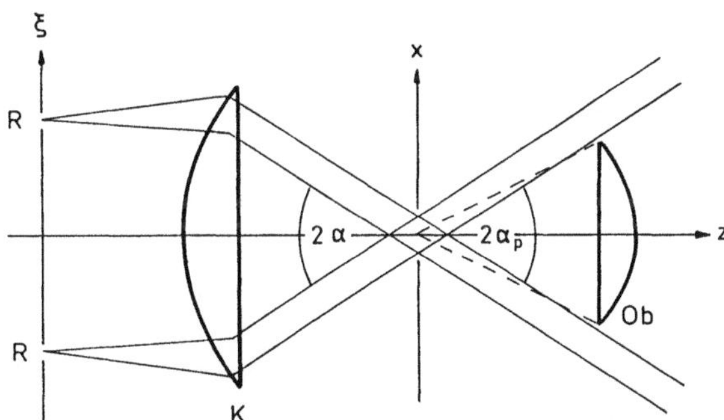

Abb. 5.1. Schematische Darstellung der Dunkelfeldbeleuchtung im Mikroskop. In der $\xi\eta$–Ebene wird symmetrisch zur optischen Achse eine ringförmige Blende R angebracht, die als Lichtquelle wirkt. Der Dunkelfeldkondensor K dient dazu, das von dieser Blende ausgehende Licht auf einen Kegelmantel zu führen, dessen Öffnungswinkel α größer als der Aperturwinkel α_P des Objektivs ist. Auf diese Weise gelangt nur vom Objekt in der xy–Ebene *gebeugtes* Licht in das Objektiv Ob und wird zur Abbildung verwendet

Technische Realisierungen von Dunkelfeldkondensoren haben einen komplizierteren Strahlengang als den in Abb. 5.1 gezeichneten; meist werden zusätzlich spiegelnde Flächen verwendet, um einen hinreichend großen Öffnungswinkel α zu erhalten.

Mit einem Dunkelfeldmikroskop kann man auch Teilchen sehen, deren Durchmesser erheblich kleiner als die Wellenlänge des Lichts sind, und die damit unterhalb der theoretischen Auflösungsgrenze mikroskopischer Objektive liegen. Solche Teilchen streuen das einfallende Licht; sie erzeugen kein Fraunhofersches Beugungsbild im eigentlichen Sinne, es sei denn, man interpretiert das gestreute Licht als nullte Beugungsordnung. Dieses Licht wird vom Objektiv in der Zwischenbildebene fokussiert und bildet dort ein Airy–Scheibchen, dessen Grösse durch die numerische Apertur des Objektivs bestimmt wird (s. Abschn. 4.1.2). Man sieht auf diese Weise, *wo* sich z. B. ein kolloidales Teilchen befindet, kann aber nichts über dessen Gestalt aussagen. Ein so verwendetes Dunkelfeldmikroskop wird manchmal als Ultramikroskop bezeichnet. Das ist insofern irreführend, weil das Auflösungsvermögen wie bei jedem Mikroskop durch die numerische Apertur des Objektivs begrenzt und deshalb die geometrische Form so kleiner Teilchen nicht beobachtbar ist.

5.3 Das Foucaultsche Schneidenverfahren und die Schlierenmethode

Im vorigen Jahrhundert wurden Spiegel für astronomische Teleskope von Hand geschliffen (manche Hobbyastronomen tun das heute noch). Es ist kein Problem, eine sphärische Spiegelfläche zu erhalten, denn wenn man zwei aufeinanderliegende Glasplatten, zwischen denen sich ein Schleifmittel befindet, in unregelmäßiger Weise unter Druck gegeneinander verschiebt, bilden sich von selbst eine konkave und eine konvexe Kugelfläche aus, weil nur Kugelflächen in jeder Lage aufeinanderpassen. Viel Erfahrung erfordert dagegen das Parabolisieren des Spiegels (ein Parabolspiegel ist im Hinblick auf Abbildungsfehler für ein Spiegelteleskop viel geeigneter als ein sphärischer Spiegel), und man möchte den Erfolg dieses Arbeitsgangs laufend überprüfen. Dafür hat Foucault ei . einfaches Verfahren angegeben, das in Abb. 5.2 erläutert wird.

Wird die Schneide *Sch* z. B. so justiert, daß sie die Hälfte des Lichts im Brennpunkt abschattet, so erscheint einem von links auf den Spiegel blickenden Beobachter der äußere Teil der oberen Spiegelhälfte dunkler, weil von dort kommendes Licht von der Schneide fast völlig abgeschattet wird. Daraus schließt man, daß der Spiegel außen eine zu große Krümmung hat. Zum Nachweis lokaler Schleiffehler ist es meist günstiger, das durch den Brennpunkt gehende Licht durch die Schneide völlig abzublocken. Das ***Foucaultsche Schneidenverfahren*** kann auch dazu benutzt werden, Abbildungsfehler von Objektiven zu untersuchen.

Den Spiegel in Abb. 5.2 kann man sich aus einem idealen Spiegel, nämlich einem Parabolspiegel, und einem Phasenobjekt zusammengesetzt denken, das den optischen Gangunterschied zwischen den Flächen S und P in Abb. 5.2 er-

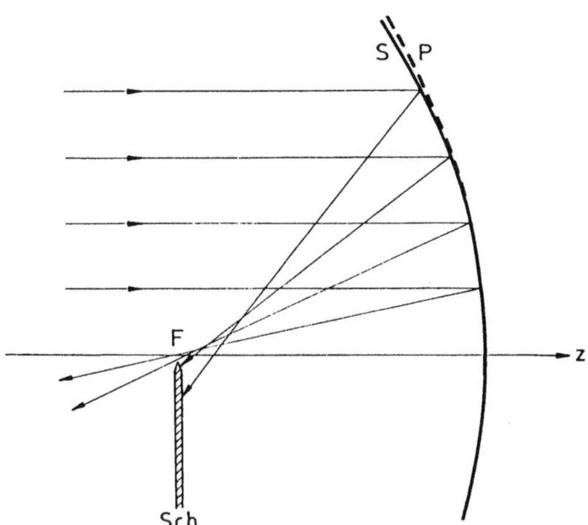

Abb. 5.2. Das Foucaultsche Schneidenverfahren. Im Außenbereich ist der Spiegel S stärker gekrümmt als das Rotationsparaboloid P. Parallel zur optischen Achse z einfallendes Licht wird deshalb von diesem Bereich nicht in den Brennpunkt F, sondern auf die Schneide Sch reflektiert

zeugt. Das Foucaultsche Schneidenverfahren ist also eine Methode, die Phasenobjekte sichtbar macht und sich dazu eines ähnlichen Eingriffs bedient, wie das im vorigen Abschnitt besprochene Dunkelfeldverfahren. Toepler hat die Schneidenmethode weiterentwickelt, um räumliche Änderungen der Brechzahl, vor allem in Gasen, sichtbar machen zu können. Dieses Verfahren ist als *Toeplersche Schlierenmethode* bekannt und soll im folgenden erläutert werden.

Die Schlierenmethode arbeitet mit dem in Abb. 4.1 skizzierten Strahlengang, allerdings meist in einer technisch etwas anderen Realisierung, z. B. so, wie es Abb. 5.3 zeigt.

Der Spiegel S_1 dient als Kollimator, der Spiegel S_2 übernimmt die Funktion der Linse L_1 in Abb. 4.1 und das Objektiv Ob die der Linse L_2. Das Objekt ist ein reines, im allgemeinen schwaches Phasenobjekt, z. B. der Machsche Kegel und die Wirbel, die von einem schnell fliegenden Geschoß erzeugt werden, wie es in Abb. 5.3 angedeutet ist, oder die von einem in einem Windkanal angeströmten Modell verursachte turbulente Strömung. Spiegel sind Linsen vorzuziehen, wenn man ein großes Objektfeld, wie z. B. einen Windkanal ausleuchten will. Das Fraunhofersche Beugungsbild des Phasenobjekts in der xy-Ebene wird von dem Spiegel S_2 in die $k_x k_y$-Ebene abgebildet, in der eine Schneide Sch alle negativen und einen Teil der nullten Beugungsordnung ausblendet und auf diese Weise einen Amplitudenkontrast in der Bildebene ($x'y'$-Ebene) erzeugt.

Wir wollen nun das Bild berechnen, das man mit der Toeplerschen Schlierenmethode von einem schwachen Phasenobjekt erhält. Zur Vereinfachung wählen wir wie beim Dunkelfeldverfahren die Vergrößerung $V = -1$ und ignorieren das Auflösungsvermögen und die endliche Größe des Gesichtsfelds. Das Objekt werde wieder durch die Transmissionsfunktion (5.7) beschrieben.

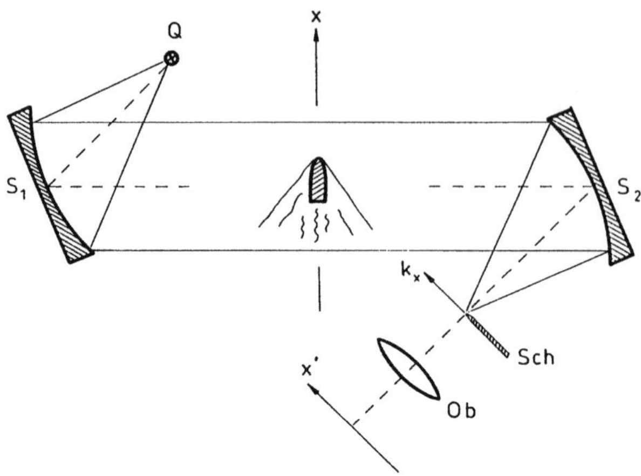

Abb. 5.3. Die punktförmige Quelle Q liefert über den Spiegel S_1 eine räumlich kohärente Beleuchtung des Objekts in der xy-Ebene. Der Spiegel S_2 erzeugt in der $k_x k_y$-Ebene das Fraunhofersche Beugungsbild des Objekts, dessen negative Ordnungen von der Schneide Sch unterdrückt werden. Das Objektiv Ob bildet die Objektebene verkleinert in die $x'y'$-Ebene ab

Das Fraunhofersche Beugungsbild (5.8) wird durch eine Schneide Sch parallel zur k_y-Achse (s. Abb. 5.3) zur Hälfte ausgeblendet. Die Wirkung der Schneide auf das Beugungsbild $\phi(\boldsymbol{k})$ wird durch die Filterfunktion $F(\boldsymbol{k}) = \theta(k_x)$ beschrieben. Je nach Justierung der Schneide kann man die δ-Funktion in (5.8), d. h. das Bild der punktförmigen Lichtquelle Q, ganz oder teilweise ausblenden, was wir durch einen Faktor $a < 1$ beschreiben wollen. Die Feldstärkeverteilung in der $k_x k_y$-Ebene ist also proportional zu

$$F(\boldsymbol{k})T(\boldsymbol{k}) = a(2\pi)^2\delta(\boldsymbol{k}) + \mathrm{i}\theta(k_x)\phi(\boldsymbol{k}) \quad . \tag{5.11}$$

Das Bild $t_B(\boldsymbol{r}')$ erhält man durch Rücktransformation von (5.11). Die Rücktransformierte der Stufenfunktion $\theta(k_x)$ berechnet man analog zu der Herleitung im Anhang A.2, (A.43) bis (A.46). Man erhält:

$$\begin{aligned}
t_B(x',y') &= a + \mathrm{i}\left[\frac{1}{2}\delta(x') + \frac{\mathrm{i}}{2\pi x'}\right] \star \varphi(x',y') \\
&= a + \frac{\mathrm{i}}{2}\varphi(x',y') - \frac{1}{2\pi}\,P\!\int_{-\infty}^{\infty} \frac{\varphi(\xi,y')}{x'-\xi}\mathrm{d}\xi \quad ,
\end{aligned} \tag{5.12}$$

wobei das Integral als Cauchysches Hauptwertintegral aufzufassen ist. Wenn man die Schneide so justiert, daß das Bild der Lichtquelle gerade zur Hälfte ausgeblendet wird, d. h. $a = 1/2$ ist, dann stellen die ersten beiden Summanden in der zweiten Zeile von (5.12) gerade die Reproduktion des Objekts in der Bildebene dar, was man als Phasenobjekt aber nicht sieht. Der dritte

Summand ist die Hilbert–Transformierte der Phasenstruktur in bezug auf die Variable x' (s. 1.47a) und (1.47b)) und stellt die eigentliche Bildstruktur dar, die vor allem räumliche *Veränderungen* der Phase $\varphi(x,y)$ hervorhebt. Das wollen wir im folgenden Absatz anhand eines einfachen Beispiels demonstrieren.

Als einfaches Phasenobjekt verwenden wir den in Abschn. 2.7.2 behandelten Phasenspalt, der parallel zur Schneide in der xy-Ebene angebracht ist. Die Schneide wird so justiert, daß das Bild der Lichtquelle völlig ausgeblendet wird, d. h. in (5.12) ist $a = 0$ zu setzen. Im Gegensatz zu Abschn. 2.7.2 soll der Spalt ein schwaches Phasenobjekt sein, d. h. seine Transmissionsfunktion ist

$$t(x,y) = 1 + \mathrm{i}\varphi(x,y) \tag{5.13a}$$

mit

$$\varphi(x,y) = \begin{cases} \varphi_0 & \text{für} \quad |x| < x_0/2 \\ 0 & \text{für} \quad |x| > x_0/2 \end{cases}, \quad \varphi_0 \ll 1 \tag{5.13b}$$

Die Hilbert–Transformierte in (5.12) kann man für diesen Spalt leicht ausrechnen:

$$P \int\limits_{-\infty}^{\infty} \frac{\varphi(\xi, y')}{x' - \xi}\,\mathrm{d}\xi = \int\limits_{-x_0/2}^{x_0/2} \frac{\varphi_0}{x' - \xi}\,\mathrm{d}\xi = \varphi_0 \ln\left|\frac{x' - x_0/2}{x' + x_0/2}\right| \quad .$$

Damit erhält man für das Bild des Spalts bei völliger Ausblendung der Lichtquelle

$$t_B(x',y') = \begin{cases} \mathrm{i}\varphi_0/2 - (\varphi_0/2\pi)\ln\left|\frac{x'-x_0/2}{x'+x_0/2}\right| & \text{für} \quad |x'| < x_0/2 \\ -(\varphi_0/2\pi)\ln\left|\frac{x'-x_0/2}{x'+x_0/2}\right| & \text{für} \quad |x'| > x_0/2 \end{cases} \tag{5.14}$$

Was man wirklich sieht, ist natürlich die zu $t_B t_B^*$ proportionale Energiestromdichte:

$$t_B(x',y')\,t_B^*(x',y')$$

$$= \begin{cases} (\varphi_0/2\pi)^2 \left(\left[\ln\left|\frac{x'-x_0/2}{x'+x_0/2}\right|\right]^2 + \pi^2\right) & \text{für} \quad |x'| < x_0/2 \\ (\varphi_0/2\pi)^2 \left[\ln\left|\frac{x'-x_0/2}{x'+x_0/2}\right|\right]^2 & \text{für} \quad |x'| > x_0/2 \end{cases} \tag{5.15}$$

Die Funktion (5.15) ist in Abb. 5.4 dargestellt. Was vor allem auffällt, sind zwei helle Linien, die die Spaltkanten bei $x' = -x_0/2$ und $x' = x_0/2$ markieren, d. h. Stellen, an denen sich die Phase im Objekt ändert: die Schlierenmethode macht *räumliche* Phasen*änderungen*, bzw. *räumliche* Brechzahl*änderungen* sichtbar. Außerhalb des Spalts fällt die Bildhelligkeit schnell auf null

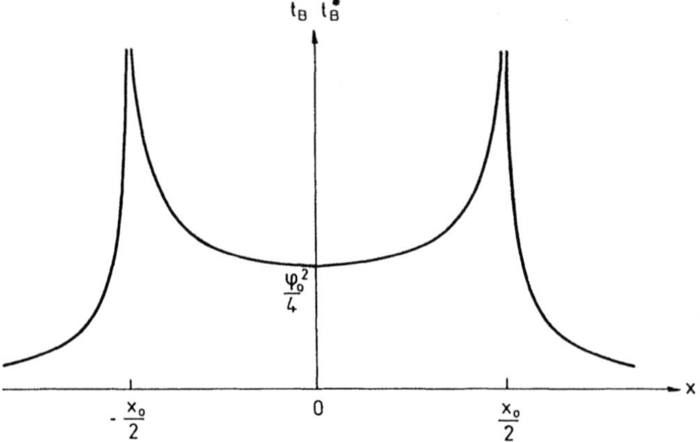

Abb. 5.4. Mit der Toeplerschen Schlierenmethode erzeugtes Bild eines Phasenspalts der Breite x_0. Die räumliche Änderung der Phase an den Spaltkanten wird durch helle Linien markiert

ab, während sie im Inneren wegen des Summanden π^2 in der ersten Zeile von (5.15) einen endlichen Wert behält.

Wie beim Dunkelfeldverfahren ist, wie (5.15) zeigt, die Energiestromdichte dem *Quadrat* der Phase φ_0 proportional; ihr Vorzeichen geht verloren. Man kann dem Bild auch nicht entnehmen, ob die durch eine helle Linie angezeigte Phasenänderung einem Anstieg oder einem Abfall der Phase entspricht. Durch die Schneide wird dem Bild außerdem eine Vorzugsrichtung aufgeprägt: ein Phasenspalt, der *senkrecht* zur Schneide verläuft, ist im Bild *nicht* sichtbar. Diese Nachteile der Schlierenmethode legen die Frage nahe, ob nicht ein Verfahren denkbar ist, bei dem der Bildkontrast *linear* mit der Phasenstruktur des Objekts zusammenhängt und das dem Bild keine Vorzugsrichtung aufzwingt. Davon handelt der nächste Abschnitt.

Zum Schluß sei noch bemerkt, daß *jeder* Eingriff in den Abbildungstrahlengang, auch außerhalb der Ebene des Fraunhoferschen Beugungsbilds, ja sogar Abbildungsfehler schlecht korrigierter Objektive Phasenobjekte mit mehr oder weniger gutem Kontrast im Bild sichtbar machen. Bevor es Phasenkontrastmikroskope gab (s. Abschn. 5.4), behalf man sich damit, das Mikroskop „unscharf" einzustellen, um Phasenstrukturen zu sehen (extrafokaler Phasenkontrast).

5.4 Zernikes Phasenkontrastverfahren

Ein Vergleich der Transmissionsfunktion eines schwachen Phasenobjekts, nämlich $t(\boldsymbol{r}) = 1 + \mathrm{i}\varphi(\boldsymbol{r})$ mit $|\varphi(\boldsymbol{r})| \ll 1$, mit der eines schwachen Amplitudenobjekts, nämlich $t(\boldsymbol{r}) = 1 - \epsilon(\boldsymbol{r})$ mit $0 \leq \epsilon(\boldsymbol{r}) \ll 1$, zeigt als wesentlichen Unterschied den Faktor i vor der Phasenstruktur $\varphi(\boldsymbol{r})$. Wenn man durch einen

Eingriff in der Ebene des Fraunhoferschen Beugungsbildes erreichen könnte, in der Bildebene eine Feldstärkeverteilung proportional zu $t_B(\boldsymbol{r}') = 1 \pm \varphi(\boldsymbol{r}')$ zu erzeugen, so würde die Phasenstruktur im Bild

$$t_B(\boldsymbol{r}')t_B^*(\boldsymbol{r}') = [1 \pm \varphi(\boldsymbol{r}')]^2 \approx 1 \pm 2\varphi(\boldsymbol{r}') \tag{5.16}$$

linear wiedergegeben, allerdings wegen $|\varphi(\boldsymbol{r}')| \ll 1$ mit geringem Kontrast. Um den Kontrast zu erhöhen, müßte man die Eins in (5.16) verkleinern. Das Dunkelfeldverfahren (Abschn. 5.2) beseitigt die Eins völlig; das führt aber, wie der mittlere Ausdruck in (5.16) zeigt, zu einer *quadratischen* Wiedergabe der Phasenstruktur. Zernike schlug 1935 eine räumliche Filterung vor, mit der man eine lineare Wiedergabe der Phasenstruktur erhält. Er erreichte das mit einem Filter in der $\xi\eta$-Ebene der in Abb. 4.1 skizzierten Anordnung, das das Bild der punktförmigen Lichtquelle bei $\xi = \eta = 0$ um den Faktor a schwächt *und* ihm eine Phasenverschiebung von $+90°$ oder $-90°$ aufprägt. Dieses Raumfilter wird durch die Filterfunktion

$$F(\boldsymbol{k}) = \begin{cases} \pm\mathrm{i}a & \text{für} & \boldsymbol{k} = 0 \\ 1 & \text{für} & |\boldsymbol{k}| > 0 \end{cases} \tag{5.17}$$

beschrieben.

Wir wollen das Bild eines schwachen Phasenobjekts, das durch die Filterung (5.17) entsteht, in linearer Näherung berechnen. Wie in den beiden vorangegangenen Abschnitten wählen wir wieder die Vergrößerung $V = -1$ und ignorieren das endliche Auflösungsvermögen und die endliche Größe des Gesichtsfelds. Das Objekt

$$t(\boldsymbol{r}) = 1 + \mathrm{i}\varphi(\boldsymbol{r}) \tag{5.18}$$

hat das Beugungsbild

$$T(\boldsymbol{k}) = (2\pi)^2\delta(\boldsymbol{k}) + \mathrm{i}\phi(\boldsymbol{k}) \quad, \tag{5.19}$$

das nach der Filterung mit (5.17) folgende Gestalt annimmt:

$$F(\boldsymbol{k})T(\boldsymbol{k}) = \begin{cases} \pm\mathrm{i}a(2\pi)^2\delta(\boldsymbol{k}) \mp a\phi(0) & \text{für} & \boldsymbol{k} = 0 \\ \mathrm{i}\phi(\boldsymbol{k}) & \text{für} & |\boldsymbol{k}| > 0 \end{cases} \quad. \tag{5.20}$$

Durch Rücktransformation von (5.20) erhält man das Bild

$$t_B(\boldsymbol{r}') = \pm\mathrm{i}a + \mathrm{i}\varphi(\boldsymbol{r}') \quad, \tag{5.21}$$

wobei der zweite Summand in der ersten Zeile von (5.20) vernachlässigt wurde, weil er klein gegen die δ-Funktion ist. Die Energiestromdichte im Bild ist proportional zu

$$t_B(\boldsymbol{r}')t_B^*(\boldsymbol{r}') = [\pm a + \varphi(\boldsymbol{r}')]^2 = a^2 \pm 2a\varphi(\boldsymbol{r}') + \varphi^2(\boldsymbol{r}') \quad. \tag{5.22a}$$

Für ein bei $k = 0$ vollständig absorbierendes Filter, d. h. für $a = 0$ ergibt sich das Dunkelfeldverfahren, wie ein Vergleich mit (5.10) zeigt. Wenn man a der Bedingung $1 \geq a \gg |\varphi(r')|$ unterwirft, kann man den φ^2–Term in (5.22a) vernachlässigen und erhält eine Bildhelligkeit, die *linear* von $\varphi(r')$ abhängt:

$$t_B(r')t_B^*(r') \approx a\,[a \pm 2\varphi(r')] \quad . \tag{5.22b}$$

Diese lineare Wiedergabe der Phasenstruktur eines Objekts ist der entscheidende Vorteil des Zernike–Verfahrens gegenüber allen anderen Verfahren, die Phasenstrukturen sichtbar machen. Eine positive Phasenverschiebung $\varphi(r)$ im Objekt in bezug auf die Beleuchtungswelle macht sich je nach dem Vorzeichen des zweiten Summanden in (5.22b) als eine hellere oder dunklere Stelle im Vergleich zur mittleren Helligkeit des Bildes bemerkbar. Man spricht deshalb von positivem oder negativem Phasenkontrast, je nachdem, ob das Filter (5.17) die Phase bei $k = 0$ um $+90°$ oder $-90°$ verschiebt.

Die Gleichung (5.22b) gilt nur, wenn a groß gegen die maximal im Objekt auftretende Phasenverschiebung ist. Man könnte deshalb meinen, $a = 1$ sei der günstigste Wert für das Zernike–Verfahren. Die eckige Klammer in (5.22b) zeigt aber, daß mit wachsendem a der Kontrast im Bild immer geringer wird. Man muß deshalb einen Kompromiß zwischen hohem Phasenkontrast und dem störenden Einfluß des φ^2–Terms in (5.22a) schließen.

Das Zernike–Verfahren erfordert eine räumlich möglichst gut kohärente Beleuchtung, d. h. eine möglichst punktförmige Lichtquelle. In der Praxis stehen aber nur Lichtquellen mit endlicher räumlicher Ausdehnung zur Verfügung, z. B. eine intensiv beleuchtete Lochblende. Diese Blende wird wie beim Dunkelfeldverfahren durch Kondensor und Objektiv in die k–Ebene abgebildet. Die Phasenverschiebung um $\pm 90°$ und die Absorption a muß dann nicht nur wie bei dem idealisierten Filter (5.17) im Punkt $k = 0$, sondern im gesamten Bereich der Lichtquelle erfolgen. Dieser Eingriff verändert aber auch das Fraunhofersche Beugungsbild bei kleinen Frequenzen. Deshalb muß der Durchmesser der Lichtquelle möglichst klein gehalten werden. Bei gegebener Energiestromdichte der Lichtquelle bedeutet aber eine Verkleinerung ihrer Fläche eine Reduzierung des gesamten, für die Abbildung zur Verfügung stehenden Energiestroms. Um dieses Dilemma, das vor allem beim Phasenkontrastmikroskop auftritt, zu entschärfen, wählt man wie beim mikroskopischen Dunkelfeldverfahren eine ringförmige Lichtquelle, die eine möglichst geringe Breite Δr haben soll. Ihre Fläche $2\pi r \Delta r$ wird im Gegensatz zu einer kreisförmigen Lichtquelle mit der Fläche $\pi(\Delta r)^2$ nur linear mit Δr kleiner.

Die Abb. 5.5 zeigt schematisch die Beleuchtungseinrichtung eines Phasenkontrastmikroskops. Im Gegensatz zum Dunkelfeldmikroskop muß der Öffnungswinkel α der Beleuchtung hier aber *kleiner* als der Aperturwinkel α_P des Objektivs gewählt werden, damit das Objektiv die Lichtquelle in die Ebene des Fraunhoferschen Beugungsbilds abbilden kann.

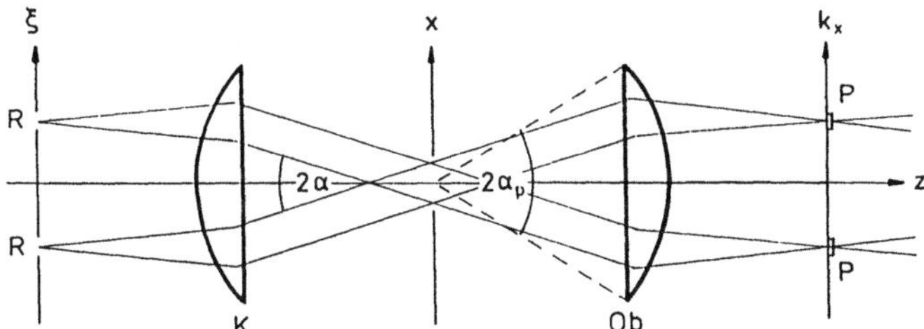

Abb. 5.5. Schematische Darstellung des Beleuchtungsstrahlengangs in einem Phasenkontrastmikroskop. Als Lichtquelle dient eine symmetrisch zur optischen Achse angebrachte ringförmige Blende R, die von dem Kondensor K ins Unendliche und von dem Objektiv Ob in dessen hintere Brennebene, die $k_x k_y$-Ebene, abgebildet wird. Dort absorbiert ein ringförmiges Phasenplättchen P einen Teil des Lichts und schiebt seine Phase um $+90°$ oder $-90°$

5.5 Phasendemodulation in Optik und Nachrichtentechnik

In der Sprache der Nachrichtentechnik stellt die im vorangehenden Abschnitt behandelte Abbildung eines Phasenobjekts die Aufgabe dar, die in der Phase steckende Information durch Demodulation in ein Amplitudensignal zu verwandeln. In der UKW–Technik tritt ein ähnliches Problem auf, nämlich ein frequenzmoduliertes Signal zu demodulieren. Wenn man genauer darüber nachdenkt, findet man, daß diese beiden Probleme sogar noch enger miteinander verwandt sind, als es auf den ersten Blick erscheint.

Ein Radiosender hat die Aufgabe, eine monochromatische Trägerwelle mit einem zeitabhängigen Signal $s(t)$ zu modulieren. Der Einfachheit halber verwenden wir als Trägerwelle eine ebene Welle, die sich in z–Richtung ausbreitet:

$$E(z,t) = E_0 \mathrm{e}^{\mathrm{i}\varphi(z,t)} = E_0 \mathrm{e}^{\mathrm{i}(k_{z0}z - \omega_0 t + \varphi_0)} \quad , \quad E_0 \quad \text{reell} \quad . \tag{5.23}$$

Im Gegensatz zur Optik wird in anderen Gebieten der Physik und in der Nachrichtentechnik die Funktion $\varphi(z,t)$ als *Phase* oder *Phasenwinkel* bezeichnet, während man in der Optik mit dem Wort Phase meistens die *Phasenkonstante* φ_0 meint. Das Signal $s(t)$ soll sich so langsam ändern, daß es während der Zeit $T = 2\pi/\omega_0$ als konstant angesehen werden kann. Außerdem soll es auf 1 normiert sein, d. h. $\max\{|s(t)|\} = 1$.

Bei der **Frequenzmodulation** wird der Frequenz ω_0 der Trägerwelle im Sender das Signal $s(t)$ mit dem Modulationsgrad m_ω gemäß

$$\omega(t) = \omega_0 \left[1 + m_\omega s(t)\right] \tag{5.24}$$

aufgeprägt. Die Phase der *modulierten* Trägerwelle erhält man am einfachsten durch folgende Überlegung. Wenn sich Sender und Empfänger im Vakuum an den Stellen $z = 0$ und $z = z_0$ befinden, dann ist der zeitliche Verlauf der Feldstärke bei $z = 0$ und bei $z = z_0$ bis auf eine Zeitverschiebung z_0/c, die von der Laufzeit der Welle herrührt, der gleiche. Die Änderung der Phase während der Zeit $\mathrm{d}t$ beträgt $\mathrm{d}\psi = -\omega \mathrm{d}t$. Man erhält also die Zeitabhängigkeit der Phase am Ort des Empfängers durch Integration der „momentanen Frequenz"[1] $\omega = -\partial\psi/\partial t$ unter Berücksichtigung der zeitlichen Verzögerung durch die Laufzeit z_0/c:

$$
\begin{aligned}
\varphi(z_0, t) &= -\omega_0 \int\limits_0^{t-z_0/c} [1 + m_\omega s(t')]\,\mathrm{d}t' + \varphi_0 \\
&= -\omega_0 t + k_{z0} z_0 + \varphi_0 \left[1 - \frac{\omega_0 m_\omega}{\varphi_0} \int\limits_0^{t-z_0/c} s(t')\mathrm{d}t' \right] \,,
\end{aligned}
\tag{5.25}
$$

wobei $\omega_0/c = k_{z0}$ verwendet wurde und die untere Integrationsgrenze den Zeitnullpunkt festlegt, was man sofort einsieht, wenn man 0 durch t_0 ersetzt.

Die zweite Zeile von (5.25) zeigt, daß die Modulation der Frequenz ω_0 mit dem Signal s einer **Modulation der Phasenkonstante** φ_0 mit dem Zeitintegral des Signals äquivalent ist. Das bedeutet, das man am Ort des Empfängers nicht feststellen kann, ob im Sender der Welle das Signal durch eine Modulation der Frequenz oder der Phasenkonstante aufgeprägt worden ist, es sei denn, es lägen geeignete *a-priori*-Informationen über das Signal vor. Technisch wird die „Frequenzmodulation" von UKW–Sendern gemäß der zweiten Zeile von (5.25) durchgeführt: Das Signal wird mit Hilfe eines RC–Glieds integriert und dann einem Modulator für die Phasenkonstante zugeführt.

Wir wollen nun die Frage diskutieren, welche Größe des Lichts durch ein Phasenobjekt moduliert wird. Wir beschränken uns auf zweidimensionale Transmissionsphasenobjekte. Das sind absorptionsfreie dünne Schichten, deren Brechzahl n ortsabhängig ist und deren Dicke so klein ist, daß ihr Fraunhofersches Beugungsbild unabhängig von der Schichtdicke ist. Durchläuft eine ebene Welle (im linken Teil von Abb. 5.6) eine solche Schicht, so ändert sich die *Wellenzahl* in (5.23), und zwar von k_{z0} im Vakuum zu $k_z(x, y) = n(x, y)k_{z0}$ in der Schicht, während die Frequenz ω_0 und die Phasenkonstante φ_0 unverändert bleiben. Man sollte deshalb korrekterweise von einer **Wellenzahlmodulation** durch die Schicht sprechen; das ist aber nicht üblich. Nach

---

[1]Die momentane Frequenz $\omega(t)$ ist keine Frequenz im Sinne der Theorie linearer Systeme. Moduliert man nämlich ω_0 mit $s(t) = \cos\omega_m t$ so erhält man

$$
\varphi(z_0, t) = k_{z0} z_0 - \omega_0 t + \varphi_0 - \frac{\omega_0 m_\omega}{\omega_m} \sin\omega_m(t - z_0/c) \,.
$$

Berechnet man das Spektrum von $\exp(\mathrm{i}\varphi)$, so findet man analog zum Phasencosinusgitter in Abschn. 2.7.5 ein *diskretes* Spektrum, das die Frequenzen $\omega_0 \pm n\omega_m$ mit $n = 0, 1, 2, \ldots$ enthält, während $\omega(t)$ *kontinuierlich* variiert.

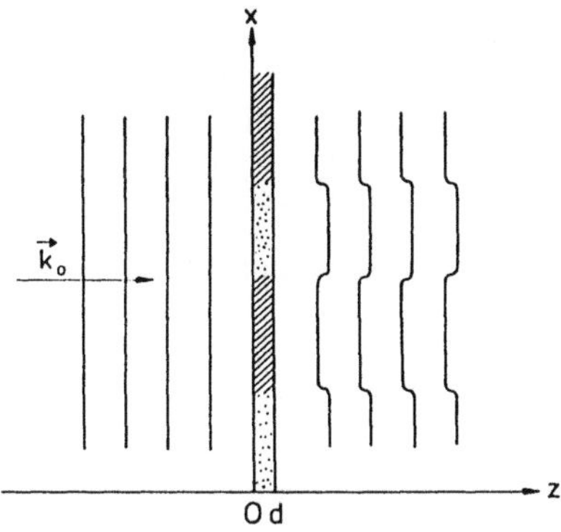

Abb. 5.6. Von links fällt eine ebene Welle auf eine dünne Schicht zwischen $z = 0$ und $z = d$, die aus Bereichen mit hoher (*schraffiert*) und niedriger Brechzahl (*punktiert*) besteht. Nach dem Durchgang der Welle durch die Schicht ($z > d$) ist die Brechzahlverteilung den Phasenflächen aufmoduliert

Durchlaufen der Schicht, d. h. für $z \geq d$, hängt die Phase der Welle zusätzlich von den Ortskoordinaten x und y in der Schichtebene ab:

$$\varphi(x, y, z, t) = \mathrm{i}\left[n(x, y)k_{z0}d + k_{z0}(z - d) - \omega_0 t + \varphi_0\right] \quad . \tag{5.26}$$

Die Flächen konstanter Phase sind jetzt keine Ebenen mehr wie im linken Teil von Abb. 5.6, sondern dort, wo das Licht Bereiche mit hoher Brechzahl (schraffierte Bereiche in Abb. 5.6) durchlaufen hat, „nach hinten ausbeult" (s. rechter Teil der Abb. 5.6).

Man kann in der Optik aber auch die Phasenkonstante modulieren. Sie ändert sich z. B. bei der Reflexion von senkrecht oder parallel zur Einfallsebene linear polarisiertem Licht an einer Metalloberfläche. Verwendet man einen Spiegel aus einer Legierung mit ortsabhängiger Zusammensetzung, so hängt die Phasenkonstante von den Ortskoordinaten x und y in der Spiegelebene ab, und eine einfallende ebene Welle hat nach der Reflexion die Phase

$$\varphi(x, y, z, t) = \mathrm{i}\left[k_{z0}z - \omega_0 t + \varphi_0(x, y)\right] \quad . \tag{5.27}$$

Bei näherem Hinsehen unterscheiden sich (5.26) und (5.27) gar nicht; man kann z. B. (5.26) in der Form

$$\varphi(x, y, z, t) = \mathrm{i}\left[k_{z0}z - \omega_0 t + \varphi_0 + \left[n(x, y) - 1\right]k_{z0}d\right]$$

schreiben und $\varphi_0 + [n(x, y) - 1]k_{z0}d$ als ortsabhängige Phasenkonstante $\varphi_0(x, y)$ interpretieren, d. h. wie bei der „Frequenzmodulation" kann man gar nicht feststellen, ob eine phasenmodulierte Welle durch Modulation der Wellenzahl oder der Phasenkonstante erzeugt worden ist.

UKW–Empfänger und Phasenkontrastmikroskop müssen beide phasenmodulierte Trägerwellen verarbeiten. Im UKW–Rundfunk verwendet man die Phasenmodulation wegen ihrer geringen Störanfälligkeit, in der Optik ist die Modulation durch die Natur der Objekte vorgegeben. In beiden Fällen stellt sich das Problem, die Phasenmodulation des Trägers in eine Amplitudenmodulation umzuwandeln.

Während die Modulation des Lichts durch ein Phasenobjekt sozusagen „von selbst" erfolgt, benötigt man beim Rundfunksender einen Modulator. Für den Vergleich mit dem Phasenkontrastverfahren ist ein Verfahren für kleine Modulationsgrade aus der Frühzeit der UKW-Technik interessant, das 1936 von Armstrong (Edwin Howard Armstrong, 1890–1954) vorgeschlagen worden ist, weil ihm dieselbe Idee zugrunde liegt wie dem Phasenkontrastverfahren von Zernike.

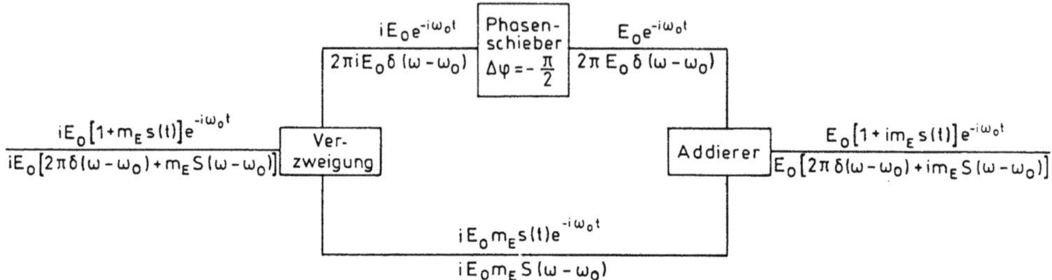

Abb. 5.7. Umwandlung eines amplitudenmodulierten Trägers in einen phasenmodulierten (Armstrong–Verfahren)

Die Abb. 5.7 zeigt das Armstrongsche Verfahren im Prinzipschaltbild. Das amplitudenmodulierte Signal wird in einem „Verzweiger" in Trägerfrequenz und Seitenbänder zerlegt, um dann die Phase des Trägers allein um $-90°$ verschieben zu können; schließlich werden die Seitenbänder wieder zu dem Träger addiert. Für kleine Modulationsgrade m_E ist der Träger nun phasenmoduliert:

$$E_0\left[1 + im_E s(t)\right]e^{-i\omega_0 t} \approx E_0 e^{-i[\omega_0 t - m_E s(t)]} \quad .$$

Technisch wird der untere Ast der Verzweigung folgendermaßen realisiert: Träger $iE_0 e^{-i\omega_0 t}$ und Signal $s(t)$ werden einem Produktmodulator zugeführt, der $iE_0 s(t)e^{-i\omega_0 t}$ bildet.

Unter den Zeitfunktionen sind in Abb. 5.7 ihre Fouriertransformierten aufgeschrieben. Wenn man in allen Funktionen der Abb. 5.7 die Variable t durch die Ortskoordinaten x und y eines Phasenobjekts und ω durch die räumlichen Frequenzen k_x und k_y seines Beugungsbilds ersetzt und außerdem $\omega_0 = 0$ setzt, erhält man – von rechts nach links gelesen – die Phasendemodulation des Zernike-Verfahrens: Ganz rechts steht oben die Transmissionsfunktion und darunter das Fraunhofersche Beugungsbild. Der Addierer wird – rückwärts durchlaufen — zur Verzweigung. Das ist aber für die Optik trivial, denn in der Fraunhofer-Ebene sind die verschiedenen Frequenzen k_x und k_y *räumlich getrennt*. Nach der Phasenverschiebung der nullten Beugungsordnung $\delta(k_x, k_y)$ im oberen Ast der Verzweigung werden alle Beugungsordnungen im Bild zusammengeführt (rückwärts durchlaufene Verzweigung) und gleichzeitig wird das Spektrum wieder in den Ortsraum zurücktransformiert (untere Zeile ganz links).

Wie für die Modulation, so gibt es auch für die Demodulation in der UKW–Technik eine ganze Reihe von Verfahren. Allen liegt aber dasselbe, sehr einfache Prinzip zugrunde: Der phasenmodulierte Träger wird nach der Zeit differenziert:

$$\frac{d}{dt}E_0 e^{i\varphi(t)} = i\frac{d\varphi(t)}{dt}E_0 e^{i\varphi(t)} \quad . \tag{5.28}$$

Dadurch wird die Amplitude zusätzlich mit der Ableitung der Phase moduliert. Da bei der Modulation der Trägerwelle gemäß (5.25) das Zeitintegral des Signals entsteht, erhält man als Modulation der Amplitude

$$\frac{d\varphi}{dt} = -\omega_0 \left[1 + m_\omega s(t - z_0/c)\right] \quad , \tag{5.29}$$

also das ursprüngliche, um die Laufzeit z_0/c verzögerte Signal. Die Frage liegt nahe, ob man dieses einfache Demodulationsverfahren nicht auch in der Optik verwenden kann. Der unabhängigen Variable t bei der Frequenzmodulation in der UKW–Technik entspricht z bei der Wellenzahlmodulation in der Optik. Während aber bei ersterer die Zeit t auch gleichzeitig die unabhängige Variable des Signals $s(t)$ ist, hat ein Phasenobjekt die zu z senkrechten Ortskoordinaten x und y als unabhängige Variable. Eine zu (5.29) analoge Differentiation der Phase (5.26) nach z wirkt deshalb gar nicht auf das Objekt. Differenzieren nach x und y würde dagegen nicht das Objekt selbst, sondern seine Ableitung sichtbar machen, d. h. die Stellen, an denen sich die Brechzahl räumlich ändert. Darauf wird in Abschn. 5.6.2 näher eingegangen.

5.6 Bildverarbeitung

Die bisher in diesem Kapitel behandelten Filterverfahren hatten die Aufgabe, Amplitudenobjekte deutlicher und vor allem Phasenobjekte überhaupt sichtbar zu machen. In diesem Abschnitt geht es darum, das Bild eines Objekts gezielt zu verändern, z. B. bestimmte Strukturen deutlicher hervortreten zu lassen. Solche Verfahren werden als **Bildverarbeitung** (*image processing*) bezeichnet. Wir beschränken uns auf die Bildverarbeitung durch räumliche Filterung. Auf andere optische Verfahren und auf die Bildverarbeitung mit Computern gehen wir nicht ein.

5.6.1 Vervielfältigung des Objekts

In der Mikroelektronik werden bei der Herstellung von Prozessoren und Speichern viele solcher Bauteile auf einer einzigen Siliziumscheibe untergebracht, um den Fertigungsprozeß möglichst rationell zu gestalten. Um die notwendige geometrische Struktur für Oxidations– und Ätzprozesse vorzugeben, wird auf die Siliziumscheibe ein Photolack aufgetragen und darauf eine Maske mit der gewünschten Struktur abgebildet. Das Bild der Maske muß so oft nebeneinandergesetzt werden, bis die Siliziumscheibe gefüllt ist. Optisch ergibt sich also das Problem, von einem Objekt viele, gegeneinander verschobene Bilder zu erzeugen.

Wir wollen dieses Problem noch etwas allgemeiner formulieren: Ein Objekt $t(\boldsymbol{r})$ soll in seiner ursprünglichen Lage und weitere N–mal um die Vektoren $\boldsymbol{r}'_n$ verschoben in der Bildebene abgebildet werden, d. h. wir verlangen ein Bild $t_B(\boldsymbol{r}')$ der Form

$$t_B(\boldsymbol{r}') = t(\boldsymbol{r}') \star \left[\delta(\boldsymbol{r}') + \sum_{n=1}^{N} \delta(\boldsymbol{r}' - \boldsymbol{r}'_n)\right] \quad . \tag{5.30}$$

Als experimentellen Aufbau verwenden wir wieder die in Abb. 4.1 skizzierte Anordnung und wählen wie in den Abschn. 5.2 bis 5.4 die Vergrößerung $V = -1$ und vernachlässigen die endliche Auflösung. Damit das Bild (5.30) in der $x'y'$–Ebene von Abb. 4.1 entsteht, muß die Feldstärkeverteilung in der $\xi\eta$–Ebene proportional zur Fouriertransformierten von (5.30) sein:

$$T_B(\boldsymbol{k}') = T(\boldsymbol{k}) \left[1 + \sum_{n=1}^{N} \mathrm{e}^{-i r'_n \boldsymbol{k}}\right] \overset{\text{def}}{=} T(\boldsymbol{k}) F(\boldsymbol{k}) \quad , \tag{5.31}$$

d. h. wir müssen ein Filter mit der durch (5.31) definierten Filterfunktion $F(\boldsymbol{k})$ verwenden. Theoretisch ist das Problem damit gelöst. Die experimentelle Herstellung eines solchen Filters für beliebige $\boldsymbol{r}'_n$ ist jedoch praktisch nicht möglich. Man kann höchstens statt $F(\boldsymbol{k})$ ein etwas modifiziertes Filter als Fourierhologramm herstellen, das aber gewisse Nachteile hat. Davon wird im letzten Kapitel (s. Abschn. 6.3 und 6.4) die Rede sein.

Wir wollen uns nun einer speziellen Klasse von Filtern zuwenden, nämlich periodischen. Wenn man z. B. das Beugungsbild $T(\boldsymbol{k})$ eines Objekts $t(\boldsymbol{r})$ mit dem Amplituden–Cosinusgitter

$$F(k_x) = \frac{1}{2}\left(1 + \cos d k_x\right) \tag{5.32}$$

filtert (s. Abschn. 2.7.5, Amplituden–Cosinusgitter), so erhält man als Bild

$$t_B(\boldsymbol{r}') = t(\boldsymbol{r}') \star \frac{1}{2}\left[\delta(x) + \frac{1}{2}\delta(x + d) + \frac{1}{2}\delta(x - d)\right] \quad , \tag{5.33}$$

d. h. dreimal das Bild $t(\boldsymbol{r}')$, und zwar an den Stellen $x = 0$ und $x = \pm d$. Damit sich diese drei Bilder nicht überlappen, muß die Verschiebung d größer sein als die Breite x_0 des Objekts in x–Richtung, d. h. die Gitterkonstante des Filters auf der k_x–Achse, nämlich $g = 2\pi/d$ muß kleiner sein als $k_{\min} = 2\pi/x_0$. Wenn das Objekt leer ist, d. h. nur aus einer z. B. rechteckigen Öffnung besteht, ist das Beugungsbild je eine sinc–Funktion in x– und y– Richtung (s. (2.50b) und Abb. 2.12), deren erstes Minimum in x–Richtung durch $x_o k_{\min}/2 = \pi$ gegeben ist. Die Bedingung $d > x_0$ bzw. $k_{\min} < 2\pi/x_0$ in der $\boldsymbol{k}$–Ebene bedeutet also, daß die Gitterkonstante g des Filters kleiner als die feinsten Strukturen des Beugungsbilds sein muß. Auf diese Weise ist gewährleistet, daß keine Bildinformation verlorengeht.

Die durch (5.33) beschriebenen Bilder sind nicht gleich hell, weil die Faktoren vor den δ-Funktionen verschieden sind. Außerdem geht wegen des geringen Beugungswirkungsgrades (s. (2.71) und (2.72)) viel Licht verloren. Besser ist es deshalb, ein *Phasen*-Cosinusgitter als Filter zu verwenden (s. Abschn. 2.7.5, Phasen-Cosinusgitter):

$$F(k_x) = \mathrm{e}^{\mathrm{i}\phi \cos dk_x} \quad . \tag{5.34}$$

Die Rücktransformierte von (5.34) berechnet man nach dem Vorbild von (2.73) bis (2.75b). Nach der Filterung mit (5.34) erhält man als Bild:

$$t_B(\boldsymbol{r}') = t(\boldsymbol{r}') \star \sum_{m=-\infty}^{\infty} \mathrm{i}^m J_m(\phi)\delta(x - md) \quad . \tag{5.35}$$

Gegenüber dem Amplitudengitter hat das Phasengitter zwei Vorteile. Einmal kann man durch geeignete Wahl des Phasenhubs ϕ den Betrag der Koeffizienten der nullten und der beiden ersten Beugungsordnungen gleich groß und damit die diesen Ordnungen entsprechenden Bildern gleich hell machen. Für $\phi \approx 1.44$ gilt

$$J_0(\phi) \approx J_1(\phi) \approx -J_{-1}(\phi) \approx 0,55 \quad . \tag{5.36}$$

Zum anderen ist der Beugungswirkungsgrad des Phasengitters wesentlich größer als der des Amplitudengitters (s. (2.76)).

Ein praktischer Vorteil ist, daß man Cosinusgitter leicht herstellen kann. Um ein Amplituden-Cosinusgitter zu erhalten, braucht man nur eine Photoplatte in das von zwei ebenen, monochromatischen Wellen erzeugte Interferenzbild zu stellen (s. Abschn. 2.4); dessen Energiestromdichte ist nach (2.36c) senkrecht zur Ausbreitungsrichtung $\cos^2$-förmig moduliert und schwärzt die Photoplatte entsprechend. Durch die Wahl einer geeigneten photographischen Emulsion kann man erreichen, daß die Platte nach dem Entwickeln die Transmission (5.32) hat. Ein Phasen-Cosinusgitter erhält man durch „Ausbleichen" des Amplitudengitters, d. h. durch chemisches Herauslösen des beim Entwickeln entstandenen Silbers aus der photographischen Emulsion.

Die Erzeugung von unendlich vielen, äquidistanten Bildern ist theoretisch wieder sehr einfach. Man braucht nur einen Dirac-Kamm als Filter zu verwenden, also

$$T(\boldsymbol{k})F(k_x) = T(\boldsymbol{k})g\,\mathrm{III}_g(k_x) \quad , \tag{5.37}$$

und erhält, da dessen Rücktransformierte nach (2.66a und b) wieder ein Dirac-Kamm ist, als Bild

$$t_B(\boldsymbol{r}') = t(\boldsymbol{r}') \star \mathrm{III}_d(x) \quad . \tag{5.38}$$

Für die Praxis ist dieses Filter aber wertlos, weil seine Realisierung äußerst schmale Gitteröffnungen erforderte und die Bilder deshalb sehr dunkel wären. Je breiter man die Gitteröffnungen aber macht, desto schneller fällt die Helligkeit der Bilder vom Zentrum nach außen hin ab. Auch hier bieten Phasengitter die bessere Lösung.

Wir wollen zunächst ein einfaches und relativ leicht herstellbares Phasen–Rechteckgitter vorstellen, das drei gleich helle Bilder wie das Phasen–Cosinusgitter (5.34) liefert und ihm in Bezug auf die Bildhelligkeit fast ebenbürtig ist. Die Transmissionsfunktion dieses Gitters schreiben wir wie in (2.68a) als Faltungsprodukt einer Formfunktion $P(k_x)$ und einer Strukturfunktion $S(k_x)$:

$$F(k_x) = P(k_x) \star S(k_x) = P(k_x) \star \mathrm{III}_g(k_x) \quad . \tag{5.39}$$

Der linke Teil von Abb. 5.8a zeigt die Formfunktion, d. h. die Transmissionsfunktion $P(k_x)$ dieses Gitters im Bereich einer Gitterperiode von $-g/2$ bis $+g/2$. Im rechten Teil der Abb. 5.8a wird $P(k_x)$ in $P_1(k_x) + P_2(k_x)$ zerlegt.

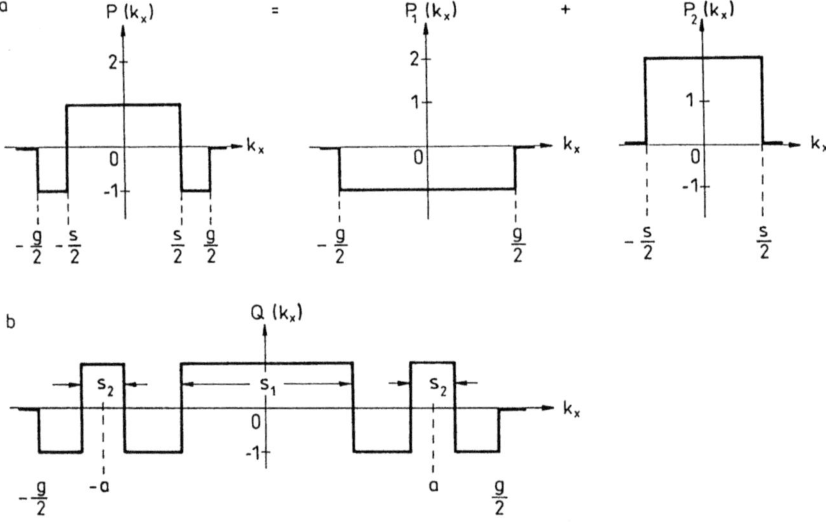

Abb. 5.8. (a) Formfunktion $P(k_x)$ eines Phasengitters, das bei geeigneter Wahl von s/g als Raumfilter zur Erzeugung drei gleich heller Bilder eines Objekts benutzt werden kann. (b) Mit der Formfunktion $Q(k_x)$ kann man sogar sieben gleich helle Bilder erhalten

Aufgrund dieser Zerlegung kann man die Rücktransformierte von $P(k_x)$ sofort hinschreiben (vgl. (2.53)):

$$p(x) = -\frac{g}{2\pi} \operatorname{sinc}\left(\frac{g}{2}x\right) + 2\frac{s}{2\pi} \operatorname{sinc}\left(\frac{s}{2}x\right) \quad . \tag{5.40}$$

Die Rücktransformierte der Filterfunktion (5.39) wird damit

$$f(x) = 2\pi \, p(x) \, \frac{1}{g} \text{III}_d(x) = d \sum_{m=-\infty}^{\infty} p(md)\delta(x - md) \quad , \tag{5.41}$$

wobei $d = 2\pi/g$ benutzt wurde und die Eigenschaft (1.10) der δ–Funktion, nämlich $f(x)\delta(x - x_0) = f(x_0)\delta(x - x_0)$. In der Bildebene erhält man

$$t_B(x', y') = t(x', y') \star f(x') = d \sum_{m=-\infty}^{\infty} p(md) \, t(x', y') \star \delta(x' - md) \, . \tag{5.42}$$

Die Koeffizienten $c_m = d \cdot p(md)$, deren Quadrate die Helligkeit der einzelnen Bilder des Objekts beschreiben, enthalten, wie man aus (5.40) sieht, den Parameter s, über den noch nicht verfügt worden ist. Er kann so festgelegt werden, daß die zu $m = 0, \pm 1$ gehörenden Bilder gleich hell werden. Aus (5.40) erhält man:

$$c_0 = 1 - \frac{2s}{g} \quad \text{und} \quad c_{\pm 1} = \frac{2s}{g}\text{sinc}\left(\frac{s}{g}\pi\right) \quad . \tag{5.43}$$

Der gesuchte Parameterwert ist $s \approx 0,735\,g$; mit ihm erhält man für die Koeffizienten: $-c_0 \approx c_1 \approx c_{-1} \approx 0,47$. Beim Phasen–Cosinusgitter hatten die entsprechenden Koeffizienten den Wert 0,55.

Mit der in Abb. 5.8b dargestellten Formfunktion, die symmetrisch zum Nullpunkt je einen weiteren Bereich enthält, der die Phase nicht verschiebt, kann man bei geeigneter Wahl der freien Parameter s_1, s_2 und a sogar ein Filter angeben, das sieben gleich helle Bilder liefert. Man sieht, wie sich dieses Verfahren im Prinzip beliebig fortsetzen läßt. Eine praktische Grenze wird erreicht, wenn die Filterbereiche s_n zu schmal werden. Wenn man Kreuzgitter (s. Abschn. 2.7.5, Kreuzgitter) verwendet, kann man die Bildebene auch flächenhaft mit Bildern des Objekts füllen.

Zum Schluß wollen wir noch zeigen, daß periodische Filter keiner kohärenten Beleuchtung bedürfen, sondern auch mit quasimonochromatischem, aber räumlich beliebig inkohärentem Licht arbeiten, wenn die Verschiebung der Bilder gegeneinander so groß ist, daß sie sich nicht überlappen. Wir gehen dazu von einer ideal kohärenten Beleuchtung aus, die durch die Punktquelle Q in Abb. 5.9 realisiert wird, verschieben aber diese Quelle in der $\xi\eta$–Ebene. Dadurch wird die Phase der Beleuchtung in der xy–Ebene eine lineare Funktion von x und y. Das ist in Abschn. 2.6 hergeleitet worden (s. (2.48)). Dieser Phasengang hat eine Verschiebung des Beugungsbilds in der $k_x k_y$–Ebene zur Folge (s. (2.49)), und zwar um den Vektor $\boldsymbol{k}_Q = -k_0\boldsymbol{\varrho}_0/f_0$, wobei $\boldsymbol{\varrho}_0$ die Verschiebung der Quelle und f_0 die Brennweite der Kollimatorlinse L_0 in Abb. 5.9 ist. Stellt man nun ein periodisches Filter mit der Filterfunktion (5.39), wobei $P(k_x)$ eine beliebige Transmissionsfunktion sein kann, in die $k_x k_y$–Ebene, so erhält man dort eine zu

$$\begin{aligned}
T(\boldsymbol{k} - \boldsymbol{k}'_Q)F(k_x) &= T(\boldsymbol{k} - \boldsymbol{k}_Q)\Big[P(k_x) \star \text{III}_g(k_x)\Big] \\
&= [T(\boldsymbol{k}) \star \delta(\boldsymbol{k} - \boldsymbol{k}_Q)]\Big[P(k_x) \star \text{III}_g(k_x)\Big]
\end{aligned} \tag{5.44}$$

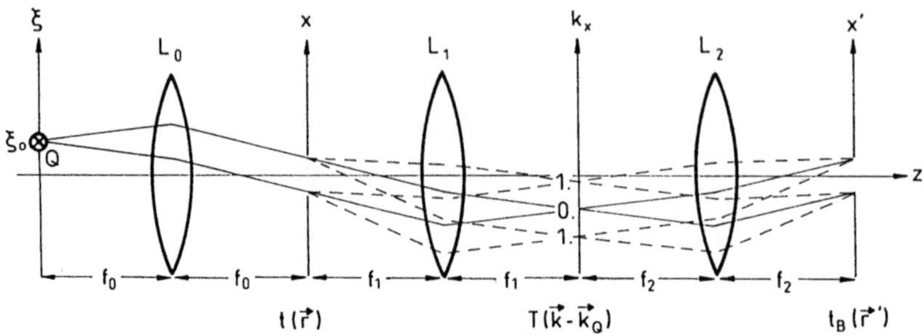

Abb. 5.9. Abbildung eines Objekts $t(r)$ bei schräger Beleuchtung: Die punktförmige Lichtquelle Q ist um ξ_0 verschoben. Das hat eine Verschiebung des Beugungsbilds $T(k)$ um k_Q zur Folge. (Für die nullte Beugungsordnung ist der Strahlenverlauf durchgezogen, für die beiden ersten Ordnungen gestrichelt eingezeichnet.) Im Bild $t_B(r)$ macht sich diese Verschiebung nur durch einen Phasenfaktor bemerkbar

proportionale Feldstärke. Die Rücktransformierte von (5.44) ergibt analog zu (5.41) und (5.42) das Bild

$$
\begin{aligned}
t_B(r') &= \left[(2\pi)^2 t(r') \frac{1}{(2\pi)^2} e^{-ik_Q r'}\right] \star \sum_{m=-\infty}^{\infty} 2\pi\, p(md)\, \frac{1}{g} \delta(x' - md) \\
&= \sum_{m=-\infty}^{\infty} d\, p(md) \left[t(r') e^{-ik_Q r'}\right] \star \delta(x' - md) \\
&= d \sum_{m=-\infty}^{\infty} p(md)\, t(r' - r'_m)\, e^{-ik_Q(r' - r'_m)}
\end{aligned}
\tag{5.45}
$$

mit $r'_m = (md, 0)$.

Die Energiestromdichte ist proportional zur Doppelsumme $t_B(r') t_B^*(r')$. Wenn sich aber, wie wir vorausgesetzt haben, die Bilder nicht überlappen, d. h. wenn in dem Gebiet, wo $t_B(r' - r'_{m_0})$ von null verschieden ist, alle $t_B(r' - r'_m)$ mit $m \neq m_0$ verschwinden, dann fallen alle gemischten Glieder der Doppelsumme weg, und man erhält als Energiestromdichte

$$
\begin{aligned}
j_B(r') &\sim t_B(r') t_B^*(r') \\
&= d^2 \sum_{m=-\infty}^{\infty} p(md)\, p^*(md)\, t(r' - r'_m)\, t^*(r' - r'_m) \quad,
\end{aligned}
\tag{5.46}
$$

einen Ausdruck, der *unabhängig* von der Verschiebung der Lichtquelle ist. Man kann deshalb eine flächenförmige, aus inkohärent strahlenden Punktquellen bestehende Lichtquelle verwenden. Die von den einzelnen Punktquellen herrührenden Energiestromdichten (5.46) addieren sich und liefern ein helleres Bild mit einer höheren Auflösung als bei kohärenter Beleuchtung (s. Abschn. 4.3).

5.6.2 Betonung von Kanten

Dieser Abschnitt beschränkt sich auf die Abbildung von Amplitudenobjekten. Weil bei jeder Abbildung alle Frequenzen oberhalb der Grenzfrequenz k_P abgeschnitten werden, sind Details von der Größenordnung $2\pi/k_P$ und kleiner im Bild nicht sichtbar. Wenn man die noch sichtbaren feinen Strukturen besonders hervorheben will, kann man das mit einem *Bandpaßfilter* tun, wie es Abb. 5.10a zeigt. Der schraffierte Kreisring im Zentrum ist eine Blende, die die tiefen Frequenzen unterhalb k_m unterdrückt, das schraffierte Gebiet außerhalb des Kreises mit dem Radius k_P filtert die hohen Frequenzen aus. Die Frequenzen in der näheren Umgebung von $k = 0$ benötigt man, weil ohne sie eine Dunkelfeldabbildung entstünde (s. Abschn. 5.2). Für eine kohärente Beleuchtung des Objekts wird dieses Bandpaßfilter durch die in Abb. 5.10b dargestellte Filterfunktion beschrieben.

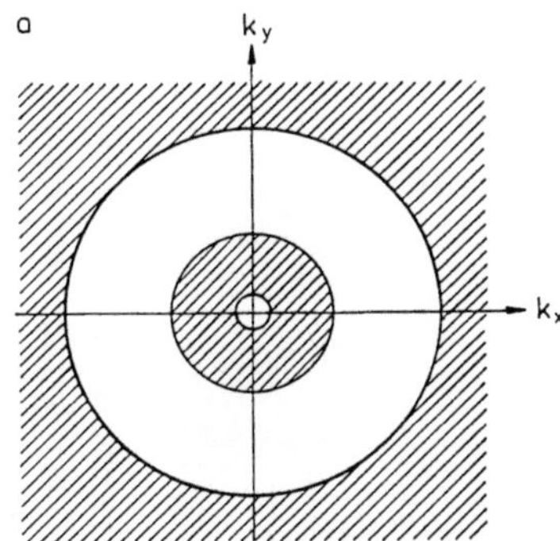

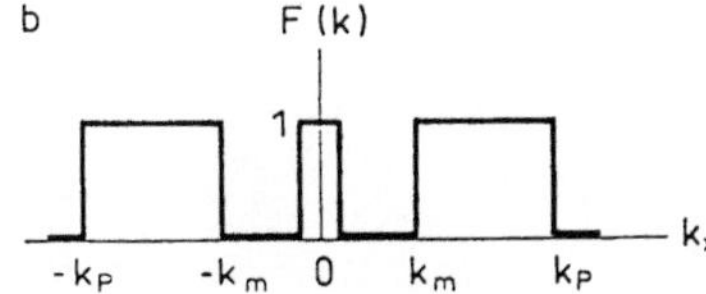

Abb. 5.10a,b. Bandpaßfilter. **(a)** Blende in der k-Ebene mit $t = 1$ im nicht schraffierten und $t = 0$ im schraffierten Gebiet. **(b)** Filterfunktion für kohärente Beleuchtung

Für räumlich partiell kohärente Beleuchtung werden die harten Übergänge bei k_m und k_P verwaschen. Abbildung 5.11c zeigt, wie sich eine Bandpaßfilterung auf das Bild auswirkt.

Beim Toeplerschen Schlierenverfahren (Abschn. 5.3) hatten wir am Beispiel des Phasenspalts gezeigt, daß ein Sprung in der Brechzahl im Bild durch eine helle Linie markiert wird (s. (5.15) und Abb. 5.4). Man kann sich durch eine analoge Rechnung leicht davon überzeugen, daß ein Amplitudenspalt ein ähnliches Bild liefert: Auch Sprünge in der Amplitudentransmission werden mit dem Schlierenverfahren durch helle Linien markiert. Die Frage liegt nahe, ob es eine Filterfunktion gibt, die eine zur räumlichen Ableitung der

Abb. 5.11. Kohärente Filterung einer Ansichtskarte (a) mit einem Tiefpaß (b) und mit einem Bandpaß (c) (mit freundlicher Genehmigung des Verlags und der Autoren entnommen aus E. Menzel, W. Mirandé und I. Weingärtner, Fourier–Optik und Holographie, Springer Wien 1973)

Transmissionsfunktion proportionale Bildhelligkeit erzeugt oder anders ausgedrückt, ob **optisches Differenzieren** möglich ist. Das gelingt in der Tat mit einem einfachen Raumfilter, allerdings nur für die räumliche Änderung der Transmission in einer *vorgegebenen Richtung*. Soll z. B. das Bild des Objekts $t(x, y)$ die Gestalt

$$t_B(x', y') = \frac{\partial t(x', y')}{\partial x'} \tag{5.47}$$

haben, so muß die Feldstärke in der Ebene des Fraunhoferschen Beugungsbilds proportional zur Fouriertransformierten von (5.47), d. h. zu $ik_x T(k_x, k_y)$ sein (s. (1.49)). Man benötigt also das Filter $F(k_x) = k_x$ (der Faktor i verschiebt die Phase in der *gesamten k*-Ebene und kann deshalb weggelassen werden). Dieses Filter stellt man aus einem Amplitudenfilter her, das die Feldstärke proportional zu $|k_x|$ schwächt und einem Phasenfilter, das in der linken Halbebene die Phase um π verschiebt, um das Vorzeichen von k_x darzustellen. Je kleiner der Betrag der Frequenz k_x ist, desto stärker wird sie von dem Filter unterdrückt. Insofern hat dieses Verfahren eine gewisse Ähnlichkeit mit der oben beschriebenen Bandpaßfilterung. Mit dem Toeplerschen Schlierenverfahren hat es gemeinsam, das es nur in einer Richtung arbeitet und eine kohärente Beleuchtung erfordert.

5.6.3 Ausfiltern von Bilddetails

Im Gegensatz zu den bisher behandelten Raumfiltern, die zwar z.T. speziell für Amplituden– oder Phasenobjekte konzipiert worden sind, aber unabhängig von der speziellen Gestalt des Objekts ihre Funktion erfüllen, wollen wir uns in diesem Abschnitt Filtern zuwenden, die auf ein ganz bestimmtes Objekt zugeschnitten sind. Wir verwenden zur Abbildung des Objekts wieder die in Abb. 4.1 skizzierte Anordnung und kohärente Beleuchtung.

Das Objekt, mit dem wir uns in diesem Abschnitt beschäftigen wollen, ist in Abb. 5.12a wiedergegeben. Wir nennen es „Fourierhaus", weil es ein übersichtliches Beugungsbild besitzt (s. Abb. 5.12b) und sich deshalb für die Diskussion der Wirkung *objektbezogener* Raumfilter besonders gut eignet. Die Grundstruktur des Beugungsbilds, nämlich die sich in gleichen Abständen horizontal und vertikal sowie auf den beiden Diagonalen wiederholenden hellen Gebiete, ist leicht zu deuten: Sie wird von den Gitterbeugungsbildern der verschiedenen Schraffuren gebildet, mit denen die einzelnen Flächen des Bilds „Fourierhaus" eindeutig gekennzeichnet sind. Man kann deshalb unschwer erraten, wie sich das Bild verändern wird, wenn man z. B. das diagonal von links unten nach rechts oben verlaufende Beugungsbild der Schraffur des Daches bis auf die nullte Ordnung durch ein Raumfilter ausblendet, wie das in Abb. 5.13a geschehen ist. In dem mit diesem Filter aufgenommenen Bild (Abb. 5.13b) fehlt die Schraffur des Daches. Das gleiche Experiment kann man natürlich mit allen anderen Flächen machen.

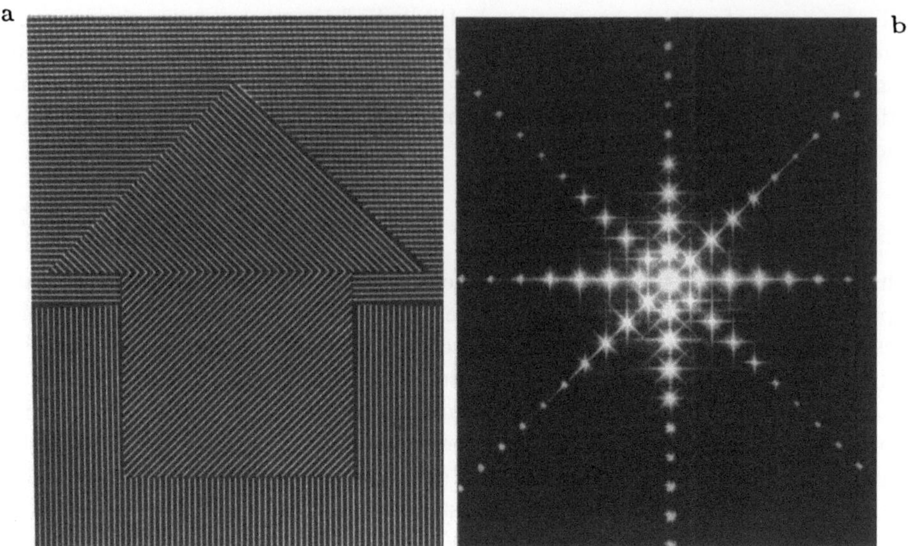

Abb. 5.12. (a) Das Fourierhaus und **(b)** sein Fraunhofersches Beugungsbild (entnommen aus E. Resch, Demonstrationsexperimente zur optischen Filterung, Staatsexamensarbeit, Institut für Angewandte Physik der Universität Karlsruhe, 1981)

Wir wollen nun das Beugungsbild (s. Abb. 5.12b) quantitativ beschreiben. Dazu zerlegen wir das Objekt in die vier, durch ihre Schraffur gekennzeichneten Flächen und nehmen zunächst eine davon, z. B. den Himmel, und beschreiben sie folgendermaßen:

$$t_H(x, y) = f_H(x, y)\,[\mathrm{rect}(y/y_0) \star \text{Ш}_d(y)] \quad . \tag{5.48}$$

Die Funktion $f_H(x, y)$ beschreibt die Gestalt des Himmels, sie hat in dem horizontal schraffierten Bereich den Wert 1, außerhalb davon ist sie null. Das Faltungsprodukt in (5.48) stellt die horizontale Schraffur dar: Die Rechteckfunktion beschreibt die Weite der durchlässigen Bereiche und der Dirac Kamm die Periodizität. Das Beugungsbild, also die Fouriertransformierte von (5.48), ist dann

$$T_H(k_x, k_y) = \frac{1}{2\pi} F_H(k_x, k_y) \star [y_0\,\mathrm{sinc}\,(y_0 k_y/2) \cdot g\,\text{Ш}_g(k_y)] \tag{5.49}$$

mit $g = 2\pi/d$. Die eckige Klammer stellt das Beugungsbild eines Rechteckgitters dar. Die Helligkeit seiner Beugungsordnungen wird mit wachsender Ordnung wie sinc^2 kleiner in Übereinstimmung mit dem experimentell aufgenommenen Beugungsbild (s. Abb. 5.12b).

Die übrigen drei Flächen kann man in der gleichen Weise nach dem Vorbild von (5.48) beschreiben. Bei den diagonal verlaufenden Schraffuren legt man die y-Achse zweckmäßigerweise zunächst parallel zur Schraffur und dreht dann das Koordinatensystem um 45°. Die Rücktransformation berechnet man nach dem Vorbild von Abschn. 2.7.5, Kreuzgitter. Das gesamte in Abb. 5.12b gezeigte Beugungsbild ist die Summe dieser vier Beugungsbilder, bzw. ihr Betragsquadrat.

Die Feinstruktur der einzelnen Beugungsordnungen wird durch die Funktionen $F_N(k_x, k_y)$ in (5.49) beschrieben. Sie ist nur in der näheren Umgebung jeder Beugungsordnung merklich von null verschieden, weil die Abmessungen der Flächen $f_N(x, y)$ groß gegen die Gitterkonstante d der Schraffur sind. Die Information über die Flächen $f_N(x, y)$ ist also in *jeder* Ordnung des zugehörigen Gitterbeugungsbilds enthalten. Um das zu zeigen, wurde in Abb. 5.13c nur die zweite Beugungsordnung der Dachschraffur durchgelassen. Abb. 5.13d zeigt das Ergebnis: Man sieht nur die Fläche „Dach". Die Berandung dieser Fläche ist recht unscharf. Das liegt daran, daß das Raumfilter in Abb. 5.13c die höheren Beugungsordnungen von $F_{\mathrm{Dach}}(k_x, k_y)$ abschneidet.

In der Nähe von $\boldsymbol{k} = 0$ überlagern sich die nullten Ordnungen der Beugungsbilder aller vier Flächen. Benutzt man nur diese Ordnung für den Bildaufbau, so fehlen alle Schraffuren, d. h. man erhält eine gleichmäßig beleuchtete Fläche, die fast keine Strukturen zeigt. Wenn man umgekehrt alle niedrigen Ordnungen ausblendet, wie es das in Abb. 5.13e verwendete Filter tut, dann ist das eine Hochpaßfilterung für die Funktionen $F_N(k_x, k_y)$, deren Rücktransformierte die einzelnen Flächen $f_N(x, y)$ des Bildes beschreiben. Von diesen Flächen werden dann mit Hilfe der höheren Beugungsordnungen praktisch nur noch die Ränder dargestellt. Diese höheren Ordnungen wiederholen sich aber, wie Abb. 5.13e zeigt, mit der Periode g, die im Bild in die Gitterkonstante d transformiert wird. Man sieht deshalb nach dieser Filterung im Bild die Umrisse des Fourierhauses, dargestellt durch die Schraffuren der angrenzenden Flächen (s. Abb. 5.13f).

Die Abb. 5.13g zeigt schließlich ein Raumfilter, das im Bild Strukturen erzeugt, die im Objekt gar nicht vorhanden sind. Hier werden die ungeraden Ordnungen aller Schraffuren unterdrückt, d. h. die Gitterkonstante g in der $\boldsymbol{k}$-Ebene wird verdoppelt. Für die Rücktransformierte erhält man eine Gitterkonstante $d' = 2\pi/(2g) = \pi/g$, die halb so groß ist wie die im Objekt. Alle übrigen im Beugungsbild enthaltenen Informationen werden dadurch nicht beeinflußt. Die Abb. 5.13h zeigt in der Tat das Fourierhaus unverändert bis auf die feinere Schraffur.

Das Fourierhaus ist ein einfaches Objekt mit einem übersichtlichen Beugungsbild. Die Frage, ob es auch bei komplizierteren Objekten gelingt, ein bestimmtes Detail „herauszufiltern", z. B. den Buchstaben b aus dem Text dieser Seite, kann man aufgrund der bisherigen Überlegungen noch nicht beantworten. Damit beschäftigt sich das letzte Kapitel.

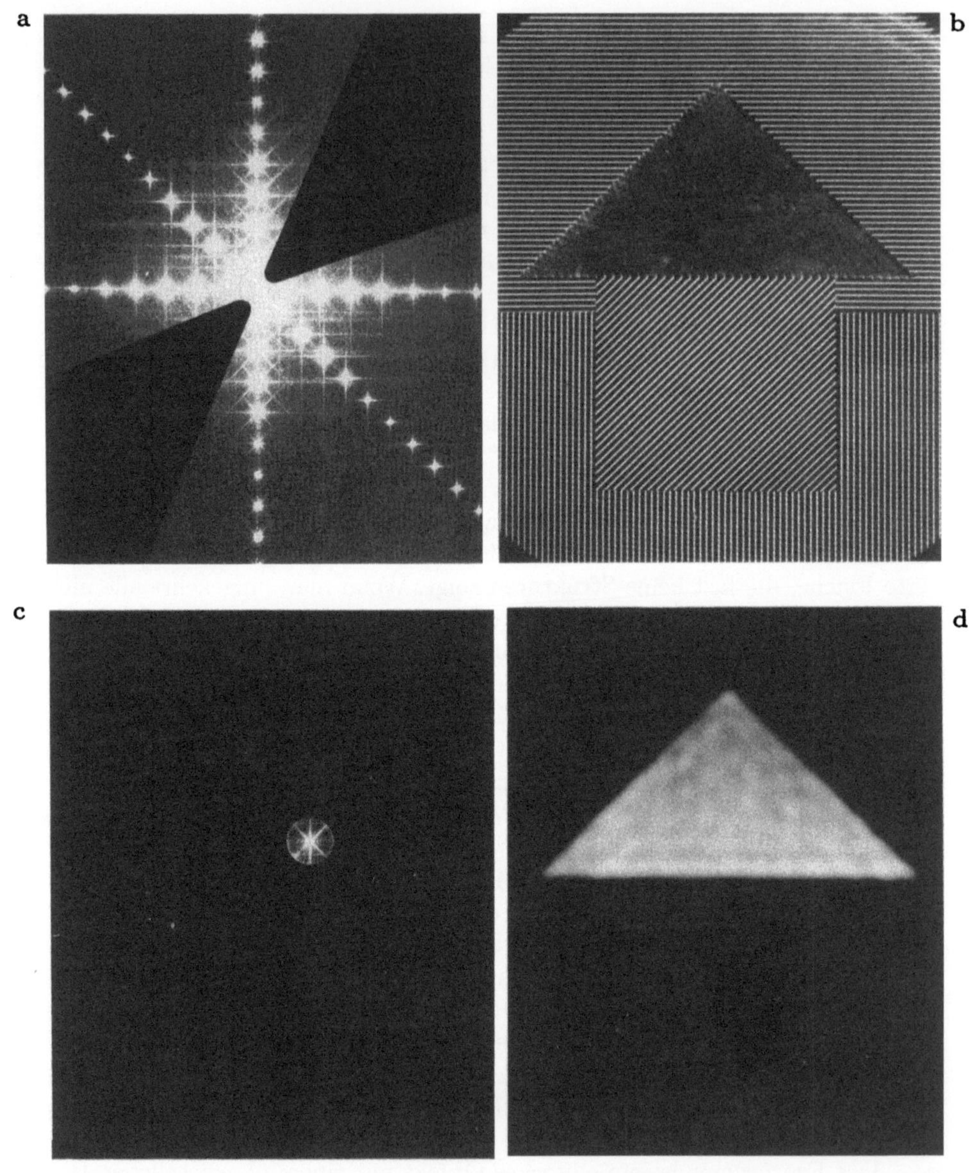

Abb. 5.13. In den Teilbildern **(a)**, **(c)**, **(e)** und **(g)** der linken Kolumnen wird das mit verschiedenen Raumfiltern veränderte Beugungsbild gezeigt, rechts daneben in den Teilbildern **(b)**, **(d)**, **(f)** und **(h)** ist jeweils das mit dem entsprechenden Filter erzeugte Bild wiedergegeben (die Teilbilder **(b)**, **(d)**, **(f)** und **(h)** sind

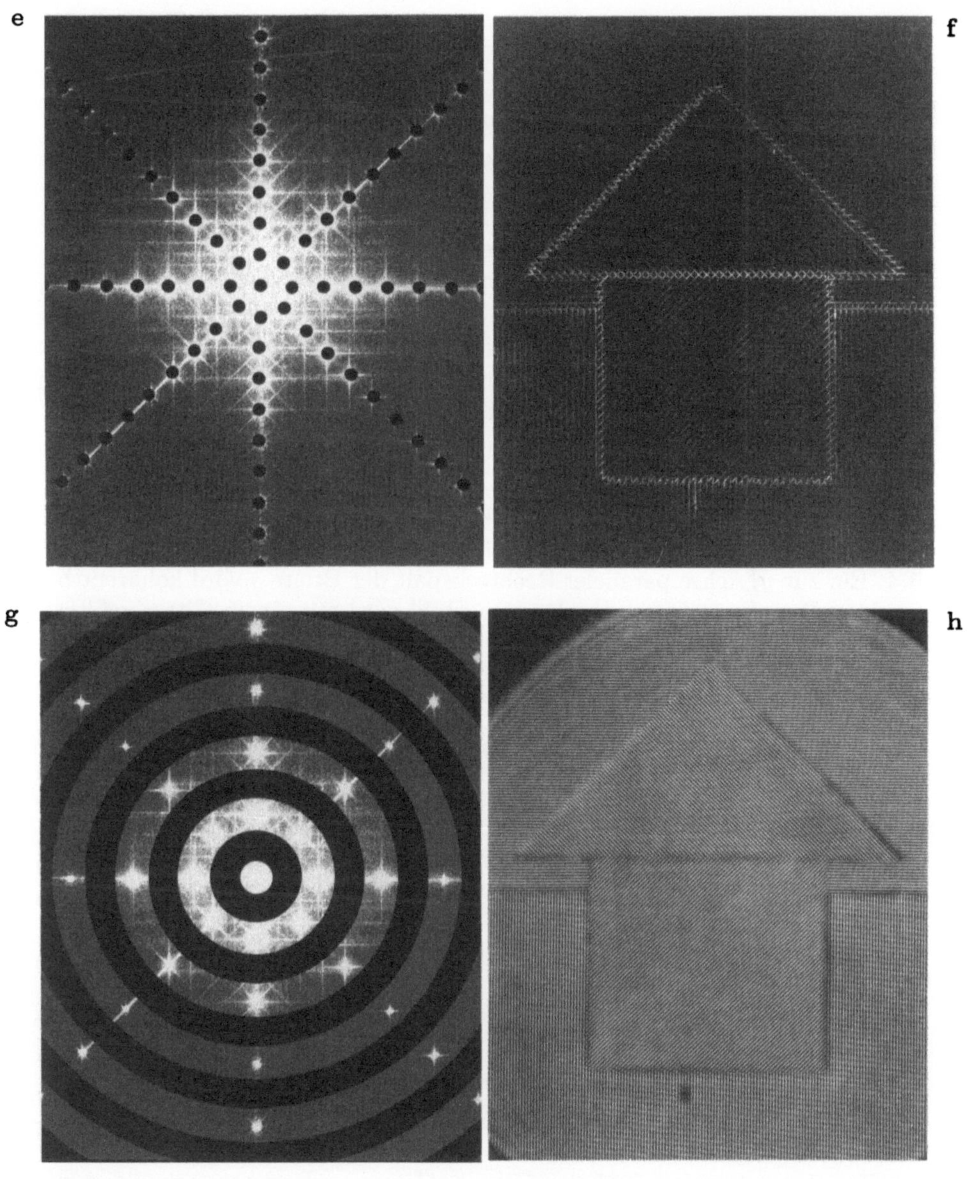

entnommen aus E. Resch, Demonstrationsexperimente zur optischen Filterung, Staatsexamensarbeit, Institut für Angewandte Physik der Universität Karlsruhe, 1981)

5.7 Übungsaufgaben

5.1. Mit dem Dunkelfeldverfahren sollen ein Amplitudengitter mit der Transmissionsfunktion $t_A(x) = 1/2 + A\cos gx$ und ein Phasengitter mit der Transmissionsfunktion $t_{Ph}(x) = 1 + i\phi\cos gx$ abgebildet werden ($A, \phi \ll 1$). Berechnen Sie den Verlauf der Feldstärke und der Energiestromdichte in den beiden Bildern und vergleichen Sie die Ergebnisse.

5.2. Die beiden in Aufgabe 5.1 beschriebenen Gitter sollen jetzt mit dem Toeplerschen Schlierenverfahren abgebildet werden. Berechnen Sie Feldstärke und Energiestromdichte in den beiden Bildern und machen Sie sich klar, warum diese beiden Bilder sowohl untereinander als auch von den mit dem Dunkelfeldverfahren gewonnenen Bildern verschieden sind.

5.3. Die beiden in Aufgabe 5.1 beschriebenen Gitter werden mit einem Phasenkontrastmikroskop betrachtet. Berechnen Sie Feldstärke und Energiestromdichte in beiden Bildern und vergleichen Sie sie untereinander und mit den in den Aufgaben 5.1 und 5.2 berechneten Bildern.

5.4. Ein zur y–Achse paralleler Rechteckspalt der Breite s wird kohärent beleuchtet. Sein Fraunhofersches Beugungsbild wird mit einem Gitter gefiltert, das die Filterfunktion $F(k_x) = g\,\text{III}_g(k_x)$ hat.
a) Berechnen Sie das Bild des Rechteckspalts.
b) Skizzieren Sie das Bild für $g < 2\pi/s, g = 2\pi/s$ und $g > 2\pi/s$.

5.5. Gegenstand sei ein sehr dünner leuchtender Draht, der mit der y–Achse der Objektebene zusammenfällt. In der Ebene des Fraunhoferschen Beugungsbilds wird ein Doppelspalt, dessen Spalte parallel zu dem Draht sind, mit der Filterfunktion $F(k_x) = s_1\delta(k_x + g) + s_2\delta(k_x - g)$ angebracht, wobei s_1 und s_2 komplexe Zahlen sind. Außerdem wird vor der k–Ebene ein Interferenzfilter angebracht, um eine gute zeitliche Kohärenz des Lichts zu erreichen.
a) Berechnen Sie die Feldstärkeverteilung in der Bildebene. Warum hat das Bild keine Ähnlichkeit mehr mit dem Gegenstand?
b) Diskutieren Sie das Ergebnis von a) für die beiden Spezialfälle gleicher Beträge und gleicher Phasen von s_1 und s_2.

5.6. Das Fraunhofersche Beugungsbild eines idealen Gitters mit der Gitterkonstante d wird so gefiltert, daß alle ungeraden Ordnungen um φ phasenverschoben werden.
a) Berechnen Sie das Bild des Gitters (*Hinweis*: Es ist zweckmäßig, das Beugungsbild des Gitters in zwei Untergitter zu zerlegen).
b) Wie sieht das Bild in den beiden Spezialfällen $\varphi = \pi/2$ und $\varphi = \pi$ aus?

5.7. In der Ebene des Fraunhoferschen Beugungsbilds wird ein Filter mit $F(k_x) = k_x/k_0$ angebracht. Berechnen Sie die Feldstärke in der Bildebene für folgende Objekte durch Rücktransformation der gefilterten Beugungsbilder:
a) Rechteckspalt mit $t_s(x) = \text{rect}(x/x_0)$
b) Amplitudencosinusgitter mit $t_A(x) = 1/2 + A\cos gx$, $A < 1/2$
c) Phasencosinusgitter mit $t_{Ph}(x) = 1 + i\phi\cos gx$, wobei $\phi \ll 1$ gelten soll.

6. Mustererkennung durch Korrelation

Dieses Kapitel ist der Frage gewidmet, wie man bestimmte Muster oder Zeichen mit dem Hilfsmittel der Korrelation von davon verschiedenen Objekten unterscheiden und damit identifizieren kann. Eine Identifizierung mit dieser Methode gelingt nur, wenn die gesuchten Zeichen eine vorgegebene Größe haben, mit vorgegebener azimutaler Orientierung vorliegen und sich von konkurrierenden Zeichen hinreichend stark unterscheiden. Diese Einschränkungen haben die Suche nach anderen Methoden zur Zeichenerkennung stimuliert, z. B. mit Effekten der nichtlinearen Optik oder mit der digitalen Bildaufnahme und anschließender numerischer Aufarbeitung der Daten. Auf diese Verfahren wird hier nicht eingegangen.

Nach einer Einführung in das Problem anhand einfacher optischer Korrelatoren wird die Mustererkennung mit *Korrelationsfiltern* behandelt. Solche Filter können auf holographischem Wege, und zwar als *Fourierhologramme* hergestellt werden. Deshalb wird im dritten Abschnitt die Fourierholographie vorgestellt und die Herstellung und Wiedergabe von Fourierhologrammen erläutert. Der vierte Abschnitt beschreibt die Verwendung dieser Hologramme als Korrelationsfilter und der letzte computererzeugte Korrelationsfilter *(synthetische Hologramme)*.

6.1 Einfache optische Korrelatoren

Um ein konkretes Problem vor Augen zu haben, stellen wir uns die Aufgabe, eine Apparatur zu entwickeln, die Texte, die mit bekannten Typen vorgegebener Größe gedruckt sind, „lesen" kann. „Lesen" bedeutet dabei nur, daß die Apparatur in der Lage sein muß anzugeben, in welcher Reihenfolge die Buchstaben im Text angeordnet sind.

6.1.1 Korrelation mit Masken

Um die Aufgabe zunächst in vereinfachter Form zu stellen, nehmen wir an, daß die einzelnen Buchstaben des Textes sich in vorgegebenen, gleich großen Kästchen befinden, wie es heute auf vielen Formularen gefordert wird, und reduzieren die Aufgabe auf die Erkennung eines Buchstabens, der in *einem* Kästchen steht. Die sukzessive Anwendung des Verfahrens auf *alle* Kästchen löst dann die ursprüngliche Aufgabe. Ohne Kenntnis der Fourieroptik könnte man sich eine Lösung des Problems folgendermaßen vorstellen: Der Text wird

photographiert und das Negativ mit einem Objektiv vergrößert abgebildet,
so daß der zu erfragende Buchstabe in der Bildebene als helle Struktur auf
dunklem Untergrund erscheint. Da die verwendeten Buchstaben als bekannt
vorausgesetzt werden, kann man sich für jeden Buchstaben eine Maske anfer-
tigen, die das Licht des zugehörigen Buchstabenbildes vollständig durchläßt,
aber an allen anderen Stellen völlig undurchlässig ist, wie es in Abb. 6.1a
gezeichnet ist. Da außerdem die räumliche Lage des Buchstabens durch die
„Formularkästchen" vorgegeben ist, kann man die Maske so über das Bild
des Buchstabens schieben (s. Abb. 6.1b), daß bei einer bestimmten Stellung
das gesamte Licht durch die Maske geht. Eine Photodiode hinter der Maske

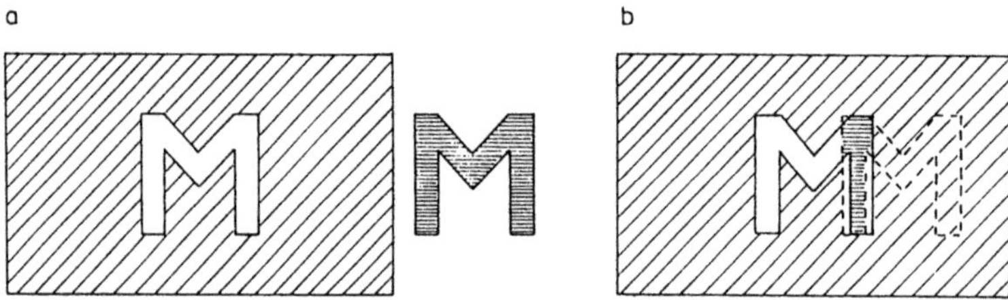

Abb. 6.1. (a) Links ist eine Maske des Buchstabens M dargestellt und rechts das
Bild von M (die horizontal schraffierte Fläche ist hell, die Umgebung dunkel).**(b)**
Die Maske wird über das Bild geschoben. Eine hinter der Maske stehende Photodiode mißt einen Photostrom, der proportional zu der horizontal schraffierten Fläche
ist

mißt dann denselben Wert des Photostroms wie ohne die Maske im Strahlengang. Damit ist der Buchstabe als M erkannt, denn alle anderen Buchstaben
liefern mit der Maske M einen kleineren Wert des Photostroms, weil immer
ein Teil des Lichts von der Maske abgeschattet wird. Für die Praxis ist dieses Verfahren, das wir **Maskenkorrelation** nennen wollen, allerdings etwas
aufwendig, weil die Verschiebung der Maske eine hohe mechanische Präzision
und die Registrierung des Photostroms ziemlich viel Zeit erfordert.

Wir berechnen noch den Energiestrom des Lichts als Funktion der Verschiebung der Maske, und zwar für den allgemeineren Fall, daß eine Maske
mit der reellen, nichtnegativen Transmission $t_{jm}(\varrho)$ über ein Bild mit der
Energiestromdichte $j_n(\varrho) = j_0 t_{jn}(\varrho)$ geschoben wird, weil wir das Ergebnis
später benötigen. Bei einer Verschiebung der Maske gegenüber dem Bild um
den Vektor r ist die Energiestromdichte unmittelbar hinter der Maske

$$j(\varrho) = j_0\, t_{jn}(\varrho)t_{jm}(\varrho - r) \tag{6.1}$$

und der gesamte Energiestrom

$$I(\boldsymbol{r}) = j_0 \int\limits_{-\infty}^{\infty} t_{jm}(\boldsymbol{\varrho} - \boldsymbol{r})t_{jn}(\boldsymbol{\varrho})\mathrm{d}^2\varrho \quad . \tag{6.2}$$

Das Integral in (6.2) heißt **Korrelationsprodukt**. Für *komplexwertige* Funktionen $t_m(\boldsymbol{r})$ und $t_n(\boldsymbol{r})$ definiert man es folgendermaßen:

$$\int\limits_{-\infty}^{\infty} t_m^*(\boldsymbol{\varrho} - \boldsymbol{r})t_n(\boldsymbol{\varrho})\mathrm{d}^2\varrho \;=\; \int\limits_{-\infty}^{\infty} t_m^*(\boldsymbol{\varrho})t_n(\boldsymbol{\varrho} + \boldsymbol{r})\mathrm{d}^2\varrho$$

$$\overset{\mathrm{def}}{=} \; t_m(\boldsymbol{r}) \otimes t_n(\boldsymbol{r}) \overset{\mathrm{def}}{=} c_{mn}(\boldsymbol{r}) \tag{6.3}$$

und nennt $c_{mn}(\boldsymbol{r})$ die **Korrelationsfunktion** von $t_m(\boldsymbol{r})$ und $t_n(\boldsymbol{r})$. Zur Unterscheidung von der Autokorrelationsfunktion $c_{mm}(\boldsymbol{r})$ nennt man (6.3) manchmal auch Kreuzkorrelationsfunktion. Das Korrelationsprodukt hat große Ähnlichkeit mit dem Faltungsprodukt (1.4), ist aber *nicht* kommutativ und *nicht* assoziativ (s. Anhang A.1, (A.20a) bis (A.23)). Wenn man die Maske in (6.2) um 180° dreht, d. h. $t_m(\boldsymbol{r})$ durch $t_m(-\boldsymbol{r})$ ersetzt, geht (6.2) in das Faltungsprodukt $t_m(\boldsymbol{r}) \star t_n(\boldsymbol{r})$ über (das gilt aber nicht für komplexwertige Funktionen!).

Kehren wir zu dem Problem der Zeichenerkennung zurück. Bei dem in Abb. 6.1b dargestellten Fall mißt man die Autokorrelationsfunktion

$$I(\boldsymbol{r}) = j_0 \int\limits_{-\infty}^{\infty} t_{jm}(\boldsymbol{\varrho} - \boldsymbol{r})t_{jm}(\boldsymbol{\varrho})\mathrm{d}^2\varrho = j_0 c_{mm}(\boldsymbol{r}) \quad . \tag{6.4}$$

Stellt das Bild dagegen einen anderen Buchstaben, z. B. ein N dar, so mißt man die Kreuzkorrelationsfunktion (6.2). Wir hatten oben anschaulich argumentiert, daß in diesem einfachen Fall die Kreuzkorrelationsfunktion an der Stelle $\boldsymbol{r} = 0$ stets kleiner als die Autokorrelationsfunktion für $\boldsymbol{r} = 0$ ist. Wir wollen das jetzt genauer und allgemeiner formulieren. Für zwei integrierbare, komplexwertige Funktionen $t_m(\boldsymbol{r})$ und $t_n(\boldsymbol{r})$ gilt die bekannte Schwarzsche Ungleichung (Hermann Amandus Schwarz, 1843–1921)

$$\left| \int\limits_{-\infty}^{\infty} t_m^*(\boldsymbol{\varrho})t_n(\boldsymbol{\varrho})\mathrm{d}^2\varrho \right|^2 \leq \int\limits_{-\infty}^{\infty} t_m(\boldsymbol{\varrho})t_m^*(\boldsymbol{\varrho})\mathrm{d}^2\varrho \int\limits_{-\infty}^{\infty} t_n(\boldsymbol{\varrho})t_n^*(\boldsymbol{\varrho})\mathrm{d}^2\varrho \quad . \tag{6.5}$$

Das Gleichheitszeichen in (6.5) gilt genau dann, wenn $t_m(\boldsymbol{r}) = \lambda t_n(\boldsymbol{r})$ mit reellem λ ist. Das bedeutet aber, daß die Objekte m und n dasselbe Zeichen oder Muster darstellen. Mit den in (6.3) definierten Korrelationsfunktionen folgt aus (6.5)

$$\frac{|c_{mn}(0)|^2}{c_{mm}^2(0)} \leq \frac{c_{nn}(0)}{c_{mm}(0)} \quad . \tag{6.6}$$

Um einen unbekannten Buchstaben zu identifizieren, muß man zunächst für alle möglichen Masken m die $c_{mm}(0)$ messen. Dann schiebt man die Masken über den unbekannten Buchstaben, mißt die $c_{mn}(0)$ für $m = 1, 2, \ldots$ und berechnet die linke Seite von (6.6). Wenn man für eine Maske den Wert 1 erhält, schließt man aus der rechten Seite von (6.6), daß $n = m$ ist, d. h. daß es sich bei dem unbekannten Buchstaben um ein N handelt. In der Praxis ist die Identifizierung von Buchstaben, die sich nur wenig voneinander unterscheiden, wie z. B. O und Q, schwierig; sie erfordert eine hohe Meßgenauigkeit.

6.1.2 Der Schattenwurfkorrelator

Eine auf den ersten Blick elegante Lösung der Aufgabe, die Korrelationsfunktion zweier nichtnegativer, reeller Transmissionsfunktionen experimentell zu bestimmen, ist der in Abb. 6.2 skizzierte Korrelator. Die Linse L_1 transformiert das von der punktförmigen, an der Stelle $\boldsymbol{r}$ liegenden Quelle Q ausgehende Licht in ein Parallelbündel, das mit der optischen Achse den Winkel α bildet. Dadurch verschiebt sich der durch das Objektfeld definierte Bündel-

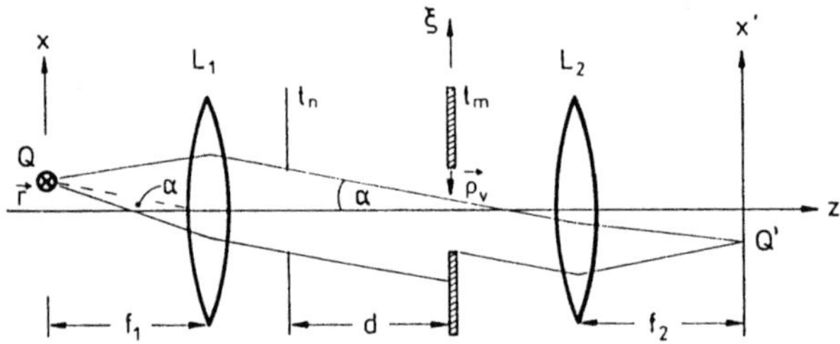

Abb. 6.2. Schattenwurfkorrelator. Verschieben der punktförmigen Lichtquelle Q in positiver x–Richtung ist einem Verschieben der Maske t_m gegen das Objekt t_n in positiver ξ–Richtung äquivalent. Die Helligkeit des Quellenbilds Q' ist proportional zur Korrelationsfunktion von t_m und t_n für die Verschiebung ξ_0. Mit einer flächenhaften Lichtquelle in der xy-Ebene sieht man in der Bildebene die gesamte Korrelationsfunktion

querschnitt umsomehr nach unten, je weiter das Parallelbündel nach rechts läuft, und erreicht in der Ebene der Maske die Verschiebung $\varrho_v = -(d/f_1)\boldsymbol{r}$. Diese Verschiebung ist einer Verschiebung ϱ_v der *Maske* gegen das Objekt äquivalent. Die Energiestromdichte in der Ebene der Maske ist deshalb nach (6.1)

$$j(\boldsymbol{\varrho}) = j_0\, t_{jn}(\boldsymbol{\varrho})t_{jm}(\boldsymbol{\varrho} - \boldsymbol{\varrho}_v) \quad . \tag{6.7}$$

Die Linse L_2 fokussiert das Parallelbündel im Bild Q' der Quelle Q in der $x'y'$–Ebene, das an der Stelle $\boldsymbol{r}' = (f_2/d)\boldsymbol{\varrho}_v$ liegt. Die Helligkeit des Bildpunkts Q' ist proportional zum Energiestrom des Parallelbündels nach der Maske. Um den Energiestrom $I(\boldsymbol{r}')$ durch Q' zu erhalten, muß man deshalb (6.7)

über die ϱ–Ebene integrieren und die Verschiebung ϱ_v durch r' ausdrücken:
$\varrho_v = (d/f_2)r'$. Man erhält

$$I(r') = j_0 \int\limits_{-\infty}^{\infty} t_{jm}(\varrho - d \cdot r'/f_2)t_{jn}(\varrho)\mathrm{d}^2\varrho = j_0\,c_{mn}(d \cdot r'/f_2) \quad , \qquad (6.8)$$

d. h. die Korrelationsfunktion von Objekt und Maske für das Argument
$d \cdot r'/f_2$. Wenn man statt der punktförmigen eine flächenhafte, an jeder
Stelle gleich helle Lichtquelle in die xy–Ebene setzt, erzeugt jeder Punkt
r' der Lichtquelle den Wert der Korrelationsfunktion für $r' = -(f_2/f_1)r$.
Man sieht also in der Bildebene die gesamte Korrelationsfunktion, ohne daß
man irgendwelche mechanischen Verschiebungen durchführen muß, wie das
bei dem zuerst behandelten Korrelator der Fall war.

Bei genauerem Hinsehen entdeckt man aber einen schwerwiegenden Nachteil des in Abb. 6.2 skizzierten Korrelators. Um eine hinreichend große Verschiebung ϱ_v zu erreichen, muß der Abstand d zwischen zwischen Objekt und
Maske entsprechend groß sein. Dann ist aber die Beugung des Lichts am Objekt nicht mehr vernachlässigbar, oder anders ausgedrückt: Die Herleitung
von (6.7) und (6.8) beruht auf der Näherung der geometrischen Optik. Deshalb heißt dieser Korrelator auch treffend **Schattenwurfkorrelator**. Wenn
man die Beugung berücksichtigen und den mechanischen Aufwand des Mas-
kenkorrelators vermeiden will, muß man versuchen, die Korrelation mit Hilfe
der räumlichen Filterung durchzuführen. Das ist Thema der folgenden Ab-
schnitte.

6.2 Korrelation mit Raumfiltern

Wir wollen die Aufgabe der Zeichenerkennung aus Abschn. 6.1 verallgemeinern: aus N Mustern mit den *komplexen* Transmissionsfunktionen $t_n(r)$,
$n = 1, 2, \ldots, N$, soll das mit $n = n_0$ herausgefunden, d. h. von den anderen
unterschieden werden. Wir benutzen wie in Kap. 5 die in Abb. 4.1 skizzierte
Anordnung und verwenden eine kohärente Beleuchtung. Das zu identifizie-
rende Muster befinde sich in der xy–Ebene, sein Beugungsbild $T_{n_0}(k)$ erscheint dann in der $\xi\eta$—Ebene. Gesucht sind *objektbezogene* Raumfilter $F_n(k)$
(vgl. Absch. 5.6.3) mit der Eigenschaft, für $n = n_0$ in der Bildebene eine cha-
rakteristische Lichtverteilung hervorzurufen, die leicht von denen für $n \neq n_0$
zu unterscheiden ist. Ein solches Filter kann man leicht angeben. Es hat die
Transmissionsfunktion

$$F_n(k) = \frac{A_G}{T_n(k)} \qquad (6.9)$$

und heißt **inverses Filter**. Im Zähler steht die Größe des Gesichtsfelds
A_G in der Objektebene, außerhalb dessen die $t_n(r)$ verschwinden. Auf diese
Weise erhält die Filterfunktion $F_n(k)$ die physikalische Dimension 1. Wegen

$T_{n_0}(\boldsymbol{k})F_{n_0}(\boldsymbol{k}) = A_G$ erzeugt das zu dem Objekt n_0 gehörende inverse Filter in der $\xi\eta$–Ebene eine ebene Welle, die von der Linse L_2 in Abb. 4.1 in ihrem hinteren Brennpunkt fokussiert wird. Man erkennt die Zugehörigkeit des Objekts zu dem verwendeten Filter also daran, daß in der Bildebene ein sehr heller Punkt erscheint. Wenn Objekt und Filter nicht zusammengehören, verteilt sich dagegen das Licht in der Bildebene über ein mehr oder weniger großes Gebiet.

Leider kann man ein inverses Filter prinzipiell nur in grober Näherung herstellen. Das hat folgenden Grund: Da $t(\boldsymbol{r})$ außerhalb des Gesichtsfelds A_G verschwindet, gilt

$$|T(\boldsymbol{k})| = \left| \int_{A_G} t(\boldsymbol{r})\mathrm{e}^{-\mathrm{i}\boldsymbol{k}\boldsymbol{r}}\mathrm{d}^2 r \right| \leq \int_{A_G} \left| t(\boldsymbol{r})\mathrm{e}^{-\mathrm{i}\boldsymbol{k}\boldsymbol{r}} \right| \mathrm{d}^2 r \leq \int_{A_G} \mathrm{d}^2 r = A_G \quad . \quad (6.10)$$

Daraus folgt

$$|F(\boldsymbol{k})| = \frac{A_G}{|T(\boldsymbol{k})|} \geq 1 \quad , \tag{6.11}$$

d. h. ein inverses Filter *vergrößert* die Feldstärke des Lichts, es muß also einen Lichtverstärker enthalten. Man nennt es deshalb auch **aktives Filter** im Gegensatz zu den bisher ausschließlich verwendeten **passiven Filtern**, für die $|F(\boldsymbol{k})| \leq 1$ gilt. Da es auf den Absolutwert der Feldstärke nicht ankommt, kann man (6.9) mit einem Faktor $a < 1$ multiplizieren, um ein passives Filter zu erhalten. Die bei den meist vorhandenen Nulldurchgängen von $T_n(\boldsymbol{k})$ im Filter auftretenden Divergenzen kann man damit aber nicht beseitigen; man muß sie abschneiden und erhält deshalb prinzipiell nur in grober Näherung ein inverses Filter. Man bevorzugt im Hinblick auf die Herstellbarkeit des Filters eine andere, ähnlich radikale Umwandlung des aktiven inversen Filters in ein passives. Dazu schreiben wir (6.9) etwas um:

$$F_n(\boldsymbol{k}) = \frac{A_G T_n^*(\boldsymbol{k})}{T_n(\boldsymbol{k})T_n^*(\boldsymbol{k})} = \frac{A_G}{|T_n(\boldsymbol{k})|^2}T_n^*(\boldsymbol{k}) \quad . \tag{6.12}$$

Phasenänderungen, die das inverse Filter (6.12) bewirkt, stecken allein in dem Faktor $T_n^*(\boldsymbol{k})$, während der Vorfaktor $A_G/|T_n(\boldsymbol{k})|^2$ nur den Betrag von $F_n(\boldsymbol{k})$ beeinflußt, allerdings in unangenehmer Weise, weil $|F_n(\boldsymbol{k})|$ wegen (6.11) beliebig groß werden kann, wenn $|T_n(\boldsymbol{k})|$ gegen null geht. Die radikale Lösung besteht darin, den Vorfaktor durch $1/A_G$ zu ersetzen und zu untersuchen, ob dieses Filter, nämlich

$$F_n(\boldsymbol{k}) = \frac{T_n^*(\boldsymbol{k})}{A_G} \quad , \tag{6.13}$$

für das wegen (6.11) $|F_n(\boldsymbol{k})| \leq 1$ gilt, für die Mustererkennung brauchbar ist. Dieses Filter heißt **Korrelationsfilter** (der Name wird einsichtig, wenn wir das Bild berechnet haben) oder **angepaßtes Filter** *(matched filter)*. In der

Form (6.13) läßt sich dieses Filter zwar nicht ohne weiteres herstellen, wohl aber in etwas abgewandelter Form als Fourierhologramm (s. Abschn. 6.3). Wir wollen trotzdem ausrechnen, welches Bild sich mit dem Korrelationsfilter (6.13) ergäbe. Das Beugungsbild $T_n(\boldsymbol{k})$ eines Objekts $t_n(\boldsymbol{r})$ soll mit dem einem anderen Objekt $t_m(\boldsymbol{r})$ angepaßten Filter (6.13), d. h. mit $F_m(\boldsymbol{k}) = T_m^*(\boldsymbol{k})/A_G$ gefiltert werden. In der Ebene des Fraunhoferschen Beugungsbilds erhält man

$$T_n(\boldsymbol{k})F_m(\boldsymbol{k}) = \frac{1}{A_G}T_m^*(\boldsymbol{k})T_n(\boldsymbol{k}) \quad . \tag{6.14}$$

Um das mit diesem Filter erzeugte Bild zu erhalten, muß man (6.14) in den Ortsraum zurücktransformieren:

$$
\begin{aligned}
t_B(\boldsymbol{r}') &= \frac{1}{A_G}\int_{-\infty}^{\infty} T_m^*(\boldsymbol{k})T_n(\boldsymbol{k})\mathrm{e}^{\mathrm{i}kr'}\frac{\mathrm{d}^2 k}{(2\pi)^2} \\
&= \frac{1}{A_G}\int_{-\infty}^{\infty} T_m^*(\boldsymbol{k})\int_{-\infty}^{\infty} t_n(\boldsymbol{r})\mathrm{e}^{-\mathrm{i}kr}\mathrm{d}^2 r\, \mathrm{e}^{\mathrm{i}kr'}\frac{\mathrm{d}^2 k}{(2\pi)^2} \\
&= \frac{1}{A_G}\int_{-\infty}^{\infty} t_n(\boldsymbol{r})\int_{-\infty}^{\infty} T_m^*(\boldsymbol{k})\mathrm{e}^{-\mathrm{i}k(r-r')}\frac{\mathrm{d}^2 k}{(2\pi)^2}\mathrm{d}^2 r \\
&= \frac{1}{A_G}\int_{-\infty}^{\infty} t_n(\boldsymbol{r})t_m^*(\boldsymbol{r}-\boldsymbol{r}')\mathrm{d}^2 r = \frac{1}{A_G}t_m(\boldsymbol{r}')\otimes t_n(\boldsymbol{r}') \quad . \tag{6.15}
\end{aligned}
$$

Wie bei den in Abschn. 6.1 diskutierten Korrelationsverfahren zeigt auch hier das Bild die Korrelationsfunktion von Objekt und Filter. Deshalb heißt (6.13) Korrelationsfilter. Hier ist allerdings die Feldstärke und nicht die Energiestromdichte dem Korrelationsprodukt proportional. Das Betragsquadrat von (6.15) kann man unter Benutzung von (6.6) in derselben Weise, wie es dort beschrieben wurde, dazu benutzen, ein Muster zu identifizieren.

Die Korrelationsfilterung hat neben den schon erwähnten Vorteilen, nämlich daß sie auf Objekte mit komplexer Transmissionsfunktion anwendbar ist und keiner mechanischen Verschiebeeinrichtung bedarf, noch einen weiteren Vorteil: Das Objekt kann sich an einer beliebigen Stelle in der Objektebene befinden. Das sieht man folgendermaßen ein: Eine Verschiebung des Objekts um den Vektor $\boldsymbol{r}_0$, also

$$t_{n,r_0}(\boldsymbol{r}) = t_n(\boldsymbol{r}-\boldsymbol{r}_0) = t_n(\boldsymbol{r}) \star \delta(\boldsymbol{r}-\boldsymbol{r}_0) \quad , \tag{6.16}$$

hat einen Phasenfaktor im Beugungsbild zur Folge:

$$T_{n,r_0}(\boldsymbol{k}) = T_n(\boldsymbol{k})\mathrm{e}^{-\mathrm{i}kr_0} \quad . \tag{6.17}$$

Mit dem Korrelationsfilter (6.13) und (6.17) erhält man

$$T_{n,r_0}(\boldsymbol{k})F_m(\boldsymbol{k}) = \frac{1}{A_G}\left[T_m^*(\boldsymbol{k})T_n(\boldsymbol{k})\right]e^{-i\boldsymbol{k}r_0} \quad . \tag{6.18}$$

Daraus ergibt sich mit (6.15) das Bild

$$t_B(\boldsymbol{r}') = \frac{1}{A_G}\left[t_m(\boldsymbol{r}') \otimes t_n(\boldsymbol{r}')\right] \star \delta(\boldsymbol{r}' - \boldsymbol{r}_0) \quad , \tag{6.19}$$

d. h. das Korrelationsprodukt ändert sich nicht, es wird nur um den Vektor $\boldsymbol{r}_0$ verschoben. Wir weisen aber noch einmal darauf hin, daß das Objekt in der Bildebene nicht gedreht werden darf und daß seine Größe dem Filter angepaßt sein muß.

6.3 Fourierholographie

Wenn man einen Gegenstand beleuchtet, wird je nach Beschaffenheit seiner Oberfläche Licht an ihm reflektiert oder gestreut (das absorbierte Licht interessiert hier nicht). Es bildet sich ein kompliziertes Wellenfeld aus, das man dazu benutzen kann, ein Bild des Gegenstands herzustellen, z. B. mit einem Photoapparat. Die photographische Emulsion des Films speichert die räumliche Verteilung der Energiestromdichte in der Bildebene als Schwärzung; die Phase geht verloren. Die auf dem Film gespeicherte Information reicht deshalb nicht aus, das ursprüngliche Wellenfeld zu rekonstruieren. Gabor (Dennis Gabor, 1900–1979) hat 1948 ein Verfahren angegeben, das *auch* die Speicherung der *Phase* auf einem Film gestattet und es **Holographie** genannt, weil es die *gesamte* zur Rekonstruktion des ursprünglichen Wellenfeldes notwendige Information „aufschreibt". Dazu muß die Phasenstruktur des vom Objekt erzeugten Wellenfelds in eine Amplitudenstruktur transformiert werden. Gabor überlagerte zu diesem Zweck der **Objektwelle** eine Vergleichs– oder **Referenzwelle** und transformierte auf diese Weise die Phasenstruktur der Objektwelle in eine Amplitudenstruktur des *Interferenzbildes* der beiden Wellen. Das erfordert eine *kohärente* Beleuchtung des Objekts und eine feste Phasenbeziehung zwischen Beleuchtungs– und Referenzwelle. Die Energiestromdichte wird in einer im Prinzip beliebigen Ebene des Interferenzfelds von Objekt– und Referenzwelle photographisch aufgezeichnet.

Eine von vielen möglichen experimentellen Anordnungen ist in Abb. 6.3a skizziert. An dieser Anordnung, und nicht an der von Gabor vorgeschlagenen, wollen wir das Prinzip der Holographie erläutern, weil sie eine *ungestörte* Rekonstruktion der Objektwelle erlaubt.

Die notwendige feste Phasenbeziehung zwischen Beleuchtungs– und Referenzwelle erhält man am einfachsten dadurch, daß man mit *derselben* Welle, z. B. mit einem aufgeweiteten Laserstrahl, das Objekt beleuchtet *und* die Referenzwelle erzeugt, wie das in Abb. 6.3a gezeigt wird. Der Einfachheit halber haben wir als Beleuchtungs– und Referenzwelle eine *ebene*, monochromatische Welle gewählt. Man kann dafür aber auch eine Kugelwelle verwenden. In der

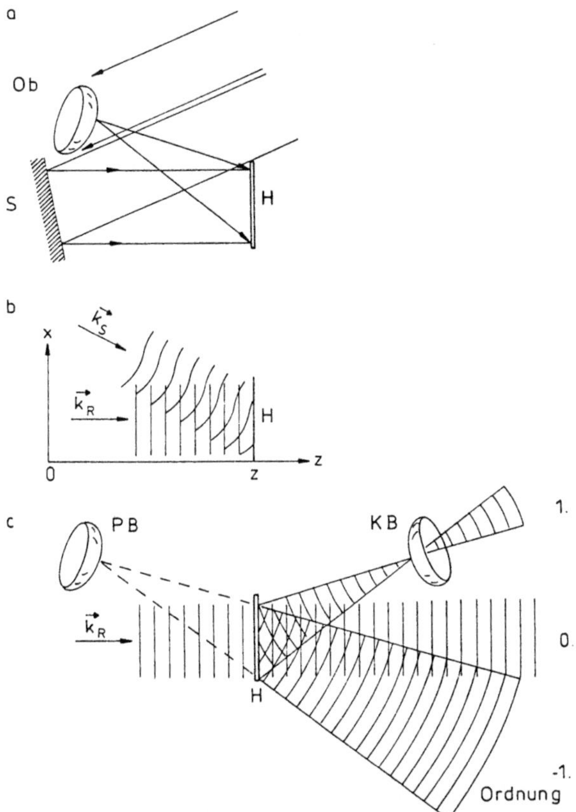

Abb. 6.5. (a) Ein Objekt *Ob* wird mit einem aufgeweiteten Laserstrahl von rechts oben beleuchtet. Ein Teil des Lichts wird von dem Spiegel S reflektiert und dient als Referenzwelle. (b) Interferenz der mit k_S bezeichneten Objektwelle mit der ebenen, durch k_R charakterisierten Referenzwelle. Das Interferenzfeld wird in der Hologrammebene H photographisch aufgezeichnet. (c) Rekonstruktion der Objektwelle mit einer von links auf das Hologramm H fallenden, ebenen Rekonstruktionswelle k_R. Ein von rechts unten auf das Hologramm blickender Beobachter sieht das virtuelle, primäre Bild PB (es ist nur die zu einem einzigen Objektpunkt gehörende Kugelwelle eingezeichnet). Von rechts oben blickend sieht man das reelle konjugierte Bild KB

Abb. 6.3b sind diese beiden Wellen noch einmal zusammen mit einem Koordinatensystem dargestellt. Die monochromatische Objektwelle, die in der Holographie oft auch **Signalwelle** genannt wird, stellen wir folgendermaßen dar:

$$E_S(\boldsymbol{r}, t) = E_{S0}(\boldsymbol{r})\mathrm{e}^{\mathrm{i}[\varphi(\boldsymbol{r}) - \omega_0 t]} \quad , E_{S0} \text{ reell} \quad . \tag{6.20}$$

Das Koordinatensystem in Abb. 6.3b wurde so gewählt, daß die **Referenzwelle** sich in z-Richtung ausbreitet:

$$E_R(\boldsymbol{r}, t) = E_{R0}\mathrm{e}^{\mathrm{i}[k_0 z - \omega_0 t]} \quad . \tag{6.21}$$

Diese beiden Wellen interferieren miteinander; die Energiestromdichte des Interferenzfelds ist unabhängig von der Zeit, weil sich der Faktor $\exp(-\mathrm{i}\omega_0 t)$ heraushebt:

$$j(\boldsymbol{r}) \sim [E_R(\boldsymbol{r}, t) + E_S(\boldsymbol{r}, t)]\,[E_R(\boldsymbol{r}, t) + E_S(\boldsymbol{r}, t)]^* \quad . \tag{6.22}$$

In der Hologrammebene $z = z_0$ erhält man:

$$j_H(x, y) \sim E_{R0}^2 + E_{S0}^2(x, y)$$
$$+ E_{R0}\mathrm{e}^{-\mathrm{i}k_0 z_0}E_{S0}(x, y)\mathrm{e}^{\mathrm{i}\varphi(x,y)} + E_{R0}\mathrm{e}^{\mathrm{i}k_0 z_0}E_{S0}(x, y)\mathrm{e}^{-\mathrm{i}\varphi(x,y)} \tag{6.23}$$

und eine entsprechende Schwärzung der photographischen Emulsion. Durch die Wahl einer geeigneten Emulsion und der Belichtungszeit kann man erreichen, daß die Transmission $H(x, y)$ der photographischen Schicht für die Feldstärke proportional zu $j_H(x, y)$ wird. Damit hat man ein sog. Amplitudentransmissionshologramm hergestellt. Wenn man die beiden Summanden in der zweiten Zeile von (6.23) zusammenfaßt, findet man

$$H(x, y) \sim E_{R0}^2 + E_{S0}^2(x, y) + 2E_{R0}E_{S0}(x, y)\cos\left[\varphi(x, y) - k_0 z_0\right] \quad , \tag{6.24}$$

d. h. die Phasenstruktur $\varphi(x, y)$ des Objekts ist in der Form eines für Zweistrahlinterferenzen typischen, cosinusförmigen Verlaufs der Transmission, dessen Amplitude mit der Objektamplitude moduliert ist (vgl. Abb. 2.18), in dem Hologramm gespeichert.

Zur Rekonstruktion der Objektwelle beleuchtet man das Hologramm mit einer **Rekonstruktionswelle**, die im allgemeinen mit der Referenzwelle identisch ist, so wie es die Abb. 6.3c zeigt. Die Rekonstruktionswelle durchdringt das Hologramm und wird an seiner Amplitudenstruktur gebeugt. Diesen Vorgang nennt man **Wiedergabe** des Hologramms. Wir müssen jetzt überlegen, wie die vier Summanden in (6.23) die Rekonstruktionswelle beeinflußen:

- Der erste Summand verkleinert die Amplitude der Rekonstruktionswelle, läßt sie aber sonst unverändert das Hologramm durchdringen. Man nennt ihn deshalb **nullte Beugungsordnung**.

- Der zweite Summand beugt die Rekonstruktionswelle, weil er eine ortsabhängige Transmission darstellt. Das dadurch entstehende Wellenfeld kann man im Prinzip mit dem Kirchhoffschen Beugungsintegral (2.4) ausrechnen. Diese Beugungsfigur heißt **Intermodulationsbild**.

- Die Transmission, die die beiden komplexen Summanden in der zweiten Zeile von (6.23) beschreiben, ist nicht „wirklich" vorhanden; die Transmission ist vielmehr reell und verläuft cosinusförmig (s. (6.24)). Für die Diskussion der holographischen Bilder ist es aber zweckmäßig, den dritten Summanden in (6.24) in die beiden komplexen in der zweiten Zeile von (6.23) zu zerlegen. Der erste prägt der Rekonstruktionswelle genau diejenige komplexe Amplitude $E_{S0}(x,y)\exp[i\varphi(x,y)]$ auf, die die Objektwelle (6.20) in dieser Ebene hatte (der konstante Phasenfaktor $\exp[-ik_0 z_0]$ ist unerheblich). Damit ist aber durch das Kirchhoffsche Beugungsintegral (2.4) die Gestalt des Wellenfelds rechts vom Hologramm eindeutig festgelegt und stimmt mit dem der Objektwelle überein. Diese gebeugte Welle stellt die **minus erste Beugungsordnung** dar und heißt **primäres holographisches Bild**. Es ist, wie man aus Abb. 6.3c sieht, ein *virtuelles* Bild.

- Der letzte Summand in (6.23) erzeugt eine gebeugte Welle, die bis auf das Vorzeichen der Phase $\varphi(x,y)$ mit der Objektwelle übereinstimmt; sie ist die phasenkonjugierte Objektwelle, stellt die **erste Beugungsordnung** dar und wird **konjugiertes holographisches Bild** genannt. Dieses Bild ist, wie Abb. 6.3c zeigt, reell und liegt in diesem einfachen Fall spiegelbildlich zum Objekt mit dem Hologramm als Spiegelebene. Die Abb. 6.3c zeigt ferner, daß eine konvexe Fläche des Objekts wegen der Phasenkonjugation einem von rechts oben blickenden Beobachter als konkave Fläche erscheint und umgekehrt!

Es gelingt also in der Tat, mit einem Hologramm die Objektwelle in einem gewissen Raumwinkel exakt zu rekonstruieren. Allerdings muß man, wie wir oben gesehen haben, in Kauf nehmen, daß noch drei andere Wellen entstehen. Daß diese Wellen bei Verwendung der in Abb. 6.3a gezeigten Anordnung in verschiedene Richtungen laufen *(off–axis–Holographie)*, ist ein wesentlicher Vorteil gegenüber dem von Gabor vorgeschlagenen Aufbau.

Die beiden holographischen Bilder entstehen durch Fresnelbeugung der Rekonstruktionswelle am Hologramm. So wie wir in Abschn. 2.2 von der Fresnelbeugung zu dem einfachen Spezialfall der Fraunhoferbeugung übergegangen sind, wollen wir jetzt von der Fresnel– zur **Fourierholographie** übergehen, die man auch Fraunhoferholographie nennen könnte. Dieser Name hat sich aber für die Fresnelholographie bei großem, aber nicht unendlichem Abstand des Objekts vom Hologramm eingebürgert.

Wir denken uns das Objekt in Abb. 6.3a nach links in Unendliche geschoben. Von jedem Objektpunkt kommt dann in der Hologrammebene eine ebene Welle an, deren Winkel zur z–Achse von der Lage des Objektpunkts abhängt: Man erhält in der Hologrammebene das Fraunhofersche Beugungsbild des Objekts. Die räumliche Tiefe des Objekts geht dabei verloren. Wir verwenden deshalb für die Fourierholographie zweidimensionale Objekte, die wir wie bisher durch eine komplexe Transmissionsfunktion $t(\boldsymbol{r})$ charakterisieren. Zur Herstellung eines Fourierhologramms stellen wir das Objekt in die vordere Brennebene einer Linse und beleuchten es kohärent. Die hintere Brennebene, in der das Fraunhofersche Beugungsbild des Objekts entsteht, ist die Hologrammebene. Sie muß noch mit einer *ebenen* Referenzwelle beleuchtet werden. Das kann experimentell z. B. mit einem Prisma neben der Linse erreicht werden, wie das Abb. 6.4a zeigt. Eine andere experimentelle Möglichkeit zur Erzeugung der Referenzwelle zeigt Abb. 6.4b. Die mit den Anordnungen in Abb. 6.4 erzeugten Hologramme heißen **Fourierhologramme**.

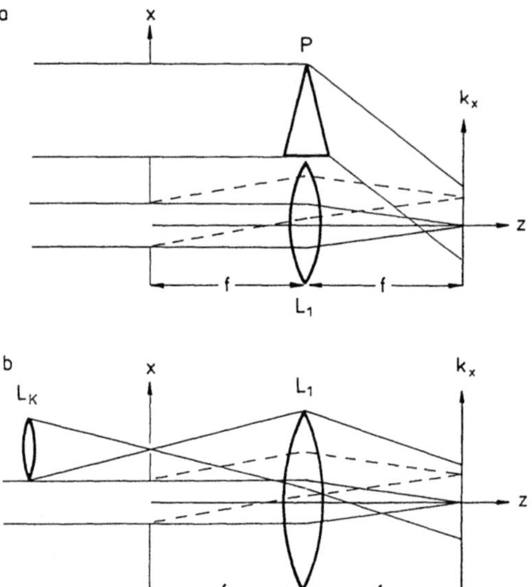

Abb. 6.4a,b. Aufnahme eines Fourierhologramms. (a) Ein Teil der von links kommenden ebenen, monochromatischen Beleuchtungswelle wird durch ein Prisma P auf das Fraunhofersche Beugungsbild des Objekts in der $k_x k_y$–Ebene gelenkt und auf diese Weise mit ihm zur Interferenz gebracht. (b) Ein Teil der Beleuchtungswelle wird mit der Linse L_K auf ein kleines Loch in der Objektebene fokussiert. Die davon ausgehende Kugelwelle wird von der Linse L_1 in eine ebene Referenzwelle transformiert. In beiden Teilbildern ist das ungebeugte Licht durchgezogen, das vom Objekt in der xy–Ebene gebeugte gestrichelt eingezeichnet

Im Gegensatz zu Fresnelhologrammen ist die explizite Berechnung eines Fourierhologramms einfach. Wie Abb. 6.4b zeigt, kann man die ebene Referenzwelle als Fraunhofersches Beugungsbild eines kleinen Lochs in der Objektebene mit der Fläche A_R auffassen:

$$t_R(\boldsymbol{r}) = A_R \delta(\boldsymbol{r} - \boldsymbol{r}_R) \quad . \tag{6.25}$$

Die Referenzwelle wird also durch

$$T_R(\boldsymbol{k}) = A_R \mathrm{e}^{-\mathrm{i}\boldsymbol{k}\boldsymbol{r}_R} \tag{6.26}$$

beschrieben. Ihre Interferenz mit dem Fraunhoferschen Beugungsbild $T(\boldsymbol{k})$ des Objekts führt in der $k_x k_y$–Ebene zu der Energiestromdichte

$$j_H(\boldsymbol{k}) \;\sim\; H(\boldsymbol{k}) \sim [T_R(\boldsymbol{k}) + T(\boldsymbol{k})]\,[T_R(\boldsymbol{k}) + T(\boldsymbol{k})]^*$$
$$= A_R^2 + T(\boldsymbol{k})T^*(\boldsymbol{k}) + A_R T(\boldsymbol{k})\mathrm{e}^{\mathrm{i}\boldsymbol{k}\boldsymbol{r}_R} + A_R T^*(\boldsymbol{k})\mathrm{e}^{-\mathrm{i}\boldsymbol{k}\boldsymbol{r}_R} \quad . \qquad (6.27)$$

Wie bei der Aufnahme von Fresnelhologrammen schon erwähnt, muß man durch geeignetes photographisches Aufnahmematerial dafür sorgen, daß die Transmission $H(\boldsymbol{k})$ des entwickelten Hologramms für die elektrische Feldstärke proportional zu $j_H(\boldsymbol{k})$ wird.

Bevor wir auf die Wiedergabe eines Fourierhologramms eingehen, wollen wir anhand der Aufnahme eines einzigen Objektpunkts untersuchen, in welcher Weise die vollständige Information über den Objektpunkt im Hologramm gespeichert wird. Ein Objektpunkt mit der Transmissionsfunktion

$$t(\boldsymbol{r}) = A_0 \mathrm{e}^{\mathrm{i}\varphi_0}\delta(\boldsymbol{r} - \boldsymbol{r}_0) \qquad (6.28)$$

erzeugt nach (6.25) und (6.26) in der Hologrammebene die ebene Welle

$$T(\boldsymbol{k}) = A_0 \mathrm{e}^{\mathrm{i}\varphi_0}\mathrm{e}^{-\mathrm{i}\boldsymbol{k}\boldsymbol{r}_0} \quad . \qquad (6.29)$$

Das Fourierhologramm von $t(\boldsymbol{r})$ erhält man durch Einsetzen von $T(\boldsymbol{k})$ in (6.27):

$$H(\boldsymbol{k}) \;\sim\; A_R^2 + A_0^2 + A_R A_0 \mathrm{e}^{\mathrm{i}[\boldsymbol{k}(\boldsymbol{r}_R - \boldsymbol{r}_0) + \varphi_0]} + A_R A_0 \mathrm{e}^{-\mathrm{i}[\boldsymbol{k}(\boldsymbol{r}_R - \boldsymbol{r}_0) + \varphi_0]}$$
$$= A_R^2 + A_0^2 + 2A_R A_0 \cos\left[\boldsymbol{k}(\boldsymbol{r}_R - \boldsymbol{r}_0) + \varphi_0\right] \quad . \qquad (6.30)$$

Zur Vereinfachung verschieben und drehen wir das Koordinatensystem so, daß seine x–Achse durch den Objektpunkt $\boldsymbol{r}_0$ und den Punkt $\boldsymbol{r}_R$ geht, der die Referenzwelle erzeugt, und damit $\boldsymbol{r}_0 = (x, 0)$ und $\boldsymbol{r}_R = (x_R, 0)$ wird. Damit reduziert sich das Argument des Cosinus in (6.30) auf $k_x(x_R - x_0) + \varphi_0$. Das Hologramm besteht also aus Interferenzstreifen, die parallel zur k_y-Achse verlaufen und deren Abstand $\Delta k = 2\pi/(x_R - x_0)$ ist. Richtung und Abstand der Interferenzstreifen geben Auskunft über die Koordinaten des Objektpunkts. Seine Helligkeit spiegelt sich im Kontrast (3.41) der Transmission wider:

$$K = \frac{H_{\max} - H_{\min}}{H_{\max} + H_{\min}} = \frac{4A_R A_0}{2(A_R^2 + A_0^2)} = 2\frac{A_0/A_R}{1 + (A_0/A_R)^2} \quad , \qquad (6.31)$$

und zwar als Funktion des Verhältnisses der Amplituden von Objekt– und Referenzwelle. Sowohl für $A_0 \to 0$ als auch für $A_R \to 0$ verschwindet der Kontrast. Die Phasenverschiebung φ_0, die der Objektpunkt (6.28) verursacht, findet sich, wie das Argument des Cosinus in (6.30) zeigt, als eine Verschiebung der Interferenzstreifen im Hologramm wieder.

Wie das Fresnelhologramm (6.23) bzw. (6.24) wird auch das Fourierhologramm (6.27) zur Wiedergabe mit einer Rekonstruktionswelle beleuchtet, und zwar mit einer ebenen Welle, die aber im Gegensatz zur Referenzwelle meist parallel zur optischen Achse verläuft. Da das Objekt bei der Aufnahme unendlich weit entfernt war, entstehen auch die holographischen Bilder im Unendlichen. Man benutzt deshalb zur Wiedergabe eines Fourierhologramms die in Abb. 6.5 skizzierte Anordnung.

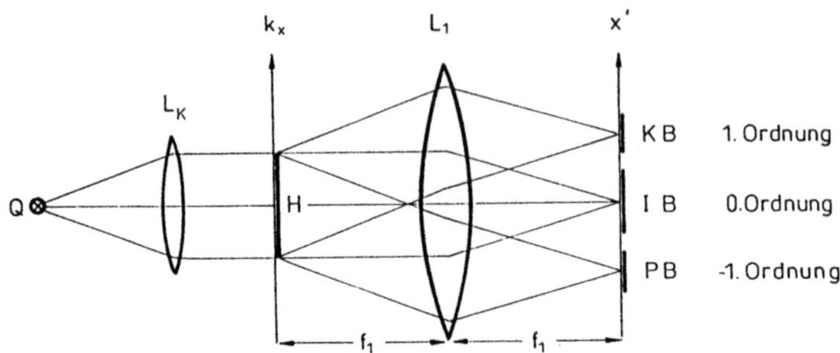

Abb. 6.5. Zur Wiedergabe wird das Fourierhologramm H in der vorderen Brennebene der Linse L_1 kohärent beleuchtet. Die holographischen Bilder entstehen in der hinteren Brennebene von L_1. KB: konjugiertes Bild; IB: Intermodulationsbild (Autokorrelationsfunktion); PB: primäres Bild

Zunächst wollen wir das Bild eines einzelnen Objektpunkts berechnen, um daraus zu lernen, wovon das Auflösungsvermögen eines Fourierhologramms abhängt. Bisher wurde implizit vorausgesetzt, daß sich das Hologramm bis ins Unendliche erstreckt. Um die endliche Größe eines *realen* Hologramms zu beschreiben, das eine Kreisfläche mit dem Radius k_H in der $\boldsymbol{k}$-Ebene einnimmt, multiplizieren wir es mit einer circ–Funktion:

$$H_{\mathrm{real}}(\boldsymbol{k}) = \mathrm{circ}(\boldsymbol{k}/k_H)H(\boldsymbol{k}) \quad , \tag{6.32}$$

wobei $H(\boldsymbol{k})$ durch (6.30) gegeben ist. Das Bild des Objektpunkts (6.28) ist die Rücktransformierte von (6.32). Für die Rücktransformierte des kreisförmigen Hologrammfelds $\mathrm{circ}(\boldsymbol{k}/k_H)$ erhält man analog zu (2.58b) eine Besselfunktion. Für das Bild ergibt sich damit:

$$t_B(\boldsymbol{r}') \sim \pi k_H^2 \frac{2J_1(k_H r')}{k_H r'} \star \big\{ (A_R^2 + A_0^2)\delta(\boldsymbol{r}')$$
$$+ A_R A_0 \left[\mathrm{e}^{\mathrm{i}\varphi_0}\delta(\boldsymbol{r}' + \boldsymbol{r}_R - \boldsymbol{r}_0) + \mathrm{e}^{-\mathrm{i}\varphi_0}\delta(\boldsymbol{r}' - \boldsymbol{r}_R + \boldsymbol{r}_0) \right] \big\} \quad . \tag{6.33}$$

Die Faltung der in den geschweiften Klammern stehenden idealen holographischen Abbildung mit dem Airy–Scheibchen verschmiert die durch die δ–Funktionen beschriebenen Bildpunkte.

Um den Abstand zweier gerade noch auflösbarer Bildpunkte zu bestimmen, muß man zunächst k_H auf die Ortskoordinaten in der Hologrammebene umrechnen. Ein Vergleich der Abb. 6.4b mit Abb. 2.11a zeigt, daß analog zu (2.46) gilt: $k_H = k_0 \rho_H / f_1$, wobei ρ_H der Radius des Hologramms ist. Nach dem Rayleigh-Kriterium ist der gerade noch auflösbare Abstand $\Delta r'$ durch die erste Nullstelle von $J_1(k_H r')$ in (6.33) gegeben: $k_H \Delta r' = k_0 \rho_H \Delta r'/f_1 = 3,83$ (s. Tabelle 2.2), d. h. $\Delta r'$ wird umso kleiner, je größer der Radius des Hologramms und je kleiner die Wellenlänge $\lambda_0 = 2\pi/k_0$ des verwendeten Lichts ist. Mit der Brennweite f_1 der Linse L_1 in Abb. 6.5 wächst die Größe des holographischen Bilds und damit trivialerweise $\Delta r'$. Bei dieser Überlegung wurde stillschweigend vorausgesetzt, daß die Linse L_1 die beiden von dem Hologramm erzeugten Beugungsordnungen vollständig erfaßt und der von-Bieren-Bedingung (2.22a und b) genügt. Wenn das nicht der Fall ist, wird das Auflösungsvermögen durch die Linse L_1 weiter verringert. Vergleichen Sie die Begrenzung des Auflösungsvermögens eines Fourierhologramms mit dem bei der Abbildung eines kohärent beleuchteten Objekts durch eine Linse (s. Abschn. 4.1.1).

Wir wollen nun die Wiedergabe eines Objekts $t(\boldsymbol{r})$ mit Hilfe seines Fourierhologramms betrachten und dabei das endliche Auflösungsvermögen wieder vernachlässigen. Die Feldstärke in der Bildebene erhält man durch Rücktransformation von (6.27) unter Verwendung von (6.15):

$$
\begin{aligned}
E_B(\boldsymbol{r}') \sim\ & A_R^2 \delta(\boldsymbol{r}') + t(\boldsymbol{r}') \otimes t(\boldsymbol{r}') \\
& + A_R t(\boldsymbol{r}') \star \delta(\boldsymbol{r}' + \boldsymbol{r}_R) + A_R t^*(-\boldsymbol{r}') \star \delta(\boldsymbol{r}' - \boldsymbol{r}_R) \quad .
\end{aligned}
\tag{6.34}
$$

Der erste Summand stellt die Fokussierung des ungebeugten Lichts in den hinteren Brennpunkt der Linse L_1 dar (s. Abb. 6.5), der zweite ist die Autokorrelationsfunktion des Objekts. Im dritten und vierten Summanden erkennt man die beiden holographischen Bilder, die uns schon bei der Fresnelholographie begegnet sind: einmal das primäre Bild als die um den Vektor $-\boldsymbol{r}_R$ verschobene Abbildung des Objekts $t(\boldsymbol{r})$ und zum anderen das konjugierte Bild, das $t^*(-\boldsymbol{r})$ darstellt und um den Vektor $+\boldsymbol{r}_R$ verschoben ist. Damit sich diese Bilder nicht mit der Autokorrelationsfunktion überlappen, muß $\boldsymbol{r}_R$ hinreichend groß sein, d. h. bei der Aufnahme des Hologramms muß die Referenzwelle einen hinreichend großen Winkel mit der optischen Achse bilden (s. Abb. 6.4 und 6.6).

Das konjugierte Bild $t^*(-\boldsymbol{r}')$ kann man sich als das Bild von $t(-\boldsymbol{r})$ vorstellen (die Phase geht bei der Bildung von tt^* verloren), d. h. es ist das Bild des am Koordinatenursprung gespiegelten Objekts. Die Abb. 6.6 demonstriert die Wiedergabe eines Fourierhologramms an einem einfachen Beispiel. Das Objekt, der Buchstabe L, wird in Abb. 6.6b um $-x_R$ (primäres Bild) bzw. $+x_R$ (konjugiertes Bild) verschoben. In der Mitte sieht man die Autokorrelationsfunktion $t(\boldsymbol{r}') \otimes t(\boldsymbol{r}')$.

Das Auftreten der konjugiert komplexen Fouriertransformierten $T^*(\boldsymbol{k})$ des Objekts in seinem Fourierhologramm legt den Versuch nahe, Fourierhologramme als Filter für das in Abschn. 6.2 beschriebene Verfahren der Mustererkennung zu verwenden. Das ist das Thema des nächsten Abschnitts.

6.4 Vander–Lugt–Filter

In Abschn. 6.2 hatten wir gesehen, daß das Korrelationsfilter (6.13), nämlich $F(\boldsymbol{k}) = T^*(\boldsymbol{k})/A_G$ für die Mustererkennung geeignet ist. Da das Fourierhologramm des Objekts $t(\boldsymbol{r}')$ u. a. den Term $T^*(\boldsymbol{k})$ enthält (s. (6.27)), liegt es nahe, Fourierhologramme als Raumfilter für die Mustererkennung zu verwen-

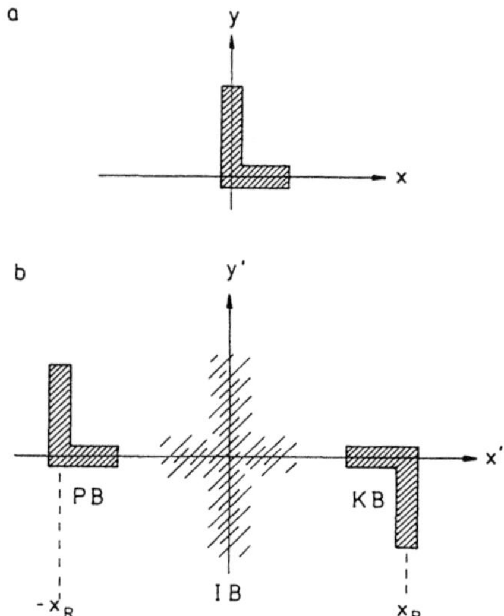

Abb. 6.6a,b. Wiedergabe eines Fourierhologramms. **(a)** Objekt **(b)** Bildebene mit dem um $-x_R$ verschobenen primären Bild PB und dem um $+x_R$ verschobenen konjugierten, d. h. am Koordinatenursprung gespiegelten Bild KB. In der Mitte ist die Autokorrelationsfunktion IB (Intermodulationsbild) des Buchstabens L angedeutet

den, vor allem auch deshalb, weil man solche Filter relativ leicht herstellen kann. Diesen Vorschlag hat Vander Lugt 1964 gemacht.

Man geht in derselben Weise vor wie in Abschn. 6.2. Wir stellen uns vor, daß N bekannte Objekte $t_n(\boldsymbol{r})$ vorhanden sind, und filtern die Beugungsbilder dieser Objekte in einer Anordnung gemäß Abb. 4.1 mit dem Fourierhologramm (6.27) des Objekts m, also mit

$$F_m(\boldsymbol{k}) \;=\; \beta \left[A_R^2 + T_m(\boldsymbol{k})T_m^*(\boldsymbol{k}) + A_R T_m(\boldsymbol{k})\mathrm{e}^{\mathrm{i}\boldsymbol{k}\boldsymbol{r}_R} + A_R T_m^*(\boldsymbol{k})\mathrm{e}^{-\mathrm{i}\boldsymbol{k}\boldsymbol{r}_R} \right] \quad , \tag{6.35}$$

wobei β ein Normierungsfaktor ist, der dafür sorgt, daß $|F_m(\boldsymbol{k})| \leq 1$ ist. Wir stellen nun das Objekt n in die Objektebene der in Abb. 4.1 skizzierten Anordnung und das Filter $F_m(\boldsymbol{k})$ in die $\xi\eta$-Ebene, so daß die Feldstärke dort proportional zu $T_n(\boldsymbol{k})F_m(\boldsymbol{k})$ ist. In der Bildebene erhält man die Rücktransformierte von $T_n(\boldsymbol{k})F_m(\boldsymbol{k})$. Die Rücktransformierte des Raumfilters $F_m(\boldsymbol{k})$ ist bis auf den Faktor β die Wiedergabe (6.34) des Fourierhologramms des Objekts $t_m(\boldsymbol{r})$. Man erhält also

$$\begin{aligned} t_B(\boldsymbol{r}') \;=\; \beta \big\{ &A_R^2 t_n(\boldsymbol{r}') \star \delta(\boldsymbol{r}') + t_n(\boldsymbol{r}') \star [t_m(\boldsymbol{r}') \otimes t_m(\boldsymbol{r}')] \\ &+ A_R [t_n(\boldsymbol{r}') \star t_m(\boldsymbol{r}')] \star \delta(\boldsymbol{r}' + \boldsymbol{r}_R) \\ &+ A_R [t_m(\boldsymbol{r}') \otimes t_n(\boldsymbol{r}')] \star \delta(\boldsymbol{r}' - \boldsymbol{r}_R) \big\} \quad , \end{aligned} \tag{6.36}$$

wobei davon Gebrauch gemacht wurde, daß das Faltungsprodukt kommutativ und assoziativ ist. Um einzusehen, daß im zweiten und im letzten Summanden Korrelationsprodukte auftreten, verwendet man (6.15), nämlich $T_m^*(\boldsymbol{k})T_n(\boldsymbol{k}) \;\bullet\!\!-\!\!\circ\; t_m(\boldsymbol{r}) \otimes t_n(\boldsymbol{r})$.

Die beiden Summanden in der ersten Zeile von (6.36) sind für die Mustererkennung nicht interessant; hier überlagern sich das Bild $t_n(\boldsymbol{r}')$ des Objekts n und die Faltung von $t_n(\boldsymbol{r}')$ mit der Autokorrelationsfunktion des Objekts m, dessen Fourierhologramm als Filter gewählt wurde. In der zweiten und dritten Zeile von (6.36) finden wir die Faltung und die Kreuzkorrelation der beiden Objekte, und zwar um $-\boldsymbol{r}_R$ bzw. $+\boldsymbol{r}_R$ gegen die erste Zeile verschoben, so daß man bei der Herstellung der Fourierhologramme immer dafür sorgen kann, daß diese beiden Bilder sich nicht mit denen der ersten Zeile überlappen (s. Abschn. 6.3) und daher ungestört beobachtet werden können. Abbildung 6.7 zeigt ein experimentelles Beispiel. Das Verfahren der Mustererkennung verläuft dann genauso, wie es in Abschn. 6.1.1 beschrieben worden ist.

a 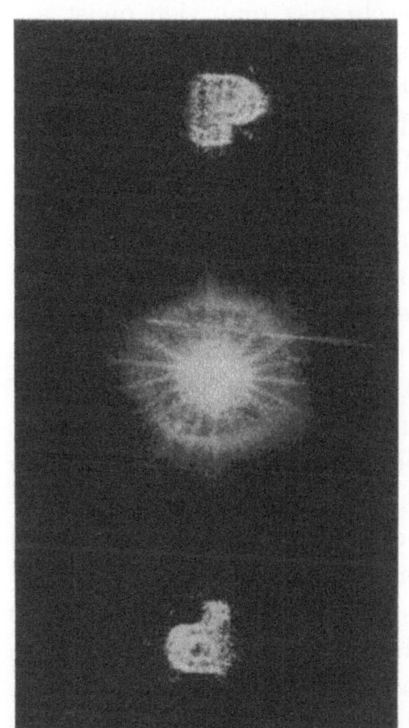 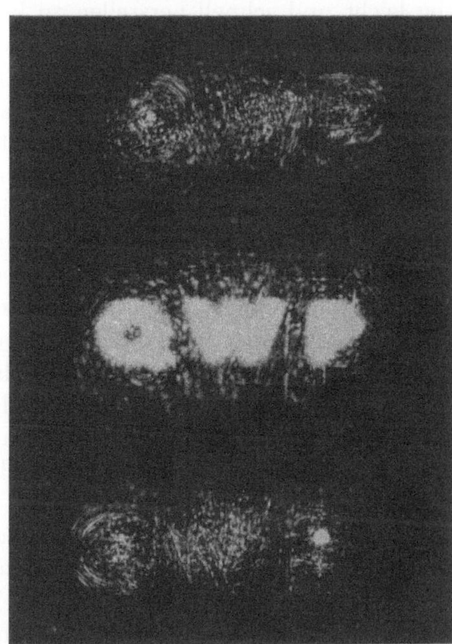 b

Abb. 6.7. **(a)** Wiedergabe eines mit dem Buchstaben P hergestellten Fourierhologramms. Oben sieht man das primäre Bild, unten das konjugierte. **(b)** Das Fraunhofersche Beugungsbild der Buchstaben QWP wird mit dem Fourierhologramm von P gefiltert. Die Abb. zeigt die Bildebene. Oben sieht man die Faltung von QWP mit P, unten die Kreuzkorrelation, bzw. unten rechts die Autokorrelation von P, die sich als heller Fleck zu erkennen gibt und damit anzeigt, an welcher Stelle der Buchstabe P steht (mit freundlicher Genehmigung des Verlags entnommen aus J.W. Goodman, Introduction to Fourier Optics, McGraw–Hill New York 1988)

6.5 Computererzeugte Hologramme

Es ist im Prinzip kein Problem, ein Raumfilter oder ein Hologramm mit bestimmten, gewünschten Eigenschaften zu berechnen. Schwieriger ist es, ein berechnetes Raumfilter als physikalischen Gegenstand herzustellen. Wenn das gelänge, böte das verschiedene Vorteile. Einmal hat man viel größere Freiheiten beim Entwurf eines Raumfilters, als wenn man nur auf Fourierhologramme angewiesen ist, zum anderen könnte man z. B. Hologramme von Objekten herstellen, die als physikalische Gegenstände gar nicht existieren, sondern nur als Datei oder mathematische Funktion vorliegen. Man nennt solche Hologramme deshalb auch *synthetische Hologramme*.

Um berechnete Hologramme mit den heutigen technischen Möglichkeiten leicht und schnell herstellen zu können, beschränkt man sich meist auf *binäre Hologramme*. Das sind solche, deren Transmissionsfunktion nur die Werte 0 oder 1 annimmt und die man deshalb von einem an den Rechner angeschlossenen Plotter zeichnen lassen und anschließend photographisch verkleinern kann. Wie man in einem binären Fourierhologramm die Amplitude und vor allem die Phase speichern kann, hat Lohmann 1967 angegeben (Adolf W. Lohmann, geb. 1926). Die diesem Verfahren zugrundeliegende Idee ist einfach: Man teilt das gesamte, zunächst undurchsichtige Hologramm in hinreichend kleine Quadrate ein, die die Rolle der „Bildpunkte" oder *Pixel* (aus *picture element* zusammengezogen) übernehmen. In der Mitte jedes Quadrats schneidet man ein Loch in das undurchsichtige Hologramm, dessen Fläche proportional zur gewünschten Transmission an dieser Stelle ist (dieses Verfahren verwendet man seit langem beim Rasterdruck). Wenn man diese Öffnung innerhalb eines Quadrats verschiebt, ändert sich in der Fouriertransformierten die Phase (s. Abschn. 2.6), d. h. die Phase der zu diesem Hologrammpunkt gehörenden ebenen Welle im Bildraum. Man erhält also bei der Wiedergabe eines solchen Hologramms eine komplexe Amplitude in der Bildebene. Ehe wir genauer untersuchen, ob man damit eine beliebige, in der Bildebene vorgegebene komplexe Funktion $t_B(\boldsymbol{r}')$ realisieren kann, wollen wir das Shannonsche Abtasttheorem (Claude Elwood Shannon, geb. 1916) vorstellen, das zum Verständnis binärer Fourierhologramme nützlich ist.

Das *Abtasttheorem* oder *Samplingtheorem* sagt aus, daß eine Funktion, deren Fouriertransformierte bandpaßbegrenzt ist, d. h. für alle Frequenzen oberhalb einer Grenzfrequenz verschwindet, allein durch ihre Werte an gewissen diskreten Stellen ihres Definitionsbereichs schon vollständig, d. h. an *allen* Stellen bestimmt ist. Wir formulieren dieses Theorem in umgekehrter Weise, d. h. wir gehen von einer Transmissionsfunktion mit zwei Variablen aus, die außerhalb eines Rechtecks verschwindet, und zeigen, daß deren Fouriertransformierte durch ihre Werte für gewisse diskrete Frequenzen schon vollständig bestimmt ist.

Es sei eine komplexe Transmissionsfunktion $t(x, y)$ gegeben, die außerhalb des Rechtecks

$$R(x,y) = \mathrm{rect}(x/x_0)\mathrm{rect}(y/y_0) \tag{6.37}$$

verschwindet. Diese Funktion wird durch die Vorschrift

$$s(x,y) = t(x - mx_0, y - ny_0) \quad , \quad m,n \in \mathbb{Z} \tag{6.38}$$

periodisch fortgesetzt und in eine Fourierreihe (s. A.52) entwickelt:

$$s(x,y) = \sum_{m,n=-\infty}^{\infty} c_{mn}\mathrm{e}^{\mathrm{i}(m\Delta k_x x + n\Delta k_y y)} \quad \text{mit} \quad \Delta k_x = \frac{2\pi}{x_0}, \Delta k_y = \frac{2\pi}{y_0}. \tag{6.39}$$

Die periodische Funktion $s(x,y)$ soll so „glatt" sein, daß die Fourierreihe (6.39) gleichmäßig konvergiert. Die Fourierkoeffizienten (s. (A.53))

$$\begin{aligned}
c_{mn} &= \frac{1}{x_0 y_0} \int_{-y_0/2}^{y_0/2} \int_{-x_0/2}^{x_0/2} t(x,y)\mathrm{e}^{-\mathrm{i}(m\Delta k_x x + n\Delta k_y y)}\mathrm{d}x\mathrm{d}y \\
&= \frac{1}{x_0 y_0} T(m\Delta k_x, n\Delta k_y) \tag{6.40}
\end{aligned}$$

sind durch die Werte der Fouriertransformierten

$$T(k_x, k_y) = \int_{-y_0/2}^{y_0/2} \int_{-x_0/2}^{x_0/2} t(x,y)\mathrm{e}^{-\mathrm{i}(k_x x + k_y y)}\mathrm{d}x\mathrm{d}y \tag{6.41}$$

von $t(x,y)$ für die Frequenzpaare $(m\Delta k_x, n\Delta k_y)$ gegeben. In das Integral der ersten Zeile von (6.40) darf man $t(x,y)$ statt $s(x,y)$ einsetzen, weil die beiden Funktionen gemäß (6.38) auf dem Rechteck (6.37) identisch sind. Setzt man (6.39) in (6.41) ein, wobei man ausnützt, daß $s(x,y)$ im Integrationsbereich mit $t(x,y)$ identisch ist, und ersetzt dann die Fourierkoeffizienten c_{mn} durch (6.40), so erhält man

$$\begin{aligned}
T(k_x, k_y) &= \int_{-y_0/2}^{y_0/2} \int_{-x_0/2}^{x_0/2} \sum_{m,n=-\infty}^{\infty} c_{mn}\mathrm{e}^{\mathrm{i}(m\Delta k_x x + n\Delta k_y y)}\mathrm{e}^{-\mathrm{i}(k_x x + k_y y)}\mathrm{d}x\mathrm{d}y \\
&= \sum_{m,n=-\infty}^{\infty} T(m\Delta k_x, n\Delta k_y)\frac{1}{x_0} \int_{-\infty}^{\infty} \mathrm{rect}\left(\frac{x}{x_0}\right) \mathrm{e}^{-\mathrm{i}(k_x - m\Delta k_x)x}\mathrm{d}x \\
&\quad \times \frac{1}{y_0} \int_{-\infty}^{\infty} \mathrm{rect}\left(\frac{y}{y_0}\right) \mathrm{e}^{-\mathrm{i}(k_y - m\Delta k_y)y}\mathrm{d}y \\
&= \sum_{m,n=-\infty}^{\infty} T(m\Delta k_x, n\Delta k_y)\mathrm{sinc}\left(\frac{x_0}{2}k_x - m\pi\right) \mathrm{sinc}\left(\frac{y_0}{2}k_y - n\pi\right) \quad .
\end{aligned}$$

$$\tag{6.42}$$

(Die Vertauschung von Integration und Summation in der zweiten Zeile von (6.42) ist gerechtfertigt, weil wir vorausgesetzt hatten, daß (6.39) gleichmäßig konvergiert.)

Die letzte Zeile von (6.42) ist die Aussage des Abtasttheorems: Weil die komplexe Funktion $t(x, y)$ außerhalb des Rechtecks (6.37) verschwindet, ist ihre Fouriertransformierte $T(k_x, k_y)$ auf der gesamten $\boldsymbol{k}$-Ebene allein durch die (abzählbar unendlich vielen) Werte $T(m\Delta k_x, n\Delta k_y)$ bestimmt. Außerdem zeigt (6.42), daß man unter diesen Umständen $T(k_x, k_y)$ nach sinc–Funktionen entwickeln kann. Überzeugen Sie sich davon, daß für ein bestimmtes $m = m_0$ aus $k_x = m_0\Delta k_x$ die Bedingung $x_0 k_x/2 = m_0\pi$ folgt und damit die erste sinc–Funktion in (6.42) für $m = m_0$ den Wert 1 hat, während sie für alle anderen $m \neq m_0$ verschwindet. Entsprechendes gilt für $n = n_0$. Die Rücktransformation von (6.42) ergibt

$$
\int_{-\infty}^{\infty} \sum_{m,n=-\infty}^{\infty} x_0 y_0 c_{mn}\mathrm{sinc}\left(\frac{x_0}{2}k_x - m\pi\right)\mathrm{sinc}\left(\frac{y_0}{2}k_y - n\pi\right)\mathrm{e}^{\mathrm{i}(k_x x + k_y y)}\frac{\mathrm{d}k_x \mathrm{d}k_y}{(2\pi)^2}
$$

$$
= \sum_{m,n=-\infty}^{\infty} c_{mn}\int_{-\infty}^{\infty} x_0\mathrm{sinc}\left(\frac{x_0}{2}k_x - m\pi\right)\mathrm{e}^{\mathrm{i}k_x x}\frac{\mathrm{d}k_x}{2\pi}
$$

$$
\times \int_{-\infty}^{\infty} y_0\mathrm{sinc}\left(\frac{y_0}{2}k_y - n\pi\right)\mathrm{e}^{\mathrm{i}k_y y}\frac{\mathrm{d}k_y}{2\pi}
$$

$$
= \sum_{m,n=-\infty}^{\infty} c_{mn}\mathrm{rect}\left(\frac{x}{x_0}\right)\mathrm{e}^{\mathrm{i}m\Delta k_x x}\mathrm{rect}\left(\frac{y}{y_0}\right)\mathrm{e}^{\mathrm{i}n\Delta k_y y}
$$

$$
= \mathrm{rect}\left(\frac{x}{x_0}\right)\mathrm{rect}\left(\frac{y}{y_0}\right)\sum_{m,n=-\infty}^{\infty} c_{mn}\mathrm{e}^{\mathrm{i}(m\Delta k_x x + n\Delta k_y y)}
$$

$$
= \mathrm{rect}\left(\frac{x}{x_0}\right)\mathrm{rect}\left(\frac{y}{y_0}\right)s(x, y) = t(x, y) \quad .
$$

Dieser Rücktransformation entnimmt man, daß die Entwicklungskoeffizienten $T(m\Delta k_x, n\Delta k_y) = x_0 y_0 c_{mn}$ in der letzten Zeile von (6.42) die Information über die periodische Funktion $s(x, y)$ enthalten (vgl.(2.68b)), während die sinc–Funktionen für das Abschneiden von $s(x, y)$ außerhalb des Rechtecks (6.37) sorgen.

Wir wollen nun die am Anfang dieses Abschnitts skizzierte Idee von Lohmann zur Herstellung binärer Fourierhologramme näher ausführen. Dazu teilen wir die Hologrammebene in quadratische Zellen (Pixel) der Kantenlänge $\Delta k_x = \Delta k_y = \Delta k$ ein. Ihre Mittelpunkte sollen die Koordinaten $m\Delta k$ und $n\Delta k$ mit $m, n \in \mathbb{Z}$ haben (s. Abb. 6.8). Wenn es gelingt, der Rekonstruktionswelle in jeder Zelle die komplexe Amplitude $T(m\Delta k, n\Delta k)$ aufzuprägen, dann folgt aus dem Abtasttheorem (6.42), daß damit das holographische Bild $t(x, y)$ auf einem Quadrat mit der Kantenlänge $a = 2\pi/\Delta k$ eindeutig fest-

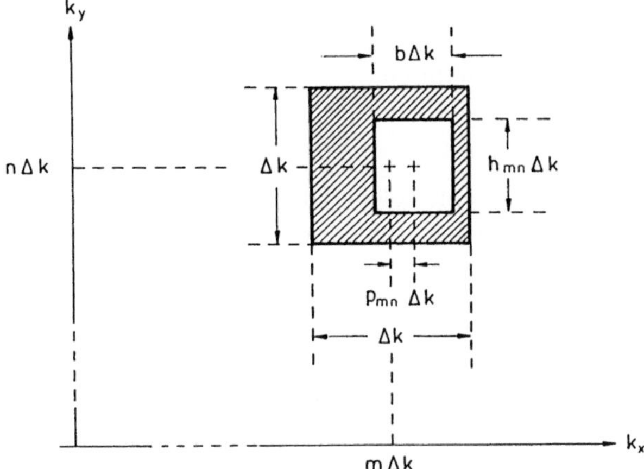

Abb. 6.8. Aufbau eines binären Fourierhologramms. Jede der schraffierten Zellen besitzt eine rechteckige Öffnung, deren Höhe $h_{mn}\Delta k$ die Amplitude und deren Verschiebung $p_{mn}\Delta k$ aus der Zellenmitte die Phase kodiert

gelegt ist. Allerdings hat ein reales Hologramm im Gegensatz zu (6.42) eine endliche Größe. Der Bequemlichkeit halber wählen wir für das Hologramm ein quadratisches Format, d. h. wir lassen die ganzen Zahlen m und n von $-N$ bis $+N$ laufen. Das Hologramm hat dann die Kantenlänge $(2N + 1)\Delta k$ und besteht aus $(2N + 1)^2$ Zellen. Die endliche Größe des Hologramms begrenzt, wie man aus (6.32) und (6.33) sieht, das Auflösungsvermögen im holographischen Bild, und zwar in diesem Fall durch je eine sinc–Funktion in den beiden Koordinatenrichtungen, nämlich durch $\mathrm{sinc}[(2N + 1)\Delta k_x/2]$ in x-Richtung und analog in y-Richtung. Der kleinste auflösbare Abstand im holographischen Bild ist daher

$$\Delta x = \frac{2\pi}{(2N + 1)\Delta k} \quad . \tag{6.43}$$

Bei der Gestaltung der Öffnung innerhalb einer Zelle eines binären Hologramms hat man große Freiheit. Wir folgen dem ersten Vorschlag von Lohmann und wählen eine rechteckige Öffnung mit der konstanten Breite $b\Delta k$ (s. Abb. 6.8). Die Höhe $h_{mn}\Delta k$ dieses Rechtecks soll dagegen von Zelle zu Zelle verschieden sein und den Betrag der Transmission an der Stelle der Zelle (m, n) festlegen. Wie die Abb. 6.8 zeigt, muß für die positiven Zahlen h_{mn} die Bedingung

$$h_{mn} \leq 1 \tag{6.44}$$

eingehalten werden. Die Phase wird, wie eingangs erklärt, durch Verschieben dieses Rechtecks um die Strecke $p_{mn}\Delta k$ in k_x-Richtung kodiert (s. Abb. 6.8). Die Zahlen p_{mn} können positiv oder negativ sein; ihr Betrag sollte eigentlich den Wert $(1 - b)/2$ nicht überschreiten, weil sonst die rechteckige Öffnung in die benachbarte Zelle hineinreicht und sich mit der Öffnung in dieser Zelle überlappen könnte, d. h. es müßte die Bedingung

$$|p_{mn}| \leq (1 - b)/2 \tag{6.45}$$

eingehalten werden. Andererseits kann eine solche Überlappung nur stattfinden, wenn die Phase an dieser Stelle einen Sprung von der Größenordnung 2π macht. Da das in realen Hologrammen selten vorkommt, braucht man (6.45) nicht besonders ernst zu nehmen. Wir kommen auf dieses Problem bei der Berechnung der Parameter h_{mn} und p_{mn} (s. (6.55a,b)) zurück.

Die Transmissionsfunktion eines solchen binären Hologramms kann man folgendermaßen darstellen:

$$
\begin{aligned}
H(k_x, k_y) \; = \; & \sum_{m,n=-N}^{N} \left[\text{rect}\left(\frac{k_x}{b\Delta k}\right) \star \delta\left(k_x - [m + p_{mn}]\Delta k\right) \right] \\
& \times \left[\text{rect}\left(\frac{k_y}{h_{mn}\Delta k}\right) \star \delta\left(k_y - n\Delta k\right) \right] \quad .
\end{aligned}
\tag{6.46}
$$

Wir wollen (6.46) zunächst mit dem Fourierhologramm (6.27) vergleichen und zu diesem Zweck zum einen das Koordinatensystem in der Objektebene so wählen, daß in (6.27) $\boldsymbol{r}_R = (x_R, 0)$ wird und zum anderen (6.27) etwas umformen:

$$
\begin{aligned}
j_H(\boldsymbol{k}) \; \sim \; & A_R^2 + T(\boldsymbol{k})T^*(\boldsymbol{k}) + A_R T(\boldsymbol{k})\mathrm{e}^{\mathrm{i}k_x x_R} + A_R T^*(\boldsymbol{k})\mathrm{e}^{-\mathrm{i}k_x x_R} \\
= \; & A_R^2 + T(\boldsymbol{k})T^*(\boldsymbol{k}) + 2A_R \mathrm{Re}\left\{ |T(\boldsymbol{k})|\, \mathrm{e}^{\mathrm{i}\varphi(\boldsymbol{k})}\mathrm{e}^{\mathrm{i}k_x x_R} \right\} \\
= \; & A_R^2 + T(\boldsymbol{k})T^*(\boldsymbol{k}) + 2A_R |T(\boldsymbol{k})| \cos\left[k_x x_R + \varphi(\boldsymbol{k})\right] \quad .
\end{aligned}
\tag{6.47}
$$

Wie wir bei der Diskussion des Fourierhologramms (6.30) gesehen hatten, erzeugt der dritte Summand in der letzten Zeile von (6.47) das primäre und das konjugierte holographische Bild, und zwar durch Beugung der Rekonstruktionswelle an dem durch diesen Term beschriebenen Cosinusgitter, dessen Amplitude mit $|T(\boldsymbol{k})|$ und dessen Phase mit $\varphi(\boldsymbol{k})$ moduliert ist. Das binäre Hologramm (6.46) ist im Prinzip genauso aufgebaut: Die erste eckige Klammer in (6.46) stellt ein zur k_y-Richtung paralleles Rechteckgitter dar, dessen Phase durch den Term $p_{mn}\Delta k$ im Argument der δ-Funktion moduliert wird. Die Amplitudenmodulation steckt dagegen in dem durch die zweite eckige Klammer dargestellten, zur k_x-Richtung parallelen Rechteckgitter, und zwar als Weite h_{mn} der durchlässigen Bereiche. Das Ersetzen des Cosinusgitters in (6.47) durch ein Rechteckgitter in (6.46) hat zur Folge, daß neben den beiden ersten Beugungsordnungen noch höhere Beugungsordnungen auftreten, die zu zusätzlichen Bildern auf der x'-Achse führen. Diese höheren Beugungsordnungen können zu Störungen der beiden gewünschten Bilder, des primären und des konjugierten, führen. Das zweite Rechteckgitter in (6.46) verursacht eine Beugung der Rekonstruktionswelle in y'-Richtung, d. h. die auf der x'-Achse liegenden Bilder wiederholen sich mit abfallender Helligkeit in y'-Richtung. Im ganzen erhält man also mit einem binären Hologramm eine ganze Reihe unerwünschter Bilder. Im folgenden Absatz wollen wir diese Bilder berechnen.

Die Wiedergabe des binären Hologramms (6.46) erfolge mit einer Anordnung gemäß Abb. 6.5, d. h. man erhält das holographische Bild durch Rücktransformation von $H(k_x, k_y)$:

$$
\begin{aligned}
t_B(x'y') \;\sim\; & \int_{-\infty}^{\infty} H(k_x, k_y) e^{i(k_x x' + k_y y')} \frac{dk_x dk_y}{(2\pi)^2} \\[2mm]
= & \sum_{m,n=-N}^{N} \left[b\Delta k \, \mathrm{sinc}\left(\frac{b\Delta k}{2} x' \right) e^{i(m + p_{mn})\Delta k x'} \right] \\[2mm]
& \times \left[h_{mn}\Delta k \, \mathrm{sinc}\left(\frac{h_{mn}\Delta k}{2} y' \right) e^{in\Delta k y'} \right] \quad .
\end{aligned}
\tag{6.48}
$$

Beim Vergleich des binären Hologramms (6.46) mit dem Fourierhologramm (6.47) hatten wir bereits gesehen, daß ein binäres Hologramm neben dem primären und dem konjugierten Bild weitere Bilder erzeugt, die alle in (6.48) enthalten sind. Wir wollen nun aus (6.48) das primäre und das konjugierte Bild „herauspräparieren". Das primäre Bild ist die erste Beugungsordnung der Rekonstruktionswelle an dem durch die erste eckige Klammer in (6.46) dargestellten Rechteckgitter. Dessen Gitterkonstante ist Δk, d. h. die erste Beugungsordnung erscheint an der Stelle $x'_1 = 2\pi/\Delta k$ in der $x'y'$-Ebene von Abb. 6.5. Wir transformieren deshalb (6.48) mit

$$
\begin{aligned}
x'' &= x' - 2\pi/\Delta k \\
y'' &= y'
\end{aligned}
\tag{6.49}
$$

auf die neuen Bildkoordinaten x'', y'' und beschränken uns auf eine hinreichend kleine, durch

$$
|\Delta k\, x''| \leq q \quad \text{und} \quad |\Delta k\, y''| \leq q
\tag{6.50}
$$

definierte Umgebung des Nullpunkts dieses Koordinatensystems, in der sich das primäre Bild $t_B^{(p)}(x'', y'')$ befindet. Mit der Transformation (6.49) geht (6.48) über in

$$
\begin{aligned}
t_B^{(p)}(x'', y'') \;\sim\; & b(\Delta k)^2 \mathrm{sinc}\left(\frac{b\Delta k}{2} x'' + b\pi \right) \\[2mm]
& \times \sum_{m,n=-N}^{N} e^{i(m + p_{mn})\Delta k x''} e^{i2\pi p_{mn}} h_{mn} \mathrm{sinc}\left(\frac{h_{mn}\Delta k}{2} y'' \right) e^{in\Delta k y''} \quad .
\end{aligned}
\tag{6.51}
$$

Wenn man ein so kleines Objekt verwendet, daß für die Zahl q in (6.50) $q \ll 2\pi$ gilt, dann vereinfacht sich (6.51) erheblich, weil man dann unter Beachtung von (6.44) und (6.45) folgende Näherungen machen kann:

$$\text{sinc}\left(\frac{b\Delta k}{2}x'' + b\pi\right) \approx \text{sinc}(b\pi) \tag{6.52a}$$

$$e^{i(m+p_{mn})\Delta k x''} \approx e^{im\Delta k x''} \tag{6.52b}$$

$$\text{sinc}\left(\frac{h_{mn}\Delta k}{2}y''\right) \approx 1 \quad . \tag{6.52c}$$

Man erhält damit aus (6.51) für das primäre Bild

$$t_B^{(p)}(x'',y'') \sim b(\Delta k)^2 \text{sinc}(b\pi) \sum_{m,n=-N}^{N} h_{mn} e^{i2\pi p_{mn}} e^{i(m\Delta k x'' + n\Delta k y'')} \quad . \tag{6.53}$$

Das konjugierte Bild ist die minus erste Beugungsordnung der Rekonstruktionswelle. Man erhält deshalb mit der Koordinatentransformation

$$\begin{aligned} x'' &= x' + 2\pi/\Delta k \\ y'' &= y' \end{aligned}$$

in analoger Weise für ein hinreichend kleines Objekt das konjugierte Bild

$$t_B^{(k)}(x'',y'') \sim b(\Delta k)^2 \text{sinc}(-b\pi) \sum_{m,n=-N}^{N} h_{mn} e^{-i2\pi p_{mn}} e^{i(m\Delta k x'' + n\Delta k y'')} \quad . \tag{6.54}$$

Die Summen in (6.53) und (6.54) sind die N-ten Partialsummen von Fourierreihen (s. (A.51) und (A.52)). Daß die Summanden für $|m|, |n| > N$ fehlen, liegt an der endlichen Größe des Hologramms und verursacht das endliche Auflösungsvermögen im holographischen Bild. Wenn man davon absieht, stellen (6.53) und (6.54) Fourierreihen der Form (6.39) mit den komplexen Koeffizienten $c_{mn} = h_{mn}\exp(i2\pi p_{mn})$ und $c_{mn}^* = h_{mn}\exp(-i2\pi p_{mn})$ dar. Wählt man diese Koeffizienten gemäß (6.40) so, daß sie bis auf die Normierung mit der Fouriertransformierten

$$T(k_x, k_y) = |T(k_x, k_y)| \, e^{i\varphi(k_x, k_y)}$$

von $t(x,y)$ an den Stellen $k_x = m\Delta k, k_y = n\Delta k$ übereinstimmen, d. h. daß

$$h_{mn} = \frac{|T(m\Delta k, n\Delta k)|}{\max\{|T(m\Delta k, n\Delta k)|\}} \quad \text{und} \tag{6.55a}$$

$$2\pi p_{mn} = \varphi(m\Delta k, n\Delta k) \tag{6.55b}$$

gilt, dann gibt das primäre Bild (6.53) im Rahmen der Näherungen (6.52a,b,c) und bis auf das endliche Auflösungsvermögen das Objekt $t(x,y)$ wieder. Entsprechend ist (6.54) das Bild von $t^*(-x,-y)$, d. h. das konjugierte holographische Bild.

Durch die Forderungen (6.55a,b) sind die freien Parameter des binären Hologramms (6.46) bis auf den Breitenparameter b festgelegt. Der Phasenparameter p_{mn} muß, wie (6.55b) zeigt, zwischen $-1/2$ und $+1/2$ variieren können, um die Phase φ in einem Intervall der Länge 2π kodieren zu können. Dann folgt aber aus (6.45), daß $b = 0$ sein muß! Wir hatten schon im Anschluß an (6.45) bemerkt, daß diese Bedingung nicht in dieser strengen Form eingehalten werden muß. In der Praxis wählt man $b \leq 1/2$. Selbst für $b = 1/2$ würde erst bei einem Phasensprung zwischen benachbarten Zellen, der größer als π ist, eine Überlappung der Öffnungen dieser Zellen eintreten. Die Größe b bestimmt über den Vorfaktor $b\,\mathrm{sinc}(b\pi) = \sin(b\pi)/\pi$ von (6.53) bzw. (6.54) vor allem die Helligkeit des Bildes, die für $b = 1/2$ maximal wird.

Auch die Bedingungen (6.50) mit $q \ll 2\pi$ braucht man in der Praxis nicht ganz so ernst zu nehmen, wie es auf den ersten Blick erscheinen mag. Allerdings muß man dann in Kauf nehmen, daß die Näherung (6.52a) für wachsendes $|x''|$ immer schlechter wird, was sich in einem Abfall der mittleren Helligkeit in den beiden holographischen Bildern mit wachsendem Abstand von der nullten Ordnung bemerkbar macht. Ähnliches gilt für (6.52c): Hier fällt die Bildhelligkeit mit wachsendem $|y''|$ ab. Am kritischsten ist die Näherung (6.52b). Der Faktor $\exp(\mathrm{i}p_{mn}\Delta k\, x'')$ stellt einen von x'' abhängigen Phasenfaktor dar, über dessen Auswirkung auf die Bildqualität man keine allgemeinen Aussagen machen kann, weil sie von den Eigenschaften der Objektfunktion abhängt.

ab

Abb. 6.9. (a) Binäres Objekt aus 64×64 Pixeln. **(b)** Computererzeugtes binäres Hologramm von (a); Originalgröße: $4,5 \times 4,5\,\mathrm{mm}^2$ (mit freundlicher Genehmigung von Th. Beth und St. Teiwes, Institut für Algorithmen und Kognitive Systeme der Universität Karlsruhe, entnommen aus H. Aagedal, Eine Software–Umgebung zum Entwurf diffraktiver optischer Elemente durch Methoden der digitalen Holographie, Studienarbeit 1992)

Abbildung 6.9 zeigt ein Beispiel für ein computererzeugtes Hologramm. Das Objekt (Abb. 6.9a) besteht aus 64×64 Pixeln und wird als Selbstleuchter (s. Abschn. 4.2) aufgefaßt, d. h. mit einer von Pixel zu Pixel zufällig variierenden Phase versehen. Das mit (6.55a,b) berechnete Hologramm ist in Abb. 6.9b dargestellt. Die Wiedergabe dieses Hologramms mit dem aufgeweiteten Strahl eines HeNe–Lasers zeigt Abb. 6.10. Da das Hologramm ebenfalls aus nur 64×64 Zellen besteht, ist das Auflösungsvermögen gering. Am oberen und unteren Bildrand sind die Bilder zweiter Ordnung noch deutlich zu sehen. In horizontaler Richtung sind die Bilder zweiter Ordnung so schwach, daß sie sich im photographischen Positiv nur bei starker Überbelichtung der Bilder erster Ordnung darstellen ließen.

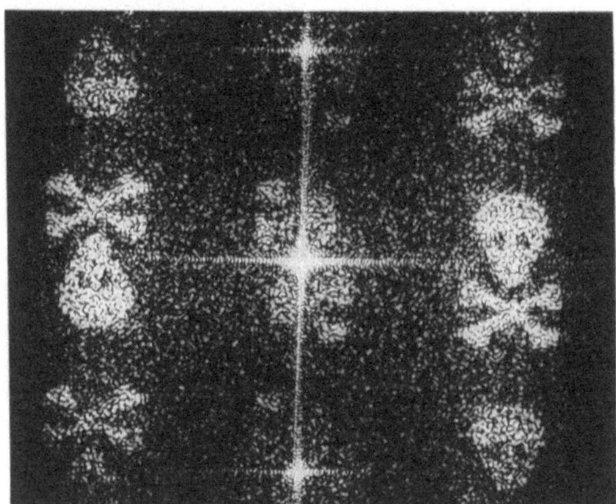

Abb. 6.10. Wiedergabe des Hologramms in Abb. 6.9b. In der Mitte sieht man das Intermodulationsbild und die nullte Beugungsordnung, rechts und links davon das konjugierte und das primäre Bild. Darüber und darunter sind Bilder zweiter Ordnung zu sehen

Man kann die Parameter eines binären Hologramms vom Typ (6.46) noch günstiger wählen, als wir es hier der Durchsichtigkeit des Verfahrens halber getan haben. Der mathematische Aufwand ist relativ groß, und man gewinnt dabei keine neuen physikalischen Einsichten. Wir verzichten deshalb auf die Diskussion solcher technischen Feinheiten.

Wir haben im Anfang darauf hingewiesen, daß man bei der Gestaltung der Öffnungen in den Zellen eines binären Hologramms große Freiheiten hat. Neben dem hier besprochenen Verfahren von Lohmann, das wir als Beispiel ausgewählt haben, weil es historisch das erste war und physikalisch besonders durchsichtig ist, gibt es eine Reihe anderer Verfahren, die zum Teil die Kodierung der Amplitude und insbesondere der Phase mit anderen physikalischen Effekten vornehmen. Wer sich darüber informieren will, muß die Spezialliteratur über synthetische Hologramme zu Rate ziehen.

6.6 Übungsaufgaben

6.1. Gegeben ist die Funktion $f(x) = \theta(x)\exp(-kx)$, wobei k eine positive reelle Zahl ist.

a) Berechnen Sie die Autokorrelationsfunktion $f(x) \otimes f(x)$.

b) Zeigen Sie, daß die Autokorrelationsfunktion einer reellwertigen Funktion stets gerade ist.

c) Berechnen Sie die Faltung von $f(x)$ mit sich selbst. Machen Sie sich anschaulich klar, warum $f(x) \star f(x)$ nicht symmetrisch in x ist.

6.2 a) Berechnen Sie die Kreuzkorrelationsprodukte $\mathrm{rect}(x/2x_0) \otimes f(x)$ und $f(x) \otimes \mathrm{rect}(x/2x_0)$ mit der Funktion $f(x)$ aus Aufgabe 6.1.

b) Wodurch unterscheiden sich diese beiden Produkte voneinander?

6.3. Von einer Rechteckblende mit der Transmissionsfunktion

$$t(x,y) = \mathrm{rect}(x/a)\mathrm{rect}(y/b)$$

wird mit der in Abb. 6.4 skizzierten Anordnung ein Fourierhologramm angefertigt. Die Referenzwelle sei $A_R \exp(-ik_x x_R)$ mit $x_R \gg a$.

a) Berechnen Sie das Hologramm und skizzieren Sie denjenigen Anteil davon, der bei der Wiedergabe des Hologramms die beiden holographischen Bilder erzeugt.

b) Berechnen Sie das Intermodulationsbild und veranschaulichen Sie sich sein Aussehen, indem Sie seine Feldstärkeverteilung über der k–Ebene skizzieren.

c) Berechnen Sie das primäre und das konjugierte Bild. Warum sind die beiden Bilder in diesem Fall identisch?

6.4. Die Rechteckblende aus Aufgabe 6.3 wird in der Objektebene um den Vektor $r_0 = (x_0, y_0)$ verschoben $(x_0, y_0 \ll x_R)$.

a) Wie ändert sich dadurch das in Aufgabe 6.3a berechnete Hologramm?

b) Wo liegt der Mittelpunkt des primären und der des konjugierten Bilds?

c) Die für die Herstellung des Hologramms verwendete photographische Emulsion kann zwei Linien gerade noch getrennt wiedergeben, wenn sie mindestens den Abstand d voneinander haben. Wie groß darf d höchstens sein, damit die beiden holographischen Bilder bei der Wiedergabe überhaupt noch entstehen?

d) Verschwindet auch das Intermodulationsbild, wenn die photographische Emulsion nur Linien mit einem Abstand, der größer als das in Aufgabe 6.4c berechnete d ist, registrieren kann?

6.5. Die Rechteckblende aus Aufgabe 6.3 wird auf der x–Achse um a nach links und um a nach rechts verschoben, so daß ein Doppelspalt mit dem Spaltabstand $2a$ entsteht. Von diesem Doppelspalt wird wie in Aufgabe 6.3 ein Fourierhologramm angefertigt.

a) Berechnen Sie das Hologramm.

b) Wie sieht das Intermodulationsbild aus?

c) Bei der Wiedergabe werden alle Frequenzen $|k_x| \geq k_S$ durch einen Spalt vor dem Hologramm ausgeblendet. Wie groß muß k_S mindestens sein, damit der Doppelspalt in den beiden holographischen Bildern noch aufgelöst wird?

A. Anhang

In den Anhängen A.1 und A.2 werden einige für die Fourieroptik wichtige
mathematische Hilfsmittel behandelt, nämlich Distributionen und ihre Ableitungen, sowie Faltung, Korrelation und Fouriertransformation im Bereich der
Distributionen. Es handelt sich im wesentlichen um eine Art Formelsamm-
lung, in der aber zugleich versucht wird, diese den meisten Physikern und
Ingenieuren nicht so gut vertrauten Begriffe mathematisch einwandfrei zu definieren und die dahinter sich verbergenden Ideen zu verdeutlichen, so gut das
in einer solchen kurzen Skizze möglich ist. Die Darstellung lehnt sich stark an
die ersten Kapitel des Buches von *Babovsky* et al. [1] über die mathematischen
Methoden der Systemtheorie an, das für Leser, die sich genauer informieren
wollen, sehr zu empfehlen ist. Der Anhang A.3 erläutert die Symbole, die für
physikalische Größen und mathematische Funktionen verwendet werden, sowie die mathematischen Operatoren. Außerdem enthält er die vorkommenden
Fouriertransformationen in tabellarischer Form.

A.1 Verallgemeinerte Funktionen

A.1.1 Einführung

Physikalische Überlegungen hatten in Abschn. 1.3.1 auf Integrale der Form

$$\int_{-\infty}^{\infty} x(t) r_{\Delta\tau}(t) dt$$

geführt, wo $x(t)$ eine reellwertige, stetige Funktion der reellen Variablen t und
$r_{\Delta\tau}(t)$ eine Rechteckfunktion der Höhe $1/\Delta\tau$ und der Breite $\Delta\tau$ war. Jede
Nullfolge $\Delta\tau \to 0$ erzeugt eine konvergente Folge solcher Integrale und es gilt

$$\lim_{\Delta\tau \to 0} \int_{-\infty}^{\infty} x(t) r_{\Delta\tau}(t) dt = x(0) \quad . \tag{A.1a}$$

Die Versuchung liegt nahe, den Limes unter das Integral zu schieben. Das
ist aber nicht erlaubt, denn $r_{\Delta\tau}(t)$ divergiert ja an der Stelle $t = 0$! Es
bleibt zunächst nur die Möglichkeit, die Aussage von (A.1a) zu interpretieren:
Der Funktion $x(t)$ auf der linken Seite von (A.1a) wird durch Integration
und Grenzwertbildung genau eine reelle Zahl, nämlich $x(0)$ zugeordnet oder

anders ausgedrückt: die Gleichung (A.1a) beschreibt eine Abbildung der Menge aller reellwertigen, stetigen Funktionen $x(t)$ auf die Menge der reellen Zahlen. Ein solche Abbildung heißt **Funktional**. Es stellt offenbar eine Verallgemeinerung der durch eine Funktion beschriebenen Abbildung dar, die jeder Zahl aus ihrem Definitionsbereich genau eine Zahl ihres Wertebereichs zuordnet, also eine Abbildung von Zahlen auf Zahlen beschreibt.

Wozu sind Funktionale nützlich? Das durch (A.1a) definierte Funktional hat genau die Eigenschaft, die wir in Abschn. 1.3.1 der δ–„Funktion" zugeschrieben und symbolisch durch

$$\int\limits_{-\infty}^{\infty} x(t)\delta(t)dt = x(0) \tag{A.1b}$$

ausgedrückt hatten. $\delta(t)$ ist aber keine Funktion, die den Zahlen t andere Zahlen zuordnet, sondern ein Funktional, das den Funktionen $x(t)$ die Zahlen $x(0)$ zuordnet. Daß man die Schreibweise (A.1b) zur Formulierung dieser Aussage benutzt, liegt daran, daß man mit Hilfe von Funktionalen der Form (A.1b) auch Funktionen definieren kann, und zwar wird eine komplexwertige Funktion $f(t)$ der reellen Variablen t (solche Funktionen benötigt man, wie sich in Abschn. 1.3.2 gezeigt hat, zur Beschreibung des Verhaltens linearer Systeme) definiert, indem man das Funktional f bildet, das jeder Funktion $\varphi(t)$ aus dem Definitionsbereich des Funktionals genau eine komplexe Zahl z_φ durch die Vorschrift

$$\varphi \to \int\limits_{-\infty}^{\infty} f^*(t)\varphi(t)dt = z_\varphi \tag{A.2}$$

zuordnet (wir benutzen ab jetzt die in der mathematischen Literatur übliche Bezeichnung $\varphi(t)$ für die Funktionen des Definitionsbereichs eines Funktionals). Die Funktionen $\varphi(t)$ werden **Testfunktionen** genannt.

Eine wichtige Frage ist, wie man den Definitionsbereich der Funktionale wählt, d. h. welche Funktionen $\varphi(t)$ man als Testfunktionen zuläßt. Laurent Schwartz (geb. 1915), der diese Theorie 1950 als erster formuliert hat, benutzte l-mal differenzierbare Testfunktionen mit kompaktem Träger, d. h. Funktionen, die außerhalb eines endlichen Intervalls verschwinden. Später hat sich herausgestellt, daß es im Hinblick auf die Fouriertransformation günstiger ist, beliebig oft differenzierbare Testfunktionen zu verwenden, die für $t \to \pm\infty$ samt ihren Abbildungen stärker als t^{-n} gegen Null gehen, d. h. $|t^n\varphi^{(k)}(t)|$ ist beschränkt für alle $k, n \in \mathbb{N}_0$. Diese φ bilden einen linearen Funktionenraum $\mathbb{S}$, denn mit φ und ψ aus $\mathbb{S}$ sind offenbar auch $\varphi + \psi$ und $\alpha\psi$ (mit $\alpha \in \mathbb{C}$) Testfunktionen und damit Elemente von $\mathbb{S}$. Mit diesen Testfunktionen existiert (A.2) für sehr viele Funktionen $f(t)$, z. B. für alle beschränkten Funktionen und für alle Polynome bis zum Grad n, nicht dagegen z. B. für e^t.

Ein erstes, sehr einfaches Beispiel soll zeigen, wie eine Funktion durch ein Funktional erklärt werden kann. Für alle $\varphi \in \mathbb{S}$ werde folgendes Funktional definiert:

$$\varphi \rightarrow \int_{-\infty}^{\infty} f^*(t)\varphi(t)dt = \int_{0}^{\infty} \varphi(t)dt \quad \text{für alle} \quad \varphi \in \mathbb{S} \quad . \tag{A.3}$$

Welche Funktion $f(t)$ wird damit erklärt? Offensichtlich wird (A.3) von der Stufenfunktion erfüllt: $f(t) = \theta(t)$. Aber es gibt noch unendlich viele andere Funktionen, die (A.3) erfüllen, z. B. diejenigen, die aus der Stufenfunktion $\theta(t)$ hervorgehen, wenn man die Funktionswerte von $\theta(t)$ an endlich vielen Stellen abändert. Das hat ja bekanntlich keinen Einfluß auf den Wert des Riemannschen Integrals. An dieser Stelle müßte man die Maßtheorie und das Lebesguesche Integral (Henri Léon Lebesgue, 1875–1941) in die Diskussion bringen. Wir können uns dieser Diskussion guten Gewissens entziehen, weil diese Begriffe für das praktische Rechnen mit Funktionalen keine Rolle spielen. Wir halten aber fest: Durch das Funktional (A.3) wird eine ganze Klasse von Funktionen erklärt, die aber nur an „einzelnen Punkten", d. h. nicht „wesentlich" voneinander verschieden sind. Aus dieser Klasse wählt man in der Praxis einen „vernünftigen" Repräsentanten aus, in unserem Beispiel $\theta(t)$, und vergißt alle anderen. Ein zweites Beispiel: Jedem $\varphi \in \mathbb{S}$ werde der Wert seiner Fouriertransformierten an der Stelle ω zugeordnet:

$$\varphi \rightarrow \int_{-\infty}^{\infty} f^*(t)\varphi(t)dt = \phi(\omega) \quad \text{für alle} \quad \varphi \in \mathbb{S} \, . \tag{A.4}$$

Dieses Funktional erklärt offensichtlich die Funktion $e^{i\omega t}$ (als Repräsentanten einer Klasse nicht wesentlich verschiedener Funktionen).

Das durch (A.2) definierte Funktional hat zwei für die Einführung von Distributionen wichtige Eigenschaften. Erstens vermittelt es eine *lineare* Abbildung des Raums $\mathbb{S}$ auf die Menge $\mathbb{C}$ der komplexen Zahlen: Wenn φ in z_φ und ψ in z_ψ abgebildet wird ($\varphi, \psi \in \mathbb{S}; z_\varphi, z_\psi \in \mathbb{C}$), dann wird, wie man aus (A.2) unmittelbar sieht, $\alpha\varphi$ in αz_φ ($\alpha \in \mathbb{C}$), und $\varphi + \psi$ in $z_\varphi + z_\psi$ abgebildet. Zweitens ist diese Abbildung *stetig*, wenn man die Konvergenz der Funktionen φ in $\mathbb{S}$ geeignet definiert. Das ist leider eine etwas mühsame Angelegenheit, auf die wir deshalb nicht näher eingehen wollen.

Wir hatten in Abschn. 1.3.1 erwähnt, daß man Distributionen auch durch konvergente Funktionenfolgen einführen kann, so wie man z. B. die Menge der rationalen Zahlen erweitern kann, indem man die reellen Zahlen als Grenzwerte von Folgen rationaler Zahlen auffaßt. Wir wollen diesen Weg nicht verfolgen, weil die Erklärung der Konvergenz in Funktionsräumen umfangreiche Erläuterungen erfordert.

Wenn der Begriff des Funktionals nur dazu diente, die klassischen Funktionen auf eine neue, umständliche Weise „durch die Hintertür" einzuführen, wäre nichts gewonnen. Aber wir hatten ja schon eingangs gesehen, daß Funktionale mehr umfassen als die altbekannten Funktionen, nämlich z. B. $\delta(t)$ in (A.1b). Die Anzahl dieser neuen Gebilde ist sogar sehr groß, und wir können jetzt den Funktionenraum \$ durch Einführung verallgemeinerter Funktionen oder Distributionen erweitern.

Definition. Ein stetiges, lineares Funktional, d. h. eine stetige, lineare Abbildung der Funktionen φ aus \$ auf die komplexen Zahlen $\langle f, \varphi \rangle$ aus $\mathbb{C}$, kurz

$$\varphi \to \langle f, \varphi \rangle \in \mathbb{C} \quad \text{für alle} \quad \varphi \in \$ \, ,$$

heißt **temperierte Distribution** f (temperiert, weil f auf \$ definiert ist, im Gegensatz zu der von Schwartz etwas anders getroffenen Wahl der Testfunktionen φ).
Eine Teilmenge aller Distributionen sind die durch

$$\langle f, \varphi \rangle \stackrel{\text{def}}{=} \int\limits_{-\infty}^{\infty} f^*(t)\varphi(t)dt \tag{A.5}$$

definierten Distributionen f, die im oben erklärten Sinn Funktionen f entsprechen. Sie heißen *reguläre* Distributionen, alle anderen heißen *singulär*.

Die für uns wichtigste singuläre Distribution ist die δ-„Funktion". Sie wird definiert durch

$$\langle \delta, \varphi \rangle \stackrel{\text{def}}{=} \varphi(0) \quad . \tag{A.6}$$

In Analogie zu (A.5) benutzt man dafür auch die Schreibweise (A.1b), die aber als eine symbolische aufzufassen ist, denn $\delta(t)$ ist als Funktion nicht erklärt, und damit hat auch das Integral (A.1b) keinen Sinn.

A.1.2 Summe und Produkte von Distributionen

Für die Praxis sind Verknüpfungen zwischen Distributionen, wie Addition, Multiplikation, Faltung und Korrelation besonders wichtig. Die Definitionen für diese Operationen müssen natürlich so gewählt werden, daß sie für reguläre Distributionen mit denen für Funktionen übereinstimmen, d. h. man muß sich bei der Definition dieser Verknüpfungen an denen für Funktionen orientieren.

Für die Addition ist das kein Problem. Die Summe zweier Funktionen ist durch $(f + g)(t) = f(t) + g(t)$ definiert und damit folgt aus (A.5)

$$\langle f + g, \varphi \rangle \;=\; \int\limits_{-\infty}^{\infty} [f(t) + g(t)]^* \varphi(t) dt$$

$$=\; \int\limits_{-\infty}^{\infty} f^*(t)\varphi(t) dt + \int\limits_{-\infty}^{\infty} g^*(t)\varphi(t) dt$$

$$=\; \langle f, \varphi \rangle + \langle g, \varphi \rangle \quad .$$

Deshalb definiert man die **Addition** von Distributionen so:

$$\langle f + g, \varphi \rangle \stackrel{\text{def}}{=} \langle f, \varphi \rangle + \langle g, \varphi \rangle \quad . \tag{A.7}$$

Die **Multiplikation** einer Distribution **mit einer komplexen Zahl** α bietet ebenfalls keine Schwierigkeiten. Wegen $(\alpha f)(t) = \alpha f(t)$ definiert man:

$$\langle \alpha f, \varphi \rangle \stackrel{\text{def}}{=} \alpha^* \langle f, \varphi \rangle \; . \tag{A.8}$$

Für die Definition eines Produkts von Distributionen stehen mehrere Möglichkeiten zur Verfügung, ähnlich wie bei Vektoren, wo man ein sklares und ein vektorielles Produkt definieren kann. Wir wollen im folgenden vier Produkte einführen: Das gewöhnliche und das direkte Produkt, die Faltung und die Kreuzkorrelation.

Unter dem gewöhnlichen Produkt zweier Funktionen f und g versteht man die Funktion $p(t) = f(t)g(t)$. Für die zugehörigen regulären Distributionen erhält man mit (A.5)

$$\langle fg, \varphi \rangle = \int\limits_{-\infty}^{\infty} [f(t)g(t)]^* \varphi(t) dt = \int\limits_{-\infty}^{\infty} f^*(t)g^*(t)\varphi(t) dt = \langle f, g^*\varphi \rangle \quad . \tag{A.9}$$

Die rechte Seite von (A.9) zeigt eine für alle Distributionsprodukte auftretende, in diesem Fall aber besonders gravierende Schwierigkeit: Wenn (A.9) einen Sinn haben soll, dann muß $g^*\varphi$ eine Testfunktion aus $\mathbb{S}$ sein. Das ist aber nur dann der Fall, wenn g eine beliebig oft differenzierbare Funktion ψ ist, die für $t \to \pm\infty$ und festes $m \in \mathbb{N}$ höchstens wie t^m wächst; ψ heißt dann Multiplikator in $\mathbb{S}$. Man kann also das gewöhnliche **Produkt** nur für eine beliebige Distribution f **mit einem Multiplikator** ψ definieren:

$$\langle \psi f, \varphi \rangle \equiv \langle f\psi, \varphi \rangle \stackrel{\text{def}}{=} \langle f, \psi^*\varphi \rangle \quad . \tag{A.10}$$

Vor nicht erklärten Ausdrücken wie $\delta^2(t)$ wird deshalb eindringlich gewarnt! Als Anwendungsbeispiel für die Definition (A.10) wollen wir die Gleichung (1.10) für eine komplexwertige Funktion $x(t)$, die Multiplikator in $\mathbb{S}$ ist, herleiten:

$$\langle x\delta, \varphi \rangle = \langle \delta, x^*\varphi \rangle = x^*(0)\varphi(0) = x^*(0)\langle \delta, \varphi \rangle \quad . \tag{A.11}$$

Dabei wurden (A.10) und (A.6) benutzt. Mit Funktionssymbolen geschrieben lautet (A.11):

$$x(t)\delta(t) = x^*(0)\delta(t) \quad . \tag{A.11a}$$

Für $x(t) = t$ erhält man $t\delta(t) = 0$!

Unter dem **direkten Produkt** $f \times g$ zweier Funktionen f und g versteht man die Funktion $p(s,t) = f(s)g(t)$. Für die zugehörige reguläre Distribution erhält man analog zu (A.9)

$$\begin{aligned}
\langle f(s) \times g(t), \varphi(s,t)\rangle &= \int\limits_{-\infty}^{\infty} \int\limits_{-\infty}^{\infty} f^*(s)g^*(t)\varphi(s,t)\,ds\,dt \\
&= \int\limits_{-\infty}^{\infty} f^*(s) \int\limits_{-\infty}^{\infty} g^*(t)\varphi(s,t)\,dt\,ds \\
&= \langle f(s), \langle g(t), \varphi(s,t)\rangle\rangle \quad ,
\end{aligned} \tag{A.12}$$

wobei $\varphi(s,t)$ im Unendlichen hinreichend schnell verschwindende und nach *beiden* Variablen beliebig oft differenzierbare Testfunktionen sind. Man kann zeigen, daß $\langle g(t), \varphi(s,t)\rangle$ für beliebige Distributionen g bezüglich der Variablen s eine Testfunktion ist; deshalb hat der letzte Ausdruck in (A.12) für beliebige Distributionen f und g einen Sinn und kann als Definition für das direkte Produkt zweier Distributionen dienen.

Für die Fourieroptik ist nur ein Spezialfall interessant, nämlich $\delta(x) \times \delta(y)$. Mit (A.12) und (A.6) findet man

$$\begin{aligned}
\langle \delta(x) \times \delta(y), \varphi(x,y)\rangle &= \langle \delta(x), \langle \delta(y), \varphi(x,y)\rangle\rangle \\
&= \langle \delta(x), \varphi(x,0)\rangle = \varphi(0,0) \quad .
\end{aligned} \tag{A.13}$$

Die Gleichung (A.13) stellt eine Verallgemeinerung der δ-Distribution für Testfunktionen dar, die auf $\mathbb{R}^2$ definiert sind. In der physikalischen Literatur schreibt man statt $\delta(x) \times \delta(y)$ einfach $\delta(x)\delta(y) = \delta(\boldsymbol{r})$ mit $\boldsymbol{r} = (x,y)$ und meint eine δ-„Funktion", die an der Stelle $\boldsymbol{r} = 0$ der xy-Ebene sitzt.

Die physikalischen Überlegungen zur Berechnung der Antwort eines linearen Systems auf eine beliebige Frage in Abschn. 1.3.1 hatten auf ein weiteres Produkt zweier Funktionen f und g geführt: Die **Faltung** $f \star g$. Wie das gewöhnliche Produkt läßt sich auch das Faltungsprodukt nicht so definieren, daß es für beliebige Distributionen existiert. Die Einschränkungen sind aber für das Faltungsprodukt viel geringer. Da in den Anwendungen die **Faltung zweier komplexwertiger Funktionen** f und g am häufigsten vorkommt, wollen wir diesen Fall gesondert behandeln:

$$(f \star g)(t) \overset{\text{def}}{=} \int\limits_{-\infty}^{\infty} f(\tau)g(t - \tau)\,d\tau \quad . \tag{A.14}$$

Dieses Integral existiert, wenn f und g absolut integrierbar sind (der Beweis ist relativ aufwendig).

Aus der Definition (A.14) sieht man sofort, daß das Faltungsprodukt von Funktionen distributiv ist:

$$f \star (g + h) = f \star g + f \star h \quad . \tag{A.15}$$

Durch Einführen der neuen Integrationsvariable $\sigma = t - \tau$ in (A.14) findet man die Kommutativität der Faltung:

$$
\begin{aligned}
(f \star g)(t) &= \int\limits_{+\infty}^{-\infty} f(t - \sigma)g(\sigma)(-d\sigma) \\
&= \int\limits_{-\infty}^{\infty} f(t - \sigma)g(\sigma)d\sigma = (g \star f)(t) \quad .
\end{aligned}
\tag{A.16}
$$

Der Nachweis, daß das Faltungsprodukt auch assoziativ ist, ist nur wenig aufwendiger. Aufgrund der Definition (A.14) gilt:

$$([f \star g] \star h)(t) = \int\limits_{-\infty}^{\infty} \left[\int\limits_{-\infty}^{\infty} f(\tau)g(\sigma - \tau)d\tau \right] h(t - \sigma)d\sigma \quad .$$

Nach Vertauschen der Integrationen und Einführen der Integrationsvariable $\sigma' = \sigma - \tau$ erhält man

$$
\begin{aligned}
&= \int\limits_{-\infty}^{\infty} f(\tau) \int\limits_{-\infty}^{\infty} g(\sigma')h(t - \sigma' - \tau)d\sigma' d\tau \\
&= \int\limits_{-\infty}^{\infty} f(\tau)[g \star h](t - \tau)d\tau = (f \star [g \star h])(t) \quad .
\end{aligned}
\tag{A.17}
$$

Um zu einer Definition der Faltung für Distributionen zu gelangen, betrachten wir zunächst wieder die zu (A.14) gehörigen Funktionale regulärer Distributionen:

$$
\begin{aligned}
\langle (f \star g)(t), \varphi(t) \rangle &= \int\limits_{-\infty}^{\infty} \left(\int\limits_{-\infty}^{\infty} f(\tau)g(t - \tau)d\tau \right)^{*} \varphi(t)dt \\
&= \int\limits_{-\infty}^{\infty} \int\limits_{-\infty}^{\infty} f^{*}(\tau)g^{*}(t - \tau)\varphi(t)dt \, d\tau \quad .
\end{aligned}
$$

Mit der Integrationsvariable $\sigma = t - \tau$ an Stelle von t erhält man

$$= \int\limits_{-\infty}^{\infty} f^*(\tau) \int\limits_{-\infty}^{\infty} g^*(\sigma)\varphi(\sigma + \tau)d\sigma d\tau = \langle f(\tau), \langle g(\sigma), \varphi(\sigma + \tau)\rangle\rangle \quad .$$

Man definiert deshalb das ***Faltungsprodukt zweier Distributionen*** f und g durch

$$\langle (f \star g)(t), \varphi(\tau)\rangle \overset{\text{def}}{=} \langle f(\tau), \langle g(\sigma), \varphi(\sigma + \tau)\rangle\rangle \quad . \tag{A.18}$$

Wie beim gewöhnlichen Produkt existiert das Faltungsprodukt (A.18) nur, wenn $\langle g(\sigma), \varphi(\sigma + \tau)\rangle$ bezüglich der Variable τ eine Testfunktion aus $\mathbb{S}$ ist. Dann ist das Faltungsprodukt auch assoziativ, kommutativ und distributiv; die Beweise für die ersten beiden Eigenschaften sind allerdings viel aufwendiger als im Fall von Funktionen.

Für die Fourieroptik ist ein Spezialfall wichtig, nämlich die Faltung einer Distribution mit δ. In diesem Fall kann man unter Verwendung von (A.6) leicht nachrechnen, daß (A.18) immer existiert:

$$\langle f \star \delta, \varphi\rangle = \langle f(\tau), \langle \delta(\sigma), \varphi(\sigma + \tau)\rangle\rangle = \langle f(\tau), \varphi(\tau)\rangle \quad . \tag{A.19a}$$

Schreibt man (A.19a) mit Funktionssymbolen, so erhält man nun die in Abschn. 1.3.1 mehr oder weniger intuitiv aufgeschriebene Gleichung (1.8):

$$f(t) \star \delta(t) = f(t) \quad . \tag{A.19b}$$

Da (A.19b) für jede Distribution f gilt, existiert auch – im Gegensatz zum gewöhnlichen Produkt – die Faltung von δ mit sich selbst: $\delta(t) \star \delta(t) = \delta(t)$.

Für viele physikalische Anwendungen benötigt man eine weitere Produktbildung, die ***Kreuzkorrelation zweier Funktionen***, die folgendermaßen definiert wird:

$$(f \otimes g)(t) \overset{\text{def}}{=} \int\limits_{-\infty}^{\infty} f^*(\tau)g(\tau + t)d\tau = c_{fg}(t) \quad . \tag{A.20a}$$

Durch Einführen der Integrationsvariable $\sigma = \tau + t$ findet man die äquivalente Definition

$$(f \otimes g)(t) \overset{\text{def}}{=} \int\limits_{-\infty}^{\infty} f^*(\sigma - t)g(\sigma)d\sigma = c_{fg}(t) \quad . \tag{A.20b}$$

Ein Vergleich dieser beiden Definitionen zeigt, daß das Korrelationsprodukt im allgemeinen nicht kommutativ ist; vielmehr gilt

$$c_{fg}(t) = c_{gf}^*(-t) \quad . \tag{A.21}$$

Die Korrelation hat große Ähnlichkeit mit der Faltung. Wie man aus (A.20a) sofort sieht, kann man $f \otimes g$ durch $f \star g$ ausdrücken:

$$(f \otimes g)(t) \overset{\text{def}}{=} (f_- \star g)(t) \quad , \tag{A.22}$$

wobei f_- durch $f_-(\tau) = f^*(-\tau)$ definiert ist. Wenn f und g reell und gerade sind, kann man leicht zeigen, daß dann beide Produkte sogar identisch sind.

Die Kreuzkorrelation genügt auch nicht dem Assoziativgesetz. Mit (A.22) findet man

$$\begin{aligned}
f(x) \otimes [g(x) \otimes h(x)] &= f^*(-x) \star [g^*(-x) \star h(x)] \\
&= [f^*(-x) \star g^*(-x)] \star h(x) \\
&= [(f \star g)(-x)]^* \star h(x) \\
&= [(f \star g)(x)] \otimes h(x) \quad .
\end{aligned} \tag{A.23}$$

Schreibt man wie für das Faltungsprodukt die zu c_{fg} gehörende reguläre Distribution auf, nämlich

$$\begin{aligned}
\langle (f \otimes g)(t), \varphi(t) \rangle &= \int\limits_{-\infty}^{\infty} \left(\int\limits_{-\infty}^{\infty} f^*(\tau) g(t + \tau) d\tau \right)^* \varphi(t) dt \\
&= \int\limits_{-\infty}^{\infty} \int\limits_{-\infty}^{\infty} f(\tau) g^*(t + \tau) \varphi(t) dt\, d\tau \quad ,
\end{aligned}$$

und mit $\sigma = t + \tau$ anstelle von t

$$= \int\limits_{-\infty}^{\infty} f(\tau) \int\limits_{-\infty}^{\infty} g^*(\sigma) \varphi(\sigma - \tau) d\sigma\, d\tau = \langle f^*(\tau), \langle g(\sigma), \varphi(\sigma - \tau) \rangle \rangle \quad ,$$

so wird man auf die Definition der **Kreuzkorrelation für Distributionen** geführt:

$$\langle (f \otimes g)(\tau), \varphi(\tau) \rangle \overset{\text{def}}{=} \langle f^*(\tau), \langle g(\sigma), \varphi(\sigma - \tau) \rangle \rangle \quad . \tag{A.24}$$

Ein Vergleich mit (A.18) zeigt, daß die Kreuzkorrelation offenbar unter den gleichen Bedingungen existiert wie das Faltungsprodukt.

A.1.3 Verschiebung und Streckung von Distributionen

In Abschn. 1.3.1 hatten wir eine Treppenfunktion konstruiert, indem wir zum Nullpunkt symmetrische Rechteckfunktionen an die Stellen τ_{n} auf der t-Achse verschoben haben. Auch Distributionen kann man „verschieben", obwohl sie – streng genommen – kein Argument haben. Man orientiert sich wieder an den regulären Distributionen $f(t)$, für die nach Verschieben um τ nach rechts gilt:

$$\langle f(t - \tau), \varphi(t) \rangle = \int\limits_{-\infty}^{\infty} f^*(t - \tau) \varphi(t) dt \quad ,$$

232 A. Anhang

und mit der neuen Integrationsvariable $\sigma = t - \tau$

$$= \int\limits_{-\infty}^{\infty} f^*(\sigma)\varphi(\sigma + \tau)d\sigma = \langle f(\sigma), \varphi(\sigma + \tau)\rangle \quad . \tag{A.25}$$

Der letzte Ausdruck von (A.25) sagt, was man unter der **_Verschiebung_** einer Distribution f zu verstehen hat. Interessant daran ist, daß man die Verschiebung auf die Testfunktionen φ abwälzen kann, für die diese Operation erklärt ist. Wählt man für f die δ-„Funktion", so sieht man aus (A.25), daß $\delta(t - \tau)$ eine Distribution ist, die jeder Testfunktion φ ihren Wert $\varphi(\tau)$ an der Stelle τ zuordnet. Für das gewöhnliche Produkt von $\delta(t - \tau)$ mit einem Multiplikator $x(t)$ erhält man als Verallgemeinerung von (1.10)

$$x(t)\delta(t - \tau) = x^*(\tau)\delta(t - \tau) \quad . \tag{A.26}$$

Für die Fourieroptik wichtiger ist die Faltung einer beliebigen Distribution mit $\delta(t - \tau)$. Wir beweisen zunächst die allgemeinere Aussage, daß nämlich

$$f(t) \star g(t - \tau) = f(t - \tau) \star g(t) \tag{A.27}$$

gilt, wenn $f \star g$ existiert. Mit der Definition (A.18) erhält man

$$\langle f(t) \star g(t - \tau), \varphi(t)\rangle = \langle f(t), \langle g(s - \tau), \varphi(s + t)\rangle\rangle \ ,$$

wobei nach Voraussetzung $\langle g(s - \tau), \varphi(s + t)\rangle$ eine Testfunktion bezüglich t ist, auf die wir (A.25) anwenden:

$$\langle g(s - \tau), \varphi(s + t)\rangle = \langle g(s), \varphi(s + t + \tau)\rangle \quad .$$

Durch nochmalige Anwendung von (A.25) kann man schließlich die Verschiebung τ in die Distribution f stecken:

$$\langle f(t), \langle g(s), \varphi(s + t + \tau)\rangle\rangle = \langle f(t - \tau), \langle g(s), \varphi(s + t)\rangle\rangle \quad .$$

Der letzte Ausdruck stellt aber gerade die rechte Seite von (A.27) dar. Unter Verwendung von (A.19b) und (A.27) findet man schließlich:

$$f(t - \tau) = f(t - \tau) \star \delta(t) = f(t) \star \delta(t - \tau) \ , \tag{A.28}$$

d. h. die Faltung einer Funktion oder Distribution mit $\delta(t-\tau)$ verschiebt diese um τ nach rechts.

Analog zur Verschiebung kann man die Streckung der Abszisse behandeln, also das Ersetzen der Variable t durch αt mit $\alpha \neq 0$. Für reguläre Distributionen f gilt:

$$\langle f(\alpha t), \varphi(t)\rangle = \int\limits_{-\infty}^{\infty} f^*(\alpha t)\varphi(t)dt \quad \text{und mit} \quad s = \alpha t$$

$$= \int\limits_{-\infty}^{\infty} f^*(s)\varphi\left(\frac{s}{\alpha}\right)\frac{ds}{|\alpha|} = \frac{1}{|\alpha|}\left\langle f(s), \varphi\left(\frac{s}{\alpha}\right)\right\rangle \ , \tag{A.29}$$

wobei $|\alpha|$ in der zweiten Zeile noch einer Begründung bedarf: Für $\alpha > 0$ ist $\alpha = |\alpha|$, für $\alpha < 0$ vertauschen sich die Integrationsgrenzen; macht man diese Vertauschung rückgängig, so erhält man einen Faktor -1, den man mit α zusammenzieht: $-\alpha = |\alpha|$. Wegen (A.29) definiert man eine **Streckung der Abszisse** für beliebige Distributionen f folgendermaßen:

$$\langle f(\alpha t), \varphi(t) \rangle \overset{\text{def}}{=} \frac{1}{|\alpha|} \left\langle f(t), \varphi \left(\frac{t}{\alpha} \right) \right\rangle \quad . \tag{A.30}$$

Wie bei der Verschiebung wird die Streckung auf die Testfunktionen abgewälzt, und zwar als Stauchung. Schreibt man (A.30) für $f = \delta$ und $\alpha = -1$ auf, so findet man die schon in Abschn. 1.3.1 aufgrund anschaulicher Argumente vermutete und als (1.12) aufgeschriebene Symmetrieeigenschaft der δ-„Funktion".

A.1.4 Ableitungen von Distributionen

Zum Schluß dieses Abschnitts wollen wir noch die Frage stellen, ob man Distributionen differenzieren kann. Da die δ-„Funktion" von der Anschauung her betrachtet ein ziemlich pathologisches Gebilde ist, wagt man kaum zu fragen, ob man für $\delta(t)$ eine Ableitung definieren kann. Die überraschende Antwort ist, daß man eine verallgemeinerte Ableitung so definieren kann, daß *jede* Distribution *beliebig* oft differenzierbar ist, und zwar deshalb, weil man wie bei Verschiebung und Streckung die Differentiation einer Distribution auf die Testfunktionen abwälzen kann. Natürlich muß die Definition so gewählt werden, daß die Ableitungen regulärer Distributionen mit den Funktionsableitungen in Einklang stehen (soweit diese existieren).

Es sei $f(t)$ eine Funktion, die samt ihren Ableitungen für $t \to \pm\infty$ nicht schneller wächst als t^n. Dann kann man durch partielle Integration das die Ableitung f' repräsentierende Funktional auf ein Funktional für die Funktion f zurückführen:

$$\begin{aligned}
\langle f', \varphi \rangle &= \int_{-\infty}^{\infty} f'^*(t)\varphi(t)dt = f^*(t)\varphi(t)\big|_{-\infty}^{\infty} - \int_{-\infty}^{\infty} f^*(t)\varphi'(t)dt \\
&= -\langle f, \varphi' \rangle \, , \tag{A.31}
\end{aligned}$$

wobei der Term $f^*(t)\varphi(t)\big|_{-\infty}^{\infty}$ verschwindet, weil φ für $t \to \pm\infty$ schneller gegen Null strebt als t^{-n}. Durch wiederholte Anwendung von (A.31) erhält man eine Beziehung, die man zur Definition der n-ten **Ableitung einer Distribution** verwendet, nämlich

$$\langle f^{(n)}, \varphi \rangle \overset{\text{def}}{=} (-1)^n \langle f, \varphi^{(n)} \rangle \quad . \tag{A.32}$$

Die rechte Seite existiert offensichtlich für jede Distribution f, weil die Funktionen $\varphi^{(n)}$ Testfunktion aus $\$$ sind. Mit Hilfe von (A.32) kann man die

Aussage (1.13) bzw. ihre Umkehrung, nämlich $\theta'(t) = \delta(t)$, auf eine solide Grundlage stellen:

$$\langle \theta', \varphi \rangle = -\langle \theta, \varphi' \rangle = -\int\limits_0^\infty \varphi'(t)dt = -\varphi(t)|_0^\infty = \varphi(0) = \langle \delta, \varphi \rangle \quad . \qquad (A.33)$$

Dabei wurde im zweiten Schritt die Repräsentation der Stufenfunktion $\theta(t)$ durch das Funktional (A.3) und im vorletzten $\lim_{t\to\infty} \varphi(t) = 0$ verwendet.

Zum Schluß wollen wir noch zwei **Produktregeln** für das Differenzieren angeben. Zunächst berechnen wir unter Verwendung der Definitionen (A.7), (A.10) und (A.32) die Ableitung des gewöhnlichen Produkts einer Distribution f mit einem Multiplikator ψ (d. h. mit einer hinreichend „gutmütigen" Funktion):

$$\begin{aligned}
\langle (\psi f)', \varphi \rangle &= -\langle \psi f, \varphi' \rangle = -\langle f, \psi^*\varphi' \rangle = -\langle f, \psi^*\varphi' + \psi'^*\varphi \rangle + \langle f, \psi'^*\varphi \rangle \\
&= \langle f', \psi^*\varphi \rangle + \langle f, \psi'^*\varphi \rangle = \langle \psi f', \varphi \rangle + \langle \psi' f, \varphi \rangle \quad .
\end{aligned}$$

In diesem Fall erhält man also dieselbe Produktregel wie für Funktionen, nämlich

$$(\psi f)' = \psi' f + \psi f' \quad . \qquad (A.34)$$

Das Faltungsprodukt gehorcht dagegen einer anderen Produktregel. Unter Verwendung der Definitionen (A.18) und (A.32) findet man

$$\begin{aligned}
\langle (f \star g)', \varphi \rangle &= -\langle f \star g, \varphi' \rangle = -\langle f(\tau), \langle g(\sigma), \varphi'(\sigma + \tau) \rangle \rangle \\
&= \langle f(\tau), \langle g'(\sigma), \varphi(\sigma + \tau) \rangle \rangle = \langle f \star g', \varphi \rangle \quad .
\end{aligned}$$

Genauso gut kann man natürlich das Differenzieren auf f schieben, d. h. man erhält für das Faltungsprodukt die sehr einfache Produktregel

$$(f \star g)' = f \star g' = f' \star g \quad . \qquad (A.35)$$

A.2 Die Fouriertransformation

A.2.1 Fouriertransformation von Distributionen

In Abschn. 1.3.2 hatten wir die Fouriertransformierte für Funktionen eingeführt und die absolute Integrierbarkeit einer Funktion als hinreichende Bedingung für die Existenz ihrer Fouriertransformierten angegeben. Andererseits legten anschauliche Überlegungen die Vermutung nahe, daß man auch Funktionen, die nicht absolut integrierbar, aber für die Beschreibung linearer Systeme sehr wichtig sind, wie z. B. Cosinus und Sinus, eine Fouriertransformierte zuordnen kann. In dem durch die Verallgemeinerung des Funktionsbegriffs stark erweiterten Raum der temperierten Distributionen ist das in der Tat immer möglich.

Für eine absolut integrierbare, stetige Funktion $f(t)$ und für alle Testfunktionen $\varphi(t)$ aus $\mathbb{S}$ existieren die durch (1.26) definierten Fouriertransformierten $F(\omega)$ und $\phi(\omega)$. Wenn man $f(t)$ in der im Abschn. A.1.1 beschriebenen Weise durch das Funktional (A.5) erklärt und die Testfunktionen durch ihre Fouriertransformierten gemäß (1.39) ausdrückt, so findet man

$$\langle f, \varphi \rangle = \int\limits_{-\infty}^{\infty} f^*(t)\varphi(t)dt = \int\limits_{-\infty}^{\infty} f^*(t) \int\limits_{-\infty}^{\infty} \phi(\omega)\mathrm{e}^{\mathrm{i}\omega t}\frac{d\omega}{2\pi}dt \ ,$$

und nach Vertauschen der beiden Integrationen schließt man weiter

$$= \int\limits_{-\infty}^{\infty}\int\limits_{-\infty}^{\infty} f^*(t)\mathrm{e}^{\mathrm{i}\omega t}dt\phi(\omega)\frac{d\omega}{2\pi} = \int\limits_{-\infty}^{\infty}\left[\int\limits_{-\infty}^{\infty} f(t)\mathrm{e}^{-\mathrm{i}\omega t}dt\right]^* \phi(\omega)\frac{d\omega}{2\pi}$$

$$= \int\limits_{-\infty}^{\infty} F^*(\omega)\phi(\omega)\frac{d\omega}{2\pi} = \frac{1}{2\pi}\langle F(\omega), \phi(\omega)\rangle \ \ . \tag{A.36}$$

Der letzte Ausdruck von (A.36) existiert, wenn die Funktionen $\phi(\omega)$ Testfunktionen aus $\mathbb{S}$ sind; daß die unabhängige Variable jetzt ω statt t genannt wird, ist unerheblich. Zunächst stellen wir fest, daß die Fouriertransformierten der Testfunktionen $\varphi(t)$ und ihrer Ableitungen $\varphi^{(n)}(t)$ existieren und sich durch (1.26) darstellen lassen, weil die $\varphi^{(n)}(t)$ absolut integrierbar sind. Deshalb kann man eine Verallgemeinerung der Abschätzung (1.51) anwenden und findet, daß die $\phi(\omega)$ für $\omega \rightarrow \pm\infty$ stärker als ω^{-n} gegen Null gehen. Außerdem sind die $\phi(\omega)$ beliebig oft nach ω differenzierbar. Daraus folgt, daß die $\phi(\omega)$ Testfunktionen aus $\mathbb{S}$ sind und deshalb $\langle F(\omega), \phi(\omega)\rangle$ immer existiert und eine temperierte Distribution $F(\omega)$ definiert. Man kann also mit der Definition

$$\langle F(\omega), \phi(\omega)\rangle \overset{\text{def}}{=} 2\pi\langle f(t), \varphi(t)\rangle \tag{A.37}$$

jeder temperierten Distribution f eine **Fouriertransformierte** F zuordnen. Analog zu (A.36) kann man zeigen, daß auch die Rücktransformierte von F existiert und mit f identisch ist, d. h. die Abbildung der Distributionen f auf ihre Fouriertransformierten F ist umkehrbar eindeutig (bijektiv).

Als erste Anwendung der Definition (A.37) leiten wir die bereits in (1.32) aufgeschriebene Fouriertransformierte $\mathrm{EXP}(\omega)$ der harmonischen Funktion $\mathrm{e}^{\mathrm{i}\omega_0 t}$ her:

$$\langle \mathrm{EXP}(\omega), \phi(\omega)\rangle = 2\pi\langle \mathrm{e}^{\mathrm{i}\omega_0 t}, \varphi(t)\rangle = 2\pi \int\limits_{-\infty}^{\infty} \mathrm{e}^{-\mathrm{i}\omega_0 t}\varphi(t)dt$$

$$= 2\pi\phi(\omega_0) = 2\pi\langle\delta(\omega - \omega_0), \phi(\omega)\rangle \ \ . \tag{A.38}$$

Im letzten Schritt wurde (A.25) benutzt. Mit Funktionssymbolen geschrieben lautet (A.38)

$$\mathrm{EXP}(\omega) = 2\pi\delta(\omega - \omega_0). \tag{A.38a}$$

Wenn man $\cos\omega_0 t$ und $\sin\omega_0 t$ durch $\mathrm{e}^{\mathrm{i}\omega_0 t}$ und $\mathrm{e}^{-\mathrm{i}\omega_0 t}$ ausdrückt, findet man mit Hilfe von (A.38a) die in (1.30) und (1.31) angegebenen Fouriertransformierten von Cosinus und Sinus. Für $\omega_0 = 0$ erhält man die Fouriertransformierte $\mathcal{F}\{1\}$ der Distribution $\langle 1, \varphi\rangle$, nämlich

$$\begin{aligned}
\langle\mathcal{F}\{1\}, \phi(\omega)\rangle &= 2\pi\langle 1, \varphi(t)\rangle = 2\pi\int_{-\infty}^{\infty}\mathrm{e}^{-\mathrm{i}0t}\varphi(t)dt \\
&= 2\pi\phi(0) = 2\pi\langle\delta(\omega), \phi(\omega)\rangle \quad .
\end{aligned} \tag{A.39}$$

Ebenso einfach berechnet sich die Fouriertransformierte von $\delta(t)$ (vgl. (1.33)):

$$\begin{aligned}
\langle\Delta(\omega), \phi(\omega)\rangle &= 2\pi\langle\delta(t), \varphi(t)\rangle = 2\pi\varphi(0) \\
&= 2\pi\int_{-\infty}^{\infty}\phi(\omega)\mathrm{e}^{\mathrm{i}\omega 0}\frac{d\omega}{2\pi} = \int_{-\infty}^{\infty}\phi(\omega)d\omega \\
&= \langle 1, \phi(\omega)\rangle \quad .
\end{aligned} \tag{A.40}$$

Etwas umständlicher gestaltet sich die Berechnung der in (1.45) aufgeschriebenen Fouriertransformierten der Stufenfunktion $\theta(t)$. Dazu benötigen wir eine Eigenschaft der Fouriertransformierten reellwertiger, gerader bzw. ungerader Funktionen $f(t)$. Wegen

$$F^*(\omega) = \int_{-\infty}^{\infty} f(t)\mathrm{e}^{-(-\mathrm{i}\omega t)}dt = F(-\omega) \tag{A.41}$$

ist der Realteil $F_1(\omega)$ eine gerade, der Imaginärteil $F_2(\omega)$ eine ungerade Funktion, wenn $f(t)$ reell ist. Das Umgekehrte ist der Fall, wenn $f(t)$ imaginär ist. Wenn $f(t)$ reell *und* gerade ist, dann ist seine Fouriertransformierte reell (und natürlich gerade). Um das einzusehen, braucht man $F(\omega)$ nur nach Real- und Imaginärteil getrennt hinzuschreiben:

$$F(\omega) = \int_{-\infty}^{\infty} f(t)\mathrm{e}^{-\mathrm{i}\omega t}dt = \int_{-\infty}^{\infty} f(t)\cos\omega t - \mathrm{i}\int_{-\infty}^{\infty} f(t)\sin\omega t\, dt \quad . \tag{A.42}$$

Das letzte Integral verschwindet, weil der Integrand eine ungerade Funktion ist, und damit ist $F(\omega)$ reell und gerade. Wenn dagegen $f(t)$ reell und ungerade ist, verschwindet das Integral mit $\cos\omega t$, und $F(\omega)$ wird imaginär und ungerade.

Als nächstes berechnen wir die Fouriertransformierte der Vorzeichenfunktion (Signumfunktion)

$$\text{sgn}(t) = [\theta(t) - 1] + \theta(t) = \begin{cases} -1 & \text{für } t < 0 \\ +1 & \text{für } t > 0 \end{cases} \quad . \tag{A.43}$$

Wegen (A.33) ist die Ableitung dieser Funktion $2\delta(t)$, und $\text{sgn}(t) + c$ mit $c \in \mathbb{C}$ ist eine Stammfunktion von $2\delta(t)$. Also gilt:

$$\frac{d}{dt}[\text{sgn}(t) + c] = 2\delta(t) \quad . \tag{A.44}$$

Die Fouriertransformation von (A.44) ergibt unter Verwendung von (A.49) und (A.39) auf der linken und (A.40) auf der rechten Seite

$$i\omega[\text{SGN}(\omega) + 2\pi c\delta(\omega)] = 2 \ ,$$

und daraus erhält man die Fouriertransformierte der Vorzeichenfunktion $\text{sgn}(t)$:

$$\text{SGN}(\omega) = \frac{2}{i\omega} - 2\pi c\delta(\omega) \ , \tag{A.45}$$

wobei $1/\omega$ wegen der Singularität bei $\omega = 0$ als Distribution aufzufassen ist. Da $\text{sgn}(t)$ reell und ungerade ist, muß $\text{SGN}(\omega)$ imaginär sein, also muß auch c imaginär sein. Außerdem muß $\text{SGN}(\omega)$ ungerade sein, d. h. wegen $\delta(\omega) = \delta(-\omega)$ folgt $c = 0$. Drückt man nun die Stufenfunktion durch $\text{sgn}(t)$ aus:

$$\theta(t) = \tfrac{1}{2} + \tfrac{1}{2}\text{sgn}(t) \ ,$$

so kann man ihre Fouriertransformierte sofort hinschreiben:

$$\Theta(\omega) = \pi\delta(\omega) - \frac{i}{\omega} \quad . \tag{A.46}$$

A.2.2 Verschiebung, Streckung und Differentiation

In der Fourieroptik spielt die Fouriertransformation des gewöhnlichen Produkts und der Faltung eine wichtige Rolle. Wenn diese Produkte existieren, dann existieren auch ihre Fouriertransformierten, denn durch (A.37) kann man ja jeder temperierten Distribution eine Fouriertransformierte zuordnen. Nicht so leicht zu beweisen ist, daß unter diesen Voraussetzungen auch die Faltungssätze (1.43) und (1.44) gelten.

Ein für die Fourieroptik besonders wichtiger Fall ist die Faltung einer beliebigen Distribution mit der „verschobenen δ–Funktion" $\delta(t - t_0)$, deren Fouriertransformierte $\mathcal{F}\{f(t) \star \delta(t - t_0)\}$ immer existiert und gleich der Fouriertransformierten von $f(t - t_0)$ ist:

$$\begin{aligned}
\langle \mathcal{F}\{f(t) \star \delta(t - t_0)\}(\omega), \phi(\omega)\rangle &= 2\pi\langle f(t) \star \delta(t - t_0), \varphi(t)\rangle \\
&= 2\pi\langle f(t - t_0), \varphi(t)\rangle \quad .
\end{aligned}$$

Dabei wurde (A.28) benutzt. Für die Testfunktionen φ berechnet man

$$\phi_{t_0}(\omega) = \int\limits_{-\infty}^{\infty} \varphi(t+t_0)\mathrm{e}^{-\mathrm{i}\omega t}dt = \int\limits_{-\infty}^{\infty} \varphi(s)\mathrm{e}^{-\mathrm{i}\omega(s-t_0)}ds = \phi(\omega)\mathrm{e}^{\mathrm{i}\omega t_0}$$

und erhält damit

$$2\pi\langle f(t-t_0), \varphi(t)\rangle = 2\pi\langle f(t), \varphi(t+t_0)\rangle = \langle F(\omega), \phi(\omega)\mathrm{e}^{\mathrm{i}\omega t_0}\rangle \ ,$$

wobei $\mathrm{e}^{\mathrm{i}\omega t_0}$ ein Multiplikator ist, d. h. mit (A.10) ergibt sich

$$\langle \mathcal{F}\{f(t)\star\delta(t-t_0)\}(\omega), \phi(\omega)\rangle = \langle F(\omega)\mathrm{e}^{-\mathrm{i}\omega t_0}, \phi(\omega)\rangle \ ,$$

also gilt für dieses spezielle Produkt der Faltungssatz

$$f(t-t_0) = f(t)\star\delta(t-t_0) \ \circ\!\!-\!\!\bullet \ F(\omega)\mathrm{e}^{-\mathrm{i}\omega t_0} \quad . \tag{A.47}$$

Zugleich zeigt (A.47), daß die Fouriertransformierte auf eine Verschiebung der Originalfunktion nur mit einer Veränderung der Phase reagiert.

Die Auswirkung einer Streckung der Abszisse auf die Fouriertransformierte kann man ebenfalls leicht ausrechnen. Zunächst findet man für die Testfunktionen φ:

$$\int\limits_{-\infty}^{\infty} \varphi\left(\frac{t}{\alpha}\right)\mathrm{e}^{-\mathrm{i}\omega t}dt = \int\limits_{-\infty}^{\infty} \varphi(s)\mathrm{e}^{-\mathrm{i}\omega\alpha s}|\alpha|ds = |\alpha|\phi(\alpha\omega) \quad .$$

(Wegen $|\alpha|$ vgl. (A.29)). Mit der Bezeichnung $F_\alpha(\omega)$ für die Fouriertransformierte von $f(\alpha t)$ und (A.30) erhält man dann

$$\begin{aligned}
\langle F_\alpha(\omega), \phi(\omega)\rangle &= 2\pi\langle f(\alpha t), \varphi(t)\rangle = \frac{2\pi}{|\alpha|}\left\langle f(t), \varphi\left(\frac{t}{a}\right)\right\rangle \\
&= \frac{1}{|\alpha|}\langle F(\omega), |\alpha|\phi(\alpha\omega)\rangle = \left\langle \frac{1}{|\alpha|}F\left(\frac{\omega}{\alpha}\right), \phi(\omega)\right\rangle \ ,
\end{aligned}$$

d. h. es gilt

$$f(\alpha t) \ \circ\!\!-\!\!\bullet \ \frac{1}{|\alpha|}F\left(\frac{\omega}{\alpha}\right) \quad . \tag{A.48}$$

Dem Differenzieren einer Distribution f nach der Zeit entspricht im Frequenzbereich eine Multiplikation von F mit $\mathrm{i}\omega$:

$$\begin{aligned}
\langle \mathcal{F}\{f^{(n)}\}, \phi\rangle &= 2\pi\langle f^{(n)}, \varphi\rangle = 2\pi(-1)^n\langle f, \varphi^{(n)}\rangle \\
&= (-1)^n\langle F, (\mathrm{i}\omega)^n\phi\rangle = \langle(\mathrm{i}\omega)^n F, \phi\rangle \quad .
\end{aligned}$$

Im vorletzten Schritt wurden (1.50) und die Tatsache benutzt, daß $\phi(\omega)$ eine Testfunktion aus $\$$ ist (s. Abschn. A.2.1) und im letzten (A.10), weil ω^n ein Multiplikator in $\$$ ist. Es gilt also für jede temperierte Distribution f

$$f^{(n)}(t) \ \circ\!\!-\!\!\bullet \ (\mathrm{i}\omega)^n F(\omega) \quad . \tag{A.49}$$

Mit einer analogen Rechnung findet man

$$(-\mathrm{i}t)^n f(t) \ \bullet\!\!-\!\!\circ \ F^{(n)}(\omega) \quad . \tag{A.50}$$

A.2.3 Periodische Distributionen

Zum Schluß wollen wir noch kurz auf periodische Distributionen eingehen. Darunter versteht man Distributionen mit der Eigenschaft (s. auch (A.25))

$$\langle f(t+T), \varphi(t)\rangle = \langle f(t), \varphi(t-T)\rangle = \langle f(t), \varphi(t)\rangle \ ,$$

d. h. Distributionen, die auf periodischen Testfunktionen definiert sind.

Periodische *Funktionen*, die beschränkt und stückweise stetig sind, lassen sich durch Summen der Form

$$S_n(t) = \sum_{k=-n}^{n} c_k \mathrm{e}^{ik\omega_0 t} \quad \text{mit } c_k \in \mathbb{C} \tag{A.51}$$

approximieren, wobei $T = 2\pi/\omega_0$ die Periode der zu approximierenden Funktion $f(t)$ ist. Wenn die Partialsummen $S_n(t)$ *gleichmäßig* gegen die Funktion $f(t)$ konvergieren, d. h. wenn für jedes $\varepsilon > 0$ sich eine von t unabhängige natürliche Zahl N_ε finden läßt, so daß für alle $n \geq N_\varepsilon$ die Ungleichung $|f(t) - S_n(t)| < \varepsilon$ erfüllt ist, dann wird $f(t)$ durch die **Fourierreihe**

$$f(t) = \sum_{k=-\infty}^{\infty} c_k \mathrm{e}^{ik\omega_0 t} \tag{A.52}$$

dargestellt; ihre Koeffizienten c_k kann man berechnen, indem man (A.52) mit $\mathrm{e}^{-in\omega t}$ multipliziert und gliedweise integriert:

$$c_n = \frac{1}{T} \int_{-T/2}^{T/2} f(t)\mathrm{e}^{-in\omega_0 t} dt \quad . \tag{A.53}$$

Um die Menge der durch Fourierreihen darstellbaren Funktionen zu erweitern, schwächt man die harte Forderung der gleichmäßigen Konvergenz ab und fordert nach dem Vorbild der Gaußschen Ausgleichsrechnung nur, daß die „Quadratsumme der Fehler", nämlich

$$\int_{-T/2}^{T/2} |f(t) - S_n(t)|^2 dt \quad ,$$

möglichst klein sein soll; im Grenzfall $n \to \infty$ fordert man:

$$\lim_{n \to \infty} \int_{-T/2}^{T/2} |f(t) - S_n t)|^2 \, dt = 0 \quad . \tag{A.54}$$

Man sagt dann, die Partialsummen $S_n(t)$ konvergieren *im Mittel* gegen $f(t)$, denn die Bedingung (A.54) läßt ja zu, daß der Integrand an endlich vielen Stellen von Null verschieden ist. Man kann zeigen, daß die Partialsummen der mit (A.52) und (A.53) berechneten Fourierreihen jeder stückweise stetigen Funktion $f(t)$ im Mittel gegen $f(t)$ konvergieren.

Aus (A.54) folgt eine für die Anwendungen wichtige Beziehung zwischen der Funktion f und ihren Fourierkoeffizienten c_k. Mit der Abkürzung $g_k = c_k e^{ik\omega_0 t}$ erhält man aus (A.54):

$$0 = \lim_{n\to\infty} \int_{-T/2}^{T/2} \left[f - \sum_{k=-n}^{n} g_k \right] \left[f^* - \sum_{k=-n}^{n} g_k^* \right] dt = \int_{-T/2}^{T/2} f f^* \, dt$$

$$- \lim_{n\to\infty} \left[\int_{-T/2}^{T/2} f \sum_{k=-n}^{n} g_k^* dt + \int_{-T/2}^{T/2} f^* \sum_{k=-n}^{n} g_k \, dt - \int_{-T/2}^{T/2} \sum_{k,l=-n}^{n} g_k g_l^* \, dt \right] .$$

Nach Vertauschen von Integration und Summation und unter Verwendung von (A.53) und

$$\int_{-T/2}^{T/2} e^{i(k-l)\omega_0 t} dt = \begin{cases} T & \text{für } k = l \\ 0 & \text{für } k \neq l \end{cases}$$

findet man, daß die drei Integrale unter dem Limes alle gleich $T\sum_{k=-n}^{n} c_k c_k^*$ sind, d. h. das zweite und dritte heben sich weg und man erhält die **_Parseval-Gleichung_**

$$\frac{1}{T} \int_{-T/2}^{T/2} f(t) f^*(t) dt = \sum_{k=-\infty}^{\infty} c_k c_k^* \quad . \tag{A.55}$$

Obwohl Fourierreihen im allgemeinen nicht an allen Stellen t gegen die Funktion $f(t)$ konvergieren, kann man sogar periodische Distributionen durch Fourierreihen darstellen. Für jede lokal integrierbare Funktion f mit der Periode $T = 2\pi/\omega_0$ bzw. die zugehörige Distribution gilt

$$\langle f(t), \varphi(t) \rangle = \left\langle \sum_{n=-\infty}^{\infty} c_n e^{in\omega_0 t}, \varphi(t) \right\rangle \quad \text{für alle} \quad \varphi \in \$ \quad .$$

Zur Erklärung der Konvergenz benutzt man wie bei Funktionen die Partialsummen. Außerdem muß man natürlich noch die Konvergenz von Distributionen definieren: Eine Folge $\{f_n\}$ von Distributionen konvergiert gegen die Distribution f, wenn für alle Testfunktionen aus $\$ gilt:

$$\lim_{n\to\infty} \langle f_n(t), \varphi(t) \rangle = \langle f(t), \varphi(t) \rangle \quad .$$

Damit ist die Konvergenz von Distributionen auf die von Zahlen zurückgeführt. Konvergente Reihen von Distributionen darf man gliedweise differenzieren, denn

$$\lim_{n\to\infty} \langle f'_n(t), \varphi(t)\rangle = -\lim_{n\to\infty} \langle f_n(t), \varphi'(t)\rangle = -\langle f(t), \varphi'(t)\rangle = \langle f'(t), \varphi(t)\rangle \ ,$$

und gliedweise Fourier–transformieren, denn

$$\lim_{n\to\infty} \langle F_n(\omega), \phi(\omega)\rangle = 2\pi \lim_{n\to\infty} \langle f_n(t), \varphi(t)\rangle = 2\pi \langle f(t), \varphi(t)\rangle = \langle F(\omega), \phi(\omega)\rangle.$$

Die Fouriertransformierte einer periodischen, durch eine Fourierreihe dargestellten Distribution f kann man deshalb unter Verwendung von $e^{in\omega_0 t} \circ\!\!-\!\!\bullet\ 2\pi\delta(\omega - n\omega_0)$ sofort hinschreiben:

$$F(\omega) = 2\pi \sum_{n=-\infty}^{\infty} c_n \delta(\omega - n\omega_0) \quad . \tag{A.56}$$

Für die Fourieroptik ist diejenige periodische Distribution, die aus „äquidistanten δ–Funktionen" besteht, besonders wichtig. Sie heißt **Dirac–Kamm** und wird mit den Funktionssymbolen Ш oder comb bezeichnet:

$$\langle\,\text{Ш}_T(t), \varphi(t)\rangle = \left\langle \sum_{n=-\infty}^{\infty} \delta(t - nT), \varphi(t) \right\rangle = \sum_{n=-\infty}^{\infty} \varphi(nT) \quad . \tag{A.57}$$

Die letzte Summe konvergiert, weil die Testfunktionen $\varphi(t)$ für $t \to \pm\infty$ schneller als t^{-n} gegen Null gehen. Die mit (A.53) berechneten Fourierkoeffizienten

$$c_n = \frac{1}{T} \int_{-T/2}^{T/2} \delta(t)e^{-in\omega_0 t}dt = \frac{1}{T} = \frac{\omega_0}{2\pi}$$

haben alle den gleichen Wert. Die Fouriertransformierte $\text{Ш}_{\omega_0}(\omega)$ von (A.57) wird deshalb nach (A.56) dargestellt durch

$$\text{Ш}_{\omega_0}(\omega) = \omega_0 \sum_{n=-\infty}^{\infty} \delta(\omega - n\omega_0) \ , \tag{A.58}$$

ist also wieder ein Dirac–Kamm.

A.3 Verwendete Symbole und mathematische Operationen

A.3.1 Physikalische Größen

A	Fläche
A_n	numerische Apertur
c	Lichtgeschwindigkeit im Vakuum
c_k, c_{mn}	Fourierkoeffizienten

$$\left.\begin{array}{rcl} \cos\alpha &=& x/r \\ \cos\beta &=& y/r \\ \cos\gamma &=& z/r \end{array}\right\} \quad \text{Richtungscosinus (mit } r = \sqrt{x^2 + y^2 + z^2})$$

$\gamma(\boldsymbol{r}_1,\boldsymbol{r}_2) = \gamma^{(1)}(\boldsymbol{r}_1,\boldsymbol{r}_2)$	räumliche Kohärenzfunktion 1. Ordnung bzw.
$\gamma^{(2)}(\boldsymbol{r}_1,\boldsymbol{r}_2)$	2. Ordnung
$\gamma(\tau) = \gamma^{(1)}(\tau)$	zeitliche Kohärenzfunktion 1. Ordnung bzw.
$\gamma^{(2)}(\tau)$	2. Ordnung
d	Gitterkonstante, z.T. auch Dicke
d_{Koh}	transversale Kohärenzlänge
E	Elektrische Feldstärke
$\mathcal{E}$	Fouriertransformierte der elektrischen Feldstärke
ε_0	Influenzkonstante („absolute" Dielektrizitätskonstante)
f_i	Brennweite der Linse L_i

$$F \quad \left\{\begin{array}{l} \text{in Kap. 2 : Formfaktor} \\ \text{in Kap. 5 und 6 : Transmission } t \text{ eines Raumfilters} \end{array}\right.$$

g	(normierte) Stoßantwort, Verwaschungsfunktion der elektrischen Feldstärke
G	Amplitudenübertragungsfunktion
h	Verwaschungsfunktion der Energiestromdichte
$\hbar$	Plancksche Konstante

$$H \quad \left\{\begin{array}{l} \text{in Kap. 2 : magnetische Feldstärke} \\ \text{in Kap. 4 : Modulationsübertragungsfunktion} \\ \text{in Kap. 6 : Transmission } t \text{ eines Fourierhologramms} \end{array}\right.$$

$$I \quad \left\{\begin{array}{l} \text{in Kap. 1 : Ladungsstrom (elektrischer Strom)} \\ \text{in Kap. 2 − 6 : Energiestrom} \end{array}\right.$$

j	Energiestromdichte
j_k, j_ω	Energiestromdichte pro Wellenzahl bzw. Frequenz
j_Q	Energiestromdichte der Beleuchtung
j_Ω	Energiestromdichte pro Raumwinkel

$$J \quad \left\{\begin{array}{l} \text{in Kap. 1: Fouriertransformierte des el. Stroms} \\ \text{in Kap. 3 und 4: Fouriertransformierte der Ener-} \\ \text{giestromdichte} \end{array}\right.$$

$k_0 = 2\pi/\lambda_0$	Wellenzahl im Vakuum

$\boldsymbol{k}_Q$	Wellenzahlvektor der Beleuchtung
$\boldsymbol{k} = (k_x, k_y, k_z)$	Wellenzahlvektor, meist als „Ortsvektor" $\boldsymbol{k} = (k_x, k_y)$ in der Ebene des Fraunhoferschen Beugungsbildes verwendet
k_x, k_y	2π–faches der räumlichen Frequenzen in x– bzw. y–Richtung
K	Kontrast
$K(k_x, k_y)$	Fresnelscher Richtungsfaktor
$\left.\begin{array}{l} \kappa_x = k_0 \cos\alpha \\ \kappa_y = k_0 \cos\beta \end{array}\right\}$	Projektion des Wellenzahlvektors der Beleuchtung auf die x– bzw. y–Achse der Objektebene
$l, \Delta l$	optische Weglänge, Gangunterschied
L_{Koh}	longitudinale Kohärenzlänge
n	Brechzahl
P	Pupillenfunktion
φ	Phase
$\boldsymbol{r} = (x, y, z)$	Ortsvektor, meist als Ortsvektor $\boldsymbol{r} = (x, y)$ in der Objektebene verwendet.
$\boldsymbol{r}' = (x', y')$	Ortsvektor in der Bildebene
$\boldsymbol{\varrho} = (\xi, \eta)$	Ortsvektor in der Ebene der Lichtquelle oder des Fraunhoferschen Beugungsbilds
S	$\left\{\begin{array}{l} \text{in Kap. 1 : Systemoperator} \\ \text{in Kap. 2 : Strukturfaktor} \\ \text{in Kap. 3 : Leistungsspektrum} \end{array}\right.$
t	$\left\{\begin{array}{l} \text{als Variable : Zeit} \\ \text{Transmission für die elektrische Feldstärke} \end{array}\right.$
t_j	Transmission für die Energiestromdichte
t_B	auf eins normierte Feldstärke in der Bildebene
t_{jB}	auf eins normierte Energiestromdichte in der Bildebene
T	Fraunhofersches Beugungsbild (Fouriertransformierte der Transmission t)
τ	Laufzeitunterschied; τ wird auch als Integrationsvariable verwendet.
$\left.\begin{array}{l} u = 90° - \alpha \\ v = 90° - \beta \end{array}\right.$	Beugungswinkel, wobei α und β durch die Richtungscosinus $\cos\alpha$ und $\cos\beta$ bestimmt sind
V	laterale Vergrößerung
x, y	$\left\{\begin{array}{l} \text{in Kap. 1: Ein- und Ausgangssignal eines linearen Systems} \\ \text{in Kap. 2 – 6: Ortskoordinaten in der Objektebene} \end{array}\right.$
x', y'	Ortskoordinaten in der Bildebene

ξ, η	Ortskoordinaten in der Ebene der Lichtquelle oder des Fraunhoferschen Beugungsbilds; ξ und η werden auch als Integrationsvariable verwendet
z	Ortskoordinate in Richtung der optischen Achse
ω	2π–faches der zeitlichen Frequenz
Ω	Raumwinkel

A.3.2 Funktionen

$$\mathrm{sgn}(x) = \begin{cases} -1 & \text{für} \quad x < 0 \\ +1 & \text{für} \quad x \geq 0 \end{cases} \qquad \text{Vorzeichenfunktion}$$

$$\theta(x) = \begin{cases} 0 & \text{für} \quad x < 0 \\ 1 & \text{für} \quad x \geq 0 \end{cases} \qquad \text{Stufenfunktion (Sprungfunktion)}$$

$$\mathrm{rect}\,(x/x_0) = \begin{cases} 1 & \text{für} \quad |x| \leq x_0/2 \\ 0 & \text{für} \quad |x| > x_0/2 \end{cases} \qquad \text{Rechteckfunktion der Breite } x_0$$

$$r_{\Delta x}(x) = \begin{cases} 1/\Delta x & \text{für} \quad |x| \leq \Delta x/2 \\ 0 & \text{für} \quad |x| > \Delta x/2 \end{cases} \qquad \text{normierte Rechteckfunktion}$$

$$\delta(t) \qquad \text{Diracsche Deltafunktion}$$

$$\mathrm{circ}(x/r_0, y/r_0) = \begin{cases} 1 & \text{für} \quad x^2 + y^2 \leq r_0^2 \\ 0 & \text{für} \quad x^2 + y^2 > r_0^2 \end{cases} \qquad \text{Kreisfunktion}$$

$$\mathrm{sinc}\,x = \frac{\sin x}{x} \qquad \text{Spaltbeugungsfunktion}$$

$$\mathrm{Si}(x) = \int_0^x \frac{\sin \xi}{\xi}\,\mathrm{d}\xi \qquad \text{Integralsinus}$$

$$J_n(x) = \frac{(-\mathrm{i})^n}{\pi} \int_0^\pi \mathrm{e}^{\mathrm{i}x\cos\varphi} \cos n\varphi\,\mathrm{d}\varphi \qquad \text{Besselfunktion } n\text{-ter Ordnung}$$

$$\text{Ш}_d(x) = \sum_{m=-\infty}^{\infty} \delta(x - md) \qquad \text{Dirac–Kamm mit der Periode } d$$

$$K(k_x, k_y) = k_0^2 + \sqrt{k_0^2 - k_x^2 - k_y^2} \qquad \text{Fresnelscher Richtungsfaktor}$$

Mit Großbuchstaben geschriebene bekannte Funktionen, wie z. B. $\mathrm{SIN}(\omega)$, bezeichnen die Fouriertransformierten dieser Funktionen, hier von $\sin\omega_0 t$.

A.3.3 Mathematische Operationen

Faltungsprodukt

Definition.
$$f(x) \star g(x) = \int_{-\infty}^{\infty} f(x - \xi)g(\xi)\mathrm{d}\xi$$

Sätze.
$$\begin{aligned}
f \star (g + h) &= f \star g + f \star h \\
f \star (g \star h) &= (f \star g) \star h \\
f \star g &= g \star f \\
f(x) \star \delta(x - x_1) &= f(x - x_1) \\
\delta(x - x_1) \star \delta(x - x_2) &= \delta(x - x_1 - x_2)
\end{aligned}$$

Korrelationsprodukt

Definition.
$$f(x) \otimes g(x) = \int_{-\infty}^{\infty} f^*(\xi - x)g(\xi)\mathrm{d}\xi$$

Sätze.
$$\begin{aligned}
(f \otimes g)(x) &= f^*(-x) \star g(x) \\
f \otimes (g + h) &= f \otimes g + f \otimes h \\
f \otimes (g \otimes h) &= (f \star g) \otimes h \\
(f \otimes g)(x) &= [(g \otimes f)(-x)]^* \\
f(x) \otimes \delta(x - x_1) &= f^*(-x + x_1) \\
\delta(x - x_1) \otimes f(x) &= f(x + x_1) \\
\delta(x - x_1) \otimes \delta(x - x_2) &= \delta(x + x_1 - x_2)
\end{aligned}$$

Fouriertransformation

Definition.
$$f(x, y) \circ\!\!-\!\!\bullet\, F(k_x, k_y) = \iint_{-\infty}^{\infty} f(x, y)\mathrm{e}^{-\mathrm{i}(k_x x + k_y y)}\mathrm{d}x\mathrm{d}y$$

Sätze.

$$f(x, y) = \iint_{-\infty}^{\infty} F(k_x, k_y)\mathrm{e}^{\mathrm{i}(k_x x + k_y y)}\frac{\mathrm{d}k_x}{2\pi}\frac{\mathrm{d}k_y}{2\pi} \qquad \text{Rücktransformation}$$

$$f + g \circ\!\!-\!\!\bullet\, F + G; \quad cf \circ\!\!-\!\!\bullet\, cF \text{ mit } c \in \mathbb{C} \qquad \text{Linearität}$$

$$f(ax, by) \circ\!\!-\!\!\bullet\, \frac{1}{|ab|}F(k_x/a, k_y/b) \qquad \text{Streckung}$$

$$f(x - x_0, y - y_0) \circ\!\!-\!\!\bullet\, F(k_x, k_y)\mathrm{e}^{-\mathrm{i}(k_x x_0 + k_y y_0)} \qquad \text{Verschiebung}$$

$$\left.\begin{aligned}
f \cdot g &\circ\!\!-\!\!\bullet\, (2\pi)^{-m}F \star G \\
f \star g &\circ\!\!-\!\!\bullet\, F \cdot G
\end{aligned}\right\} \text{Faltungssätze}$$

$$\left.\begin{aligned}
f^* \cdot g &\circ\!\!-\!\!\bullet\, (2\pi)^{-m}F \otimes G \\
f \otimes g &\circ\!\!-\!\!\bullet\, F^*G
\end{aligned}\right\} \text{Korrelationssätze}$$

$$\left.\begin{aligned}
\;
\end{aligned}\right\} m \text{ ist die Anzahl der unabhängigen Variablen}$$

$$\left.\begin{aligned}
\frac{\partial^n}{\partial x^n}f(x, y) &\circ\!\!-\!\!\bullet\, (\mathrm{i}k_x)^n F(k_x, k_y) \\
(-\mathrm{i}x)^n f(x, y) &\circ\!\!-\!\!\bullet\, \frac{\partial^n}{\partial k_x^n}F(k_x, k_y)
\end{aligned}\right\} \text{Ableitungen}$$

Tabelle A.1. Fouriertransformierte von Zeitfunktionen

$f(t)$	$F(\omega)$
$\delta(t)$	1
1	$2\pi\delta(\omega)$
$\delta(t - t_0)$	$\exp(-\mathrm{i}\omega t_0)$
$\exp(\mathrm{i}\omega_0 t)$	$2\pi\delta(\omega - \omega_0)$
$\cos\omega_0 t$	$\pi[\delta(\omega + \omega_0) + \delta(\omega - \omega_0)]$
$\sin\omega_0 t$	$\mathrm{i}\pi[\delta(\omega + \omega_0) - \delta(\omega - \omega_0)]$
$\sin\omega_0 \lvert t\rvert$	$\dfrac{2\omega_0}{\omega_0^2 - \omega^2}$
$\mathrm{rect}\,(t/t_0)$	$t_0\,\mathrm{sinc}\,(\omega t_0/2)$
$\mathrm{rect}\,(t/t_0)\cos\omega_0 t$	$\dfrac{\sin(\omega + \omega_0)t_0/2}{\omega + \omega_0} + \dfrac{\sin(\omega - \omega_0)t_0/2}{\omega - \omega_0}$
$\theta(t)$	$\pi\delta(\omega) - \mathrm{i}/\omega$
$\theta(t)\mathrm{e}^{-\alpha t}$	$\dfrac{1}{\alpha + \mathrm{i}\omega}$
$\theta(t)\mathrm{e}^{-\alpha t}\sin\omega_r t$	$\dfrac{\omega_r}{\omega_0^2 - \omega^2 + 2\mathrm{i}\alpha\omega}\quad \text{mit } \omega_0^2 = \omega_r^2 + \alpha^2$
$\mathrm{e}^{-\alpha\lvert t\rvert}$	$\dfrac{2\alpha}{\alpha^2 + \omega^2}$
$\mathrm{e}^{-\alpha\lvert t\rvert}\cos\omega_r t$	$\dfrac{2\alpha(\omega_0^2 + \omega^2)}{(\omega_0^2 - \omega^2)^2 + 4\alpha^2\omega^2}\quad \text{mit } \omega_0^2 = \omega_r^2 + \alpha^2$
$\mathrm{e}^{-\alpha\lvert t\rvert}\sin\omega_r\lvert t\rvert$	$\dfrac{2\omega_r(\omega_0^2 - \omega^2)}{(\omega_0^2 - \omega^2)^2 + 4\alpha^2\omega^2}\quad \text{mit } \omega_0^2 = \omega_r^2 + \alpha^2$
$\mathrm{e}^{-\alpha\lvert t\rvert}(\cos\omega_r t + \frac{\alpha}{\omega_r}\sin\omega_r\lvert t\rvert)$	$\dfrac{4\alpha\omega_0^2}{(\omega_0^2 - \omega^2)^2 + 4\alpha^2\omega^2}\quad \text{mit } \omega_0^2 = \omega_r^2 + \alpha^2$

Tabelle A.2. Fouriertransformierte von eindimensionalen Ortsfunktionen

$f(x)$	$F(k_x)$
$\delta(x - x_0)$	$\exp(-\mathrm{i}k_x x_0)$
$\exp(\mathrm{i}gx)$	$2\pi\delta(k_x - g)$
$\frac{1}{2}[\delta(x + x_0) + \delta(x - x_0)]$	$\cos k_x x_0$
$\cos gx$	$\pi[\delta(k_x + g) + \delta(k_x - g)]$
$\frac{\mathrm{i}}{2}[\delta(x + x_0) - \delta(x - x_0)]$	$-\sin k_x x_0$
$\sin gx$	$\mathrm{i}\pi[\delta(k_x + g) - \delta(k_x - g)]$
$\mathrm{rect}\,(x/x_0)$	$x_0\,\mathrm{sinc}\,(k_x x_0/2)$
$k_0\,\mathrm{sinc}\,(k_0 x/2)$	$2\pi\,\mathrm{rect}\,(k_x/k_0)$
$\mathrm{sgn}(x)$	$-2\mathrm{i}/k_x$
$2\mathrm{i}/x$	$2\pi\,\mathrm{sgn}\,(k_x)$
$\theta(x)$	$\pi\delta(k_x) - \mathrm{i}/k_x$
$\pi\delta(x) + \mathrm{i}/x$	$2\pi\theta(k_x)$
$\mathrm{III}_d(x)$	$g\,\mathrm{III}_g(k_x) \quad \text{mit } g = 2\pi/d$
$\mathrm{III}_d(x)\,\mathrm{rect}\,(x/x_0) = \sum\limits_{m=-N}^{N} \delta(x - md)$ $\text{mit } x_0 = (2N+1)d$	$\dfrac{\sin N_0 k_x d/2}{\sin k_x d/2} \quad \text{mit } N_0 = 2N + 1$
$\exp(-x^2/2s^2)$	$\sqrt{2\pi} \cdot s \cdot \exp(-s^2 k_x^2/2)$
$\exp(\mathrm{i}\phi \cos gx)$	$2\pi \sum\limits_{m=-\infty}^{\infty} \mathrm{i}^m J_m(\phi)\delta(k_x - mg)$
$\sum\limits_{m=-\infty}^{\infty} \mathrm{i}^m J_m(\phi)\delta(x - md)$	$\exp(\mathrm{i}\phi \cos k_x d)$
$\sum\limits_{m=-\infty}^{\infty} c_m e^{\mathrm{i}mgx}$	$2\pi \sum\limits_{m=-\infty}^{\infty} c_m \delta(k_x - mg)$
$\dfrac{1}{2} + \dfrac{1}{\pi}\mathrm{Si}\,(k_0 x)$	$[\pi\delta(k_x) - \mathrm{i}/k_x]\,\mathrm{rect}\,(k_x/2k_0)$
$\dfrac{1}{2} + \dfrac{1}{\pi}\mathrm{Si}\,(2k_0 x) + \dfrac{1}{\pi}\dfrac{\cos 2k_0 x - 1}{2k_0 x}$	$\begin{cases} [\pi\delta(k_x) - \mathrm{i}/k_x][1 - \|k_x\|/2k_0] \\ \qquad\qquad\qquad \text{für } \|k_x\| \le 2k_0 \\ 0 \text{ für } \|k_x\| > 2k_0 \end{cases}$

Tabelle A.3. Fouriertransformierte von zweidimensionalen Ortsfunktionen

$f(x,y)$	$F(k_x, k_y)$
$\delta(x)\delta(y)$	1
1	$2\pi^2\delta(k_x)\delta(k_y)$
$\delta(x-x_0)\delta(y-y_0)$	$\exp(-\mathrm{i}[k_x x_0 + k_y y_0])$
$\exp\left(\mathrm{i}[k_1 x + k_2 y]\right)$	$2\pi^2\delta(k_x - k_1)\delta(k_y - k_2)$
$\mathrm{rect}\,(x/x_0)$	$x_0\,\mathrm{sinc}\,(k_x x_0/2)\,\delta(k_y)$
$\mathrm{rect}\,(x/x_0)\,\mathrm{rect}\,(y/y_0)$	$x_0 y_0\,\mathrm{sinc}\,(k_x x_0/2)\,\mathrm{sinc}\,(k_y y_0/2)$
$\mathrm{circ}\,(x/r_0, y/r_0)$	$\pi r_0^2 \dfrac{2J_1(kr_0)}{kr_0} \quad \text{mit } k = \sqrt{k_x^2 + k_y^2}$
$\pi k_0^2 \dfrac{2J_1(k_0 r)}{k_0 r} \quad \text{mit } r = \sqrt{x^2 + y^2}$	$(2\pi)^2\mathrm{circ}\,(k_x/k_0, k_y/k_0)$

Ergänzende und weiterführende Literatur

[1] H. Babovsky, T. Beth, H. Neunzert, M. Schulz–Reese, Mathematische Methoden der Systemtheorie: Fourieranalysis, B.G. Teubner Stuttgart 1987

[2] M.J. Beran and G.B. Parrent, Jr., Theorie of Partial Coherence, Prentice Hall, Englewood Cliffs, N.Y. 1964

[3] M. Born, E. Wolf, Principles of Optics, Pergamon Oxford 1984

[4] R. Bracewell, The Fouriertransform and its Application, McGraw–Hill New York 1965

[5] D.C. Champeney, Fouriertransforms and their Physical Applications, Academic Press London 1973

[6] P.M. Duffieux, The Fourier Transforms and its Applications to Optics, Wiley New York 1983

[7] E.A. Faulkner, Introduction to the Theory of Linear Systems, Chapman and Hall London 1969

[8] Gaskill, Linear Systems, Fouriertransforms, and Optics, Wiley New York 1978

[9] J.W. Goodman, Introduction to Fourier Optics, McGraw–Hill New York 1988 (classical textbook reissue series)

[10] J.W. Goodman, Statistical Optics, Wiley New York 1985

[11] P.R. Griffiths and J.A. de Haseth, Fourier Transform Infrared Spectrometry, Wiley New York 1986

[12] R. Hanbury Brown, The Intensity Interferometer, Taylor & Francis London 1974

[13] Handbook of Optical Holography, H.J. Caulfield (Hrsg.), Academic Press New York 1971

[14] P. Hariharan, Optical Holography, Principles, techniques and applications, Cambridge University Press 1984

[15] W. Kleber, Einführung in die Kristallographie, VEB Technik Verlag Berlin 1983

[16] H. Lipson, Optical Transforms, Academic Press London 1972

[17] A.S. Marathay, Elements of Optical Coherence Theory, Wiley New York 1982

[18] E. Menzel, W. Mirandé, I. Weingärtner, Fourier-Optik und Holographie, Springer Wien 1973

[19] D.G. Myers, Digital Signal Processing: Efficient Convolution and Fourier Transform Techniques, Prentice Hall New York 1990

[20] Optical Pattern Recognition, Editor: Hua–Kuang Liu, SPIE Proceedings Series, Bellingham/Washington 1989

[21] A. Papoulis, Systems and Transform with Applications in Optics, McGraw–Hill New York 1968

[22] J. Peřina, Coherence of Light, D. Reidel Dordrecht 1984

[23] G.O. Reynolds, J.B. de Velis, G.B. Parrent, Jr., and J.B. Thompson, The New Physical Optics Notebook: Tutorials in Fourier Optics, SPIE Optical Engineering Press 1989

[24] J.R. Russ, The Image Processing Handbook, CRC Press London 1992

[25] D. Schreier, Synthetische Holographie, Fachbuchverlag Leipzig 1984

[26] E.G. Steward, Fourier Optics, An Introduction, Ellis Horwood Chichester 1987

Lösungen zu den Übungsaufgaben

1.1. Massenstrom am Eingang: $I_{me}(t) = m_0\delta(t)$,
am Ausgang: $I_{ma}(t) = m_0\delta(t - L/v)$.
Daraus folgt $g(t) = \delta(t - L/v)$ und $G(\omega) = \exp(-\mathrm{i}\omega L/v)$.

1.2. Aus $G(\omega) = \delta(\omega + \omega_0) + \delta(\omega - \omega_0)$ folgt $g(t) = (1/\pi)\cos\omega_0 t$, was der Kausalitätsbedingung $g(t) = 0$ für $t \le 0$ widerspricht.

1.3. $h(t) = \theta(t) \star g(t) = \int\limits_0^t g(\tau)\mathrm{d}\tau$

1.4. $g = g_2 \star (g_1 \star \delta) = g_1 \star g_2$, weil $g_1 \star \delta$ Eingangssignal des zweiten Systems ist. Daraus folgt $G = G_1 \cdot G_2$, d. h. zwei hintereinandergeschaltete Frequenzfilter.

1.5. **a)** $J(\omega) = 2I_0\dfrac{\sin\omega t_0}{\omega(1 - \omega^2 t_0^2/\pi^2)}$

    b) $\begin{aligned} J(\omega) &= \tfrac{I_0}{2\pi}\left[2\pi\delta(\omega) + \pi\delta(\omega + \pi/t_0) + \pi\delta(\omega - \pi/t_0)\right] \star 2t_0\mathrm{sinc}\,\omega t_0 \\ &= I_0 t_0\left[2\mathrm{sinc}\,\omega t_0 + \mathrm{sinc}\,(\omega t_0 + \pi) + \mathrm{sinc}\,(\omega t_0 - \pi)\right] \end{aligned}$

    c) Mit $\sin(\omega t_0 \pm \pi) = -\sin\omega_0 t$ wird b) zu
$$I_0 t_0 \sin\omega t_0 \left[\frac{2}{\omega t_0} - \frac{1}{\omega t_0 + \pi} - \frac{1}{\omega t_0 - \pi}\right] = I_0 t_0 \sin\omega t_0 \frac{-2\pi^2}{\omega t_0[\omega^2 t_0^2 - \pi^2]} \quad .$$

    d) Das zentrale Maximum von $J(\omega)$ ist doppelt so breit wie das von $2I_0 t_0\mathrm{sinc}\,\omega t_0$, die höheren Frequenzen sind in $J(\omega)$ dagegen viel schwächer vertreten als in $\mathrm{sinc}\,\omega t_0$.

1.6. $H_1(\omega) = 2\pi t_0\theta(\omega)\mathrm{e}^{-\omega t_0}$ und $H_2(\omega) = 2\pi t_0\theta(-\omega)\mathrm{e}^{\omega t_0}$.
Wegen $f(t) = \tfrac{1}{2}[h_1(t) + h_2(t)]$ folgt daraus $F(\omega) = \pi t_0\mathrm{e}^{-|\omega|t_0}$.

1.7. Durch quadratische Ergänzung im Argument der e–Funktionen im Faltungsintegral und mit $\sigma = \tau\sqrt{2} - t/\sqrt{2}$ erhält man
$$\exp(-t^2/4s^2)\int\limits_{-\infty}^{\infty}\exp(-\sigma^2/2s^2)\mathrm{d}\sigma/\sqrt{2} = \sqrt{\pi s}\exp(-t^2/4s^2).$$

1.8. $f^*(t) \circ\!\!-\!\!\bullet F^*(-\omega)$, $f(-t) \circ\!\!-\!\!\bullet F(-\omega)$ und $f^*(-t) \circ\!\!-\!\!\bullet F^*(\omega)$.

2.1. **a)** Aus $t(x) = \mathrm{rect}\,(x/s) \star [\delta(x + d/2) + \delta(x - d/2)]$ folgt
$T(k_x) = s\,\mathrm{sinc}\,(sk_x/2) \cdot 2\cos(d \cdot k_x/2)$.

    b) $\begin{aligned} T_\varphi(k_x) &= s\,\mathrm{sinc}\,(sk_x/2)[\exp(\mathrm{i}d \cdot k_x/2) + \exp(\mathrm{i}\varphi)\exp(-\mathrm{i}d \cdot k_x/2)] \\ &= \exp(\mathrm{i}\varphi/2)s\,\mathrm{sinc}\,(sk_x/2)\cos(d \cdot k_x/2 - \varphi/2), \end{aligned}$
d. h. die Interferenzstreifen werden um $k_x = \varphi/d$ verschoben, während der Formfaktor sich nicht ändert.

    c) $\lim\limits_{s \to d} T(k_x) = 2d\dfrac{\sin(dk_x/2)}{dk_x/2}\cos(dk_x/2) = 2d\dfrac{\sin dk_x}{dk_x}$

2.2. **a)** $t(x) \;=\; s\left[\delta(x+d) + \exp(\mathrm{i}\varphi)\delta(x) + \delta(x-d)\right]$

$T(k_x) \;=\; s\left[\exp(\mathrm{i}\varphi) + 2\cos(d \cdot k_x)\right]$

b) $t(x) \;=\; s\left[\exp(\mathrm{i}\varphi)\delta(x+d) + \delta(x) + \delta(x-d)\right]$

$T(k_x) \;=\; s\left[\exp(\mathrm{i}\varphi)\exp(\mathrm{i}d \cdot k_x) + 1 + \exp(-\mathrm{i}d \cdot k_x)\right]$

$ \;=\; s\exp(\mathrm{i}\varphi/2)\left[\exp(-\mathrm{i}\varphi/2) + 2\cos(d \cdot k_x + \varphi/2)\right]$

c) 1. $\varphi = \pi/2:$ $T(k_x) = s[\mathrm{i} + 2\cos(d \cdot k_x)]$ und

$T(k_x)T^*(k_x) = s^2[1 + 4\cos^2(d \cdot k_x)]$

2. $\varphi = \pi:$ $T(k_x) = s[-1 + 2\cos(d \cdot k_x)]$ und

$T(k_x)T^*(k_x) = s^2[2\cos(d \cdot k_x) - 1]^2$

Beugungsbild des normalen Dreifachspalts,
aber um $k_x = \pi/d$ verschoben.

d) $T(k_x) = \mathrm{i}s[-\mathrm{i} + 2\cos(d \cdot k_x + \pi/2)] = s[1 - 2\mathrm{i}\sin(d \cdot k_x)]$ und

$T(k_x)T^*(k_x) = s^2[1 + 4\sin^2(d \cdot k_x)]$

2.3. **a)** Gitter mit sehr schmalen Spalten:
$t_G(x) = s\,\mathrm{III}_d(x) \circ\!\!-\!\!\bullet\, T_G(k_x) = (2\pi s/d)\,\mathrm{III}_g(k_x)$ mit $g = 2\pi/d$
Gitter mit sehr breiten Spalten:
$t(x) = 1 - s\,\mathrm{III}_d(x) \circ\!\!-\!\!\bullet\, T(k_x) = 2\pi\delta(x) - (2\pi s/d)\,\mathrm{III}_g(k_x)$
nullte Ordnung: $2\pi(1 - s/d)\delta(x)$
höhere Ordnungen: nur um π phasenverschoben.

b) Zu $t(\boldsymbol{r})$ komplementäres Objekt: $1 - t(\boldsymbol{r})$
Beugungsbilder: $T(\boldsymbol{k})$ und $2\pi\delta(\boldsymbol{k}) - T(\boldsymbol{k})$.

2.4. $t(x) \;=\; f(x) \star \mathrm{III}_d(x) = \left[\,\mathrm{rect}\,(x/d)\exp(\mathrm{i}hx)\right] \star \mathrm{III}_d(x)$

$T(k_x) \;=\; \left[\tfrac{1}{2\pi}d\,\mathrm{sinc}\,(d \cdot k_x/2) \star 2\pi\delta(k_x - h)\right] g\,\mathrm{III}_g(k_x)$ mit $g = 2\pi/d$

$ \;=\; 2\pi\,\mathrm{sinc}\,(d \cdot [k_x - h]/2)\mathrm{III}_g(k_x)$

$T(k_x) \;=\; 2\pi\delta(k_x - mg)$ für $h = mg$
(alle anderen δ-Funktionen von $\mathrm{III}_g(k_x)$ liegen an den Nullstellen der
sinc–Funktion).

2.5. $t(x) \;=\; \mathrm{rect}(x/s) \star \sum_{m=-\infty}^{\infty} \exp(\mathrm{i}m\varphi)\delta(x - md)$

$T(k_x) \;=\; s\,\mathrm{sinc}(sk_x/2) \sum_{m=-\infty}^{\infty} \exp(-\mathrm{i}md[k_x - \varphi/d])$

$ \;=\; s\,\mathrm{sinc}\,(sk_x/2)\,g\,\mathrm{III}_g(k_x - \varphi/d)$ mit $g = 2\pi/d$
Für $\varphi = -2\pi m$ fällt die m–te Ordnung mit dem Maximum der sinc–
Funktion zusammen.

2.6. $k_x/k_0 = \sin\alpha$, wobei k_x die Tangentialkomponente von $\boldsymbol{k}_0$ der einfallenden Welle ist. Erste Beugungsordnung:

$$(k_x - g)/k_0 = \cos(\vartheta + 90° - \alpha) = -\sin(\vartheta - \alpha)$$
$$= \cos\vartheta \sin\alpha - \sin\vartheta \cos\alpha \approx \sin\alpha - \vartheta\cos\alpha$$
$$= k_x/k_0 - \vartheta\cos\alpha \;,$$

also $\vartheta = g/(k_0\cos\alpha) = \lambda_0/(d\cos\alpha)$.

2.7. $t(x) = \text{Ш}_d(x - d/2) = \text{Ш}_d(x) \star \delta(x - d/2)$

$T(k_x) = g\,\text{Ш}_g(k_x)\exp(-idk_x/2) = \exp(-im\pi)\,g\,\text{Ш}_g(k_x)\;,$

weil die δ-Funktionen von $\text{Ш}_g(k_x)$ an den Stellen $k_x = mg = 2\pi m/d$ sitzen. Damit erhält man das Beugungsbild $T(k_x) = (-1)^m g\,\text{Ш}_g(k_x)$, d. h. die Phase ändert sich von Ordnung zu Ordnung um $-180°$.

2.8. a) $T(k_x, k_y) = \pi r_0^2 \frac{2J_1(r_0 k)}{r_0 k}\left[e^{ia(-k_x-k_y)} + e^{ia(k_x-k_y)} + e^{ia(k_x+k_y)}\right.$

$\left. + e^{ia(-k_x+k_y)}\right] = 4\pi r_0^2 \frac{2J_1(r_0 k)}{r_0 k}\cos ak_x \cos ak_y \quad \text{mit } k = |\boldsymbol{k}|,$

d. h. das Airy–Scheibchen ist mit einem quadratischen Muster von Zweistrahlinterferenzen moduliert.

b) $T(k_x, k_y) = \pi r_0^2 \frac{2J_1(r_0 k)}{r_0 k}\left[1 + 4\cos ak_x \cos ak_y\right]$, die geradzahligen Maxima von TT^* werden höher, die ungeradzahligen niedriger als in a).

c) Die ungeradzahligen Maxima verschwinden.

d) Wenn man im mittleren Loch die Phase um π verschiebt.

2.9. a) $t(x, y) = \text{rect}(x/a)\text{rect}(y/a) \star [-\delta(x - a/2)\delta(y - a/2)$

$\qquad\qquad + \delta(x + a/2)\delta(y - a/2) - \delta(x + a/2)\delta(y + a/2)$

$\qquad\qquad + \delta(x - a/2)\delta(y + a/2)]$

$T(k_x, k_y) = a^2\,\text{sinc}\,(ak_x/2)$

$\qquad\qquad\quad \cdot \text{sinc}\,(ak_y/2)[-2i\sin(ak_x/2)]2i\sin(ak_y/2)$

$\qquad\quad = a^4 k_x k_y \text{sinc}^2(ak_x/2)\text{sinc}^2(ak_y/2)$

b) $T(k_x, k_y) = a^2\,\text{sinc}\,(ak_x/2)\,\text{sinc}\,(ak_y/2)[2i\cos(a[k_x + k_y]/2)$

$\qquad\qquad\qquad + 2\cos(a[k_x - k_y]/2)]$

$TT^* = 4a^4\text{sinc}^2(ak_x/2)\text{sinc}^2(ak_y/2)$

$\qquad\qquad\qquad \cdot[\cos^2(a[k_x + k_y]/2) + \cos^2(a[k_x - k_y]/2)]$

$\qquad\quad = 8a^4\text{sinc}^2(ak_x/2)\text{sinc}^2(ak_y/2)$

$\qquad\qquad \cdot[\cos^2(ak_x/2)\cos^2(ak_y/2) + \sin^2(ak_x/2)\sin^2(ak_y/2)]$

2.10. $t(x, y)$ ist reell und gerade, deshalb ist auch $T(k_x, k_y)$ reell:

$T(k_x, k_y) = \pi r_0^2 \frac{2J_1(r_0 k)}{r_0 k}\cos(d \cdot k_x) \quad \text{mit } k = |\boldsymbol{k}|.$ Daraus folgt

$t(x, y) = \text{circ}(x/r_0, y/r_0) \star \frac{1}{2}[\delta(x + d) + \delta(x - d)].$

2.11. Aus $T(k_x, k_y) = \pi r_0^2 \frac{2J_1(r_0 k)}{r_0 k} \star \mathrm{III}_g(k_x)$ mit $k = \boldsymbol{k}$ folgt
$t(x, y) = 2\pi\,\mathrm{circ}\,(x/r_0, y/r_0) \cdot \frac{1}{g}\,\mathrm{III}_d(x)$ mit $d = 2\pi/g$, d. h. ein mit einer Kreisblende abgedecktes Gitter.

2.12. **a)** $T(k_x, k_y) = a^2 \operatorname{sinc}(ak_x/2)\operatorname{sinc}(ak_y/2) - b^2 \operatorname{sinc}(bk_x/2)\operatorname{sinc}(bk_y/2)$

    b) Mit $\sin(ak/2) = 2\sin(bk/2)\cos(bk/2)$ erhält man:
$T(k_x, k_y) = b^2 \operatorname{sinc}(bk_x/2)\operatorname{sinc}(bk_y/2)[4\cos(bk_x/2)\cos(bk_y/2) - 1].$

2.13. Durch $x' = x$ und $y' = by$ geht $t_{\mathrm{Kreis}}(x, y)$ in $t_{\mathrm{Ell}}(x', y')$ über und $T_{\mathrm{Kreis}}(k)$ in $T_{\mathrm{Ell}}(k') = (1/|b|)2J_1(r_0 k')/(r_0 k')$, wobei $k^2 = k_x^2 + k_y^2$ und $k'^2 = k_x^2 + k_y^2/b^2$.

3.1. **a)** $S'(\omega, \tau_s) = E_0^2 \frac{\sin^2 \omega\tau_s/2}{\omega^2} \star [\delta(\omega + \omega_0) + \delta(\omega - \omega_0)]$
      Mit $\tau_s \operatorname{sinc}(\omega\tau_s/2) \circ\!\!-\!\!\bullet\, \mathrm{rect}(t/\tau_s)$ erhält man

$$S'(\omega, \tau_s) \quad \circ\!\!-\!\!\bullet \quad 2\pi E_0^2 \left[\mathrm{rect}(\tau/\tau_s) \star \mathrm{rect}(\tau/\tau_s)\right]\frac{1}{\pi}\cos\omega_0\tau$$
$$= 2E_0^2\left[\tau_s - |\tau|\right]\cos\omega_0\tau \quad \text{für} \quad |\tau| \leq \tau_s \quad \text{und}$$
$$\gamma(\tau) \quad = \quad \begin{cases} (1 - |\tau|/\tau_s)\cos\omega_0\tau & \text{für} \quad |\tau| \leq \tau_s \\ 0 & \text{für} \quad |\tau| > \tau_s \end{cases}$$

    b) $j(\tau) = \begin{cases} (gj_0/\tau_s)(2\tau_s - \frac{d|k_x|}{ck_0})\cos(d \cdot k_x) & \text{für} \quad d|k_x|/(ck_0) \leq \tau_s \\ gj_0 & \text{für} \quad d|k_x|/(ck_0) > \tau_s \end{cases}$

3.2. **a)** $S(\omega) = \left[\frac{E_0^2}{2}\frac{1}{\omega^2 + \tau_{s0}^{-2}}\right] \star [\delta(\omega + \Delta\omega) + \delta(\omega - \Delta\omega)]$
$$\star [\delta(\omega + \omega_0) + \delta(\omega - \omega_0)].$$

    b) $\gamma(\tau) = f(\tau)\cos\omega_0\tau = [\exp(-|\tau|/\tau_{s0})\cos(\Delta\omega\,\tau)]\cos\omega_0\tau$; das Dublett hat eine Schwebung in der Kohärenzfunktion zur Folge.

    c) An den Stellen $\Delta\omega\,\tau = (n + 1/2)\pi$ verschwinden die Interferenzstreifen.

3.3. **a)** Nach Abzug von s_0 werden die Meßwerte mit $\exp(-\alpha^2\tau^2/2)$ apodisiert: $[s(\tau) - s_0]\exp(-\alpha^2\tau^2/2) = s_0 \exp(-[\sigma^2 + \alpha^2]\tau^2/2)\cos\omega_0\tau$. Durch Fouriertransformation erhält man die durch die Apodisation von 2σ auf $2(\sigma^2 + \alpha^2)^{-1/2}$ verbreiterte Spektrallinie: $\mathrm{const.}\exp(-\omega^2/[2(\sigma^2 + \alpha^2)]) \star [\delta(\omega + \omega_0) + \delta(\omega - \omega_0)].$

    b) Der Einhüllenden von $s(\tau)$ kann man σ^2 entnehmen. Aus $\exp(-\omega_H^2/2\sigma^2) = 1/2$ folgt die Halbwertsbreite (volle Linienbreite) $2\omega_H = 2\sqrt{2\sigma^2 \cdot \ln 2}$.

3.4. **a)** $t(\boldsymbol{r}) = \mathrm{circ}(\boldsymbol{r}/r_0) \star \sum_{n=1}^{N} \delta(\boldsymbol{r} - \boldsymbol{r}_n)$

$$T(\boldsymbol{k}) = \pi r_0^2 \frac{2J_1(r_0|\boldsymbol{k}|)}{r_0|\boldsymbol{k}|} \sum_{n=1}^{N}\exp(-\mathrm{i}\boldsymbol{k}\boldsymbol{r}_n) \stackrel{\text{def}}{=} Ai(|\boldsymbol{k}|)S(\boldsymbol{k})$$

$j(\boldsymbol{k}) \sim T(\boldsymbol{k})T^*(\boldsymbol{k}) = Ai^2(|\boldsymbol{k}|)S(\boldsymbol{k})S^*(\boldsymbol{k})$

$S(0)S^*(0) = N^2$; für $\boldsymbol{k} \neq 0$ und hinreichend große N erhält man:

$S(\boldsymbol{k})S^*(\boldsymbol{k}) = N + \sum\limits_{m,n=1}^{N} \cos \boldsymbol{k}(\boldsymbol{r}_m - \boldsymbol{r}_n) \approx N$ wie beim Campbell-Theorem.

b) Der zu $S(0)S^*(0) = N^2$ analoge Fall wird beim Campbell–Theorem nicht diskutiert, weil das zu $T(\boldsymbol{k})T^*(\boldsymbol{k})$ analoge Leistungsspektrum $S_N(\omega)$ für $\omega = 0$ uninteressant ist und nicht gemessen werden kann.

c) Wegen $d_{\mathrm{Koh}} > r_0$ ändert sich der Faktor $Ai^2(|\boldsymbol{k}|)$ praktisch nicht, aber wegen $d_{\mathrm{Koh}} <$ mittlerer Abstand der Löcher überlagern sich die *Energiestromdichten* der von den verschiedenen Löchern herrührenden Beugungsbilder, d. h. $S(\boldsymbol{k})S^*(\boldsymbol{k}) = N$ gilt auch für $\boldsymbol{k} = 0$.

3.5. **a)** $T(\boldsymbol{k}) = \pi r_0^2 \frac{2J_1(r_0|\boldsymbol{k}|)}{r_0|\boldsymbol{k}|} \, 2\cos(4r_0 k_x)$

b) Zunächst verringert sich der Kontrast der Interferenzstreifen, bei noch größerem $\sin \alpha_x$ auch der des Airy–Scheibchens.

c) Kohärenz in x–Richtung: $\gamma(x) = \mathrm{sinc}(k_0 x \sin \alpha_x)$
$t(x) \otimes t(x) = t(x) \star t(x)$, weil $t(x)$ reell und gerade,
$= [\mathrm{circ}(\boldsymbol{r}/r_0) \star [\delta(x + 4r_0) + \delta(x - 4r_0)]] \star [\mathrm{circ}(\boldsymbol{r}/r_0) \star [\delta(x + 4r_0)$
$+ \delta(x - 4r_0)]]$
$= [\mathrm{circ}(\boldsymbol{r}/r_0) \star \mathrm{circ}(\boldsymbol{r}/r_0)] \star [\delta(x + 8r_0) + 2\delta(x) + \delta(x - 8r_0)]$
Für $\sin \alpha_x = \lambda/2r_0$ und $x \approx \pm 8r_0$ ist die Kohärenzfunktion $\gamma(x) < 0{,}04$, d. h. vernachlässigbar klein, so daß das Beugungsbild in guter Näherung ein Airy–Scheibchen ist.

3.6. **a)** Punktsymmetrisch in Bezug auf die optische Achse:
$j_Q(\boldsymbol{\varrho}) = j_Q(-\boldsymbol{\varrho})$.

b) $j_Q(\boldsymbol{\varrho}) \star \delta(\boldsymbol{\varrho} - \boldsymbol{\varrho}_0) \circ\!\!-\!\!\bullet J_Q(\boldsymbol{r})\mathrm{e}^{-ik_0\boldsymbol{\varrho}_0\boldsymbol{r}/f}$, d. h. $\gamma(r)$ wird komplex.

3.7. **a)** Kohärenzfunktion:
$\gamma(\Delta\boldsymbol{r}) = \mathrm{sinc}(ak_0\Delta x/2f)\,\mathrm{sinc}\,(bk_0\Delta y/2f)$
Beugungsbild:
$j(\boldsymbol{k}) = gj_0[1 + \mathrm{sinc}\,(ak_0\Delta x/2f)\,\mathrm{sinc}\,(bk_0\Delta y/2f)\cos(k_x\Delta x + k_y\Delta y)]$

b) Für $\Delta y = 0$ liegen die Interferenzstreifen parallel zur y–Achse:
$j(k_x) = gj_0[1 + \mathrm{sinc}\,(ak_0\Delta x/2f)\cos k_x\Delta x]$.
$K = 0$ für $\Delta x_n = 2\pi n f/(ak_0)$.

c) Da die Kohärenzfunktion Nullstellen auf Parallelen zu den beiden Koordinatenachsen hat, oszilliert der Kontrast beim Drehen des Schirms.

3.8. **a)** $t(x) \otimes t(x) = t(x) \star t(x)$, weil $t(x)$ reell und gerade ist
$t(x) \star t(x) = \delta(x + 2d) + 2\delta(x + d) + 3\delta(x) + 2\delta(x - d) + \delta(x - 2d)$

$$j(k_x) \sim \int_{-\infty}^{\infty} t(x) \otimes t(x) e^{-ik_x x} dx$$

$$= e^{i2dk_x} + e^{-i2dk_x} + 2e^{idk_x} + 2e^{-idk_x} + 3$$

$$= 2\cos 2dk_x + 4\cos dk_x + 3 = (1 + 2\cos dk_x)^2$$

b)
$$\gamma(x) = \mathrm{sinc}\,(xk_0 \sin\alpha_x)$$
$$J(x) = \frac{j_0 k_0^2}{(2\pi f)^2} \gamma(x)[t(x) \otimes t(x)]$$
$$\sim \gamma(2d)[\delta(x + 2d) + \delta(x - 2d)]$$
$$+ 2\gamma(d)[\delta(x + d) + \delta(x - d)] + 3\delta(x)$$

1. $\sin\alpha_x = \lambda/4d : \gamma(2d) = 0$ und $\gamma(d) = 2/\pi$
   $j(k_x) \sim 3 + (8/\pi)\cos(d \cdot k_x)$, d. h. es treten keine Nebenmaxima
   mehr auf. $K = 8/3\pi = 0,85$.

2. $\sin\alpha_x = 3\lambda/8d : \gamma(2d) = 2\sqrt{2}/3\pi$ und $\gamma(d) = -2/3\pi$
   $j(k_x) \sim 3 + (8\sqrt{2}/3\pi)\cos(d \cdot k_x) - (4/3\pi)\cos(2d \cdot k_x)$
   $K = (6 + 4\sqrt{2})/(2 - 4\sqrt{2} + 9\pi) = 0,47$.

3. $\sin\alpha_x = \lambda/2d : \gamma(2d) = 0$ und $\gamma(d) = 0$, d. h. das Beugungsbild verschwindet: $j(k_x) \sim 3, \quad K = 0$.

4. $\sin\alpha_x = 3\lambda/4d : \gamma(2d) = 0$ und $\gamma(d) = -2/3\pi$
   $j(k_x) \sim 3 - (8/3\pi)\cos(d \cdot k_x)$, wie bei 1. treten keine Nebenmaxima auf, der Kontrast kehrt sich um. $K = 8/9\pi = 0,28$.

4.1. **a)** $k_P > g = 2\pi/d$

b) Da das Beugungsbild vollständig in $[-k_P, k_P]$ liegt, geht keine
Bildinformation verloren.

c) Für $k_P < g$ wird $K = 0$ (sprungförmige Änderung von K).

4.2. **a)** Mit der Abkürzung $H(\pm g) = 1 - g/2k_P = s$ wird
$H(k_x)T_j(k_x) = \pi[s\,\delta(k_x + g) + 2\delta(x) + s\,\delta(k_x - g)]$
und $j_B(x') \sim 1 + s\cos gx'$.

b) $K(g) = s = 1 - g/2k_P$. Der Kontrast fällt linear mit g auf null für
$g = 2k_P$.

4.3. **a)** $s\,\mathrm{III}_d(x) \circ\!\!-\!\!\bullet\; s\,g\,\mathrm{III}_g(k_x) = (2\pi s/d)\,\mathrm{III}_g(k_x)$
Kohärente Beleuchtung:
$G(k_x)\,(2\pi s/d)\,\mathrm{III}_g(k_x) = (2\pi s/d)[\delta(k_x + g) + \delta(k_x) + \delta(k_x - g)]$
$t_B(x') = (s/d)[1 + 2\cos gx'], \; j_B(x') \sim [1 + 2\cos gx']^2$
Inkohärente Beleuchtung:
Mit $H(k_x) = 1 - |k_x|/3g$ erhält man
$H(k_x)(2\pi s/d)\mathrm{III}_g(k_x) = (2\pi s/d)[\frac{1}{3}\delta(k_x + 2g) + \frac{2}{3}\delta(k_x + g) + \delta(k_x)$
$+ \frac{2}{3}\delta(k_x - g) + \frac{1}{3}\delta(k_x - 2g)]$
$j_B(x') \sim \frac{2}{3}\cos 2gx' + \frac{4}{3}\cos gx' + 1 = \frac{1}{3}[1 + 2\cos gx']^2$ wie bei
kohärenter Beleuchtung (!).

b) $K =$ const für $k_P > g$, $K = 0$ für $k_P < g$.

c)   Mit $H(k_x) = 1 - |k_x|/2g$ erhält man
$H(k_x)\,\mathrm{III}_g(k_x) = \frac{1}{2}\delta(k_x + g) + \delta(x) + \frac{1}{2}\delta(k_x - g)$ und
$j_B(x') \sim \cos gx + 1 = 2\cos^2(gx'/2)$

d)   Wie 4.2 b), nur mit k_P als Variable.

4.4. **a)**   Wegen $k_P \gg g$ wird die Phasenstruktur fast identisch in der Bildebene reproduziert, also $K \approx 0$.

b)   Mit (2.75b) erhält man
$$G(k_x)T(k_x) \;=\; -2\pi i J_{-1}(\phi)\delta(k_x + g) + 2\pi J_0(\phi)\delta(k_x)$$
$$+2\pi i J_1(\phi)\delta(k_x - g)$$
$$t_B(x') \;=\; iJ_1(\phi)\exp(-igx') + J_0(\phi) + iJ_1(\phi)\exp(igx')$$
$$=\; J_0(\phi) + 2iJ_1(\phi)\cos gx'$$
$$j_B(x') \;\sim\; J_0^2(\phi) + 4J_1^2(\phi)\cos^2 gx'$$
$$=\; J_0^2(\phi) + 2J_1^2(\phi) + 2J_1^2(\phi)\cos 2gx' \quad,$$
d. h. die Gitterkonstante ist halb so groß wie im Objekt. Der Bildkontrast entsteht, weil die *höheren* Beugungsordnungen fehlen.

4.5. **a)**   Beleuchtung unter dem Winkel α verschiebt das Beugungsbild um $k_\alpha = k_0 \sin \alpha$ in negativer k_x-Richtung.

1. Für $k_\alpha = 0$ ist $K = 0$, weil nur die nullte Ordnung durchgelassen wird.

2. Für $g/4 < k_\alpha < 3g/4$ erhält man
$$G(k_x)T(k_x) \;=\; sg[\delta(k_x + k_\alpha) + \delta(k_x + k_\alpha - g)],$$
$$t_B(x') \;=\; \exp(-ik_\alpha x') + \exp(-i[k_\alpha - g]x')$$
$$=\; 2\exp(-i[k_\alpha - g/2]x')\cos(gx'/2) \text{ und}$$
$$j_B(x') \;\sim\; 4\cos^2(gx'/2) = 2\,(1 + \cos gx') \quad,$$
d. h. die Gitterkonstante stimmt mit der des Objekts überein, im Gegensatz zu 4.4 b).

3. Für $3g/4 < k_\alpha < 5g/4$ ist $K = 0$, weil nur eine Beugungsordnung durchgelassen wird. Bei $k_\alpha = 5g/4$ springt der Kontrast wieder auf eins usw.

b)   Je nach Richtung α der Beleuchtungswelle werden drei oder vier Beugungsordnungen durchgelassen; das ist einem Drei– bzw. Vierfachspalt in der Ebene des Beugungsbilds äquivalent.

c)   Räumlich inkohärente Beleuchtung ist einem Bündel ebener Wellen aus allen möglichen Richtungen äquivalent. Deshalb werden mehr Beugungsordnungen von der abbildenden Linse erfaßt als bei kohärenter Beleuchtung.

d) Eine schräge Beleuchtungswelle ist äquivalent zu einer Verschiebung der Blende in der $\boldsymbol{k}$-Ebene.

4.6. **a)** Der Spalt in der Beugungsebene des ersten Systems erzeugt eine sinc–Funktion in der Objektebene der zweiten. Je enger die Maxima der sinc–Funktion beieinander liegen, desto mehr werden von dem zweiten System erfaßt und desto genauer entsteht in dessen Beugungsebene eine spaltförmige Feldstärkeverteilung, d. h. es gilt $G(k_x)G(k_x) = G(k_x)$.

b) Die Fouriertransformation von $G(k_x)G(k_x) = G(k_x)$ ergibt $g(x) \star g(x) = g(x)$ (Man kann letzteres für $g(x) = (a/\pi)^{1/2}\,\text{sinc}\,ax$ leicht nachrechnen).

c) Man sieht anschaulich leicht ein, daß die kleinere Abschneidefrequenz die Eigenschaften des Gesamtsystems im wesentlichen bestimmt.

d) Da die Modulationsübertragungsfunktion Werte zwischen null und eins annimmt, ist das Produkt zweier solcher Funktionen stets kleiner als die beiden Faktoren. Insbesondere werden hohe Frequenzen von dem Gesamtsystem schlechter übertragen als von den Einzelsystemen, d. h. die Verwaschungsfunktion wird breiter.

5.1. Das Dunkelfeldfilter blendet aus
$$T_A(k_x) \;=\; \pi\delta(k_x) + A\pi[\delta(k_x + g) + \delta(k_x - g)]\ \text{ bzw.}$$
$$T_{Ph}(k_x) \;=\; 2\pi\delta(k_x) + \mathrm{i}\phi\pi[\delta(k_x + g) + \delta(k_x - g)]$$
$\delta(k_x)$ aus und man erhält
$$t_{B,A}(x') \;=\; A\cos gx' \quad \text{und} \quad j_{B,A}(x') \sim A^2\cos^2 gx' \quad \text{bzw.}$$
$$t_{B,Ph}(x') \;=\; \mathrm{i}\phi\cos gx' \quad \text{und} \quad j_{B,Ph}(x') \sim \phi^2\cos^2 gx',$$
d. h. Amplituden– und Phasengitter sind im Bild nicht unterscheidbar.

5.2. Feldstärke in der $\boldsymbol{k}$-Ebene nach der Filterung:
$$T_A(k_x) \;=\; a\pi\delta(k_x) + A\pi\delta(k_x - g)\ \text{ bzw.}$$
$$T_{Ph}(k_x) \;=\; 2a\pi\delta(k_x) + \mathrm{i}\phi\pi\delta(k_x - g).\ \text{ Daraus folgt}$$
$$t_{B,A}(x') \;=\; a/2 + (A/2)\exp(\mathrm{i}gx')\ \text{ und}$$
$$j_{B,A}(x') \;\sim\; (a^2 + A^2)/4 + (aA/2)\cos gx'\ \text{ bzw.}$$
$$t_{B,Ph}(x') \;=\; a + (\mathrm{i}\phi/2)\exp(\mathrm{i}gx')\ \text{ und}$$
$$j_{B,Ph}(x') \;\sim\; a^2 + \phi^2/4 - a\phi\sin gx'.$$
Die Gitter werden im Bild *linear* wiedergegeben, das Phasengitter allerdings um eine Viertelperiode verschoben (das Schlierenverfahren reagiert auf räumliche *Änderungen* der Phase!).

5.3. Feldstärke in der $\boldsymbol{k}$-Ebene nach der Filterung:

$$T_A(k_x) \;=\; \mathrm{i}a\pi\delta(k_x) + A\pi[\delta(k_x + g) + \delta(k_x - g)] \text{ bzw.}$$
$$T_{Ph}(k_x) \;=\; 2\mathrm{i}a\pi\delta(k_x) + \mathrm{i}\phi\pi[\delta(k_x + g) + \delta(k_x - g)].$$

Daraus folgt

$$t_{B,A}(x') \;=\; \mathrm{i}a/2 + A\cos gx' \text{ und}$$
$$j_{B,A}(x') \;\sim\; a^2/4 + A^2\cos^2 gx' \text{ bzw.}$$
$$t_{B,Ph}(x') \;=\; \mathrm{i}a + \mathrm{i}\phi\cos gx' \text{ und}$$
$$j_{B,Ph}(x') \;\sim\; a^2 + 2a\phi\cos gx' + \phi^2\cos^2 gx' \approx a(a + 2\phi\cos gx').$$

5.4. a) Feldstärke in der $\boldsymbol{k}$-Ebene nach der Filterung:
$s\,\mathrm{sinc}\,(sk_x/2)\,g\,\mathrm{III}_g(k_x)$.
Daraus folgt $t_B(x') = \mathrm{rect}\,(x'/s) \star \mathrm{III}_d(x')$ mit $d = 2\pi/g$.

b) 1. $g < 2\pi/s$: Rechteckgitter mit Gitterkonstante d und Spaltweite s

2. $g = 2\pi/s$: homogen ausgeleuchtetes Bildfeld

3. $g > 2\pi/s$: die Rechtecke überlappen sich: Rechteckgitter auf konstantem Untergrund, um $d/2$ gegen 1. verschoben.

5.5. a) Die $\boldsymbol{k}$-Ebene wird homogen beleuchtet, deshalb ist das Bild die Rücktransformierte des Filters $F(k_x)$:

$$t_B(x') \;=\; |s_1|\exp(\mathrm{i}\varphi_1)\exp(-\mathrm{i}gx') + |s_2|\exp(\mathrm{i}\varphi_2)\exp(\mathrm{i}gx')$$
$$=\; \exp(\mathrm{i}[\varphi_1 + \varphi_2]/2)\,[(|s_1| + |s_2|)\cos(gx' + [\varphi_2 - \varphi_1]/2)$$
$$-\mathrm{i}(|s_1| - |s_2|)\sin(gx' + [\varphi_2 - \varphi_1]/2)]$$
$$j_B(x') \;\sim\; (|s_1| + |s_2|)^2\cos^2(gx' + [\varphi_2 - \varphi_1]/2)$$
$$+\; (|s_1| - |s_2|)^2\sin^2(gx' + [\varphi_2 - \varphi_1]/2)$$

b) 1. $|s_1| = |s_2|$: die Interferenzstreifen sind um $[\varphi_2 - \varphi_1]/2$ verschoben wie bei schräger Beleuchtung.

2. $\varphi_1 = \varphi_2$: Kontrastminderung wie bei räumlich partiell kohärenter Beleuchtung.

5.6. a) $T(k_x) \;=\; sg\,\mathrm{III}_{2g}(k_x) + sg\exp(\mathrm{i}\varphi)\,\mathrm{III}_{2g}(k_x) \star \delta(k_x - g)$ mit $g = \frac{2\pi}{d}$.

$$t_B(x') \;=\; s\,\mathrm{III}_{d/2}(x') + s\exp(\mathrm{i}\varphi + gx')\,\mathrm{III}_{d/2}(x')$$
$$=\; s\sum_{m=-\infty}^{\infty} [1 + \exp(\mathrm{i}[\varphi + m\pi])]\,\delta(x' - md/2)$$

b) 1. $\varphi = \pi/2 :\; t_B(x') = s\displaystyle\sum_{m=-\infty}^{\infty} [1 + (-1)^m\mathrm{i}]\,\delta(x' - md/2)$

Bild mit halber Gitterkonstante

$$2. \quad \varphi = \pi : \quad t_B(x') = s \sum_{m=-\infty}^{\infty} \left[1 + \exp(\mathrm{i}[m+1]\pi)\right] \delta(x' - md/2)$$

$$= s \sum_{\substack{m=-\infty \\ m\ \text{ungerade}}}^{\infty} 2\delta(x' - md/2),$$

das Bild ist gegen das Objekt um $d/2$ verschoben.

5.7. **a)** $F(k_x)T_S(k_x) = (k_x/k_0)x_0 \operatorname{sinc}(x_0 k_x/2) = (2/k_0)\sin(x_0 k_x/2)$

$t_{B,S}(x') = (-\mathrm{i}/k_0)[\delta(x + x_0/2) - \delta(x - x_0/2)]$

b) $\begin{aligned} F(k_x)T_A(k_x) &= (k_x/k_0)\left[\pi\delta(k_x) + A\pi\delta(k_x + g) + A\pi\delta(k_x - g)\right] \\ &= (A\pi/k_0)[-g\,\delta(k_x + g) + g\,\delta(k_x - g)] \end{aligned}$

$\begin{aligned} t_{B,A}(x') &= -(Ag/k_0)\sin gx' \end{aligned}$

c) analog zu b): $t_{B,Ph}(x') = -(\mathrm{i}\phi g/k_0)\sin gx'$

6.1. **a)** $f(x) \otimes f(x) = \int\limits_{-\infty}^{\infty} \theta(\xi - x)\mathrm{e}^{-k(\xi-x)}\theta(\xi)\mathrm{e}^{-k\xi}\mathrm{d}\xi = (1/2k)\mathrm{e}^{-k|x|}$, denn

man erhält für

$$x < 0 \quad : \quad f(x) \otimes f(x) = \mathrm{e}^{kx}\int\limits_{0}^{\infty} \mathrm{e}^{-2k\xi}\mathrm{d}\xi = (1/2k)\mathrm{e}^{kx} \quad \text{und für}$$

$$x > 0 \quad : \quad f(x) \otimes f(x) = \mathrm{e}^{kx}\int\limits_{x}^{\infty} \mathrm{e}^{-2k\xi}\mathrm{d}\xi = (1/2k)\mathrm{e}^{-kx}$$

b) $A(x) = f(x) \otimes f(x) = \int\limits_{-\infty}^{\infty} f(\xi - x)f(\xi)\mathrm{d}\xi$

$A(-x) = \int\limits_{-\infty}^{\infty} f(\xi + x)f(\xi)d\xi = \int\limits_{-\infty}^{\infty} f(\xi')f(\xi' - x)\mathrm{d}\xi' = A(x)$

c) $f(x) \star f(x) = \int\limits_{-\infty}^{\infty} \theta(x - \xi)\mathrm{e}^{-k(x-\xi)}\theta(\xi)\mathrm{e}^{-k\xi}\mathrm{d}\xi$

Für $x < 0$ verschwindet der Integrand für alle ξ

Für $x > 0$: $f(x) \star f(x) = \int\limits_{0}^{x} \mathrm{e}^{-kx}\mathrm{d}\xi = x\,\mathrm{e}^{-kx}$, also gilt:

$f(x) \star f(x) = \theta(x)\,x\,\mathrm{e}^{-kx}$. Die Unsymmetrie in x rührt von der Spiegelung des einen Faktor in $f \star f$ her.

6.2. **a)** $\operatorname{rect}(x/2x_0) \otimes f(x) = \int\limits_{-\infty}^{\infty} \operatorname{rect}([\xi - x]/2x_0)\theta(\xi)\mathrm{e}^{-k\xi}\mathrm{d}\xi$

$$= \begin{cases} 0 & \text{für } x < -x_0 \\[2ex] \int\limits_{0}^{x+x_0} \mathrm{e}^{-k\xi}\mathrm{d}\xi = (1/k)\left[1 - \mathrm{e}^{-k(x+x_0)}\right] & \text{für } -x_0 \leq x \leq x_0 \\[2ex] \int\limits_{x-x_0}^{x+x_0} \mathrm{e}^{-k\xi}\mathrm{d}\xi = (2/k)\sinh(kx_0)\,\mathrm{e}^{-kx} & \text{für } x > x_0 \end{cases}$$

b) $f(x) \otimes \operatorname{rect}(x/2x_0) = \operatorname{rect}(x/2x_0) \otimes f(-x)$

6.3. a) $H(k_x, k_y) \sim A_R^2 + (ab)^2\mathrm{sinc}^2(ak_x/2)\mathrm{sinc}^2(bk_y/2)$

$\qquad\qquad + 2A_R ab\,\mathrm{sinc}\,(ak_x/2)\,\mathrm{sinc}\,(bk_y/2)\,\cos(k_x x_R)$

Durch Beugung an dem mit sinc modulierten Cosinus entstehen die beiden holographischen Bilder.

b) Intermodulationsbild:$[\,\mathrm{rect}\,(x/a)\star\mathrm{rect}\,(x/a)][\,\mathrm{rect}\,(y/b)\star\mathrm{rect}\,(y/b)]$ (sieht wie ein Zeltdach aus, das in den vier Quadranten „durchhängt").

c) Das primäre Bild $[\,\mathrm{rect}\,(x/a)\star\delta(x + x_R)]\mathrm{rect}(y/b)$ und das konjugierte Bild $[\,\mathrm{rect}\,(x/a)\star\delta(x - x_R)]\mathrm{rect}(y/b)$ sind identisch, weil das Objekt punktsymmetrisch in Bezug auf den Koordinatenursprung ist.

6.4. a) Das Beugungsbild $T(k_x, k_y)$ wird mit $\exp(-\mathrm{i}[k_x x_0 + k_y y_0])$ multipliziert. Dadurch ändert sich nur das Argument des Cosinus in $(k_x[x_R - x_0] - k_y y_0)$.

b) Primäres Bild: $(-x_R + x_0, y_0)$; konjugiertes Bild: $(x_R - x_0, -y_0)$.

c) Aufnahme und Wiedergabe erfolge mit derselben Linse (Abbildungsmaßstab 1:1); Ortskoordinate ξ im Hologramm: $k_x/k_0 = \xi/f$; Bedingung für den Abstand der Interferenzstreifen: $2\pi = k_x x_R = \xi k_0 x_R/f$, also $d < \lambda_0 f/x_R$.

d) Wegen $a, b \ll x_R$ hat der zweite Summand in 6.3 a) eine wesentlich gröbere Struktur als $\cos k_x x_R$, deshalb bleibt das Intermodulationsbild erhalten.

6.5. a) Objekt: $t_D(x, y) = t(x, y)\star[\delta(x + a) + \delta(x - a)]$ mit $t(x, y)$ aus 6.3

$\qquad H(k_x, k_y) \sim A_R^2 + T_D(k_x, k_y)T_D^*(k_x, k_y)$

$\qquad\qquad + 4A_R ab\,\mathrm{sinc}\,(ak_x/2)\mathrm{sinc}(bk_y/2)\,\cos(k_x a)\,\cos(k_x x_R)$

b) $T_D(k_x, k_y)T_D^*(k_x, k_y) = T(k_x, k_y)\left[\mathrm{e}^{\mathrm{i}k_x a} + \mathrm{e}^{-\mathrm{i}k_x a}\right]$

$\qquad\qquad\qquad\qquad\qquad\cdot T^*(k_x, k_y)\left[\mathrm{e}^{-\mathrm{i}k_x a} + \mathrm{e}^{\mathrm{i}k_x a}\right]$

$\qquad = a^2\mathrm{sinc}^2(k_x a/2)\left[2 + 2\cos(2k_x a)\right]b^2\mathrm{sinc}^2(k_y b/2)$

Wegen $[1 + \cos(2k_x a)] \circ\!\!-\!\!\bullet\; 2\delta(x') + \delta(x' + 2a) + \delta(x' - 2a)$ tritt das in 6.3 b) berechnete Intermodulationsbild dreimal auf.

c) Das Filter $F(k_x) = \mathrm{rect}\,(k_x/2k_S)$ in der Hologrammebene erzeugt eine Verwaschungsfunktion $g(x') = 2k_S\,\mathrm{sinc}\,(k_S x')$, also muß gelten $k_S > \pi/(2a)$.

Namen- und Sachverzeichnis

Cauchy 30
Cauchysches Hauptwertintegral 30, 172
Cittert, van 120
Compton 87

δ-Funktion **9 ff.**, 22, 224, 226
—,Sampling- oder Ausblendeigenschaft
   11
—,Symmetrie 11, **233**
—,von zwei Variablen 58, **228**
Demodulation 181
Differenzieren
—,optisches 189
Dirac 75
Dirac-Kamm **75**, 183, 190, 241
Dispersionsanteil 26
Dispersionsrelation 51
Distribution
—,Ableitung 233
—,Addition 227
—,Fouriertransformierte 235
—,Multiplikation 227
—,periodische 239
—,reguläre 226
—,singuläre 226
—,Streckung 232
—,temperierte 226
—,Verschiebung 232
Doan 87
Doppelspalt **71**
—,Beugungsbild 72
—,idealer **72**, 157
Doppler 100
Dopplerverbreiterung **100**, 103
Dreifachspalt 73
Dunkelfeldabbildung 165
Dunkelfeldkondensor 169
Dunkelfeldmikroskop 169 f.
Dunkelfeldverfahren 167 ff.

Echelette-Gitter 87
Eigenfunktionen 23
Eingangssignal **3**, 35
Eintrittspupille 148
Einzelspalt
—,Beugungsbild 55
Elementarbündel **129**, 131
Elementarwelle

—,Huygens-Fresnelsche **36** ff., 40 f., 143
Elementarzelle **80**, 84
Energiestromdichte **49**, 157
—,pro Raumwinkel **117**, 119, 124, 127,
   131
Euler 22
Eulersche Formel 22
Ewald 85
Ewald-Kugel 85

Faltung **9**, 228
Faltungsprodukt **9**, 14, 229 f.
Faltungssatz **28**, 58, 237
Farbfilter 103
Fehler
—,sphärischer 150
Feldstärke
—,Verwaschungsfunktion der 146
Fernrohr 156
Filter 24, **165**
—,aktives 200
—,angepaßtes 200
—,ideales 34
—,inverses 199 f.
—,passives 200
—,periodisches **182**, 185
Filterung
—,räumliche **165**, 181
Fizeau 126
Flugzeit
—,freie 101
Fluktuation 133 ff.
—,Amplituden- 134
—,Intensitäts- 134
—,Phasen- 134
Formfaktor **72**, 76
Foucault **165**, 170
Foucaultsches Schneidenverfahren 165,
   170
Fourier 1
Fourieranalyse 1
Fourierhaus **189**, 191
Fourierhologramm 195, **206**, 209
—,Auflösungsvermögen 208
—,Aufnahme 205
—,binäres 214
—,Wiedergabe 207, **209**
Fourierholographie 205